全国建设职业教育系列教材

建筑结构施工实际操作

全国建设职业教育教材编委会

邹建军　主编

中国建筑工业出版社

图书在版编目（CIP）数据

建筑结构施工实际操作/全国建设职业教育教材编委会
编写. -北京：中国建筑工业出版社，1998
全国建设职业教育系列教材
ISBN 7-112-02309-2

Ⅰ．建… Ⅱ．全… Ⅲ．建筑工程-工程施工-技术培
训-教材 Ⅳ．TU74

中国版本图书馆 CIP 数据核字（98）第 03587 号

全国建设职业教育系列教材

建筑结构施工实际操作

全国建设职业教育教材编委会

邹建军 主编

*

中国建筑工业出版社出版（北京西郊百万庄）
新华书店总店科技发行所发行
北京云浩印刷厂印刷

*

开本：787×1092毫米 1/16 印张：22¼ 字数：541千字
1998 年 6 月第一版 2001 年 6 月第二次印刷
印数：3001—4000 册 定价：**29.00** 元
ISBN7-112-02309-2
G·205（7337）

本书介绍建筑结构施工主要工种基本工艺知识及实际操作方法，内容包括实用建筑施工测量、简单砖砌体的砌筑、盘角练习、搭设砌筑脚手架、砖砌房屋综合练习、墙面抹灰、釉面砖镶贴、钢筋加工与绑扎、模板支立、混凝土浇筑、钢筋混凝土综合练习、复杂砖砌体砌筑、砌块砌筑和预应力钢筋加工等内容。按照初、中级技术工人的应知应会项目由低到高编写，旨在培养一专多能复合型的一线操作工人。

本书可作为技工学校、职业高中相关专业的教学用书，并可作为建筑结构施工不同层次的岗位培训教材，亦可作为一线施工管理、技术人员参考用书。

"建筑结构施工"专业教材（共四册）

总主编　叶　刚

《建筑结构施工实际操作》

主　编　邹建军

参　编　李国年

序　言

改革开放以来，随着我国经济持续、健康、快速的发展，建筑业在国民经济中支柱产业的地位日益突出。但是，由于建筑队伍急剧扩大，建筑施工一线操作层实用人才素质不高，并由此而造成建筑业部分产品质量低劣，安全事故时有发生的问题已引起社会的广泛关注。为改变这一状况，改革和发展建设职业教育，提高人才培养的质量和效益，已成为振兴建筑业的刻不容缓的任务。

德国"双元制"职业教育体系，对二次大战后德国经济的恢复和目前经济的发展发挥着举足轻重的作用，成为德国经济振兴的"秘密武器"，引起举世瞩目。我国于1982年首先在建筑领域引进"双元制"经验。1990年以来，在国家教委和有关单位的积极倡导和支持下，建设部人事教育劳动司与德国汉斯·赛德尔基金会合作，在部分职业学校进行借鉴德国"双元制"职业教育经验的试点工作，取得显著成果，积累了可贵的经验，并受到企业界的欢迎。随着试点工作的深入开展，为了做好试点的推广工作和推进建设职业教育的改革，在德国专家的指导和帮助下，根据"中华人民共和国建设部技工学校建筑安装类专业目录"和有关教学文件要求，我们组织部分试点学校着手编写建筑结构施工、建筑装饰、管道安装、电气安装等专业的系列教材。

本套"建筑结构施工"专业教材在教学内容上，符合建设部1996年颁发的《建设行业职业技能标准》和《建设职业技能岗位鉴定规范》要求，是建筑类技工学校和职业高中教学用书，也适用于各类岗位培训及供一线施工管理和技术人员参考。读者可根据需要购买全套或单册学习使用。

为使该套教材日臻完善，望各地在教学和使用过程中，提出修改意见，以便进一步完善。

全国建设职业教育教材编委会

1998 年 1 月

前　言

"建筑结构施工"专业教材是根据《建设系统技工学校建安类专业目录》和双元制教学试点"建筑结构施工"专业教学大纲编写而成。该套教材突破传统教材按学科体系设置课程，以及各门课程自成系统的编排方式，依据建设部《建设行业职业技能标准》对培养中级技术工人的要求，遵循教育规律，按照专业理论、专业计算、专业制图和专业实践四大部分分别形成《建筑结构施工基本理论知识》、《建筑结构施工基本计算》、《建筑结构施工识图与放样》和《建筑结构施工实际操作》四门课程，突出能力本位、技能培养的原则，力求形成新的课程体系。

本教材教学内容具有实用性和针对性，紧贴一线施工现场，将施工现场最基本、最实用的知识和技能经筛选、优化，按照初、中、高三个层次由浅入深进行编写。本套教材纵向以建筑结构施工程序为主轴线，横向四本书大体形成理论与实践相结合的一个整体，但每本书又根据门类分工形成自己的独立体系。

本套教材力求深入浅出，通俗易懂。在编排上采用双栏排版，图文结合，新颖直观，增强了阅读效果。为了便于读者掌握学习重点，以及教学培训单位组织练习和考核，每章节后附有提纲挈领的小结和精心编制的习题供参考、选用。

《建筑结构施工实际操作》一书以砌筑工程和钢筋混凝土工程的操作工艺为主，同时介绍了与建筑结构施工相关的施工测量，墙面抹灰，瓷砖镶贴等操作要领。本书以课题的形式，按照初、中级技术工人的应会项目由低到高编排，旨在培养一专多能复合型的一线操作工人，可同时满足测量工（初级）、瓦工（初、中级）、钢筋工（初、中级）、模板工（初级）等的技能培训需要。

《建筑结构施工实际操作》一书由江西省建筑工程技工学校邹建军主编（编写第1～7章，第15、16章），参加编写的有陕西省建筑安装技工学校李国年（编写第8～14章、第17章）。

本套教材由北京城建技工学校叶刚任总主编，由中国建筑一局（集团）有限公司总工程师马焕章、北京建工集团总公司副总工程师王庆生和高级工程师张翠娣主审，参与审稿工作的还有北京城建技工学校尹国元同志。

本套教材在编写中，建设部人事教育劳动司有关领导给予了积极有力的支持，并作了大量组织协调工作。德国赛德尔基金会及其派出的职教专家威茨勒（Wetzler）先生和法赛尔（Fasser）先生在多方面给予了大力的支持和指导。南京市建筑职业技术教育中心作为学习"双元制"最早的单位，提供了许多有益的经验和有价值的资料。各参编学校领导对本套教材的编写给予了极大的关注和支持。在此，一并表示衷心的感谢。

由于双元制的试点工作尚在逐步推广过程中，本套教材又是一次全新的尝试，加之编者水平有限，编写时间仓促，书中定有不少缺点和错误，望各位专家和读者批评指正。

目　录

第1章　实用建筑施工测量

1.1　测量仪器与工具

建筑施工中的测量放线工作是借助测量仪器和工具进行的。操作者只有了解并掌握其性能和使用方法，测量放线工作才能顺利进行。

1.1.1　水准仪

水准仪是用来测定大地高程和建筑标高的仪器。在施工中用水准仪给抄平时提供一条水平视线，以便测定各点间的高差。其构造主要由望远镜、水准器、基座三部分组成。普通水准仪 DS_3 是国产水准仪系列中的中等精度型号，现广泛用于测量高差工作（见图1-1）。

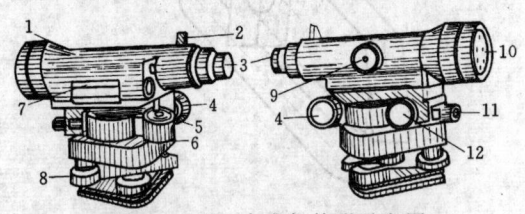

图 1-1　DS_3 水准仪外形示意图

1—准星；2—缺口；3—目镜；4—微倾螺旋；
5—圆水准器；6—圆水准器校正螺丝；7—长水准管；
8—脚螺旋；9—对光螺旋；10—物镜；11—水平制动螺旋；12—水平微动螺旋

（1）望远镜主要用于瞄准远处目标和进行读数。它由物镜、调焦透镜、十字丝分划板及目镜组成（见图1-2、图1-3）。

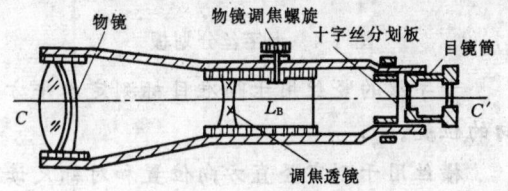

图 1-2　望远镜及组成

1）物镜：其作用是将远处目标形成缩小的实像。它由两片或两片以上不同形状或不同材料的透镜组成。

2）调焦透镜：位于物镜与十字丝分划板之间。其作用使不同距离的目标在十字丝面上清晰地成像。

3）十字丝分划板：是安装在望远镜成像面上的固定标志，玻璃板上刻有相互垂直的细线，固定在金属十字丝环上。其作用是确定视线的位置，精确照准目标（见图1-4）。

4）目镜：其作用是把十字丝分划板上的影像放大显示清晰，供人眼观察。

提示：

通过十字丝中心与物镜光心的连线称为视准轴，简称视线。

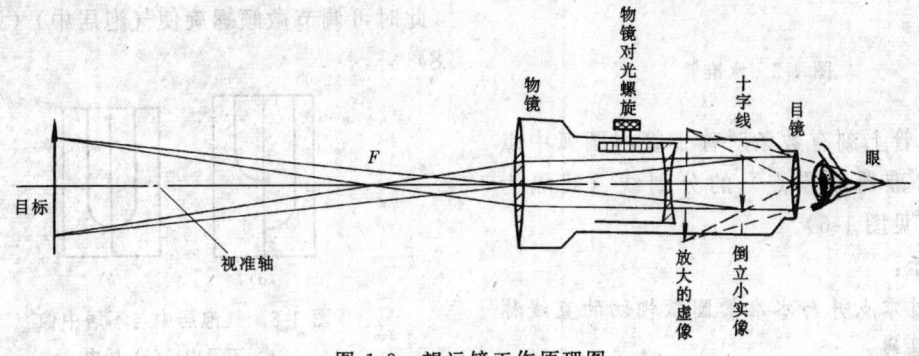

图 1-3　望远镜工作原理图

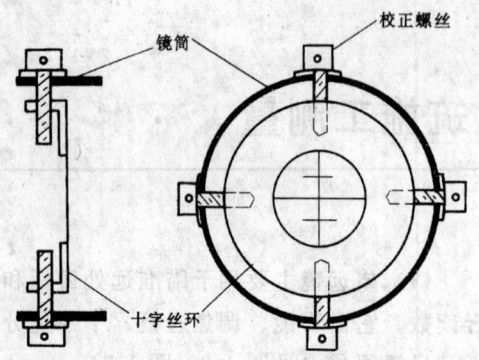

图 1-4　十字丝分划板

十字丝的竖丝用于瞄准目标测定水平方向的位置。

横丝用于测定竖直方向位置和对标尺读数的标准位置。

上下两条与横丝平行的短丝称为"视距丝",可测定距离。

(2)水准器用于明示仪器的某一轴线是否处于水平或铅垂位置。其型式有管状和圆状两种。

1)水准管是把一个玻璃管的纵向内壁磨成弧形,管内装上酒精和乙醚的混合液,加热后封闭而成(见图 1-5)。

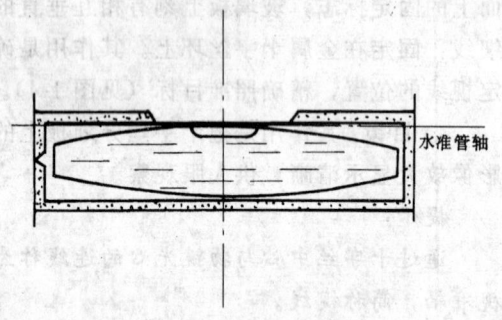

图 1-5　水准管

2)管上刻有数条对称于管内圆弧中点(又称水准器的零点)的分划线(间隔为 2mm)(见图 1-6)。

提示:

通过零点并与水准管圆弧相切的直线称水准管轴线。

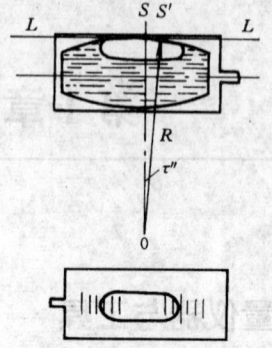

图 1-6　水准管结构

LL—水准管轴;SS'—相邻两分划线;
S—水准管的零点;τ''—水准管分划值
R—曲率半径

当水准管气泡的中点位于零点时,称气泡居中。此时,水准管轴处于水平,视准轴也处于水平。

3)为便于观察气泡是否居中,在水准管的上方安置了一组棱镜,将气泡两端的像反映到目镜旁的气泡观察窗内(见图 1-7)。

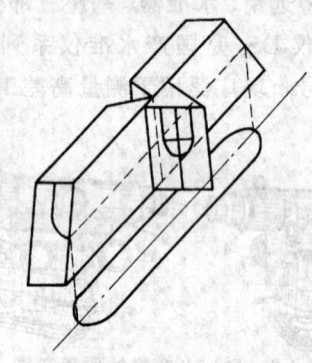

图 1-7　气泡观察

4)当气泡两端点的像吻合时,气泡居中;当气泡的两端点相互错开,气泡没有居中(此时可调节微倾螺旋使气泡居中)(见图 1-8)。

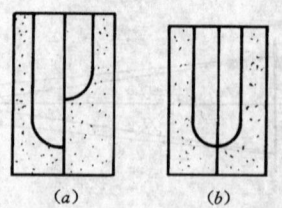

图 1-8　气泡居中与不居中像
(a)不居中;(b)居中

5）圆水准器为一密封玻璃圆盒，盒顶面内壁被磨成一均匀的圆球面。盒内装的液体及形成原理与水准管相同。其作用使水准仪概略定平（见图1-9）。

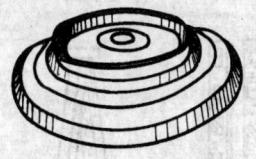

图1-9 圆水准器

6）盒顶面玻璃中心刻有小圆，圆心即为水准器的零点。气泡居于小圆中心时，表明圆水准器轴处于竖直位置。即：水准仪概略定平了（见图1-10）。

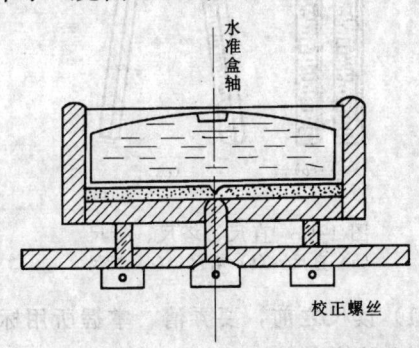

图1-10 圆水准器结构

（3）基座与三脚架连接用于支承水准仪。它由轴座、脚螺旋、三角压板和底板组成（见图1-11）。

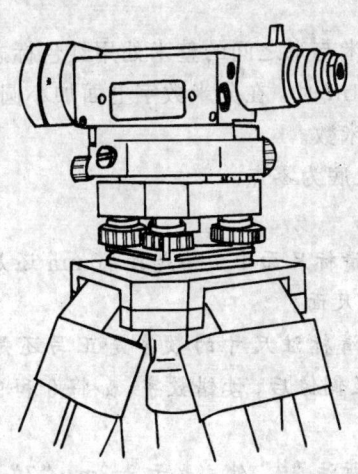

图1-11 基座与三角架连接

提示：

通过圆圈中心球面法线方向的线，称为圆水准器轴线。

通过调整基座上的三个脚螺旋，才能使气泡居中。

1.1.2 经纬仪

经纬仪是用来测量角度、平面定位和竖向垂直度观察的仪器。它由照准部、水平度盘、基座等主要部件组成。建筑施工中广泛使用的是DJ₆型光学经纬仪（见图1-12）。

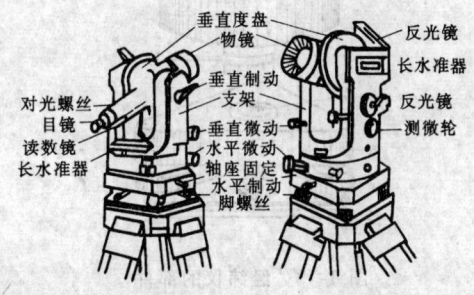

图1-12 DJ₆型光学经纬仪

（1）照准部（指基座上部能绕竖直轴旋转的整体的总称）

由望远镜、竖直度盘、水准管、读数系统、横轴等组装而成。旋转照准部，可使望远镜照准不同方向上的目标（见图1-13）。

（2）水平度盘

用光学玻璃制成的圆盘，在边缘按顺时针方向刻有0°～360°的分划。配有变换度盘装置和外轴。用于测量水平角（见图1-13）。

（3）基座

用于支承经纬仪。仪器的照准部连同水平度盘通过轴套固定螺丝固定在基座上。它由座轴、定平螺旋和连接板组成，由连接螺旋使其与三脚架相连。连接螺旋下方设有垂球钩，用于悬挂垂球，达到将水平度盘中心对准在被测角顶点的铅垂线上，称对中。如装光学对中器，对中精度较高（见图1-14）。

提示：

度盘变换手轮向下扳并松开水平制动螺旋，则度盘和照准部分一起转动。

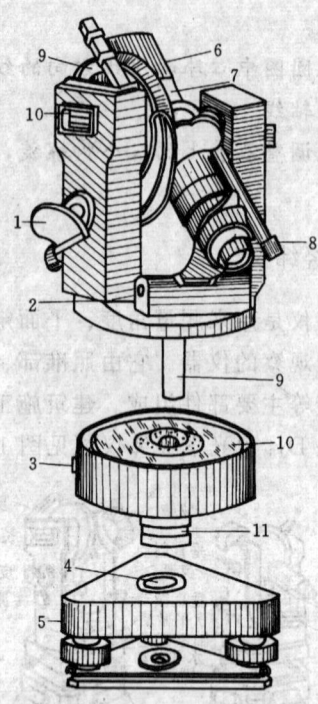

图 1-13 经纬仪的部件

1—反光镜；2—照准部水准管；3—度盘变换手轮；
4—空心套轴；5—基座；6—望远镜；7—竖直度盘；
8—读数显微镜；9—内轴；10—水平度盘；11—外轴

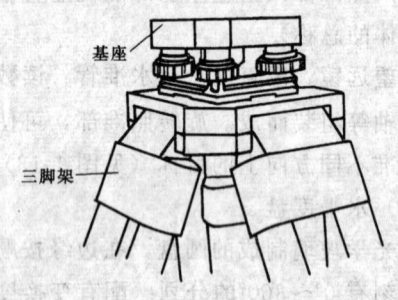

图 1-14 基座与三角架连接

度盘变换手轮向上扳并松开水平制动螺旋，则照准部分可单独转动。

望远镜的作用及构造与水准仪的望远镜类似。当望远镜绕横轴转动时，所确定的就是竖直面，与竖直度盘一起工作可测量竖直角。照准部绕内轴转动与水平度盘一起工作可测量水平角度值。

1.1.3 水准标尺

水准尺是配合水准仪进行水准测量时的读数工具。按其构造的不同可分为直尺、塔

尺和折尺三种型式。直尺长约 3m；折尺长 3～4m（将全尺对折而成）；塔尺长 3～4m（分成三节套接而成）。为防磨损，常在尺子的底面钉以铁片（见图 1-15）。

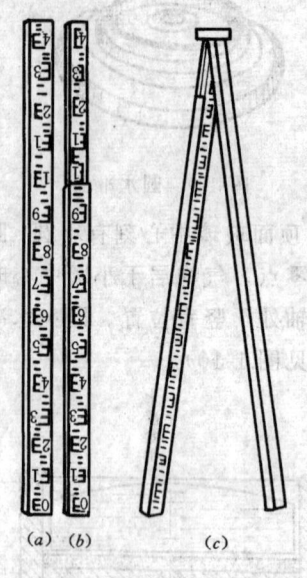

图 1-15 直尺、塔尺、折尺
(a) 直尺；(b) 塔尺；(c) 折尺

（1）读尺之前，要弄清、掌握所用标尺的分划和注字规律。

1）尺面上绘有黑白或红白相间的区格式，每黑格或白格都是 10mm 或 5mm（见图 1-16）。

2）尺上每一分米处注有黑色标志的数字。

3）在米与米之间的整米处用红色标志分辨。超过 1m 时，在分米数字上面加小圆点，点数表示米数。

4）尺底为零点。

提示：

要弄清标尺面中 1 格是按 10mm 还是按 5mm 分划尺面。

要弄清标注尺寸的数字是正写还是倒写，防止呈倒像后，读错数字，如将 6 和 9 搞错。

标尺所注"$\dot{3}$"处，表示 3.3m；"$\dot{7}$"处，表示 1.7m。以此类推。

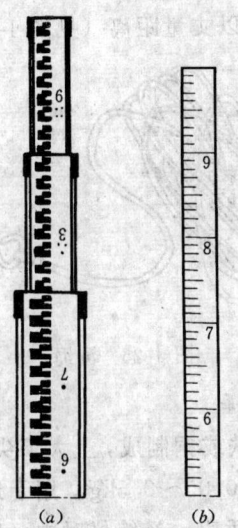

图 1-16　水准尺的黑白区格

(a) 塔尺；(b) 自制尺

(2) 标尺读数时要习惯倒像读尺，在望远镜中看到的是倒像，应从上往下即从小往大读，防止读尺方向错误。每次要由 m 至 mm 读出四位数，mm 为估读。例如：

1) 1.148 不可误读为：1.252（见图 1-17）。

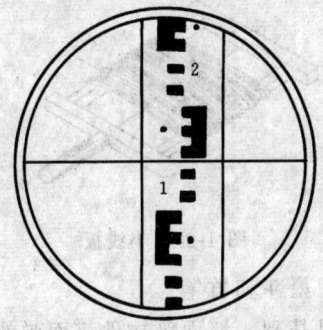

图 1-17　1.148 的正确读尺

2) 2.375 不可误读为：2.425（见图 1-18）。

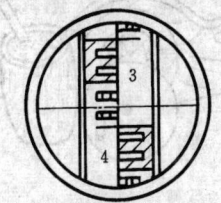

图 1-18　2.375 的正确读尺

3) 0.708 不可误读为：0.792（见图 1-19）。

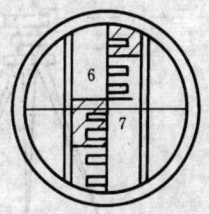

图 1-19　0.708 的正确读尺

(3) 扶尺要点

1) 标尺应立在扶尺员的正前方，扶尺员应身体端正，双手扶尺。标尺应直、稳（见图 1-20）。

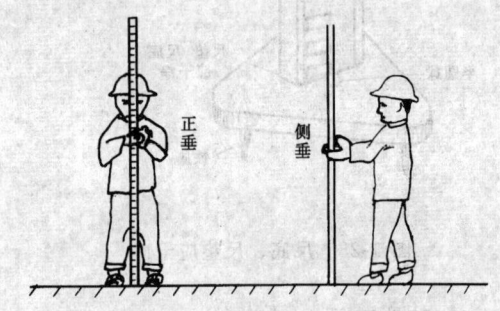

图 1-20　扶尺姿势

2) 装有水准器的标尺，应通过观察气泡是否居中来掌握标尺的垂直度（见图 1-21）。

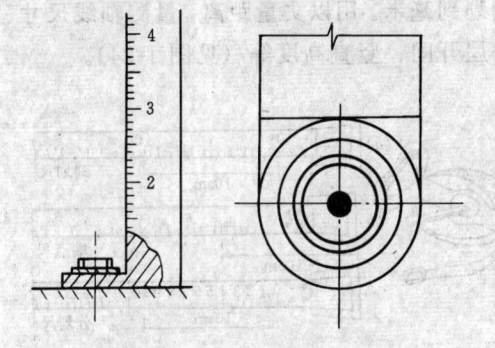

图 1-21　水准器控制尺垂直度

3) 对无水准器的标尺，可从望远镜中观察尺与竖丝是否平行来判断尺寸是否垂直（见图 1-22）。

4) 应检查尺底是否清洁，接口处是否下滑位移，保证读数准确（见图 1-23）。

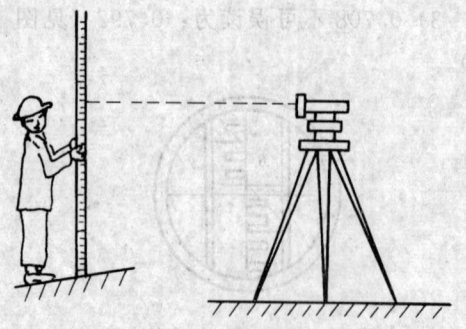

图 1-22 望远镜控制尺垂直度

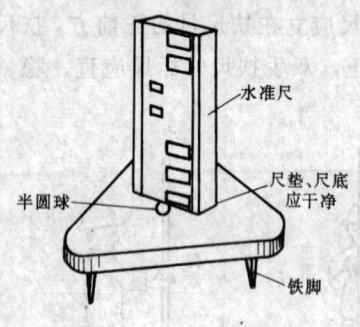

图 1-23 尺底、尺垫应干净

1.1.4 其他工具

（1）钢卷尺

钢卷尺长度有 2m、5m、20m、30m、50m 等几种，宽为 1~1.5cm，厚约 0.4cm。尺上刻划到毫米。用以丈量距离，量测轴线尺寸、房屋开间、竖直高度等（见图 1-24）。

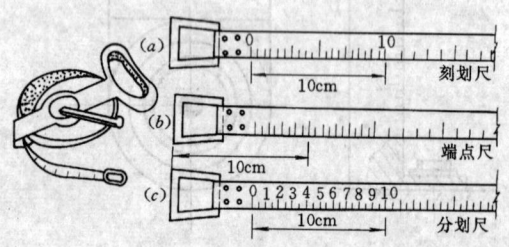

图 1-24 钢卷尺
(a) 刻划尺；(b) 端点尺；(c) 分划尺

（2）测绳

外形为圆形，中间是金属丝，外表用线或麻绳包套，形似电线。每米长度处，用金属皮包住，且刻有米数字，一般有 50m、100m 等数种。用以丈量距离（见图 1-25）。

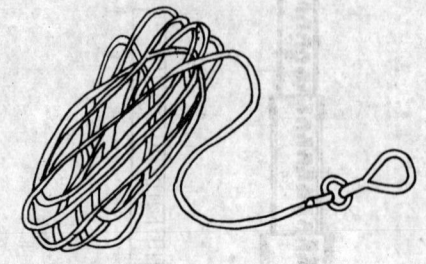

图 1-25 测绳

（3）线锤

用钢、铁或铜制成，上大下尖呈圆锥形，一般重量为 0.05~0.5kg。用于地不平时丈量距离、吊垂直、经纬仪对中（见图 1-26）。

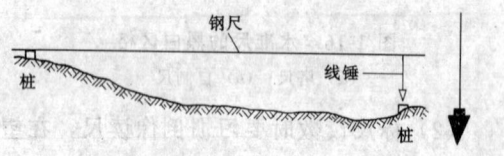

图 1-26 地不平时丈量距离

（4）小线板

采用尼龙线。用以长距拉中线或放基础拉边线（见图 1-27）。

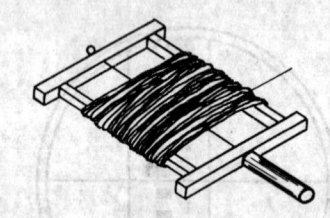

图 1-27 小线板

（5）墨斗和竹笔

用以基础、墙面等构件表面弹线（见图 1-28）。

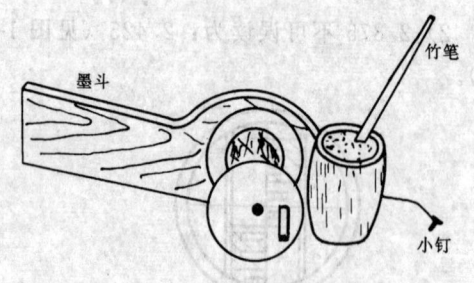

图 1-28 墨斗和竹笔

小 结

常用测量仪器与工具汇总表 表 1-1

类 别	名 称	作 用
测量仪器	水准仪	测定大地高程和建筑标高
	经纬仪	测量角度、平面定位和竖向垂直度观察
	水准标尺	测量时读数
测量工具	钢卷尺	丈量距离、量测轴线尺寸、开间、竖直高度等
	测绳	丈量距离
	线锤	吊垂直、经纬仪对中
	小线板	长距离拉中线或放基础边线
	墨斗和竹笔	基础墙面等构件表面弹线

习题

1. 普通水准仪由哪几部分组成？在施工测量中起什么作用？

2. 经纬仪由哪几部分组成？在测量放线工作中起什么作用？

3. 水准标尺的读数与扶尺应掌握哪些要点？

4. 叙述钢卷尺的用途。

5. 叙述测绳的用途。

6. 叙述线锤的用途。

7. 叙述小线板的用途。

8. 叙述墨斗与竹笔的用途。

1.2　水准仪的应用

测定大地高程和建筑标高可使用不同的仪器、施测方法，然而使用水准仪进行施测简便、精确，在建筑施工测量中得到广泛应用。

1.2.1　仪器安置

（1）支架

1）选择行人少、震动小、地面平坦而又坚实并且水平视线能看到标尺处支放三角架（见图1-29）。

2）将脚架长度调节合适，旋紧脚架螺丝。高度以放上仪器后人测视合适为宜（见图1-30）。

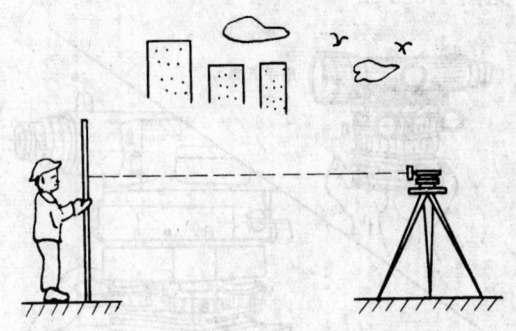

图 1-29　支架条件

3）支架等三角放置。光固定两支腿，用脚踩实，用另一支腿调节支架面大致水平（见图1-31）。

（2）安置仪器

从仪器箱中取出水准仪后，用手托放在

7

图 1-30 支架高度

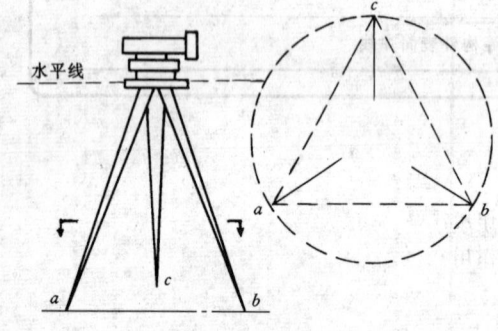

图 1-31 支架等三角放置

支架上并用固定螺旋将仪器与支架连接拧牢（见图1-32）。

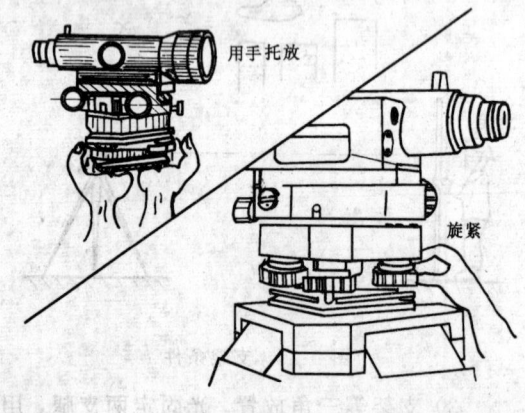

图 1-32 安置仪器

（3）调平

用两手按箭头所指相对方向转动一对脚螺旋①和②→使气泡移到脚螺旋③与圆水准

器中心的延长线上→顺时针方向转动脚螺旋③→使气泡居中→转动几个角度观察气泡是否都居中→如果有偏差再按上述方法调整→达到各方向气泡居中为止（见图1-33、图1-34）。

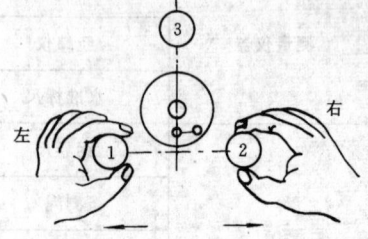

图 1-33 转动脚螺旋①和②

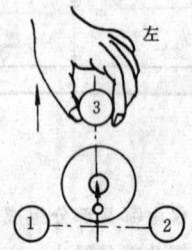

图 1-34 转动脚螺旋③

提示：

调平时注意气泡移动方向应与左手大拇指转动脚螺旋的方向一致。

（4）照准标尺

转动目镜进行调焦（使十字丝清楚为止）→将望远镜筒上的缺口和准心照准标尺→拧紧制动螺旋→转动调焦螺旋（使标尺成像清楚）→转动微动螺旋（使十字丝纵丝位于水准尺中间或一侧）→消除视差（微调目镜和物镜调焦螺旋，直至成像稳定为止）（见图1-35）。

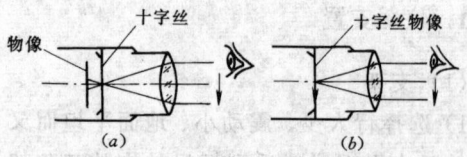

图 1-35 十字丝视差

(a) 有视差现象；(b) 没有视差现象

提示：

调焦的标准是没有视差。即：物像恰好

8

落在十字丝平面内。

检验方法:用眼睛在目镜端头上下晃动,十字丝交点总是指在物像的一个固定点上,表示没有视差。反之,有视差。

(5) 精确整平

调节转动微倾螺旋,使长水准气泡精确居中。转动微倾螺旋时,速度要慢而均匀,使两个半气泡成一个圆弧。此时视线精确整平(见图1-36)。

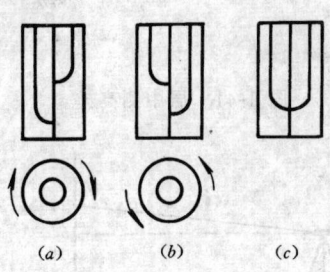

图 1-36　精确整平
(a) 顺时针转使其居中；(b) 逆时针
转使其居中；(c) 居中

1.2.2　高差测量

(1) 测定两点高差

1) 步骤:将水准仪架设在两点之间→将水准尺放在第一点(称后视点)位置→用望远镜照准→读数→记录后视点数值→将水准尺放在第二点(称前视点)→转动水准仪→用望远镜照准→读数→记录前视点数值→高差计算(后视数值减去前视数值)→得出二点高差(见图1-37)。

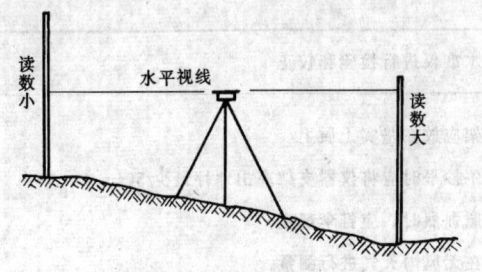

图 1-37　测定二点高差

2) 高差计算:例如第一点(后视)数值为1.53m,第二点(前视)数值为1.15m,两点高差为:

$$1.53-1.15=0.38m$$

说明第二点比第一点高38cm。

提示:

读数前后都要检查符合气泡两端是否吻合。

每次转动望远镜后,均需检查、调整符合气泡,使气泡两端吻合。

读数前水准标尺应竖直。

高差计算方法是用后视读数减去前视读数。如相减的值为正数,说明前视比后视高,反之则说明低。

读数小的地势高,读数大的地势低。

(2) 水准仪的抄平(以室内抄平为例)

1) 将水准尺放在±0.000标高位置上,如水准尺上读数为1.67m,而要抄室内50cm高的水平线时,扶尺者只要将尺放到抄平处,由观测者在望远镜中读得1.17m数值时(1.67−0.50=1.17m),则尺的下端点即为高50cm水平线的标高位置。用红蓝笔在尺底划短线作记号,各点测完后用墨斗弹出墨色水平线(见图1-38、图1-39)。

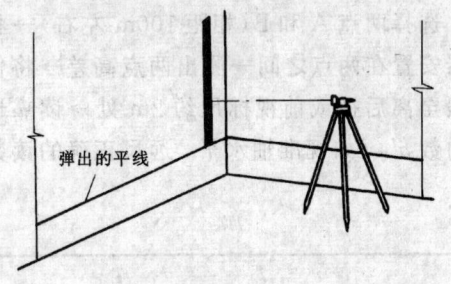

图 1-38　抄平弹线

2) 为使读数吻合十字丝横丝,尺需上下移动,其方向与指挥手势方向相反(见图1-40)。

提示:

同时测定同一标高点的工作称抄平。

1.2.3　测视误差

(1) 误差因素与消除

见表1-2内容。

(2) 水准管轴的检验方法

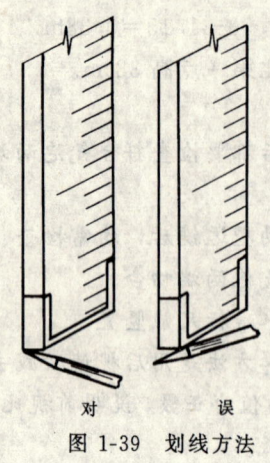

图 1-39 划线方法

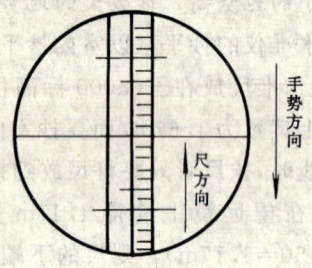

图 1-40 手势方向

应为：$b'_2 = a'_2 + h$）→将望远镜对准远尺→十字丝横丝对准尺上 b'_2 值处（如水准管气泡居中，仪器没有误差，否则就要进行校正）（见图 1-41、图 1-42）。

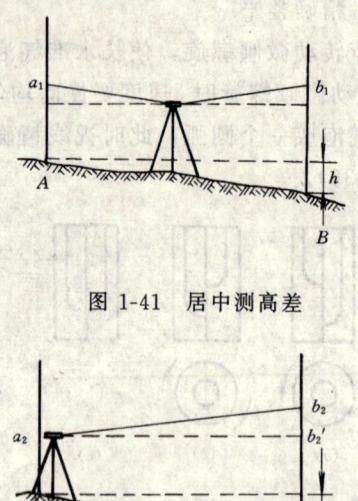

图 1-41 居中测高差

图 1-42 靠近尺测高差

步骤如下：

选择两点 A 和 B（相距 100m 左右）→将仪器安置在两点之间→测出两点高差→将仪器搬至离后视或前视标尺约 2m 处→读靠近尺的数 a'_2（如视准轴水平，远尺正确的读数

校正：

当视准轴对准 b'_2 数值时，如水准管的气泡不居中，这时只要拨动水准管的校正螺丝使气泡居中，此时水准管轴处于水平位置。这种校正要进行几次才能较精确。

表 1-2

原　　因	消 除 方 法
1. 水准仪的视准轴和水准管轴互不平行引起误差	对水准仪进行检验和校正
2. 支架放在松软土上引起仪器下沉；地面蒸汽上升影响视线观察；日照强烈时，中午前后视线跳动严重；风雨天气进行测量等自然环境引起的误差	支架应放在坚实土质上 上午抄平时应将仪器支架高出地坪最少 50cm 日照强烈时，应打伞观察 应在无风雨天气进行测量
3. 调平不准确；扶尺不直；仪器被碰动；读数不准等由操作引起的误差	操作者应对工作极端负责，认真细致的操作，提高精确度，减少误差

```
                    小      结

    (1)仪器安装应平稳,调平精确,消除视差,视线距离不宜超过100m,前后
距离应尽量等长。
    (2)读数前,应将长气泡严格居中,不居中不能读数,读数后还要再次检查
气泡是否居中。
    (3)读数前,应弄清仪器与尺子的特点,以防读错,避免误差。
    (4)水准尺要竖在坚硬之处,尺子要竖直。要经常检查尺底是否沾上泥和塔
尺接合处是否正确,以免造成读数误差。
    (5)记数应认真、精确,为防止听错、记错,应及时回报读数。
    (6)对水准仪要轻拿、轻放;防雨防潮防晒防震;不要用手触及物镜、目镜;
应经常用软毛刷刷去其灰尘。
```

习题

1. 叙述水准仪安置的步骤方法和要领。
2. 叙述圆水准器的调平方法。
3. 叙述管水准器的调平方法。
4. 叙述照准标尺的步骤方法和要领。
5. 怎样消除视差?
6. 叙述测定两点高差的步骤方法。
7. 以室内抄平为例叙述水准仪抄平的步骤方法。
8. 叙述引起测定误差的因素和消除误差的方法。
9. 叙述水准管轴的检验与校正方法。
10. 水准标尺读数时应注意哪些事项?
11. 水准仪保管、操作时,应注意哪些事项?

1.3 经纬仪的应用

建筑施工中,经纬仪被广泛用于房屋的定位放线;测定水平、垂直角度;观察建筑物的垂直度。为此,掌握其使用方法很有必要。

1.3.1 仪器安置

此部分内容与水准仪安置大体相同,现将不同点介绍如下。

(1)经纬仪使用时的操作程序:支好三脚架→拧紧脚架螺旋→从仪器盒中取出仪器放在脚架上→拧紧脚架头下面的连接螺旋→用垂球或光学对中器进行测站对中→整平仪器→转动望远镜照准目标→调节焦距→消除视差→读数。

提示:

旋转照准部前需松开制动螺旋,以免损坏部件。

大体照准目标后,应固紧制动螺旋,使用微动螺旋准确照准目标。

若仪器被碰动或发现长气泡偏离中心超出一格,应重新整置仪器进行观测。

仪器不应受阳光直射,阳光会对气泡位置产生影响。

(2)用锤球对中整平经纬仪步骤:目测使三脚架的基座中心大致在测站点铅垂线上

→将锤球挂在基座连接螺丝上→球尖尽量对准测站点→挪动经纬仪使锤球尖准确对准测站点→固紧连接螺丝→使圆水准器气泡大致居中→使长水准管气泡居中→再检查锤球尖是否对中（如少量偏差还需重复对中动作进行对中）→再检查气泡是否居中（若有少量偏离，重复整平动作进行整平）。

提示：

对中、整平要反复进行，最终使经纬仪处于对中、整平状态。

目测对中时，可用手拿一小石头以基座中心自由落下，根据偏差方向移动三脚架对准点位。

对中时，若锤球尖偏离测站点1cm内只需用踩紧脚架进行调整。

转动照准部时，长水准管气泡在任何方向均应居中。

对中偏差不应大于2mm。

（3）用光学对中器对中整平经纬仪步骤：目测使基座中心大致对准测站点→观察光学对中器目镜→一只手扶稳仪器另一只手搬动脚架腿→使测站点标志进入光学对中器圆圈内（视略对中）→移动经纬仪准确对中→使圆水准器气泡大致居中→使长水准管气泡居中。

提示：

用光学对中器对中整平速度快、精度高，且不受风影响。一般情况不需要二次对中整平。

整平误差要求水准器气泡最大偏离不得超出1～2个水准管分划值，即水准气泡不得超出1～2格（DJ₆经纬仪长水准管每格为2mm，每格角值30″）。

（4）经纬仪长水准管整平步骤：松开照准部制动螺丝→转动照准部（使水准管与两个脚螺丝1、2连线大致平行）→两手按相反方向旋转脚螺丝1、2→使气泡居中（气泡左右移动方向与左手大拇指转动方向一致）→将照准部转动90°（使水准器管与脚螺丝1、2大致垂直）→旋转脚螺丝3→使气泡居中（见图1-43、图1-44）。

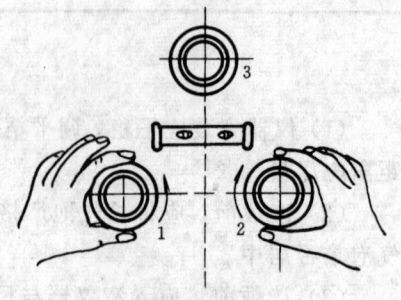

图1-43　水准管平行脚螺丝（1，2）

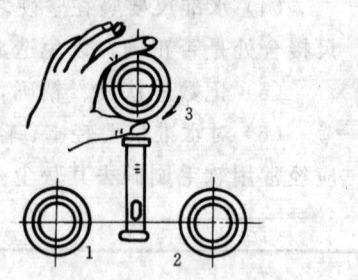

图1-44　水准管垂直两脚螺丝（1，2）

1.3.2　读数方法

（1）分微尺测微器的读数方法

1）图1-45为使用分微尺的J₆仪器读数显微镜中的视场影像。上格是水平度盘和测微尺的影像，下格是竖盘和测微尺的影像。

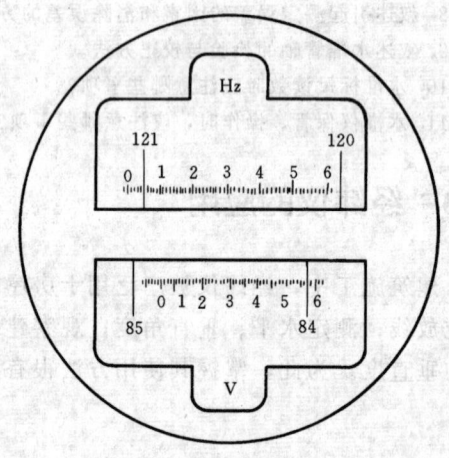

图1-45　分微尺测微器读数

提示：

字角上的°表示度；′表示分；″表示秒。

在度盘上的一格为1°，分微尺上的一格为1′。

2）读数

a. 目标照准后，落在分微尺上的度盘分划线的值为度。

b. 该条度盘分划线所指的分微尺上的分格数值为分。

c. 该条度盘分划线所指的分微尺上分格之间的数值为秒。

d. 三项相加就是此方向的全读数。

提示：

例如图中水平度盘度数为 121°；垂直度盘度数为 84°。

例如图中上格分微尺分数为 5′；下格分微尺分数为 57′。

例如图中上格分微尺秒数为 2″；下格分微尺秒数为 5″。

水平方向的全读数为 121°05′02″；垂直方向全读数为 84°57′05″。

（2）单平板玻璃测微器的读数方法

1）图 1-46、图 1-47 中的三个读数窗下方为水平度盘的分划像；中间为竖直度盘的分划像；上方为测微尺的分划像。

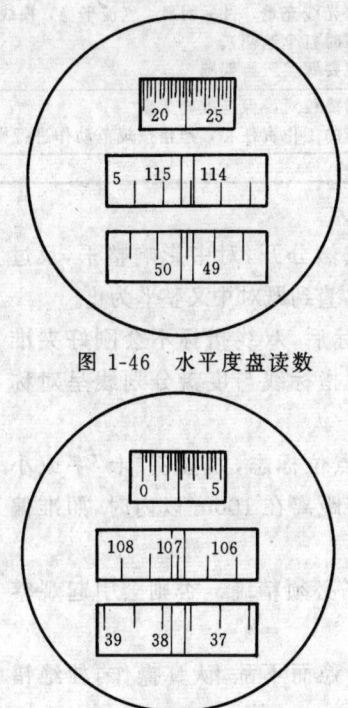

图 1-46　水平度盘读数

图 1-47　竖直度盘读数

2）度盘从 0°～360°分划，每度分为两格，每格 30′。测微尺从 0′～30′分划，每分又分三

格，每格 20″。

提示：

中、下两个窗格中间的双线为指标线，上格的指标线为单线。

3）读数：

a. 目标照准后，转动测微轮，使度盘一条分划线精确平分指标线，该分划线的数值为度、分。

b. 不足 30′的小数再以测微尺上依据指标线读出（指标线所指的数值为分、秒）。

c. 二项相加就是此方向的全读数。

提示：

例如图中水平度盘的读数为 49°30′；竖直度盘的读数为 107°。

例如图中测微尺水平读数为 22′30″；竖直读数为 1′55″。

水平方向全读数为 49°52′30″；竖直方向全读数为 107°1′55″。

1.3.3　水平角的测设

在测点上按仪器安置顺序将经纬仪安置好→将度盘读数对准 0°00′00″→松开制动螺旋→用望远镜照准目标→固定度盘制动螺旋→调节微动螺旋，使十字丝中心对准目标（即用十字丝中段竖直的双丝把目标夹在中间）→再松开制动螺旋→用望远镜照准另一目标→重复后视点动作读数→该数值即为水平角值（见图 1-48）。

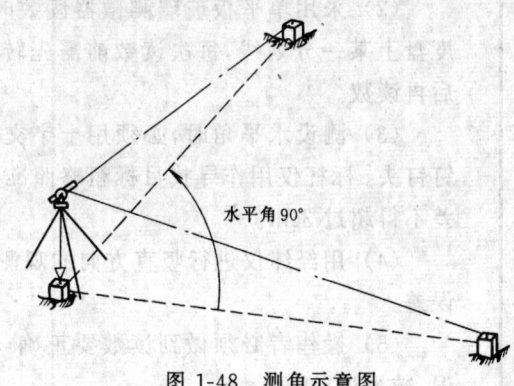

图 1-48　测角示意图

提示：

后视点：先瞄准的目标点。

前视点：顺时针转动后瞄准的点。

后视边：测站点与后视点的连线。

前视边：测站点与前视点的连线。

1.3.4 竖直方向的观测

将经纬仪安置在所要观察对象的前面（大致在一条直线上）→整平（必须精确）→将望远镜照准目标底部中心线→固定制动螺

旋→对光并将十字丝对准测定目标→竖向转动望远镜从下往上观察→测定其偏差数值或测定构件中心线（竖直线）（见图1-49、图1-50）。

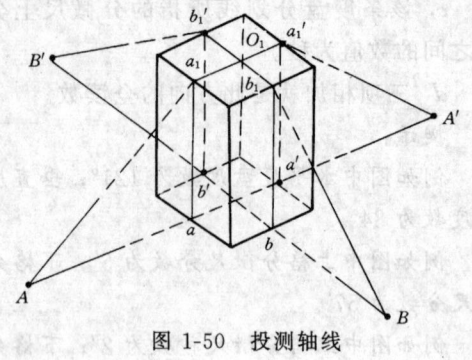

图 1-50 投测轴线

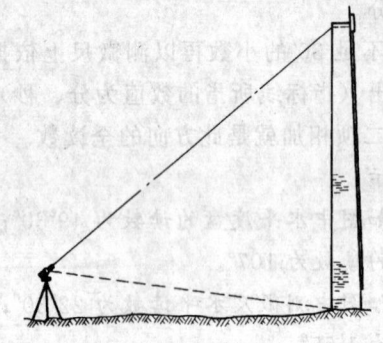

图 1-49 测定构件垂直度

1.3.5 测视误差

见表 1-3。

表 1-3

原　　因	消　除　方　法
1. 经纬仪的制造、装调和度盘刻划中心并不与照准部旋转中心重合等因素引起的误差	通过盘左、盘右（倒转望远镜进行重复观察）测定读数，取其平均数消除误差
2. 气候的变化如风天、雾气、太阳光强烈；仪器支在松软土上造成仪器下沉等自然环境引起的误差	测量时要求光线充足、目标明显、气流平稳，视线不迎光（阳光强烈时打伞遮阴）。 测量时一定要踩实三脚架腿
3. 对中不准，整平不精确，目标没照准，读数有误，观测不仔细等由操作引起的误差	读数、观测要校对，保证准确无误 提高操作者的工作责任心，严格按规范动作进行操作

小　　结

（1）经纬仪安置中，对中、整平两项工作不能截然分开，对中影响整平，反过来整平又影响对中，互相制约，往往要反复进行若干次，直到既对中又整平为止。

（2）采用单平板玻璃测微器读数时，当瞄准目标后，双线指标不会刚好夹准度盘上某一分划线，每次读数前需先转动测微轮，使指标线与度盘分划线呈对称后再读数。

（3）测设水平角时，必须用十字交点正确照准点位标志，如桩顶"十"字或小钉钉头。标杆仅用作寻找目标粗略照准目标之用。当距离在100m以内时，照准偏差不得超过3cm。

（4）用经纬仪进行竖直方向的观测时，仪器整平必须精确。否则会引起观察误差。

（5）操作者必须做到读数要正确，观察要校对，稳而不乱，认真操作，杜绝错误，减少误差。

（6）经纬仪应专人使用保管。要轻拿、轻放，防雨防潮防晒防震。不要用手触及物镜、目镜，应经常用软毛刷刷去其灰尘。定期进行检验修理和擦洗工作。

习题

1. 在测量放线工作中经纬仪起什么作用?
2. 叙述经纬仪的使用操作程序和要点。
3. 叙述用锤球对中整平经纬仪的步骤和要领。
4. 叙述用光学对中器对中整平经纬仪的步骤和要领。
5. 叙述经纬仪长水准管整平的步骤和要领。
6. 普通经纬仪有哪几种读数装置?叙述各种读数方法和要领。
7. 叙述水平角测设的方法和步骤。
8. 叙述竖直方向观测的方法和步骤。
9. 使用经纬仪测视时有哪几种误差?
10. 叙述消除测视误差的方法和注意事项。
11. 使用保管经纬仪应注意哪些事项?
12. 消除水平角测设误差的关键步骤有哪些?
13. 消除竖直方向观测误差的关键步骤有哪些?

1.4 简单房屋的定位放线

新建一栋房屋,首先要使用测量仪器将房屋的位置定好即将主轴线测定好。房屋的定位放线正确与否,直接影响到下步建筑施工,对此,应予高度重视。

1.4.1 准备工作

(1) 室内准备

1)审核图纸:主要是检查尺寸是否正确。即分尺寸之和与总尺寸是否一致;建筑图与结构图以及有关详图尺寸是否一致。

2)制定放线方案:确定放线顺序;计算放线数据;放线技术交底;使测量放线人员做到心中有数。

3)配备需使用的测量仪器和工具,并进行必要的检验校核。

提示:

弄清各图之间的尺寸关系;列出有矛盾的尺寸;查对有无遗漏尺寸。

严格按图正确尺寸放线,不得擅自改动尺寸。

对使用仪器、钢尺等进行检查拭擦。

(2) 现场准备

1)接受红线图:建设单位新建房屋征用建筑用地均需城市规划管理部门审批,并在建筑总平面图上画出限制房屋边界位置线(俗称"建筑红线")。所有新建房屋都要建在红线画定的范围内(见图1-51)。

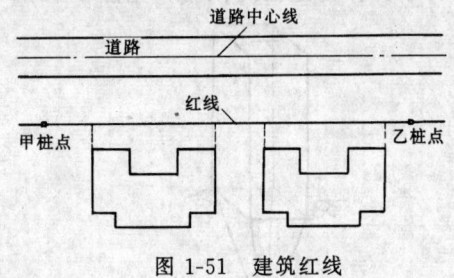

图 1-51 建筑红线

提示:

接受红线图后,在实地即可确定建筑红线桩的位置(确定红线的两个桩点)。

2)接受水准基点:在新建地区新建房屋必须了解和引进水准点的标高。水准基点由混凝土浇灌成一墩,在墩上埋有一个半球型金属球面,球面顶部绝对标高值是由国家测绘部门测定的。新建房屋地面标高±0.000所对应的绝对标高值,是根据水准基点确定的(见图1-52)。

提示:

在原有建筑群建房时,高程可从相邻原

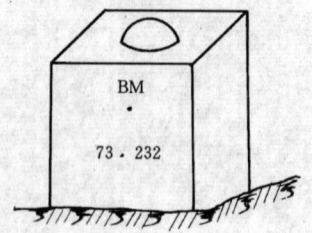

图 1-52 水准基点

建筑地面标高引测。

我国是以青岛黄海平均海水面作为大地水准面(高程为零)。各地水准基点对它的高差称绝对标高。

3)踏勘施工现场:到施工现场了解情况,弄清施工工地与周围建筑物的关系以及应避开的障碍物等。

提示:

便于制定定位放线方案。

(3)其他准备

1)木桩准备:用 5cm 见方木料制作,长约 60cm。木桩一头砍成尖头便于打入土中,上面钉小钉作为定位的依据(见图 1-53)。

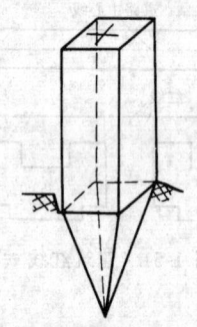

图 1-53 木桩

2)标杆准备:用圆木或硬质塑料管制作,直径约 3cm,长约 2.5m。漆成红白相间颜色,杆底装金属铁脚插入地面作为照准方向的标志(见图 1-54)。

3)测钎准备:用钢筋制作,直径为 4~6mm,长 30cm。上端制成小圆圈,下端磨尖,插入土中作为每一尺段量距的标志。有时在圆圈上系红布条,便于寻找(见图 1-55)。

4)小木橛准备:用 10mm×20mm 木条

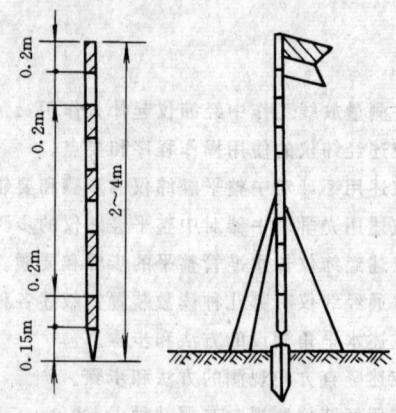

图 1-54 标杆

制作,长约 15cm。土方开挖抄平时打入土壁,用以确定土方开挖深度(见图 1-56)。

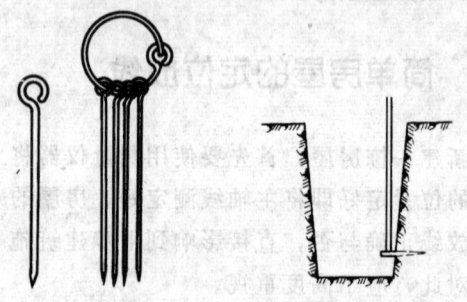

图 1-55 测钎　　　图 1-56 小木橛

5)龙门板准备:用 2cm 厚木板制作,其长度根据基槽宽度确定,朝上一边刨光平直。木板横跨基槽两端钉在木板桩上,并使木板上边水平高度定为房屋的±0.000 标高。板上刻有基槽边线及中心线的标志(用小钉钉入)作为基槽开挖、基础施工的依据(见图 1-57、图 1-58)。

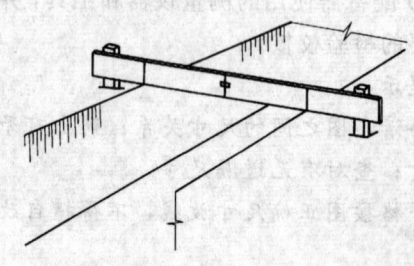

图 1-57 龙门板

6)灰线挡板准备:基槽开挖前,需用白

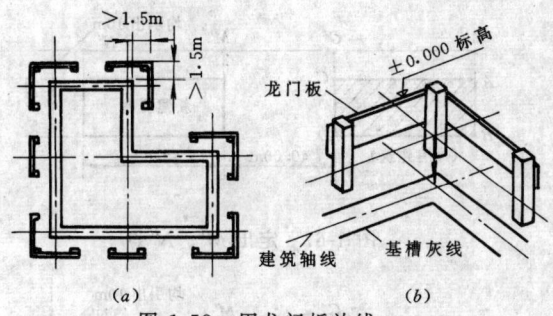

（a）　　　　　　　（b）

图 1-58　用龙门板放线

（a）基础放线；（b）基础引线

灰实地撒线。撒灰线时，用挡灰板遮挡铁锹徐徐落灰，边撒边移动挡板，可使白灰线平直清楚（见图 1-59）。

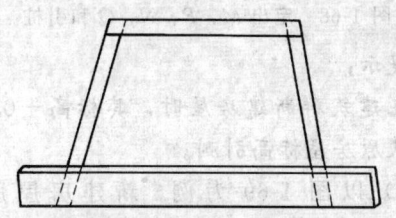

图 1-59　灰线挡板

1.4.2　测定主轴线及标高（根据"建筑红线"或原有建筑物测设定位轴线）

（1）根据"建筑红线"测设定位轴线

1）以图 1-60 为例。甲、乙为两个定位桩点，甲乙连线为建筑红线，现测定 8 号楼主轴线。

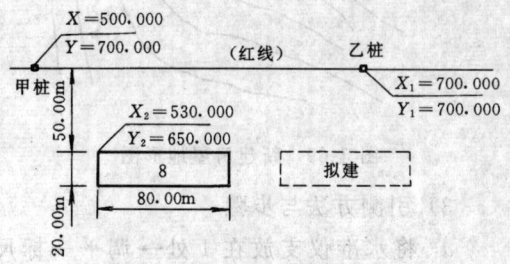

图 1-60　新建房屋及红线图

2）测定方法与步骤：

a. 将经纬仪安置在甲桩上→对中整平→将望远镜照准乙桩点中心→沿红线朝乙桩方向量出 A' 点（$x_2-x=530m-500m=30m$）→在 A' 点插标杆→将望远镜纵转照准 A' 处→设置临时桩点 A'→用同样方法测定 B' 点（见图 1-61、图 1-62）。

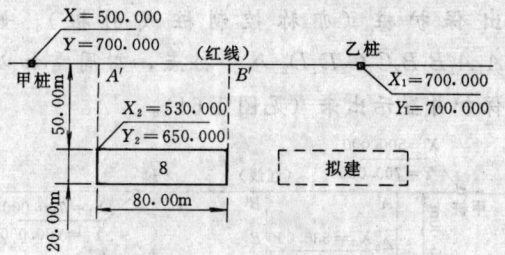

图 1-61　定出 A'、B' 桩点

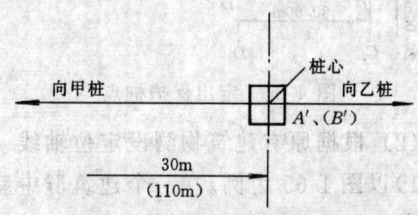

图 1-62　丈量 A'、B' 桩点

b. 将经纬仪移至 A' 点桩处→对中整平→将度盘数值均转至 $0°00'00''$→将望远镜照准乙桩点（并倒镜对准甲桩点检验两点是否一致）→松开制动螺丝望远镜旋转 $90°00'00''$ 朝 A 方向照准→由 A' 点向 A 点方向量出 50m→插上标杆→将望远镜照准标杆→定出 A 点桩位→用径纬仪延伸向 C 点（A、C 距离为 20m）→定出 C 点桩→用同样方法定出 B、D 点桩位（见图 1-63）。

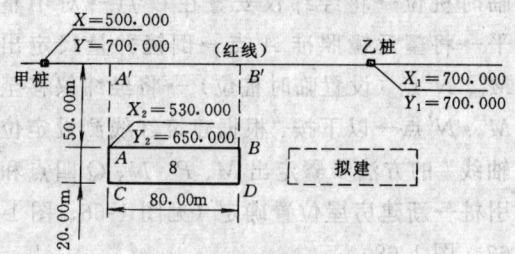

图 1-63　定出 A、B、C、D 桩点

c. 将经纬仪安置在 C、D 桩点前视 A、B 桩点并旋转 $90°$ 角，检验 CD 线是否垂直 AC 或 BD 线。还要从 C 点往 D 点量尺寸检验桩位是否正确（必要时需检验 A、B 桩点尺寸是否正确）。

提示：

丈量距离与设计边长之差相对误差为 $1/2000 \sim 1/4000$。

桩位定好后，还需在离房屋 2m 以外定

出 保护桩（亦称控制桩或引桩）。如 $A_1A_2B_1B_2C_1C_2D_1D_2$ 八个桩点，四周需加以保护并显示出来（见图1-64）。

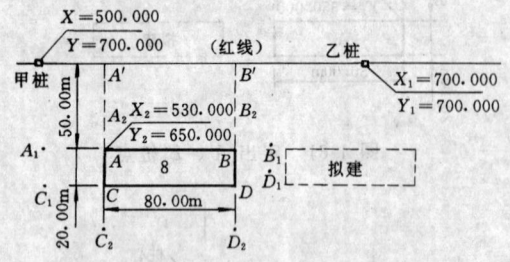

图1-64　定出保护桩点

（2）根据原有建筑物测设定位轴线

1）以图1-65为例。在一个建筑群中新建一栋房屋，没有"建筑红线"。现按旧建筑尺寸关系来测定新建房屋主轴线。

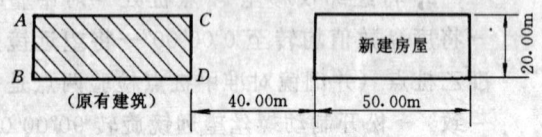

图1-65　新、旧房屋尺寸关系

2）测定方法与步骤：

用小线顺 AB、CD 墙边延长到 A'、C' 点（均引出10m）→A'点插入标杆→C'点设置临时桩位→将经纬仪安置在 C' 点→对中整平→将望远镜照准 A' 点→倒镜并量尺定出 M'、N' 点（设置临时桩位）→将经纬仪移至 M'、N' 点→以下按"根据建筑红线测设定位轴线"的方法步骤定出 M、P、N、Q 四点和引桩→新建房屋位置确定（见图1-66、图1-67、图1-68）。

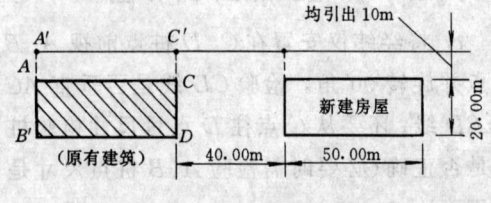

图1-66　定出 A'、C' 点

（3）绝对标高的引测

1）在新区建新房而周围地段无标高依据可找时，应从远处水准基点引测新建房屋 ±0.000的绝对标高值。

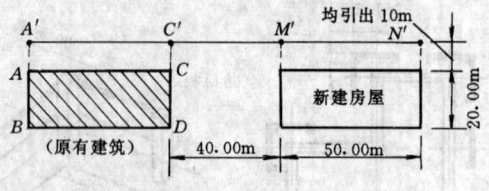

图1-67　定出 M'、N' 点

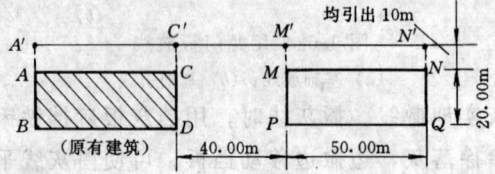

图1-68　定出 M、P、N、Q 和引桩

提示：

在建筑群新建房屋时，其标高±0.000值可从原房屋标高引测。

2）以图1-69为例。新建房屋所定±0.000绝对标高为60.5m，水准基点绝对标高为59.413m。两者距离即远又有障碍，现从水准基点向新建房屋引测绝对标高。

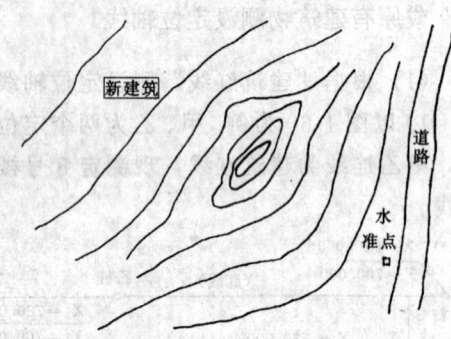

图1-69　新建房屋地形图

3）引测方法与步骤

a. 将水准仪支放在Ⅰ处→调平→标尺立在基点金属球面顶上→读数（假设1.47m）→转动水准仪对准中转点 A→读数（假设1.31m）→测得 A 点比基点高0.16m（1.47－1.31＝0.16m）→测得 A 点绝对标高值59.573m（59.413＋0.16＝59.573）。（见图1-70）。

提示：

Ⅰ点离水准基点50～100m且无障碍。

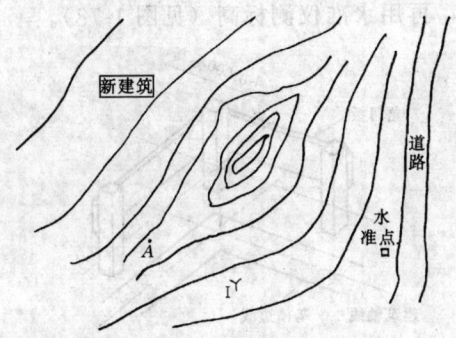

图 1-70　引测 A 点标高

b. 将水准仪移到 II 点→调平→标尺立在 A 处→读数（假设 1.56m）→转动水准仪对准 B 标尺→读数（假设 0.88m）→测得 B 点比 A 点高 0.68m（1.56－0.88＝0.68m）→测得 B 点绝对标高值为 60.253m（59.573＋0.68＝60.253m）（见图 1-71）。

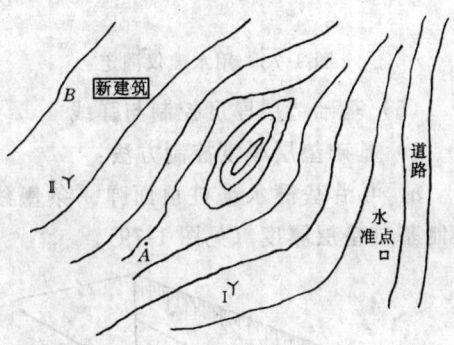

图 1-71　引测 B 点标高

提示：

II 点位置距离 B、A 点大致相同。

c. 在 B 处打一木桩（高出地坪 50～60cm）→将尺靠着木桩→移至读数为 0.633m 处→在尺底下端木桩上划一红铅笔痕→此痕为新建房屋±0.000 标高→房屋抄平以此为准引测。

提示：

B 点处绝对标高为 60.253m 比±0.000 的绝对标高低 0.247m（60.50－60.253＝0.247m）。要使尺底绝对标高为 60.50m，应提高标尺 0.247m，其读数为 0.88－0.247＝0.633m。

d. 如附近有旧房或电杆，可用一根已刻

好尺寸的木尺，将底端对准测好的标高±0.000 线并固定于其上，以此进行抄平（见图 1-72）。

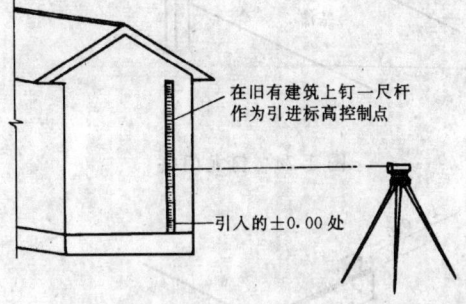

图 1-72　用木尺作标记

1.4.3　基础放线与施工测量

（1）控制桩的测设

1）轴线控制桩是设置在轴线两端延长线上，距离基槽 2m 以外。也可把轴线投到附近固定的建筑物上（施工不受影响）。

提示：

基槽开挖时，中心桩均被挖掉。为便于下步施工与质量检测，应在轴线延长线两端测设轴线控制桩。

2）在定轴线中心桩的同时，应对建筑物四角控制桩进行测设，以提高放线精度（见图 1-73）。

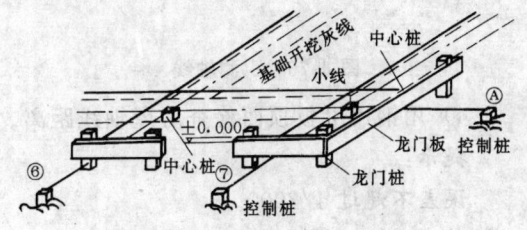

图 1-73　测设控制桩

（2）龙门板的测设

1）在轴线两端基槽外 0.8～1.2m 处设置龙门桩。钉桩要牢固竖直、桩面与基槽平行、两桩连线垂直该轴线（见图 1-74）。

2）将龙门板钉在龙门桩上，板的上边缘标高正好为±0.000（用场地内水准点引测校核龙门板的高程）（见图 1-75）。

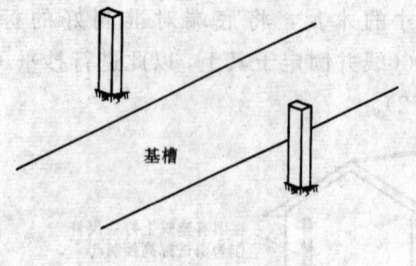

图 1-74　钉龙门桩

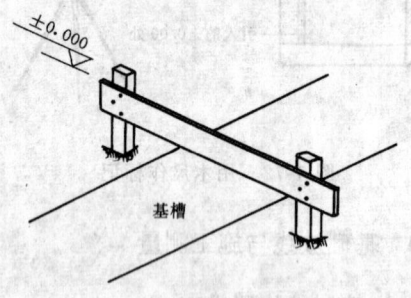

图 1-75　钉龙门板

3）用经纬仪引测轴线到龙门板上，根据轴线用钢尺在板上量取基槽边线，并用小钉作标志（见图 1-76）。

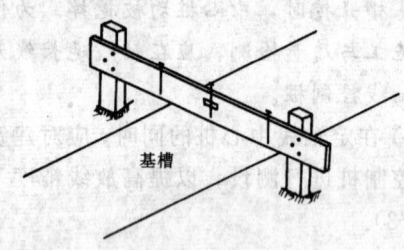

图 1-76　引测轴线

4）用钢尺沿板顶面检查房屋轴线距离。

提示：

误差不超过 1/2000。

（3）基槽开挖边界撒白灰线

将龙门板上标出的基槽开挖边线用小白线拉直（按同轴线进行），并沿小线用挡灰板撒上白灰线。

（4）基槽开挖深度测定

1）第一种方法：将龙门板拉通小线用钢尺直接丈量测定（见图 1-77）。

2）第二种方法：在距设计槽底 0.3～0.5m 处的槽壁上，每 2～4m 钉设一个水平桩，再用水准仪测标高（见图 1-78）。

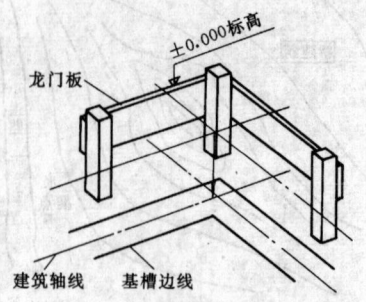

图 1-77　用龙门板测定

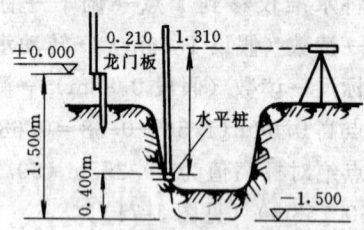

图 1-78　用水准仪测定

（5）基础垫层厚度控制与弹线

1）基础垫层厚度控制方法：

a. 可沿基槽水平桩顶面弹一条墨线来控制基础垫层厚度（见图 1-79）。

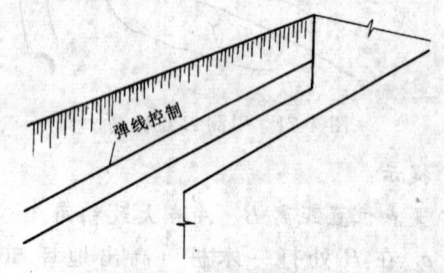

图 1-79　弹线控制

b. 可将龙门板拉线用钢尺直接丈量以控制基础垫层厚度（见图 1-80）。

c. 可在槽底呈行列式或梅花形测设小木桩控制垫层厚度（见图 1-81）。

提示：

桩顶同垫层标高，其间距为 2～3m。

2）垫层弹线：

a. 可将经纬仪安置在轴线延长线上，用望远镜照准龙门板轴线标志，然后向下转动望远镜照准垫层。根据望远镜照准点每隔 10

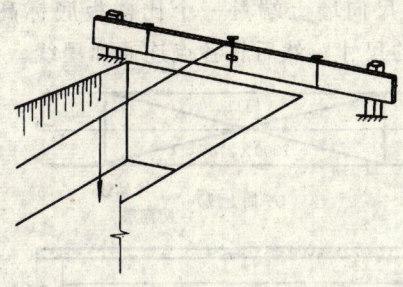

图 1-80　拉线尺量控制

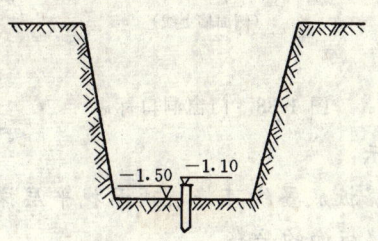

图 1-81　设桩控制

~15m 划红线痕，再用墨线将红痕连接弹出，此线即为基础轴线（见图 1-82）。

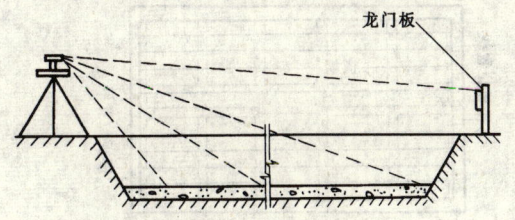

图 1-82　用经纬仪放轴线

b. 也可将龙门板拉线，然后用线锤挂在拉线上往下垂到垫层上面，再用墨线将各点连接弹出，此线即为基础轴线（见图 1-83）。

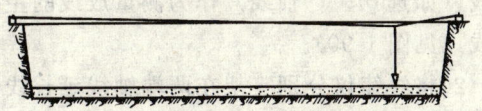

图 1-83　用龙门板放轴线

c. 依据轴线用钢尺按图示尺寸，将基础大放脚的宽度、附墙砖垛、穿墙孔洞等位置用墨线弹出（见图 1-84）。

d. 用水准仪将预先埋好的木桩上抄出皮数杆下端水平线，并将皮数杆下端与抄好的木桩水平线重合钉牢。至此即可排砖搭底砌筑基础（见图 1-85）。

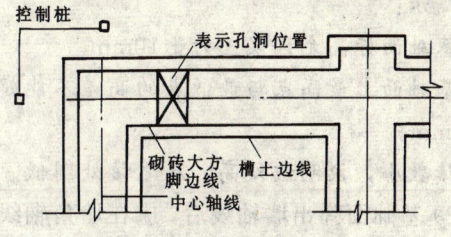

图 1-84　弹基础边线

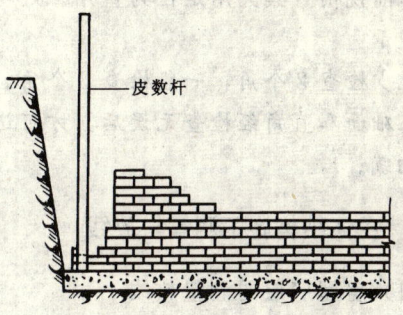

图 1-85　立基础皮数杆

（6）将轴线、标高引测到基础墙

基础砌完后，应根据龙门板将墙的轴线，用经纬仪引测到基础上，并用墨线弹出墙轴线。用水准仪在基础墙身上抄出水平标高线（一般为 −0.15m），并在墙四周弹出墨线，作为控制上部墙身标高的依据（见图 1-86）。

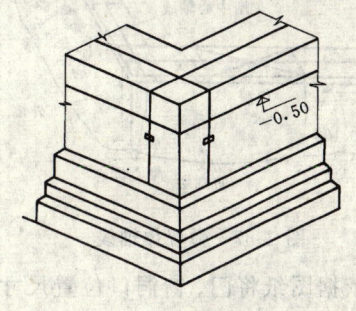

图 1-86　基础上引测轴线

提示：

弹出的墙轴线应标出轴线号或"中"形式。至此龙门板失去了存在作用可拆除。

（7）基础面与直角的检查

1）在基础旁适当位置安置水准仪，分别在基础四角和其他轴线交点上立水准标尺读数。若各处读数一样，说明基础面水平。反之，则说明基础面不平，有高低现象。

提示：

基础面标高允许误差为±10mm。

基础面上最高点与最低点的高差不能超过20mm。

读数小，说明该处高，反之该处则低。

2）基础面弹出墙轴线后，应在墙角轴线交点上安置经纬仪，以一轴线作后视，另一轴线作前视检查其夹角是否为直角。

提示：

至少检查2个角，一般检查3个角。

基础面和直角经检查无误后，方可进行墙体砌筑。

1.4.4 主体结构施工测量与放线

（1）房屋底层的测量放线

1）利用各主要墙上的主轴线，在防潮层面上用细线将两头拉通，沿细线每10～15m划红痕。然后将各点连通弹出墙的轴线，再将其余墙轴线弹出（见图1-87）。

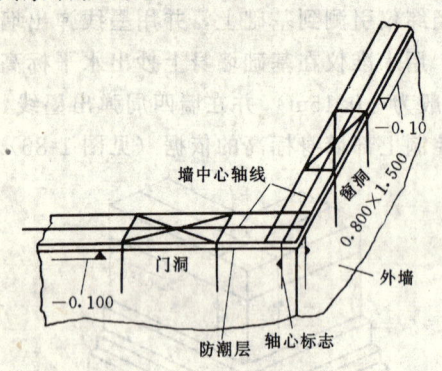

图1-87 弹墙体轴线

2）依据图纸将门、窗洞口位置尺寸用墨线弹在基础墙面上。门洞口打上交叉的斜线。窗口画在墙的侧面，用箭头表示其位置和宽高尺寸（见图1-88）。

3）当墙砌到一步架高后（1.2m高），应随即用水准仪在墙内进行抄平，并弹出高出室内地面0.5m的标高线。

提示：

0.5m标高线是用来控制层高及放置门、窗过梁高度的依据。

4）砖墙砌完后，应依据室内0.5m标高

线用钢尺向墙上端量一个比楼板底标高低0.1m的尺寸。然后将各点连通弹墨线。

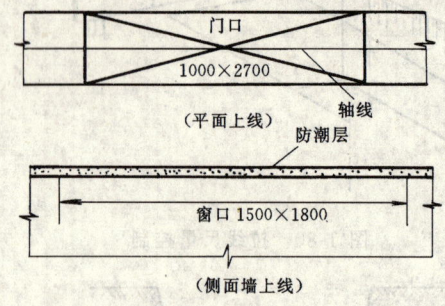

图1-88 门窗洞口标志

提示：

依据板底墨线可将墙顶面找平层抹好，以保证楼板面的平整。

5）在抹好找平层的墙顶面上弹出墙的中心线，并划出安放楼板的位置线，以利楼板吊装就位（见图1-89）。

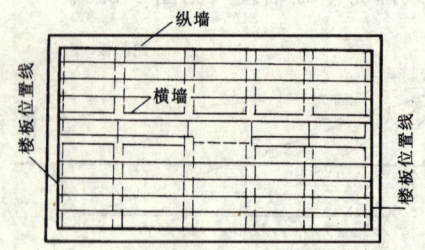

图1-89 安放楼板位置线

（2）二层以上楼层的测量放线

1）在房屋纵横方向中间部位各选取一道轴线（如选⑥、ⓒ轴线）作为测量放线的主轴线（见图1-90）。

2）将经纬仪分别支架在两端轴线延长线上（一般离所测高度10m左右），用望远镜将该轴线中心引测到楼板边棱上，划上红痕并标出记号（见图1-91）。

3）至此，楼层上已有四点（等于决定了楼层互相垂直的一对主轴线），然后可用经纬仪投测或拉通线方法将两轴线用墨线弹出（见图1-92）。

4）互相垂直的一对主轴线定出后，其他各轴线就可根据图纸尺寸，以主轴线为基准

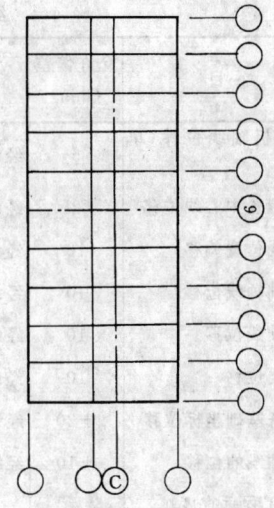

图 1-90 选主轴线

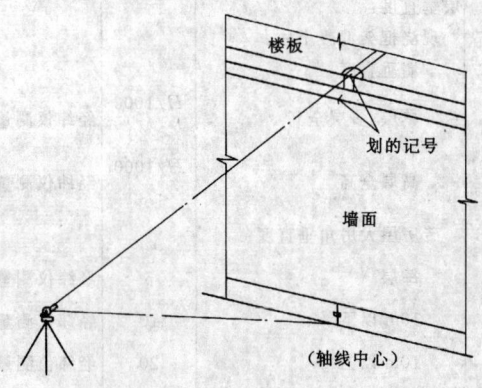

图 1-91 轴线引测

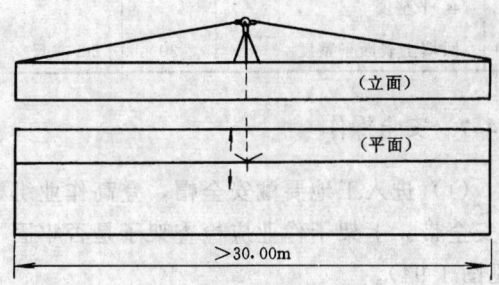

图 1-92 弹出轴线

线,利用钢尺及小线在楼层进行放线。

提示:

对于四周外墙只把里边线弹出,以利检查墙身是否有倾斜现象。

5)当墙砌到一步架高后,应随即用水准仪在墙内进行抄平,并弹出比室内地面高

0.5m 的线。其它放线如门、窗洞口等均同首层放线一样,不再赘述。

提示:

在楼梯间处,用钢尺以下层的 0.5m 标高线往上量一个层高尺寸,就得到上一层的 0.5m 标高点。随后用水准仪抄平,弹出 0.5m 标高线。

1.4.5 地面、散水的抄平放线

(1)地面

做室内地面时,以墙上已弹出的 0.5m 标高线往下量 50cm,再相应的弹上一周与上面 0.5m 线平行的地面上平线。以此线做地面。

提示:

地面上平线弹好后,四周应交圆。地面做好后,其它标高均以地面为基准。

(2)散水

在墙根底下抄平弹出散水里侧的上平线,依据散水宽度,在散水外侧支外模并弹上平线,照内外线条浇抹混凝土(见图 1-93)。

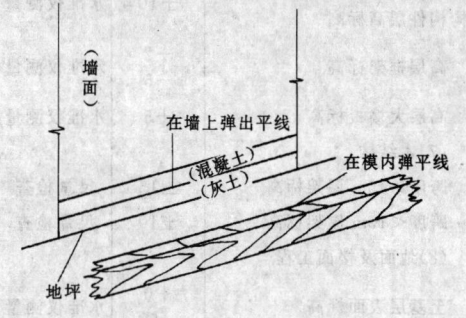

图 1-93 散水抄平放线

1.4.6 质量检测标准

施工时对测量放线的

允许偏差值　　　　　　　表 1-4

序号	项　　　目	允许偏差(mm)	检验方法
	1. 各分项工程的标高偏差		
	(1)土方工程		
1	人工挖方、填方、场地平整标高	±50	水准仪测量

23

序号	项　目	允许偏差 (mm)	检验方法
2	桩基基槽标高	±0～50	水准仪测量
3	排水沟标高	−50	水准仪测量
	(2)三合土地基		
4	地基顶面标高	±15	水准仪测量
	(3)砖石工程基础和墙砌体标高		
5	基础墙砌体顶面标高	±15	水准仪测量
6	毛石砌体基础标高	±25	水准仪测量
7	地下连续墙凿去浮浆后的墙顶标高	±30	拉线和尺量
8	毛石砌体墙体标高	±15	水准仪测量
	(4)料石砌体		
9	毛料石基础标高	±25	水准仪测量
10	毛石料墙体标高	±15	水准仪测量
11	粗石料基础标高	±15	水准仪测量
12	粗石料墙体标高	±15	水准仪测量
	(5)钢筋混凝土工程		
13	单层(多层)模板安装标高	±5	水准仪测量
14	高层大型模板标高	±5	水准仪测量
	(4)现浇混凝土结构		
15	单层(多层)现浇混凝土结构构件层高标高	±10	水准仪测量
16	高层框架标高	+2 −5	水准仪测量
17	高层大楼板标高	±5	水准仪测量
	(7)木结构		
18	跨度＞15m屋架标高	±15	尺量检查
19	跨度＜15m屋架标高	±10	尺量检查
	(8)地面及楼面工程		
20	土基层表面标高	+0 −50	水准仪测量
21	碎石垫层标高	±20	水准仪测量
22	混凝土垫层标高	±10	水准仪测量
23	毛地板拼花木板面层垫层标高	±5	水准仪测量
24	用水泥砂浆做结合层铺设板地面层找平层标高	±8	水准仪测量
25	用胶粘剂做结合层铺拼花木板面层找平层标高	±4	水准仪测量
26	细石混凝土屋面泛水高度	≥120	尺量检查
	2.各分项工程的中心线偏差		
27	地下连续墙成墙后墙顶中心线偏差	30	经纬仪观测

序号	项　目	允许偏差 (mm)	检验方法
28	柱墙梁模板轴线位移(单层、多层)	5	经纬仪观测
29	模板预埋螺栓中心线位移	2	经纬仪观测
30	砖砌体轴线位置偏移	10	经纬仪观测
31	砖砌体基础轴线位移	10	经纬仪观测
32	砖砌体墙轴线位移	10	经纬仪观测
33	砖基础轴线位移	10	经纬仪观测
34	混凝土设备基础坐标位移	±20	经纬仪观测
35	墙边线对轴线的位移	±10	经纬仪观测
	3.各分部工程垂直度		
36	钢筋混凝土隔墙板安装每层垂直度:	3	经纬仪测量
37	现浇框架混凝土柱、墙垂直度		
	单层、多层全高	H/1000 ＜20	经纬仪测量
	高层全高	H/1000 ＜30	经纬仪测量
38	砖房屋大房角垂直度:		
	每层	5	经纬仪测量
	10m以下	10	经纬仪测量
	10m以上	20	经纬仪测量
39	柱子吊安装后垂直度(5m以下)	5	经纬仪测量
	4.平整度		
40	回填土表面平整度	20	2m靠尺

1.4.7 安全操作

(1) 进入工地要戴安全帽,登高作业绑扎安全带。上架子作业应检查架子是否牢固(见图1-94)。

(2) 进入基槽、沟道抄平放线时,应注意两边土体是否有变形裂缝水浸化冻现象,防塌方造成事故(见图1-95)。

(3) 在高层抄平、放线时,遇到有碍物件要及时清理掉,切勿任意往下掷,以免伤人(见图1-96)。

(4) 丈量距离,钢尺通过机电设备时,应防止电线漏电造成触电现象(见图1-97)。

图 1-94 戴安全帽，系安全带

图 1-96 防止往下掷物体

图 1-95 防止塌方

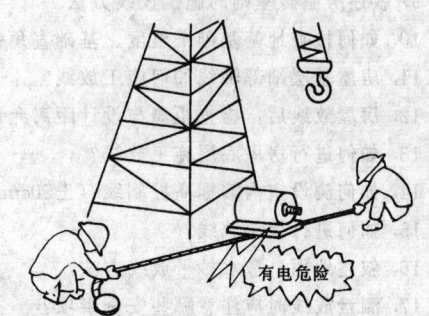

图 1-97 防止触电

小 结

(1)室内准备审核图纸时，如发现尺寸有误，应及时通知设计部门，并根据设计部门发出的书面修改通知书修改图纸。操作者不得任意变动图纸尺寸。

(2)现场准备时可不带仪器只用皮尺进行草测。其目的是为正式施工创造条件。如对新建房屋所占位置予以大概确定；在测定范围内有无需要清除的障碍物；安排运输道、材料堆放等施工用地。

(3)在抄平及主轴线测设全部完成后，放线人员一定要向有关技术部门汇报，由施工技术部门会同设计单位、建设单位共同进行复核，俗称验线。

(4)整个基础线放完后，应经施工技术人员、质量检查人员一起复验。认为合格后才可进行基础砌筑。

(5)首层楼房直接与基础相连接，其放线的准确性直接影响到全楼各层，应精心操作。

(6)简单房屋定位放线的程序：准备工作→测设房屋定位轴线→绝对标高引测→测设轴线控制桩→测设龙门板→基槽边撒白灰线→测定基槽深度→基础垫层厚度控制→垫层弹线→将轴线标高引测到基础墙→房屋底层的测量放线→楼层的测量放线→地面、散水等内外装饰抄平放线。

习题

1. 房屋定位放线的准备工作有哪些？
2. 叙述根据"建筑红线"放线的方法。
3. 叙述根据原有建筑物放线的方法。
4. 基础放线中龙门板如何测设？
5. 轴线控制桩有何作用？如何测设？
6. 基础边线、主轴线如何测设到龙门板上？又如何从龙门板上恢复到基础轴线上？
7. 如何测定基槽深度？
8. 如何控制垫层标高？
9. 叙述房屋砖基础的施工放线方法。
10. 如何检查地基基础平整度、基础直角？
11. 房屋基层细部轴线如何施工放线？
12. 房屋放线后，检查距离与设计距离允许多大误差？
13. 如何进行房屋底层施工放线？
14. 如何测设室内墙标高控制线（±50cm、−10cm）？
15. 如何进行楼层放线？
16. 叙述地面、散水抄平放线方法。
17. 测量放线时应注意哪些安全事项？

第 2 章 砌筑、抹灰使用的工具和机械

2.1 砌筑常用工具

砌筑使用的工具视地区、习惯、施工部位、质量要求及本身特点的不同有所差异。常用工具可分瓦工工具、共用工具、检测工具三类。

2.1.1 瓦工工具（属个人使用保管）

（1）瓦刀：又称泥刀，分片刀和条刀两种。

1）片刀：叶片较宽，重量较大。我国北方打砖、打灰条及发碳用（见图 2-1）。

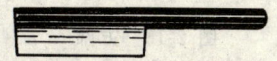

图 2-1 片刀

2）条刀：叶片较窄，重量较轻。我国南方砌筑各种砖墙的主要工具（见图 2-2）。

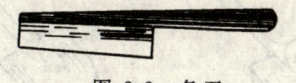

图 2-2 条刀

（2）大铲：分传统型大铲（长三角形、桃形、刀形）和鸳鸯砌铲，均由铲板、铲程、铲箍和铲把组成。砌筑时铲灰、铺灰与刮灰用的工具，多用于我国北方地区（见图 2-3、图 2-4）。

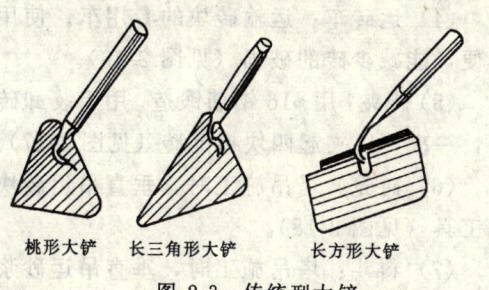

桃形大铲　　长三角形大铲　　长方形大铲

图 2-3 传统型大铲

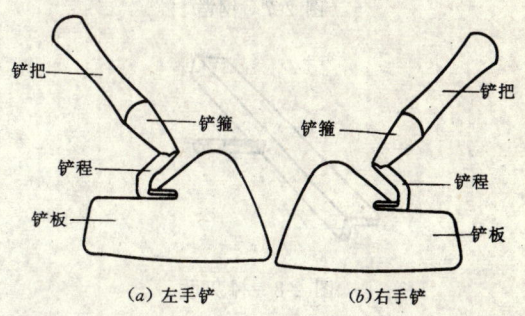

（a）左手铲　　　　（b）右手铲

图 2-4 鸳鸯大铲

（3）刨锛：用以打砍砖块，也可当做小锤与大铲配合使用（见图 2-5）。

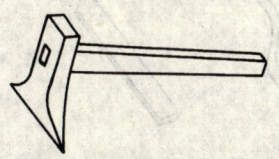

图 2-5 刨锛

（4）手锤：俗称小锒头。用于敲凿石料与开凿异形砖（见图 2-6）。

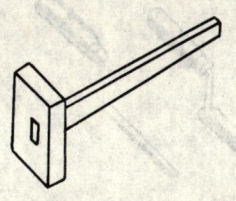

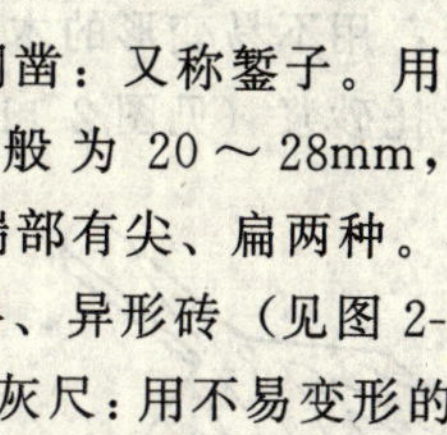

图 2-6 手锤

（5）钢凿：又称錾子。用 45 号钢锻造，其直径一般为 20～28mm，长约 150～250mm，端部有尖、扁两种。与手锤配合用于开凿石料、异形砖（见图 2-7）。

（6）摊灰尺：用不易变形的木材制作，用于控制灰缝及摊铺砂浆（见图 2-8）。

（7）溜子：又称灰匙、勾缝刀。用 $\phi8$ 钢筋打扁成型，并装上木柄。用于清水墙勾缝（见图 2-9）。

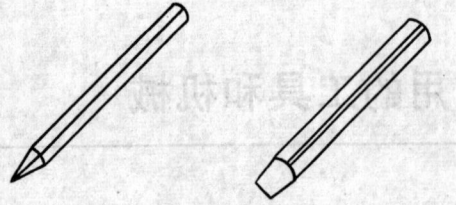

图 2-7 钢凿

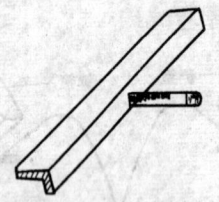

图 2-8 摊灰尺

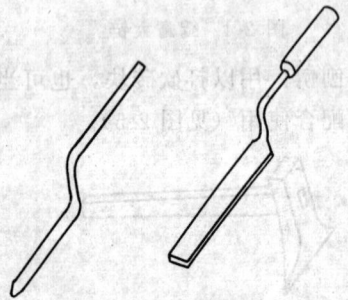

图 2-9 溜子

（8）抿子：用0.8～1厚钢板制成，并装上木柄。用于石墙抹、勾缝（见图2-10）。

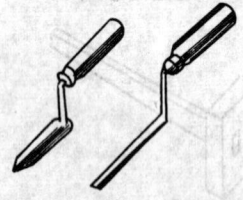

图 2-10 抿子

（9）灰板：用不易变形的木材制作。勾缝时，用于承托砂浆（见图2-11）。

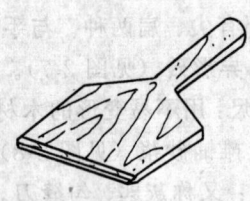

图 2-11 灰板

2.1.2 共用工具（属集体使用保管）

（1）筛子：用于筛分砂子。常用筛孔尺寸有4mm、6mm、8mm等几种（见图2-12、2-13）。

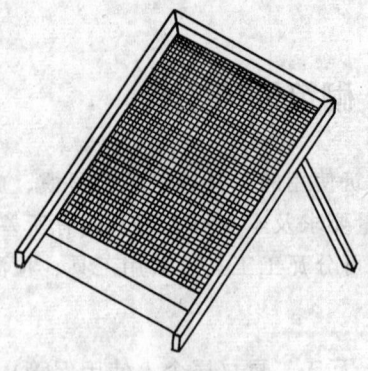

图 2-12 立筛

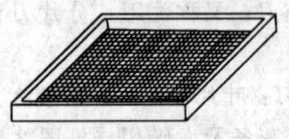

图 2-13 方筛

（2）铁锹：分尖头和方头两种。用于挖土、装车、筛砂等工作（见图2-14）。

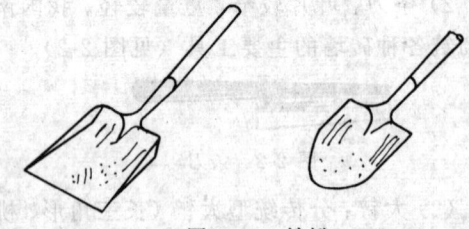

图 2-14 铁锹

（3）工具车：轮轴小于900mm，容量约0.12m³。用于运输砂浆和其它散装材料（见图2-15）。

（4）运砖车：运输砖块的专用车。使用方便，能减少砖的破损（见图2-16）。

（5）砖夹：用φ16钢筋锻造。用于装卸砖块，一次可以夹起四块标准砖（见图2-17）。

（6）砖笼：塔吊施工时，垂直吊运砖块的工具（见图2-18）。

（7）料斗：塔吊施工时，垂直吊运砂浆

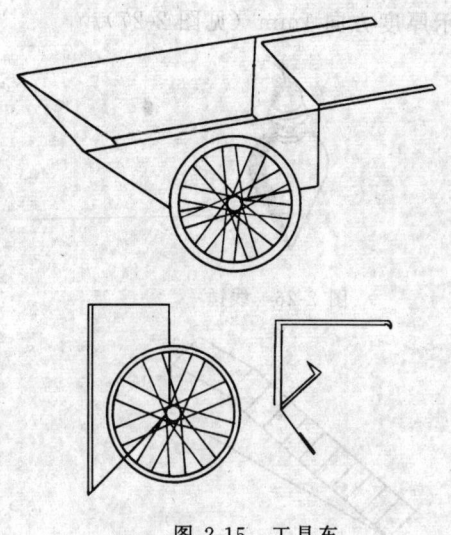

图 2-15　工具车

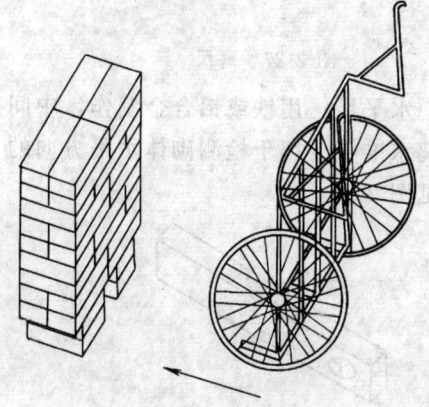

图 2-16　运砖车

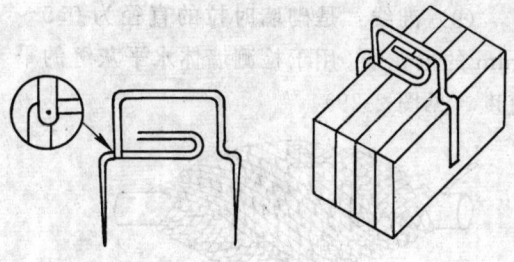

图 2-17　砖夹

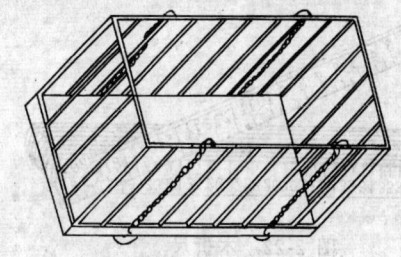

图 2-18　砖笼

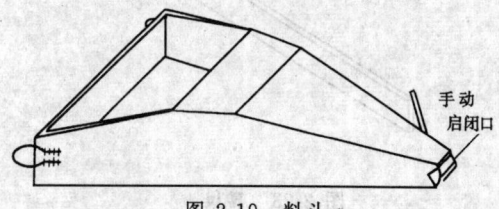

手动
启闭口

图 2-19　料斗

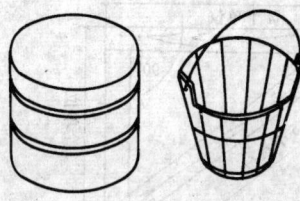

图 2-20　灰斗、灰桶

2.1.3　检测工具（用于工程质量检测）

（1）钢卷尺：有 2m、3m、5m、30m、50m等几种规格。用于量测轴线、墙体和其它构件尺寸（见图 2-21）。

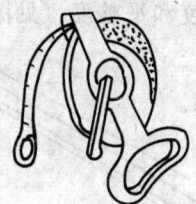

图 2-21　钢卷尺

（2）木折尺：通常为 1m 长，用于测量墙体构件的长度和宽度（见图 2-22）。

（3）靠尺：长度为 2～4m，由非常直及平的轻金属或相应的木板制成。用于检查墙体、构件的平整度（见图 2-23）。

（4）木三角板：根据勾股定理自制，用于检测墙体（如墙角）的直角度（见图 2-24）。

的工具（见图 2-19）。

（8）灰斗：用于存放砂浆。用 1～2mm 厚的黑铁皮制成，也可将火柴油桶切成两半而成（见图 2-20）。

（9）灰桶：又称泥桶，分木制、铁制、橡胶制三种。供短距离传递砂浆及临时贮存砂浆用（见图 2-20）。

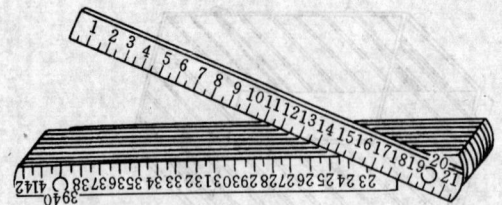

图 2-22 木折尺

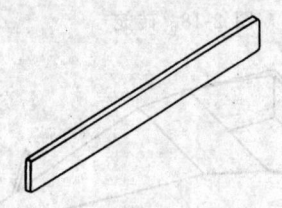

图 2-23 靠尺

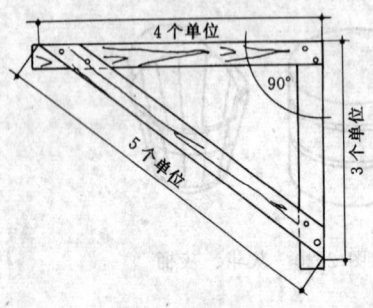

图 2-24 木三角板

（5）托线板：又称靠尺板或弹子板。用木材或铝合金材自制，长度约 1.2～1.5m。用于检查墙面垂直度和平整度（见图 2-25）。

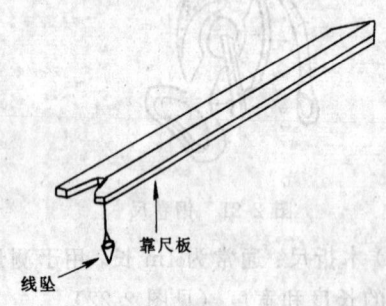

图 2-25 托线板

（6）线锤：又称垂球或吊线陀。与托线板配合使用，用于吊挂墙体、构件垂直度（见图 2-26）。

（7）塞尺：与托线板配合使用。用于测定墙、柱垂直平整度的数值偏差。塞尺上每

一格表示厚度方向 1mm（见图 2-27）。

图 2-26 线锤

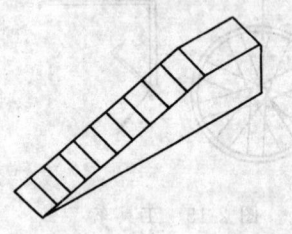

图 2-27 塞尺

（8）水平尺：用铁或铝合金制作，中间镶嵌玻璃水准管。用于检测砌体水平方向的偏差（见图 2-28）。

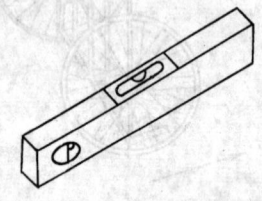

图 2-28 水平尺

（9）准线：是砌墙时拉的直径为 0.5～1mm 的尼龙线。用于检测墙体水平灰缝的平直度（见图 2-29）。

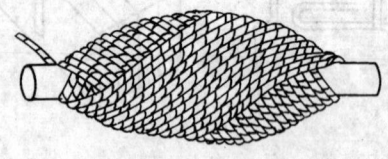

图 2-29 准线

（10）百格网：用铁丝编制锡焊而成，也有在有机玻璃上划格而成。用于检测墙体水平灰缝砂浆饱满度（见图 2-30）。

（11）方尺：用木材制成边长为 200mm 的直角尺，分阴角和阳角墙两种。用于检测墙体转角的方正度（见图 2-31）。

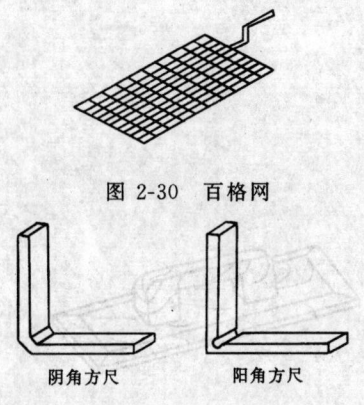

图 2-30 百格网

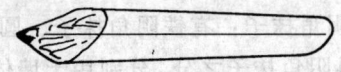

阴角方尺　　　　阳角方尺

图 2-31 方尺

（12）铅笔：砌墙时，用于作记号用。为便于作出清楚的记号，应选用长而粗的铅笔（见图 2-32）。

图 2-32 铅笔

（13）皮数杆：又称线杆。用于控制墙体砌筑时的竖向尺寸，分基础用和墙身用两种。

1）墙身皮数杆：一般用 5cm×7cm、长 3.2×3.6m 的杉木制作。上面划有砖的层数、灰缝厚度、门窗、楼板、圆梁、过梁以及楼层的高度（见图 2-33）。

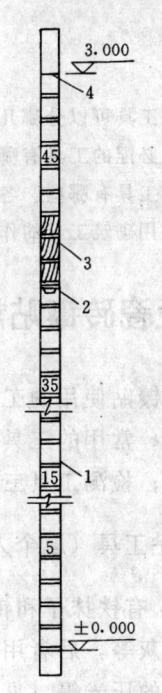

图 2-33 皮数杆

1—表示窗下框；2—表示窗上框；
3—表示钢筋混凝土过梁；4—表示一层楼标高

2）基础皮数杆：一般用 30mm 见方的杉木制作，杆顶应高出防潮层。上面划有砖层数、灰缝厚度、地圈梁、防潮层的高度。

小　结

常用工具汇总表　　　　　　　　　　　　　　　　　表 2-1

类别	名　称	作　　用	类别	名　称	作　　用
瓦工工具	1. 瓦刀	用于砌墙、打砖、打灰条及发碹	共用工具	16. 料斗	用于垂直吊运砂浆
	2. 大铲	用于铲灰、铺灰与刮灰		17. 灰斗	用于存放砂浆
	3. 刨锛	用于打砍砖块		18. 灰桶	用于临时贮存砂浆
	4. 手锤	用于敲凿石料与异形砖	检测工具	19. 钢卷尺	用于量测墙体、构件尺寸
	5. 钢凿	用于开凿石料与异形砖		20. 木折尺	用于量测墙体、构件尺寸
	6. 摊灰尺	用于控制灰缝及摊铺砂浆		21. 靠尺	用于检测墙体、构件平整度
	7. 溜子	用于清水墙勾缝		22. 木三角板	用于检测墙体的直角度
	8. 捆子	用于石墙抹勾缝		23. 托线板	用于检测墙体的垂直度和平整度
	9. 灰板	用于承托砂浆		24. 线锤	用于检测墙体、构件垂直度
共用工具	10. 筛子	用于筛分砂子		25. 塞尺	用于测定墙、柱垂直平整度的数值偏差
	11. 铁锹	用于挖土、装车、筛砂等		26. 水平尺	用于检测砌体水平方向的偏差
	12. 工具车	用于运输砂浆和其它散装材料		27. 准线	用于检测砌体水平灰缝的平直度
	13. 运砖车	用于运输砖块		28. 百格网	用于检测墙体水平灰缝的饱满度
	14. 砖夹	用于装卸砖块		29. 方尺	用于检测墙体转角的方正度
	15. 砖笼	用于垂直吊运砖块		30. 铅笔	砌墙时用于作记号
				31. 皮数杆	用于控制墙体砌筑时的竖向尺寸

习题

1. 常用的砌筑工具可以分哪几类？
2. 砌筑砌体时必配的工具有哪些？
3. 常用的检测工具有哪些？各自检测什么内容？
4. 叙述各类常用砌筑工具的作用和用途。

2.2 抹灰及瓷砖镶贴常用工具

抹灰及瓷砖镶贴使用的工具随地域和习惯不同有所差异。常用的工具可分抹灰镶贴工具；共用工具；检测工具三类。

2.2.1 抹灰镶贴工具（属个人使用保管）

（1）铁抹子：有铁抹子和钢皮抹子之分。前者用于抹底子灰等，后者用于抹水泥砂浆面层及各种抹灰的压光等（见图2-34）。

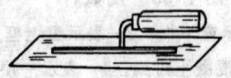

图 2-34 铁抹子

（2）压子：形状与抹子相似，弹性比钢抹子好，主要用于抹水泥砂浆面层（见图2-35）。

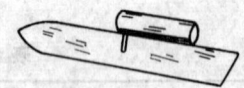

图 2-35 压子

（3）铁皮：用弹性较好的钢皮制作，用于铁抹子伸不到或操作有困难处抹灰（见图2-36）。

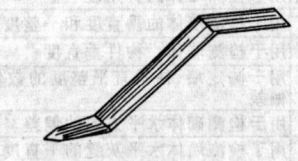

图 2-36 铁皮

（4）木抹子：用木板制作，用于砂浆表面搓平、压实（见图2-37）。

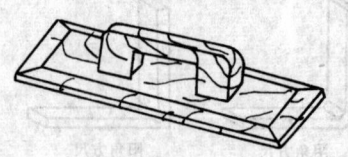

图 2-37 木抹子

（5）塑料抹子：用聚乙烯硬质塑料板制作，形状与木抹子相似，用于压光纤维灰浆罩面层。

（6）阴角抹子：有铁阴角抹子、圆阴角抹子、塑料阴角抹子之分。分别用于墙体、构件阴角；池、沟阴角；纤维灰浆罩面层阴角的抹灰压光（见图2-38）。

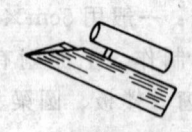

(a)铁阴角抹子

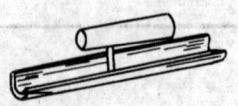

(b)圆阴角抹子

(c)塑料阴角抹子

图 2-38 阴角抹子

（7）阳角抹子：有铁阳角抹子和圆阳角抹子之分。分别用于墙体、构件阳角、楼梯踏步或室外台阶防滑条的抹灰压光（见图2-39）。

（8）捋角器：镀锌铁皮制作而成，用于捋水泥抱角的素水泥浆，做明护角用（见图

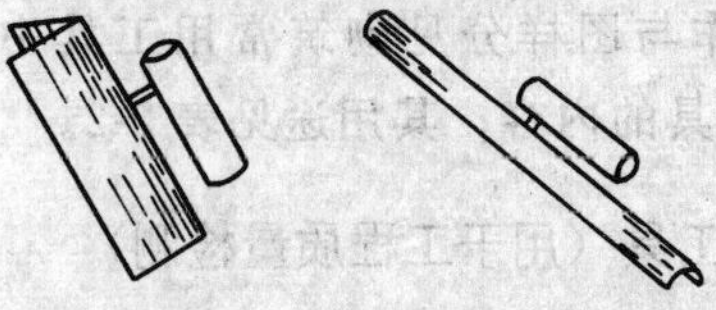

(*a*)铁阳角抹子　　(*b*)圆阳角抹子

图 2-39　阳角抹子

2-40)。

(9) 托灰板：用木板或硬质塑料制作，用于抹灰时承托砂浆（见图 2-41）。

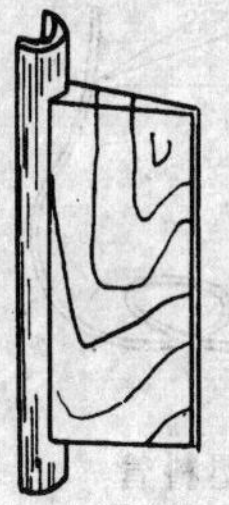

图 2-40　捋角器

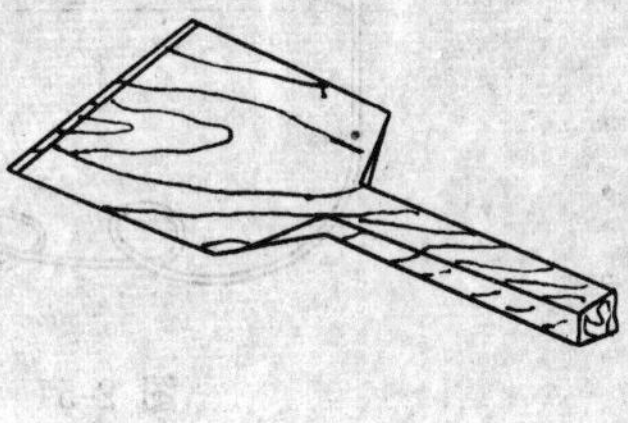

图 2-41　托灰板

(10) 刮杆：用不易变形的木材制作，有长（250～350cm）、中（200～250cm）短（150cm）三种形式，分别用于冲筋、楼地面刮平和墙面抹灰层刮平（见图 2-42）。

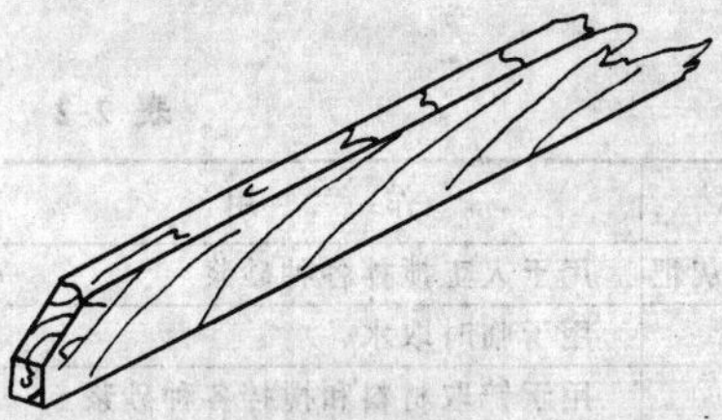

图 2-42　刮杆

(11) 软刮尺：用优质木板制作，用于顶棚抹灰层找平（见图 2-43）。

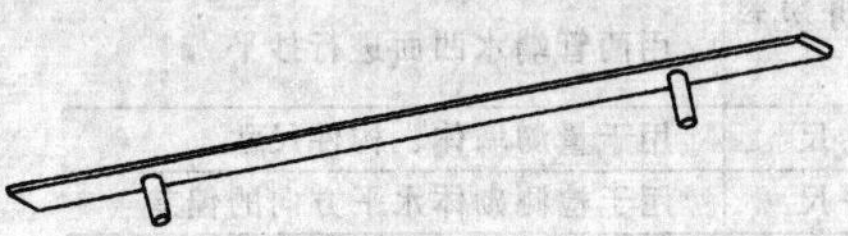

图 2-43　软刮尺

(12) 裁刀：用硬质合金刀头与刀柄铜焊而成，用于釉面瓷砖的裁割（见图 2-44）。

(13) 灰铲：用钢质锯片制作，用于釉面瓷砖镶贴时铺打粘结灰（见图 2-45）。

(14) 粉线袋：由线绳和线包组成，用于分格弹线（见图 2-46）。

(15) 铆头、錾子：两者配合用于剔凿墙体凸出部分（见图 2-47）。

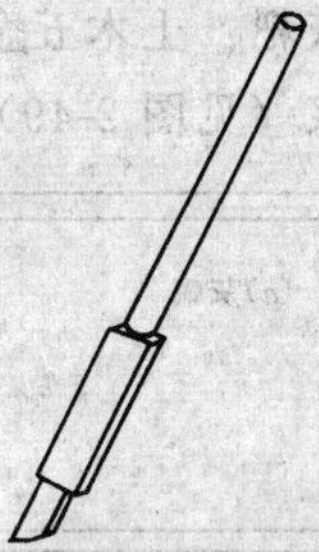

图 2-44　裁刀

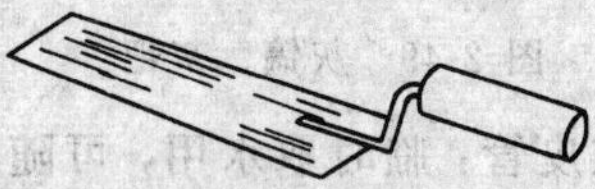

图 2-45　灰铲

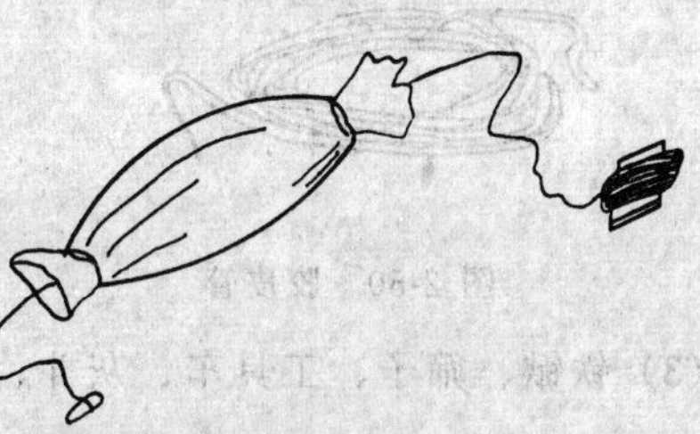

图 2-46　粉线袋

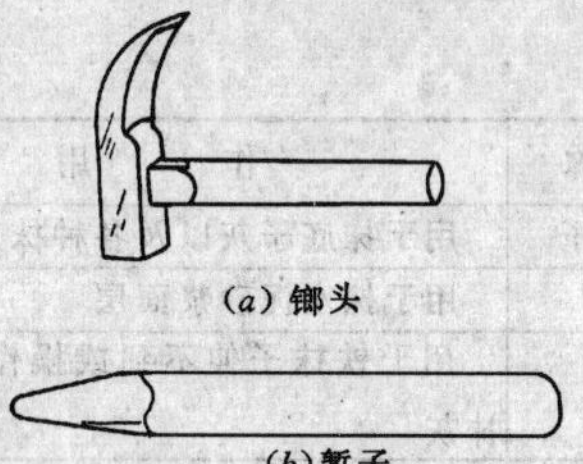

(*a*) 铆头

(*b*) 錾子

图 2-47　铆头、錾子

(16) 钢丝刷、小扫帚：用于清扫墙体表面。木抹子打磨时小扫帚用于洒水（见图 2-48）。

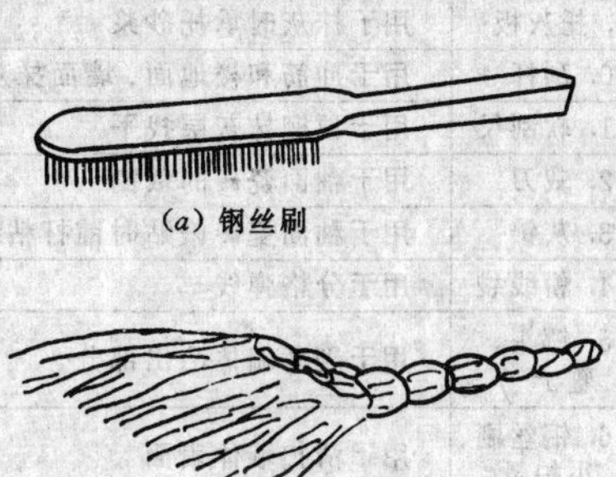

(*a*) 钢丝刷

(*b*)小扫帚

图 2-48　钢丝刷、小扫帚

2.2.2 共用工具（属集体使用保管）

（1）灰镐、灰耙：土木五金工具，用于人工搅拌各种砂浆（见图2-49）。

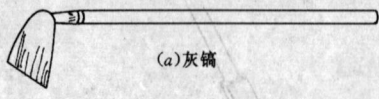

(a)灰镐

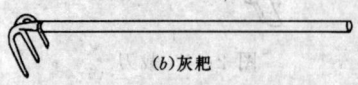

(b)灰耙

图 2-49 灰镐、灰耙

（2）胶皮管：临时取水用，可随处移动，常采用内径2.5cm的夹布胶管（见图2-50）。

图 2-50 胶皮管

（3）铁锹、筛子、工具车、灰斗、小灰桶工具的制作与图样分见砌筑常用工具中2.1.2共用工具的内容；其用途见表2-2。

2.2.3 检测工具（用于工程质量检测）

（1）透明塑料管：充水后根据大气压强原理，用两管端水凹面进行抄平（见图2-51）。

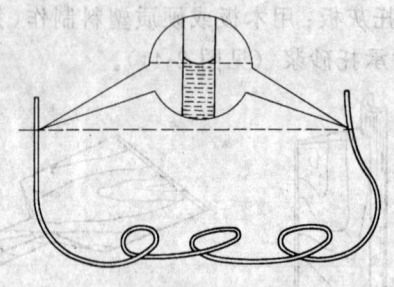

图 2-51 透明塑料管

（2）钢卷尺、水平尺、靠尺板、塞尺、线锤、方尺、小线工具的制作与图样分见砌筑常用工具中2.1.3检测工具的内容；其用途见表2-2。

小 结

常用工具汇总表

表 2-2

类别	名称	作用	类别	名称	作用
抹灰、镶贴工具	1. 铁抹子	用于抹底子灰以及各种抹灰的压光	共用工具	17. 灰镐、灰耙	用于人工搅拌各种砂浆
	2. 压子	用于抹水泥砂浆面层		18. 胶皮管	用于临时取水
	3. 铁皮	用于铁抹子伸不到或操作有困难处抹灰		19. 铁锹	用于铲取材料和搅拌各种砂浆
	4. 木抹子	用于砂浆表面搓平、压实		20. 筛子	用于筛分砂子等
	5. 塑料抹子	用于压光纤维灰浆罩面层		21. 工具车	用于运输砂浆等
	6. 阴角抹子	用于墙体、构件阴角抹灰压光		22. 灰斗	用于存放砂浆
	7. 阳角抹子	用于墙体、构件阳角抹灰压光		23. 小灰桶	用于盛水及砂浆
	8. 捋角器	用于捋水泥抱角的素水泥浆	检测工具	24. 透明塑料管	用两管端水凹面进行抄平
	9. 托灰板	用于抹灰时承托砂浆		25. 钢卷尺	用于量测墙体、构件尺寸
	10. 刮杆	用于冲筋和楼地面、墙面抹灰层刮平		26. 水平尺	用于检测砌体水平方向的偏差
	11. 软刮尺	用于顶棚抹灰层找平		27. 靠尺板	用于检测墙面抹灰层的垂直度和平整度
	12. 裁刀	用于釉面瓷砖的裁割		28. 塞尺	用于测定墙体及地面抹灰垂直度和水平度的数值偏差
	13. 灰铲	用于釉面瓷砖镶贴时铺打粘结灰			
	14. 粉线袋	用于分格弹线		29. 线锤	用于吊垂直基准线
	15. 锤头、錾子	用于剔凿墙体凸出部分		30. 方尺	用于检测墙体抹灰及镶贴转角的方正度
	16. 钢丝刷、小扫帚	用于清扫墙体表面		31. 小线	用于挂线或检查墙体的平直度

习题

1. 抹灰及瓷砖镶贴的常用工具可分哪几类?
2. 抹灰时必配的工具有哪些?
3. 瓷砖镶贴时必配的工具有哪些?
4. 叙述各类工具的作用和用途。

2.3 常用机械

砌筑抹灰使用的机械视其特点、功能的不同,可分搅拌机械、运输机械和切割机械。

2.3.1 搅拌机械(制备各类灰浆)

(1)砂浆搅拌机:简称灰浆机,用于搅拌砂浆。常用规格有200L和325L两种,台班产量分别为18m³、26m³(见图2-52)。

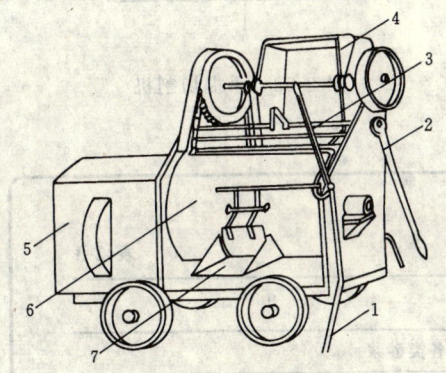

图 2-52 砂浆搅拌机

1—水管;2—上料操纵手柄;3—出料操纵手柄;
4—上料斗;5—变速箱;6—搅拌斗;7—出灰门

(2)纸筋灰搅拌机:用于搅拌纸筋灰和玻璃丝灰。台班产量为6m³(见图2-53)。

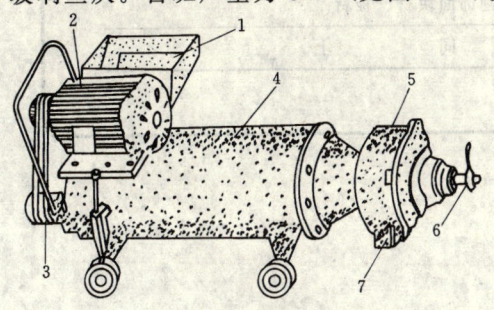

图 2-53 纸筋灰搅拌机

1—进料口;2—电动机;3—皮带;4—搅拌筒;
5—小钢磨;6—调节螺栓;7—出料口

2.3.2 运输机械(垂直运输各类散装材料)

(1)井架:与吊篮、天梁、卷扬机形成垂直运输工作系统,用于六层以下建筑物砌筑材料的垂直运输(见图2-54)。

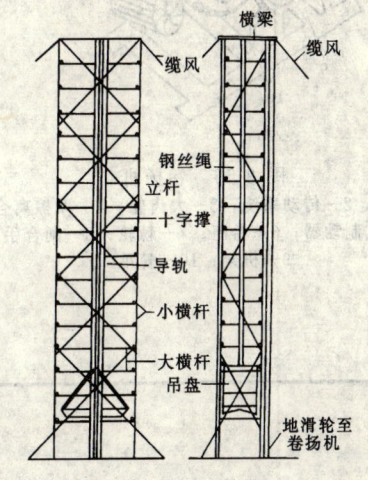

图 2-54 井架

(2)龙门架:由两根立杆和横梁构成门式架。与吊篮、卷扬机共同工作,用于砌筑材料垂直运输(见图2-55)。

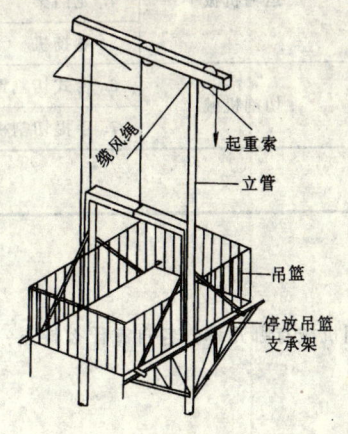

图 2-55 龙门架

（3）卷扬机：是井架和龙门架上吊篮升降的动力装置（见图2-56）。

2.3.3 切割机械

（1）台式切割锯：切割片的规格为180mm、用于切割饰面块材、板材（见图2-57）。

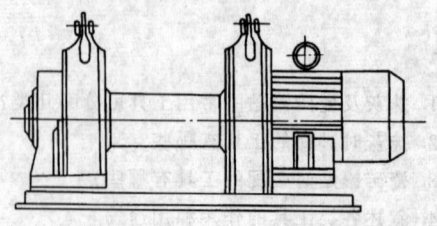

图 2-57　台式切割锯

（2）手提切割机：切割片分干切片和湿切片二种，其规格为110mm。用于现场切割饰面块材、板材（见图2-58）。

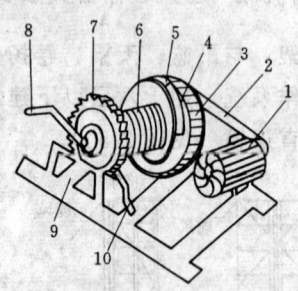

图 2-56　卷扬机
1—电机；2—传动系统；3—大齿轮；4—摩擦离合器；
5—带式制动器；6—卷筒；7—棘轮；8—闸合手柄；
9—机架；10—棘爪

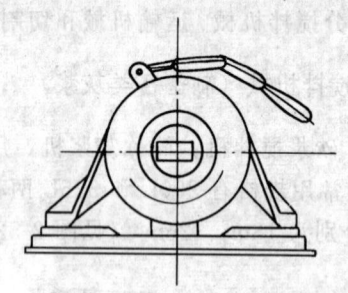

图 2-58　手提切割机

小　结
常用机械汇总表　　　　　　　　　　　表 2-3

类　别	名　　称	作　　用
搅拌机械	1. 砂浆搅拌机	用于搅拌各类砂浆
	2. 纸筋灰搅拌机	用于搅拌纸筋灰和玻璃丝灰
运输机械	3. 井架	用于砌筑材料垂直运输
	4. 龙门架	同　　　　上
	5. 卷扬机	吊篮升降的动力装置
切割机械	6. 台式切割锯	用于切割饰面块材、板材
	7. 手提切割机	同　　　　上

习题

常用机械有哪几种？各自有什么特点？

第 3 章　砖砌体的砌筑法则

3.1　砌体的组砌与摆砖

砖在砌体内按一定的规律放置,称组砌。组砌形式的确定应考虑:搭接牢靠、受力性能好;上下砖层应错缝;砍砖少、操作方便。砖砌体砌筑前,应预先确定好组砌形式。

3.1.1　砖与灰缝的名称

(1)粘土砖的尺寸:240mm×115mm×53mm(见图3-1)。

(2)240×115(mm)的面叫大面;240×53(mm)的面叫条面;115×53(mm)的面叫顶面(见图3-1)。

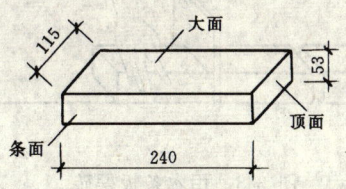

图 3-1　砖的尺寸

(3)砌筑中破成不同尺寸的砖可分:"七分头"、"半砖"、"二寸条"和"二寸头"(见图3-2)。

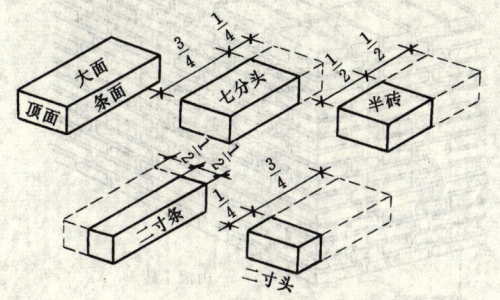

图 3-2　破成不同尺寸的砖

(4)砌体内砖依据砌筑方向的不同可分:顺砖(砖的长度方向平行墙的轴线)和丁砖(砖的长度方向垂直墙的轴线)(见图3-3)。

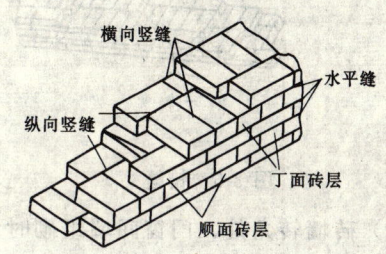

图 3-3　顺砖和丁砖

(5)砖在砌体内的位置可分为:"卧砖"(或称"眼砖")、"陡砖"、"立砖"(见图3-4)。

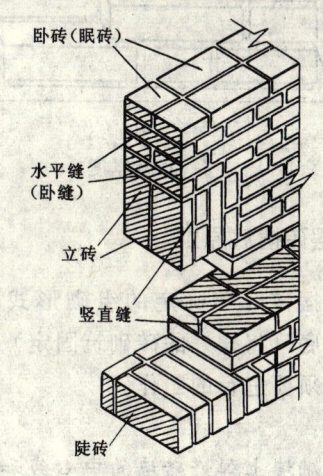

图 3-4　砖与灰缝

(6)灰缝(砖与砖之间的缝)可分水平缝(水平方向的缝)和竖直缝(垂直方向的缝)(见图3-4)。

3.1.2　组砌原则

(1)为了使砌体搭接牢靠、受力性能好,上下砖层必须错缝1/4砖长,且丁、顺砖排列有序（见图3-5）。

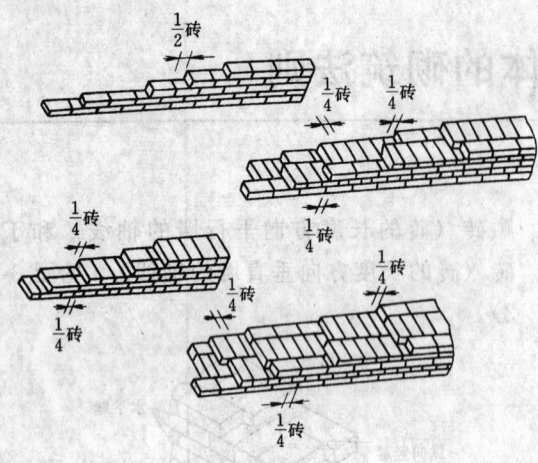

图 3-5　错缝

（2）砖墙转角处、门窗间墙组砌时，尽可能少砍砖，操作方便。

（3）8mm≤灰缝厚度<12mm，一般为10mm（见图3-6）。

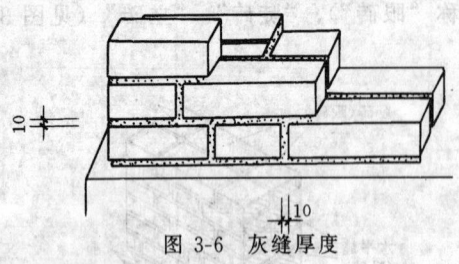

图 3-6　灰缝厚度

3.1.3　摆砖撂底原则

（1）摆砖（照确定的组砌形式将砖摆好）与撂底（将摆好的砖砌筑固定）是砌体砌筑前必须要进行的工作。

提示：

在基础墙上弹好砖墙的中心线和边线。

注意把墙转角、交接处的砖摆好。

撂底时，要找正标高。四周的水平缝须在同一水平线上。

（2）选方整、平直的砖，按组砌形式试摆。

提示：

防止用偏差大的砖撂底后造成上部砖缝

的混乱。

（3）摆砖应从一端开始向另一端有序排摆，不能从两端同时向中间或任意起点摆砖（见图3-7）。

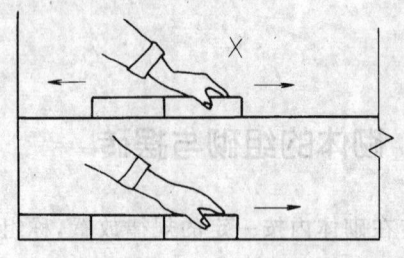

图 3-7　摆砖顺序

（4）摆砖前，应先做一块与立缝宽度（8~12mm）相同的木条板，摆砖时将木条板紧贴前一块砖后，再摆后一块砖。以保竖缝宽度尺寸准确（见图3-8）。

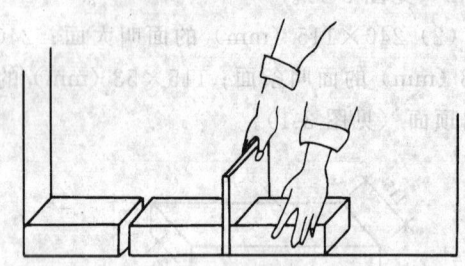

图 3-8　用木条板摆砖

（5）摆砖时，应遵循"山丁檐跑"的规则。即山墙为丁砖时檐墙应为条砖（见图3-9）。

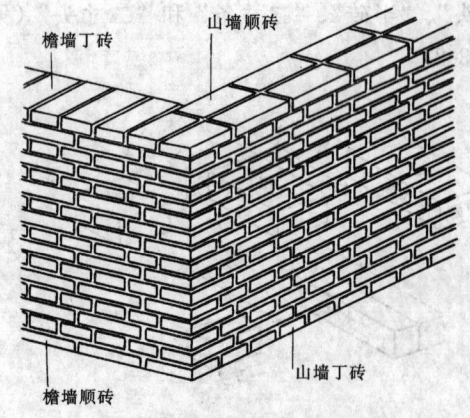

图 3-9　山丁檐跑

(6) 门窗间墙，要排成符合砖的模数，如不合适，可将门窗口位置适当调整。

提示：

可以将门窗洞口向左右移位不大于60mm赶上好活儿。

(7) 尽量避免一道墙上连续出现两皮砖都有七分头砖。清水墙面不允许出现二寸头砖。

提示：

如发生可将七分头排到窗台下或中部。

二寸头影响清水墙面美观。

3.1.4 24厚实心墙的组砌、摆砖与接头

(1) 组砌摆砖

1) 一顺一丁（满丁满条）组砌法：

a. 十字缝组砌法：由一层顺砖，一层丁砖间隔组砌而成。其特点上下顺砖对齐；上下层竖缝相互错开1/4砖长（见图3-10）。

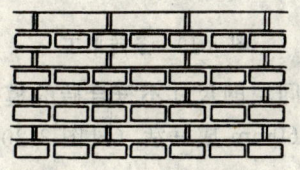

图 3-10　十字缝组砌法

b. 十字缝摆砖：先将角部两块七分头准确定位（跟顺砖走），然后按"山丁檐跑"的原则依次摆好砖（见图3-11）。

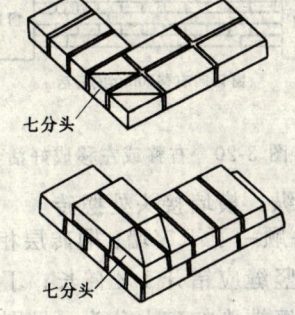

图 3-11　十字缝摆砖

c. 骑马缝组砌法：由一层顺砖，一层丁砖间隔组砌而成。其特点，上下顺砖层错开

半砖，上下层竖缝相互错开1/4砖长。（见图3-12）。

图 3-12　骑马缝组砌法

d. 骑马缝摆砖：先将角部两块七分头准确定位（跟顺砖走），其后隔层摆一丁砖，再按"山丁檐跑"的原则依次摆好砖（见图3-13）。

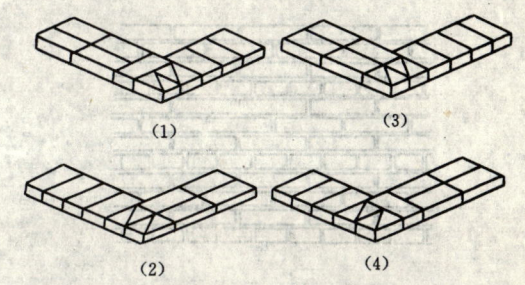

图 3-13　骑马缝摆砖

2) 梅花丁（沙包式）组砌法：

a. 组砌法：同一皮砖内二块顺砖、一块丁砖间隔组砌，丁砖必须在顺砖的中间。上下皮竖缝相互错开1/4砖长（见图3-14）。

图 3-14　梅花丁组砌法

b. 摆砖：角部每一皮砖，均常用整砖、七分头、半砖、二寸头砖各一块准确定位，然后按一丁一顺依次摆好砖（见图3-15）。

3) 三顺一丁组砌法：

a. 组砌法：采用三皮顺砖间隔一皮丁砖相互交替组砌而成。上下顺砖竖缝相互错开1/2砖长，上下丁砖与顺砖竖缝相互错开1/4砖长（见图3-16）。

b. 摆砖：角部用一整砖标准定位，其后摆七分头。在角砖和七分头确定后，依次摆

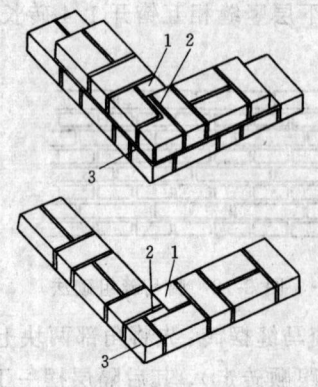

图 3-15　梅花丁摆砖
1—半砖；2—1/4砖；3—七分头

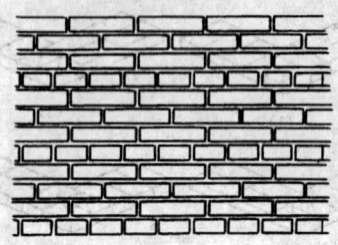

图 3-16　三顺一丁组砌法

好顺砖和丁砖即可（见图3-17）。

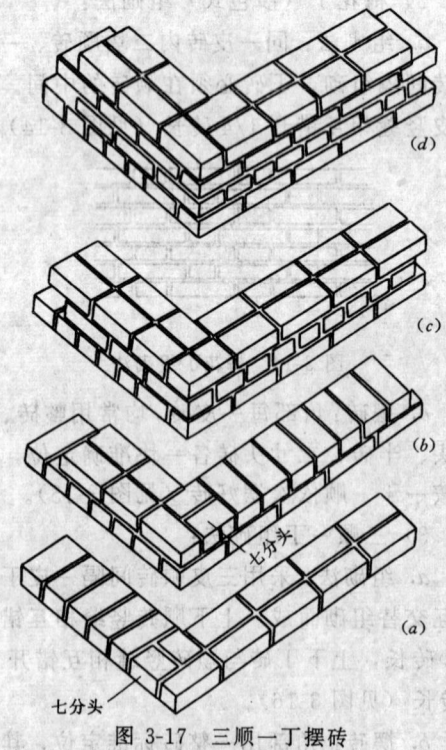

图 3-17　三顺一丁摆砖
(a) 第一皮（第五皮开始循环）；
(b) 第二皮；(c) 第三皮；(d) 第四皮

4）窗间墙组砌法（以一顺一丁组砌法为例）：

a. 窗角正是七分头成好活：窗间墙尺寸符合砖的模数，洞口边的顺砖为七分头（见图3-18）。

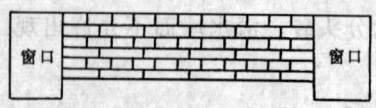

图 3-18　此墙成好活

b. 条砖单丁：窗间墙的尺寸符合砖的模数，顺砖层中间组砌一块丁砖，洞口边的顺砖为七分头（见图3-19）。

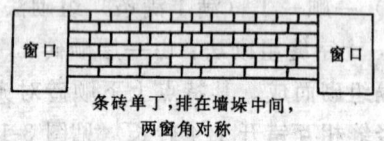

条砖单丁，排在墙垛中间，
两窗角对称

图 3-19　条砖单丁

c. 窗间墙的尺寸不符合砖的模数，向左或右位移60mm成好活（见图3-20）。

窗口向左移60mm成好活

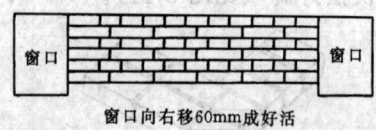

窗口向右移60mm成好活

图 3-20　右移或左移成好活

（2）纵、横墙接头处摆砖

1）一顺一丁丁字墙：顺砖层相交时，内角相交处竖缝应错开1/4砖长；丁砖层相交时，在横墙端头加砌七分头（见图3-21）。

2）一顺一丁十字墙：无论是顺砖层还是丁砖层相交，只要将先摆砖的墙的立缝与后摆砖的墙边线错开1/4砖长即可（见图3-22）。

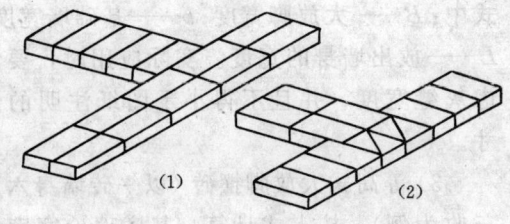

图 3-21　丁字墙接头

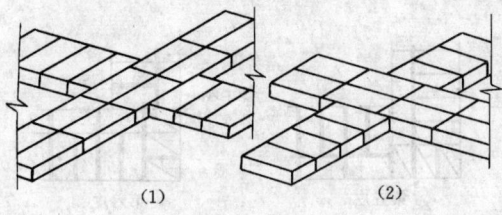

图 3-22　十字墙接头

3.1.5　12 厚实心墙的组砌、摆砖与接头

（1）组砌摆砖

1）条砌法组砌：每皮砖全部用顺砖砌筑，上下皮竖缝相互错开 1/2 砖长（见图 3-23）。

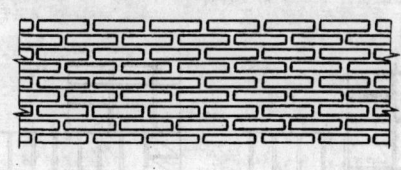

图 3-23　条砌法

2）摆砖：角部用一整砖标准定位，然后依次把顺砖摆好（见图 3-24）。

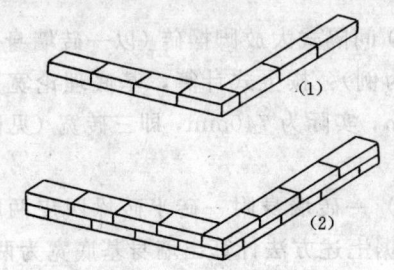

图 3-24　条砌法摆砖

（2）纵、横墙接头处摆砖

1）丁字墙接头：

a.12 墙接 12 墙：下皮竖墙不伸进横墙只紧靠砖中间接排；上皮竖墙伸进横墙两边

用两块七分头错缝。依此往上接摆砖（见图 3-25）。

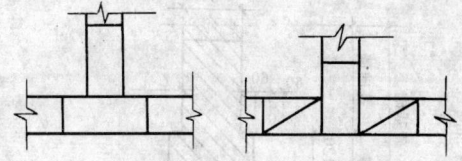

图 3-25　12 墙接 12 墙

b.12 墙接 24 墙：与顺砖层连接时，12 墙中心线对准顺砖竖缝接排；与丁砖层连接时，12 墙伸进 24 墙 1/2 砖长，顶头用一块半砖错缝。依此往上接摆砖（见图 3-26）。

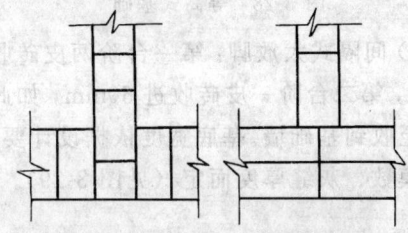

图 3-26　12 墙接 24 墙

2）十字墙接头：第一皮砖中有一道墙需用两块七分头错缝；第二皮砖中另一道墙仍需用两块七分头错缝。依此往上接摆砖（见图 3-27）。

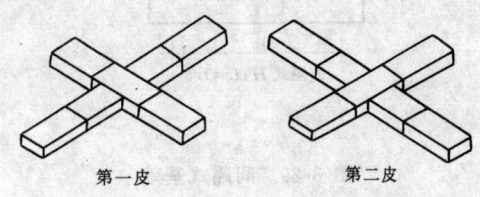

第一皮　　　　　　第二皮

图 3-27　12 墙接 12 墙

3.1.6　砖基础的组砌与摆砖

（1）组砌形式　基础墙的组砌摆砖见 3.1.4，24 厚实心墙组砌摆砖内容。一般采用一顺一丁组砌方式。

（2）大放脚的组砌

1）等高式大放脚：每两皮砖每边收进 60mm，直至收到基础墙。基底宽度依据设计要求、砖的模数、灰缝厚度而定（见图 3-

28)。

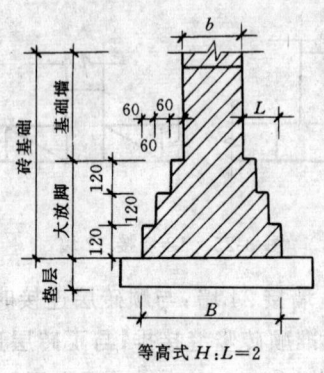

图 3-28 等高式基础

2）间隔式大放脚：第一台阶两皮砖收进 60mm，第二台阶一皮砖收进 60mm，如此循环直至收到基础墙。基底宽度依据设计要求、砖的模数、灰缝厚度而定（见图 3-29）。

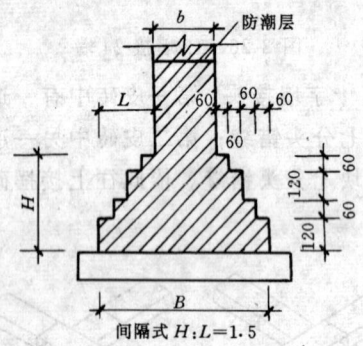

图 3-29 间隔式基础

（3）大放脚摆砖

1）摆砖方法：

a. 摆砖前，要将基础中心线和边线弹好。

b. 多采用一顺一丁组砌法摆砖，以转角处摆放七分头使砖层错缝。

c. 收台尽量在丁砖层上面，即"退台压丁"。最后一皮砖要求摆丁砖。

2）大放脚基底宽度按下式计算：

$$B = b + 2L$$

式中：B——大放脚宽度；b——基础墙宽度；L——放出墙身的宽度。实际应用时，要考虑灰缝宽度，并且不得小于图纸注明的尺寸。

3）等高式大放脚摆砖（以一砖墙身六皮三收为例）：按上式计算，基底理论宽度为 600mm，考虑竖缝厚实际为 620mm，即两砖半宽（见图 3-30）。

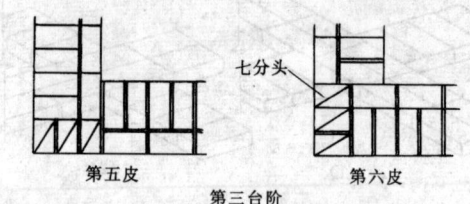

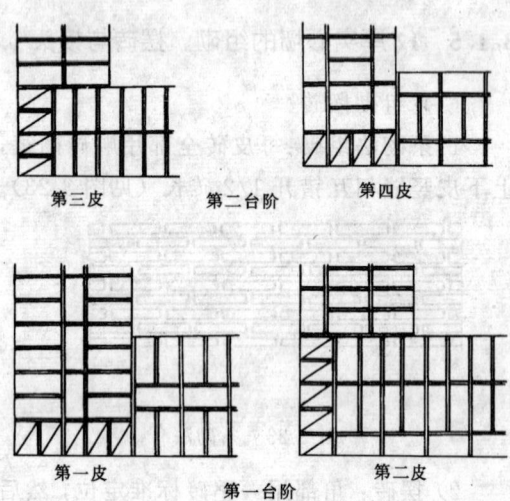

图 3-30 六皮三收大放脚摆砖

4）间隔式大放脚摆砖（以一砖墙身六皮四收为例）：按上式计算，基底理论宽度为 720mm，实际为 740mm，即三砖宽（见图 3-31）。

5）一砖墙身附一砖半砖垛四皮两收摆砖：根据上述方法计算出墙身基底宽为两砖，砖垛的基底宽为两砖半。墙身大放脚的摆砖与上面两例相仿，应注意砖垛与墙身大放脚的咬槎和收放（见图 3-32）。

6）一砖独立方柱六皮三收摆砖：按计算基底宽为两砖半，其它与上三例相仿（见图 3-33）。

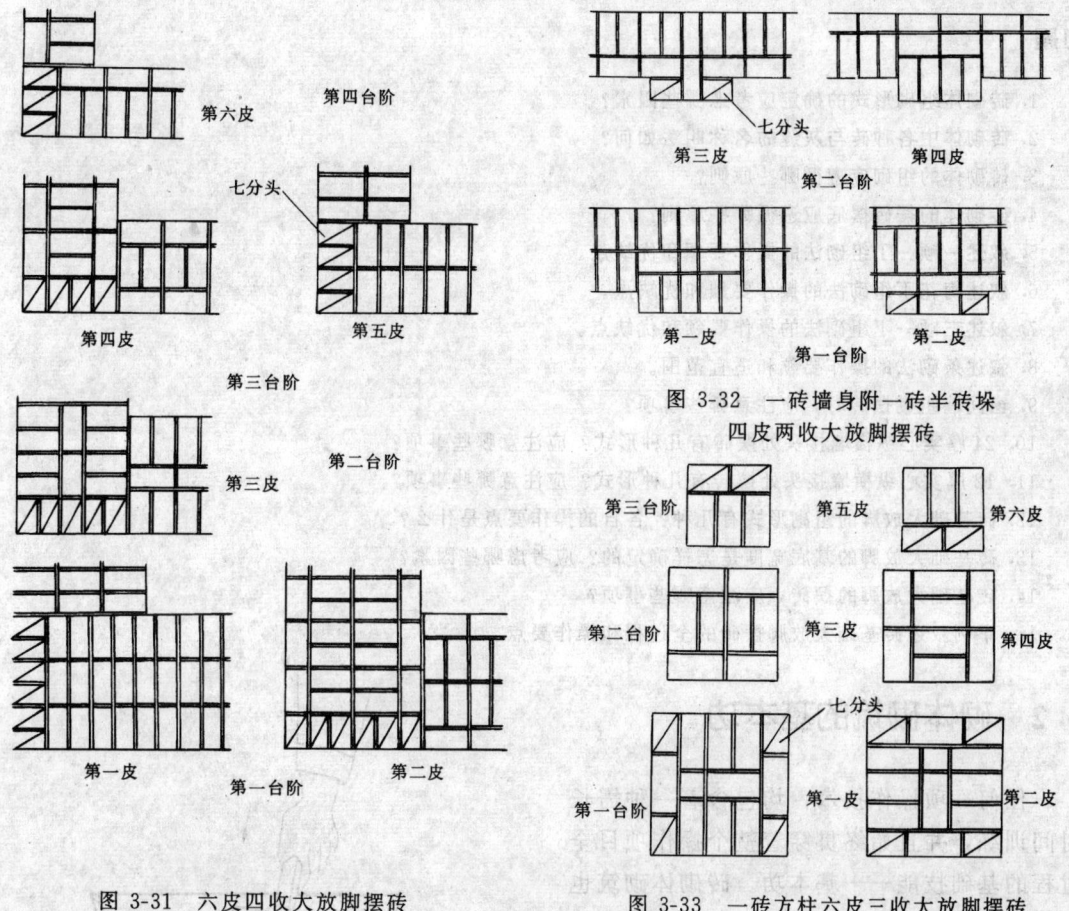

第六皮　　　第四台阶

七分头

第三皮　　　　第四皮
第二台阶

第四皮　　　　第五皮
第三台阶

第一皮　　　第一台阶　　　第二皮

图 3-32　一砖墙身附一砖半砖垛
四皮两收大放脚摆砖

第二台阶

第三皮

第三台阶　　　第五皮　　　第六皮

第二台阶　　　第三皮　　　第四皮

七分头

第一皮　　　第一台阶　　　第二皮
第一皮　　　第一台阶　　　第二皮

图 3-31　六皮四收大放脚摆砖　　　　图 3-33　一砖方柱六皮三收大放脚摆砖

小　结

（1）砖砌体组砌时，上下砖层必须相互错缝 1/4 砖长，灰缝厚度一般为 10mm。

（2）砖砌体摆砖时，一定要选平直方整的砖，依据"山丁檐跑"的原则，按确定好的组砌形式，从一端开始向另一端顺序排摆。

（3）一顺一丁组砌法的优缺点：优点是砌筑效率高，易掌握，易控制墙面平整。缺点是对砖的规格要求高，如规格不一致，竖向灰缝难以整齐。

（4）梅花丁组砌法的优缺点：优点是竖向灰缝易对齐，易控制墙面平整，并且灰缝整齐美观，适宜于清水墙砌筑。缺点是由于顺、丁砖交替砌筑，影响操作速度，工效较低。

（5）三顺一丁组砌法的优缺点：优点是砍砖少，砌筑速度快，工效较高。缺点是顺砖层多易向外挤出，出现"游墙"，且三层同缝，整体性较差。

（6）条砌组砌法仅用于半砖隔断墙，即高度较低的墙。

（7）窗角上必须是七分头才是好活。如窗间墙长度不符合砖模数时，允许窗口向左或右移动 60mm。

（8）基础大放脚组砌摆砖时，应先确定好基底宽度，然后依据"退台压丁"的原则，按一顺一丁组砌法进行摆砖撂底。

习题

1. 砖砌体组砌形式的确定应考虑哪些因素？
2. 砖砌体中各种砖与灰缝的名称叫法如何？
3. 砖砌体的组砌应遵循哪些原则？
4. 砖砌体的摆砖摆底应遵循哪些原则？
5. 叙述一顺一丁组砌法的操作要领和优缺点。
6. 叙述梅花丁组砌法的操作要领和优缺点。
7. 叙述三顺一丁组砌法的操作要领和优缺点。
8. 叙述条砌法的操作要领和适宜范围。
9. 窗间墙组砌摆砖时，应注意哪些事项？
10. 24厚实心纵横墙接头处摆砖有几种形式？应注意哪些事项？
11. 12厚实心纵横墙接头处摆砖有几种形式？应注意哪些事项？
12. 砖基础大放脚的组砌形式有几种？各自的操作要点是什么？
13. 砖基础大放脚的基底宽度是怎样确定的？应考虑哪些因素？
14. 砖基础大放脚的摆砖，应注意哪些事项？
15. 举例叙述砖基础大放脚摆砖的全过程和操作要点。

3.2 砌体砌筑的基本功

任何一项操作技术，均包含着一种需长时间训练，并且始终贯穿着整个操作项目全过程的基础技能——基本功。砖砌体砌筑也不例外，只有掌握了砌筑基本功和有关各种砌体砌筑的法则、要领、程序，就不难把各种简单而又复杂的砌体砌筑好。因此，基本功的强化训练与掌握非常必要。

3.2.1 单项操作基本功

（1）铲（取）灰：

1）瓦刀取灰：操作者右手拿瓦刀→向右（灰桶方向）侧身弯腰→将瓦刀插入灰桶内侧（靠近操作者的一边）→转腕将瓦刀口边接触灰桶内壁→顺着内壁将瓦刀刮取。这时，瓦刀已挂满灰浆（见图3-34、35、36）。

2）大铲铲灰：操作者右手拿大铲→向右（灰桶方向）侧身弯腰→将大铲切入（大铲面水平略带倾斜）灰桶砂浆→向左前或右前顺势舀起砂浆（见图3-37、38）。

3）掌握好取灰的数量，尽量做到一铲（刀）灰一块砖。

图 3-34 瓦刀插入灰桶

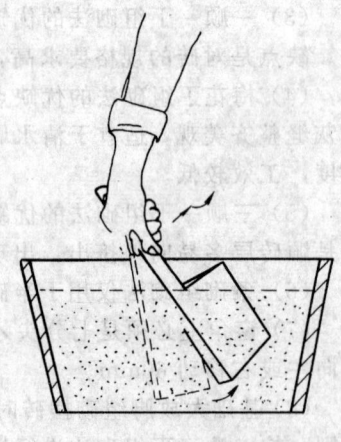

图 3-35 转腕

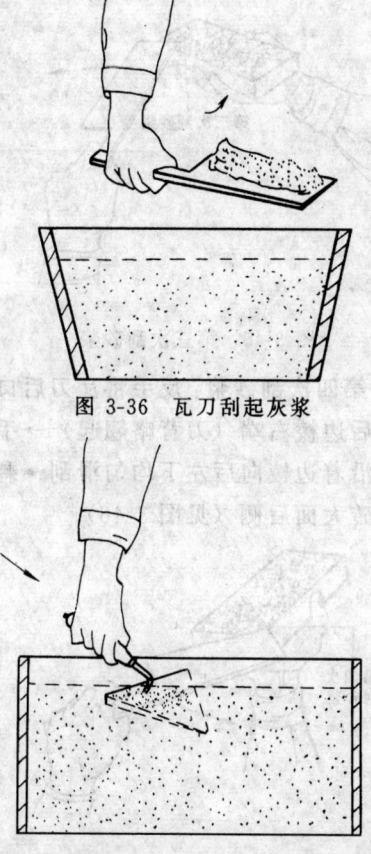

图 3-36 瓦刀刮起灰浆

图 3-37 大铲切入灰浆

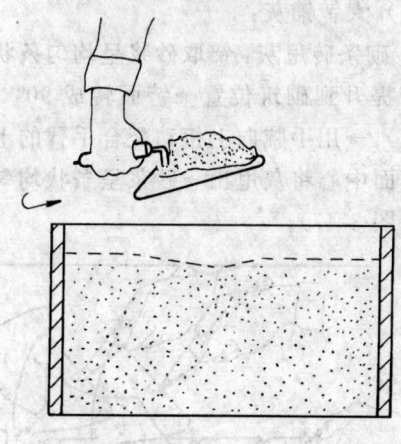

图 3-38 舀起灰浆

（2）取砖：

1）左手取砖，右手铲灰的动作应该一次完成，这样不仅节约时间，而且减少了弯腰的次数。

2）取砖时，要注意选砖，对哪些砖适合砌在什么部位，要做到心中有数，并且力争做到取第一块砖时就要看准下一块用的砖。

3）旋砖：左手将砖平托（砖的大面贴在手心）→食指或中指稍勾砖的边棱→四指拨动（同时左臂抖腕）→砖在掌心旋转→选定合适面。（见图 3-39、40、41）。

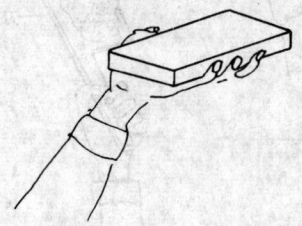

图 3-39 左手平托砖

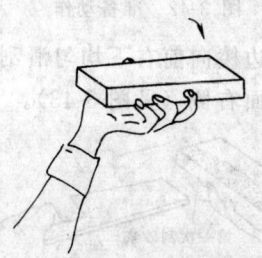

图 3-40 四指拨动

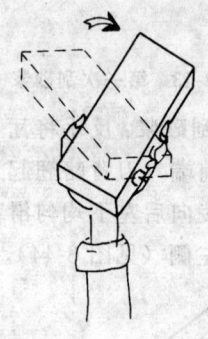

图 3-41 砖旋转

（3）瓦刀挂灰：

1）准备动作：右手拿瓦刀取好灰浆，左手取砖、平托砖块（砖大面朝掌心，砖块略向操作者倾斜）。左手掌平托砖块时，大拇指勾住左条面，食指紧贴砖下大面，其它三指勾住右条面（见图 3-42）。

2）第一次刮砂浆：正手将瓦刀后背斜靠砖大面右边棱后端（刀口略翘起）→手臂带

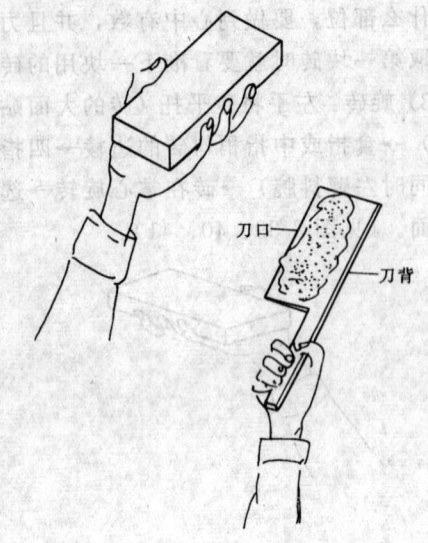

图 3-42　准备动作

动瓦刀沿着边棱向前右下均匀滑刮→部分砂浆挂在砖大面右侧（见图 3-43）。

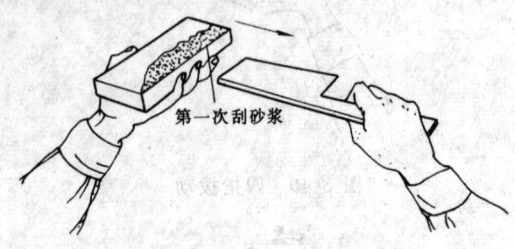

图 3-43　第一次刮砂浆

3）第二次刮砂浆：反手将瓦刀前口斜靠砖大面左边棱前端（刀背略翘起）→手臂带动瓦刀沿着边棱向后左下均匀滑刮→部分砂浆挂在砖大面左侧（见图 3-44）。

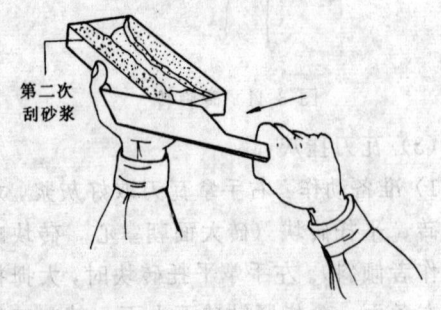

图 3-44　第二次刮砂浆

4）第三次刮砂浆：正手将瓦刀前背斜靠砖大面前边棱左端（刀口略翘起）→手臂带动瓦刀沿着边棱向前右下均匀滑刮→部分砂

浆挂在砖大面前侧（见图 3-45）。

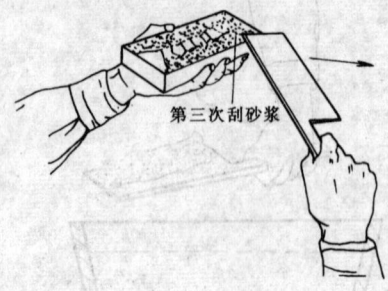

图 3-45　第三次刮砂浆

5）第四次刮砂浆：反手将瓦刀后口斜靠砖大面后边棱右端（刀背略翘起）→手臂带动瓦刀沿着边棱向后左下均匀滑刮→剩余砂浆挂在砖大面后侧（见图 3-46）。

图 3-46　第四次刮砂浆

（4）大铲铺灰：

1）砌条砖甩灰：铲取砂浆呈均匀条状→将大铲提升到砌筑位置→铲面转成 90°（手心向上）→用手腕向上扭动配合手臂的上挑力顺砖面中心将灰甩出→砂浆呈条状均匀落下（见图 3-47）。

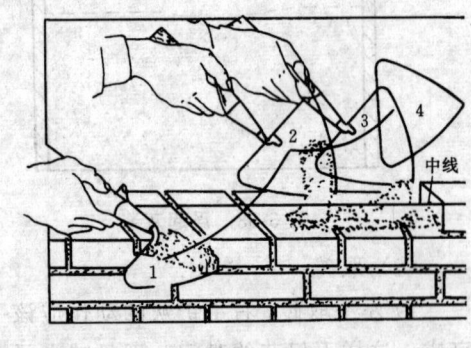

图 3-47　砌条砖甩灰

2）砌条砖和灰：铲取砂浆呈均匀条状→将大铲提升到砌筑位置→铲面转成 90°（手

心向下）→利用手臂前推力顺砖面中心将灰扣出→砂浆呈条状均匀落下（见图3-48）。

图 3-48 砌条砖扣灰

提示：

甩灰用于砌离身低而远的墙体部位。

扣灰用于砌近身高部位的墙体。

甩与扣铲面运动路线正好相反。

铲取灰条呈长16cm、宽4cm、厚3cm型状。

落下灰条呈长26cm、宽8cm、厚2cm型状。

3）砌条砖泼灰：铲取砂浆呈扁平状→将大铲提升到砌筑位置→铲面转成斜状（手柄在前）→利用手腕转动成半泼半甩、平行向前推进泼出砂浆→砂浆呈扁平状，厚度为1.5cm（见图3-49）。

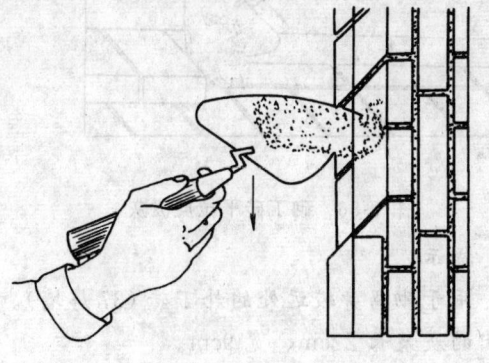

图 3-49 砌条砖泼灰

提示：

用于砌近身及身后部位的墙体，泼出的灰浆长26cm、宽9cm。

4）砌条砖溜灰：铲取砂浆呈扁平状→将

大铲提升到砌筑位置→铲尖紧贴砖面、铲柄略抬高→向身后抽铲落灰→砂浆呈扁平状、与墙边取齐，厚度为1.5cm（见图3-50）。

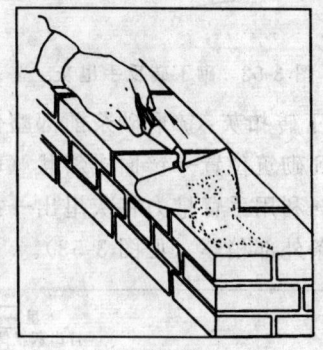

图 3-50 砌条砖溜灰

提示：

用于砌角砖，溜出灰浆长26cm、宽9cm。

5）砌丁砖正手甩灰：铲取砂浆呈扁平状→将大铲提升到砌筑位置→铲面成斜状（朝手心方向）→利用手臂的左推力将灰甩出→砂浆呈扁平状，厚度为2cm左右（见图3-51）。

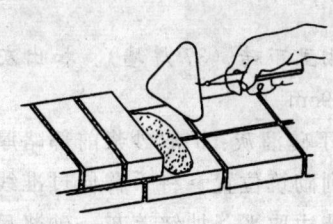

图 3-51 砌丁砖正手甩灰

提示：

用于砌离身低而远的墙体部位。甩出灰浆长22cm、宽9cm。

6）砌丁砖反手甩灰：铲取砂浆呈扁平状→将大铲提升到砌筑位置→铲面成斜状（朝手背方向）→利用手臂的右推力将灰甩出→砂浆呈扁平状，厚度为2cm左右（见图3-52）。

提示：

用于砌近身高部位的墙体。甩出灰浆长22cm、宽9cm。

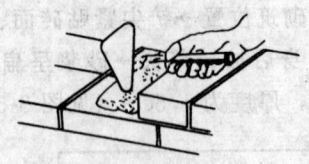

图 3-52　砌丁砖反手甩灰

7）砌丁砖扣灰：铲取砂浆前部略低→将大铲提升到砌筑位置→铲面成斜状（朝丁砖长方向）→利用手臂推力将灰甩出→扣在砖面上的灰条外部稍厚（见图 3-53）。

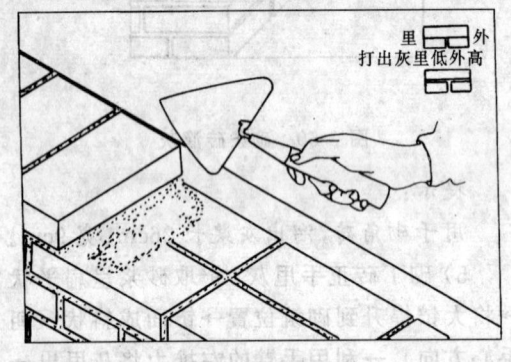

图 3-53　砌丁砖扣灰

提示：

用于砌里丁砖（37 厚墙）。扣出灰浆长 22cm、宽 9cm。

8）砌丁砖溜灰：铲取砂浆前部略厚→将大铲提升到砌筑位置→将手臂伸过准线，使大铲边与墙边取平→抽铲落灰→砂浆呈扁平状，厚度为 1.5cm（见图 3-54）。

图 3-54　砌丁砖溜灰

提示：

用于砌里丁砖（37 厚墙）。溜出灰浆长 22cm、宽 9cm。

9）砌丁砖正泼灰：铲取砂浆呈扁平状→将大铲提升到砌筑位置→铲面成斜状（掌心朝左）→利用腕力平行向左推进泼出砂浆→砂浆呈扁平状，厚度为 1.5cm（见图 3-55）。

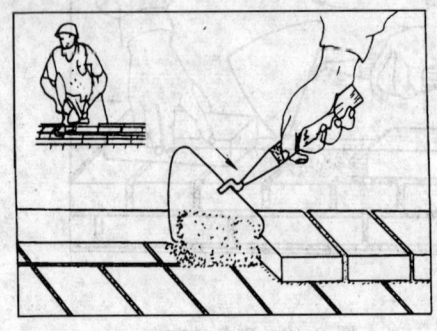

图 3-55　砌丁砖正泼灰

提示：

用于砌近身处的外丁砖（37 厚墙）。泼出灰浆长 22cm、宽 9cm。

10）砌丁砖平拉反泼灰：铲取砂浆呈扁平状→将大铲提升到砌筑位置→铲面成斜状（掌心朝右）→利用腕力平拉反泼砂浆→砂浆呈扁平状，厚度为 1.5cm（见图 3-56）。

图 3-56　砌丁砖平拉反泼灰

提示：

用于砌离身较远处的外丁砖（37 厚墙）。泼出的灰浆长 22cm、宽 9cm。

11）一带二铺灰法：铲取砂浆呈扁平状→将大铲面提升到砌筑位置→铲面转成 90°（手心向下）→将砖丁头伸入落灰处，接打碰头灰→用铲摊平砂浆→厚为 1.5cm，长 22cm，宽为 9cm（见图 3-57、58）。

（5）摆砖揉挤：

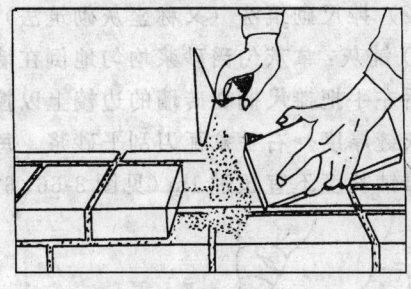

图 3-57 接打碰头灰

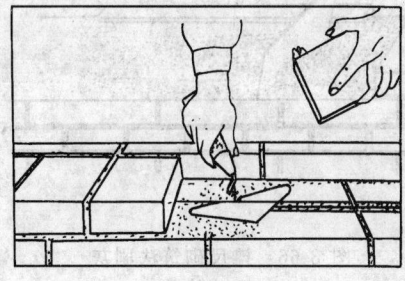

图 3-58 摊平砂浆

1) 操作：砂浆铺好后→左手拿砖→离已砌好的砖约 3～4cm 处，将砖平放并稍蹭着灰面→把砂浆刮起一点到砖顶头的竖缝里→揉挤砖→按要求将砖摆好→右手用铲或瓦刀将排挤出墙面的灰刮起来，甩到竖缝里（见图 3-59、60、61）。

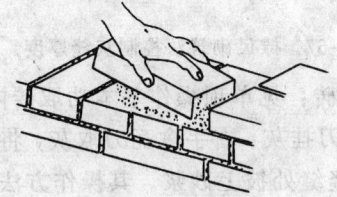

图 3-59 条砖揉挤

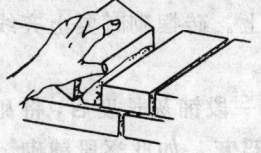

图 3-60 丁砖揉挤

2) 要求：揉砖时，眼要上看线下看墙面；砂浆薄要轻揉，砂浆厚要重揉；视情况前后左右揉；以将砖揉挤到上齐线下跟砖棱、砂浆饱满、灰缝厚度符合要求为宜。

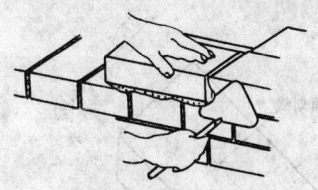

图 3-61 刮浆

(6) 砍砖：

1) 七分头砍凿：选砖（外观平整、内在质地均匀）→左手持砖（条面向上）→以瓦刀或刨锛所刻标记处伸量一下砖块→在砖的条面上划出印子→用瓦刀或刨锛砍下二分头（见图 3-62、63）。

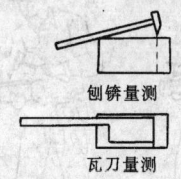

刨锛量测

瓦刀量测

图 3-62 量测砖块

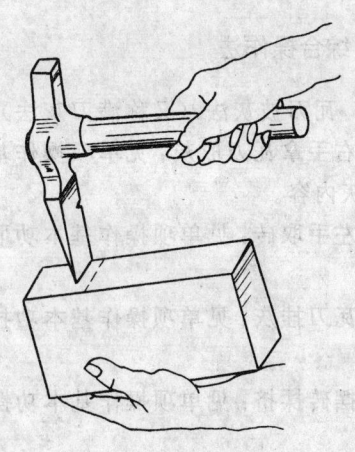

图 3-63 砍凿七分头

2) 二寸条砖的砍凿：选砖（外观平整、内在质地均匀）→两个大面均划好刻痕→用瓦刀或刨锛在砖的两个丁面上各砍一下→用瓦刀口轻轻叩打砖的两个大面，逐步增加叩打力量→最后在砖的两个丁面用力砍凿成二寸条（见图 3-64、65）。

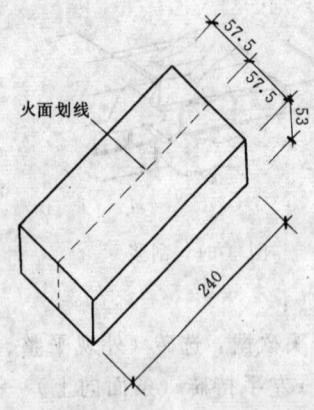

图 3-64 大面划线

图 3-65 砍凿二寸条

3.2.2 综合操作法

(1) 瓦刀披灰法(又称满刀灰法)

1) 右手拿瓦刀取灰:见单项操作基本功瓦刀取灰内容。

2) 左手取砖:见单项操作基本功取砖内容。

3) 瓦刀挂灰:见单项操作基本功挂灰内容。

4) 摆砖揉挤:见单项操作基本功摆砖揉挤内容。

适用场合与要求:

用于砌空斗墙、拱碹、窗台、炉灶等。我国南方大部地区用此法砌实心墙。

优点:砂浆刮得均匀,灰缝饱满。

缺点:工效较慢。

砂浆要求稠度大、粘性好。

砖大面砂浆要刮布均匀中间不留空隙。

丁、条面酌情满披砂浆。砖砌到墙上后,刮取挤出的灰浆甩入灰缝内。

(2) 摊尺砌筑法(又称坐灰砌筑法)

1) 铺灰:拿灰勺舀砂浆均匀地倒在墙上→其后左手把摊尺搁在砖墙的边棱上以控制水平灰缝厚度→右手拿瓦刀刮平砂浆。每次砂浆摊铺长度不宜超过1m(见图3-66、67)。

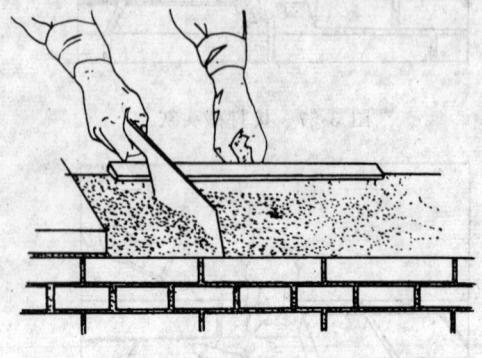

图 3-66 摊尺砌筑法刷灰

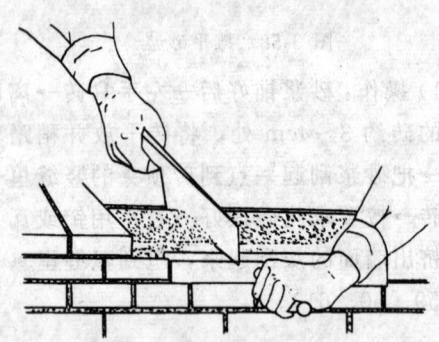

图 3-67 摊尺砌筑法控制灰缝厚度

2) 取砖:见单项操作基本功取砖内容。

3) 瓦刀挂灰:右手拿瓦刀取灰,将砖的丁或条面竖缝处披上砂浆。其操作方法见单项操作基本功瓦刀取灰、挂灰内容。

4) 摆砌砖:将披好砂浆的砖摆砌在已铺好砂浆的墙上。砖摆砌时要上齐线下跟砖棱(见图3-68)。

5) 砌完一段铺灰长度后,将瓦刀放在墙上,转身再舀灰,如此逐段铺砌。

适用场合与要求:

适用于砌门窗洞口较少的墙身。

优点:因摊尺能控制水平灰缝厚度,故砌体的水平缝平直;砂浆不易坠落、耗损少;墙面干净美观。

缺点:因摊尺仅1cm厚,摊出砂浆刚满

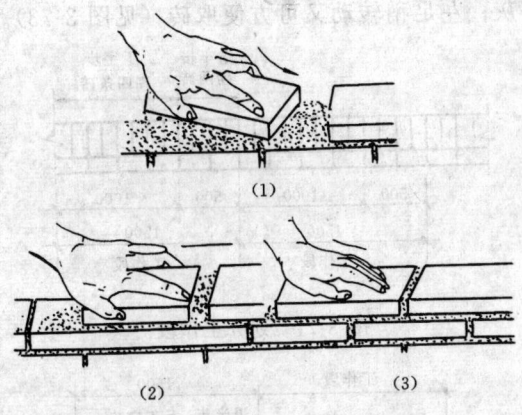

图 3-68 摊尺砌筑法砖摆砌

足缝厚要求，故砖只能摆砌不能揉挤。再则砂浆易失水，粘结力较差，因而砌筑质量受影响。

不允许在铺平的砂浆上刮取竖缝浆。

砌一砖墙时，一人自铺自砌为好；墙厚时，二人铺砌为好。

（3）"三·一"砌筑法

1）操作步骤：

a. 铲灰取砖：见单项操作基本功铲灰取砖内容。

b. 大铲铺灰：见单项操作基本功大铲铺灰内容。

c. 摆砖揉挤：见单项操作基本功摆砖揉挤内容。

提示：

此法是指一铲灰、一块砖、一揉挤的砌砖操作方法。

适用场合与要求：

我国北方大部分地区用此法砌筑各种实心墙体。

优点：灰浆易饱满，粘结力强，能保证砌筑质量。

缺点：劳动强度大，影响砌筑效率。

所用砂浆以稠度 7～9cm 为宜，过稠不易揉砖，过稀大铲不易舀上砂浆。

铺好的砂浆不要用铲来回扒，不要用铲角抠点灰去打头缝。

2）砌筑时的动作分解：采用"三·一"

砌筑法砌墙时，其动作可分解为：铲灰→取砖→转身→铺灰→摆砖揉挤→将余灰甩入竖缝六个动作。具体操作时以上动作应连贯、协调、运用自如（见图 3-69）。

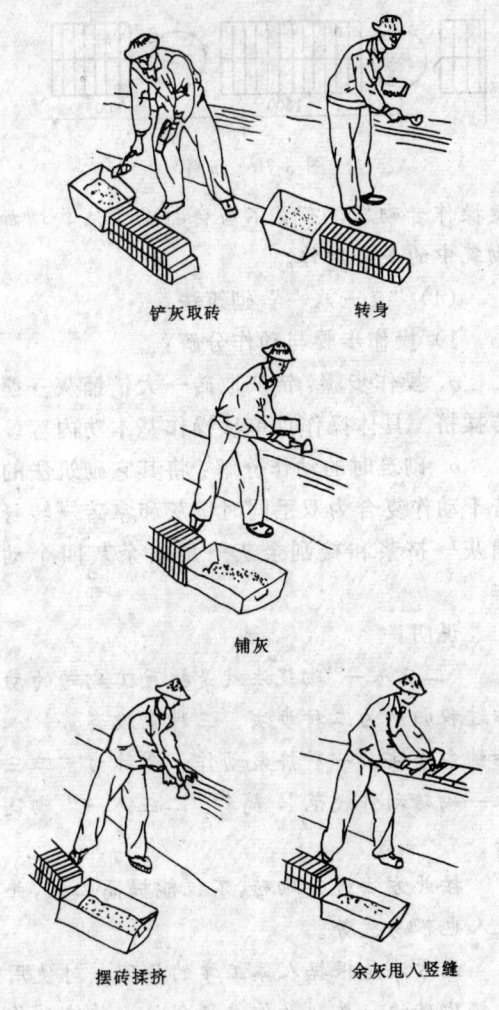

铲灰取砖　　　　　转身

铺灰

摆砖揉挤　　　　余灰甩入竖缝

图 3-69　动作分解

3）砌筑时的布料：

a. 灰斗布置：离大角或窗洞墙 0.6～0.8m 处开始布灰斗，灰斗沿墙的距离为 1.5m 左右（见图 3-70）。

b. 砖布置：灰斗之间码放两排砖，要求排放整齐（见图 3-70）。

c. 材料与墙之间留出 0.5m，作为操作者的工作面（见图 3-70）。

提示（布料原则）：

砖和灰斗在操作面上的安放布置，应方

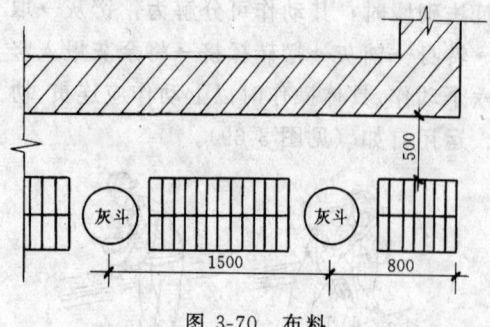

图 3-70 布料

便操作者砌筑,布置不当会打乱步法,增加砌筑中的多余动作。

(4)"二三八一"砌筑法

1)操作步骤与动作分解:

a. 操作步骤:铲灰取砖→大铲铺灰→摆砖揉挤。具体操作见单项操作基本功内容。

b. 砌筑时的动作分解:将其它砌筑法的若干动作复合为双手同时铲灰和拿砖→转身铺灰→挤浆和接刮余灰→甩出余灰四个动作。

说明:

"二三八一"砌筑法就是把瓦工砌砖的动作过程归纳为二种步法、三种弯腰姿势、八种铺灰手法、一种挤浆动作。全称为"二三八一砌砖动作规范",简称"二三八一"砌筑法。

按此方法进行砌砖,不仅能提高工效,并且人也不易疲劳。

此方法是根据人体工学的原理,对使用大铲砌砖的一系列动作进行合并,并使动作科学化,应予认真推行。

经过三个月训练的初学者,可达日砌1500块砖的效率。

2)二种步法:

a. 以 1.5m 长为单位,将墙体划分为若干个工作段面(见图 3-71)。

b. 操作者背向砌筑前进方向退步砌筑。开始砌筑时,斜站成步距约 0.8m 的丁字步(见图 3-72)。

c. 左足在前(离大角约 1m),右足在后(靠近灰斗)。此时,右手自然下垂可方便取

灰;左足稍转动又可方便取砖(见图 3-73)。

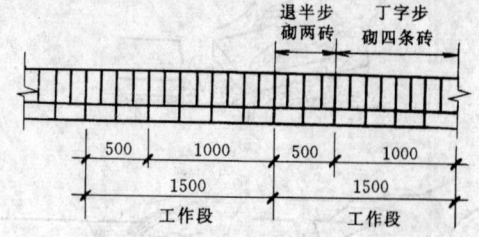

图 3-71 划分工作段

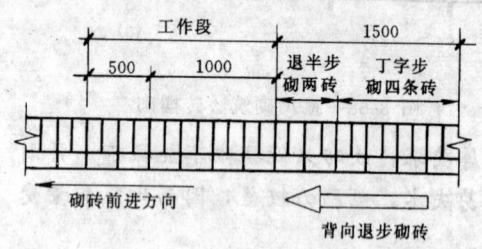

图 3-72 背后退步砌筑

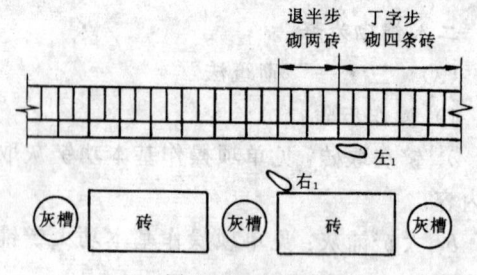

图 3-73 丁字步

d. 砌完 1m 长墙体后,左足后撤半步,右足稍移动成并列步,面对墙身再砌 0.5m 长墙体。此时靠两足稍转动来完成取灰和砖的动作(见图 3-74)。

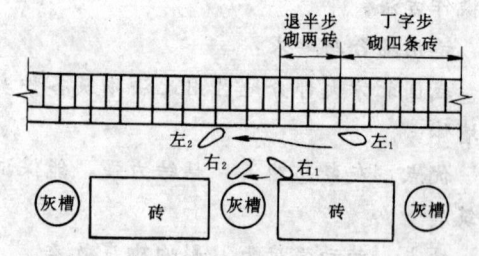

图 3-74 并列步

e. 砌完 1.5m 长墙体后,左足后撤半步,右足后撤一步,站成丁字步,再继续重复前面的动作(见图 3-75)。

3)三种弯腰姿势:

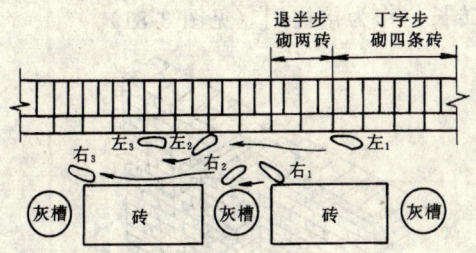

图 3-75 后撤成丁字步

a. 侧身弯腰：用于丁字步姿势铲灰、取砖（见图3-76）。

图 3-76 侧身弯腰

b. 丁字步正弯腰：用于丁字步姿势砌离身较远的矮墙（见图3-77）。

c. 并列步正弯腰：用于并列步姿势砌近身墙体（见图3-78）。

图 3-77 丁字步正弯腰

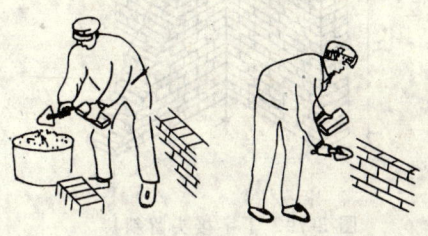

图 3-78 并列步正弯腰

4）八种铺灰手法：见单项操作基本功铺灰（1～4，7～11条款）内容。

5）一种挤浆动作：见单项操作基本功摆砖揉挤内容。

6）砌筑时的布料：见"三·一"砌筑法布料内容。

小 结

操作者对基本功的训练与砌筑法的掌握，不能仅满足书本知识，应根据各自的特点、要领、步骤及方法在实践中下功夫反复训练。只有这样才能提高自己的实际操作能力，把各种砖砌体砌筑好。

习题

1. 砌体砌筑时，有哪些基本功？各自的要领是什么？
2. 叙述瓦刀披灰法的操作过程、适用场合和优缺点。
3. 叙述"三·一"砌筑法的操作过程、适用场合和优缺点。
4. 叙述"二三八一"砌筑法的操作过程和特点。

3.3 墙体之间的连接

为使建筑物的纵横墙互相连接成一整体。增强其抗震能力，要求墙的转角和连接处应尽量同时砌筑。如墙体不能同时砌筑时，必须留槎或加连接筋连接。

3.3.1 墙体留槎

（1）斜槎（踏步槎、退槎）：

1)斜槎的留置方法是在墙体连接处将待接砌墙的槎口砌成台阶形式（见图3-79、3-80）。

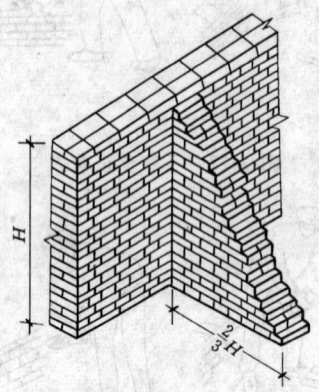

图 3-79 丁字接头留斜槎

图 3-80 转角处留斜槎

2）斜槎的高度一般不大于 1.2m（一步架），长度不小于高度的 2/3（见图3-79）。

3）留槎宽度应与连接墙体的宽度尺寸一致。

4）槎的侧面及槎齿，沿高度必须达到顺直，伸出、退进尺寸准确，并且垂直度符合要求。

5）槎各面的灰缝均应达到砂浆饱满、槎齿牢固。

提示：

斜槎优点：留、接槎均比较方便，接槎砌筑时砂浆容易饱满，接头质量易保证。

斜槎缺点：留接头量大，占工作面多。

因其能保证墙体质量，留槎时应尽量采用这种形式。

（2）马牙槎（阳马牙槎）：

1）属直槎，留槎时突出墙边砌一丁砖后，往上再每隔一皮砌条砖，并比丁砖多伸出 1/

4 砖长，作为接槎用（见图 3-81）。

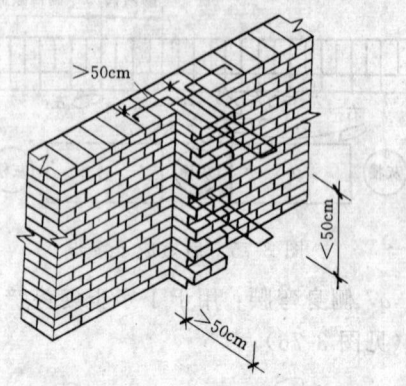

图 3-81 马牙槎

2）必须在竖向每隔500mm配置φ6钢筋（放置在墙中）作为拉结筋。伸出及埋入墙内各500mm长，拉结筋每道不少于2根（见图3-81）。

3）其它同斜槎3～4条款内容。

提示：

马牙槎优点：留、接槎均比较方便。

马牙槎缺点：接槎灰缝不易饱满，即使在接砌时砂浆很密实，但由于两次不同时间砌筑的砂浆因收缩变形情况不同，接槎处的砂浆仍不可能饱满。

（3）大马牙槎（罗汉槎）：

1）钢筋混凝土构造柱处的砖墙应砌成大马牙槎。每一马牙槎沿高度方向的尺寸不宜超过300mm（见图3-82、83）。

2）大马牙槎应先退后进，按砖的皮数以四退四出为宜（符合尺寸要求时也可五退五出）（见图3-82）。

3）操作时，光按构造柱截面尺寸边线退60mm（1/4砖长）砌四皮砖，之后再在柱边伸出60mm（1/4砖长）砌四皮砖，如此重复砌筑则成大马牙槎。

提示：

钢筋混凝土构造柱主筋配4φ12；箍筋φ4～φ6，间距≤250mm。

构造柱截面尺寸：240mm×240mm。

柱上端与本层圈梁连接，下端与下一楼层圈梁连接或伸入基础。沿墙每500mm设

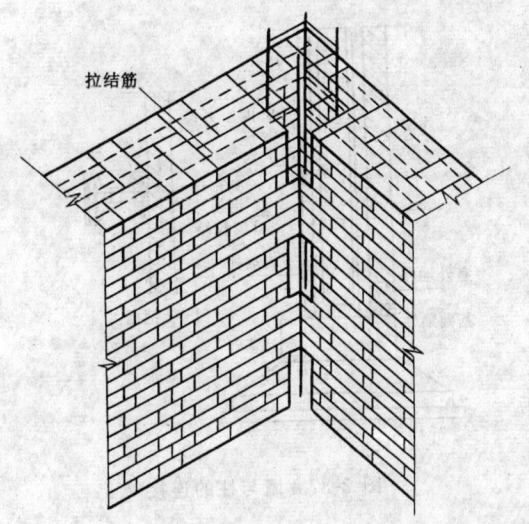

拉结筋

图 3-82　大马牙槎

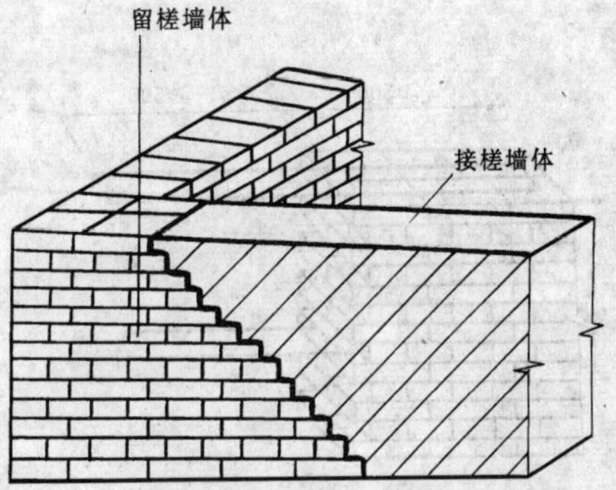

留槎墙体

接槎墙体

图 3-84　接槎

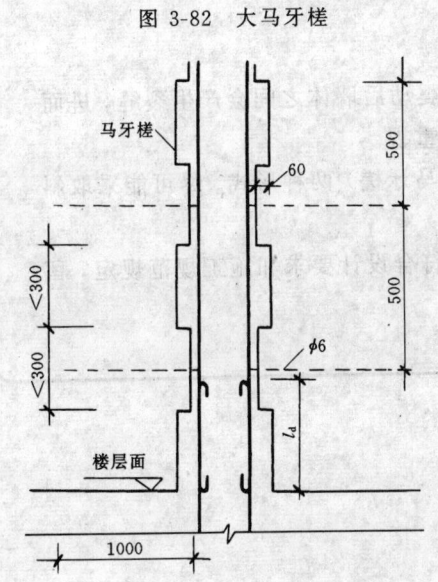

马牙槎

500

60

<300

500

<300

φ6

l_d

楼层面

1000

图 3-83　大马牙槎处钢筋布置

置 2φ6 水平拉筋，每边伸入墙内应≥1m（见图 3-83）。

3.3.2　墙体接槎

（1）接槎时，应将槎齿清理干净，并检查其平整度、垂直度是否符合要求（见图 3-84）。

（2）砌筑方法见课题五砌实心墙内容。

接槎处灰浆密实，缝、砖平直。每处接槎部位水平灰缝厚度小于 5mm 或透亮的缺陷不超过 10 个（见图 3-85）。

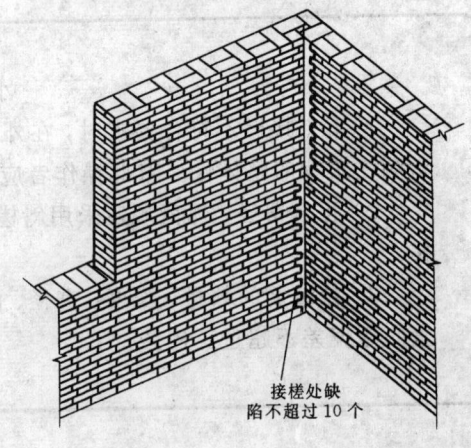

接槎处缺陷不超过 10 个

图 3-85　接槎要求

3.3.3　拉筋连接

（1）纵横墙不能同时砌筑，又不能留斜槎时，应在纵横墙灰缝中预留拉接钢筋：

1）钢筋直径为 φ4～φ6mm，间距沿高度方向约 500mm。

2）沿墙中间埋入，其长度以墙的交接处放起，每边不小于 500mm，钢筋末端要做 90°弯钩（见图 3-86）。

（2）砌框架结构或装配式钢筋混凝土结构围护墙时，应加强墙与柱的连接：

1）应将柱上预埋钢筋撬直理直，砌墙时埋入墙内（见图 3-87）。

2）预埋筋不少于 2φ6，间距沿高度方向约为 500mm（见图 3-87）。

55

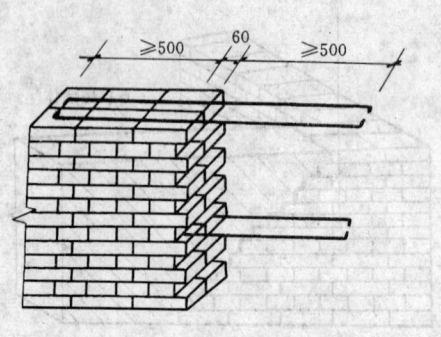

图 3-86 拉筋连接

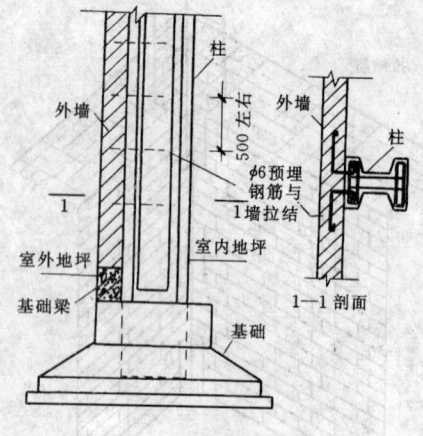

图 3-87 墙与柱的连接

小 结

　　1）留、接槎不符合要求时，在外力作用和震动后墙体之间会产生裂缝，进而影响建筑物的整体性。对此操作者应予以高度重视。

　　2）正常留槎，规范规定采用斜槎和直槎（马牙槎）两种形式。尽可能采取斜槎。

　　3）拉结筋的数量、长度、直径、间距均应符合设计要求和施工规范规定，留置间距偏差不超过三皮砖。

习题

1. 叙述斜槎的留置方法和要求。
2. 叙述马牙槎的留置方法和要求。
3. 叙述大马牙槎的留置方法和要求。
4. 叙述接槎的方法和要求。
5. 叙述墙体的拉筋方法和要求。

3.4 皮数杆、准线及靠尺板的运用

　　砌体的砌筑，从开始到结束均需用皮数杆控制砌体竖向高度；用准线控制砌体的平整度和水平灰缝厚度；用靠尺板控制砌体的垂直度。这三项检测工具运用得好坏，直接影响到砌体的质量。对此，在实际操作过程中，应科学而又准确运用这三项检测工具。

3.4.1 皮数杆

　　（1）墙身皮数杆（±0.000 以上）

　　1）型式：皮数杆一般用 50mm×50mm 方木制作，长度要大于一个楼层高。上面划有砖的皮数、灰缝厚度、门窗、楼板、圈梁、过梁、屋架等构件位置以及各种预留洞口、拉结筋的高度（见图 3-88）。

　　2）划皮数杆的依据：一般是由施工人员依据施工图的竖向尺寸和标高，现场 10 块普

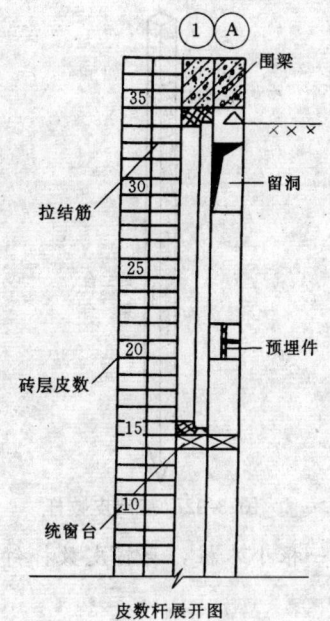

皮数杆展开图

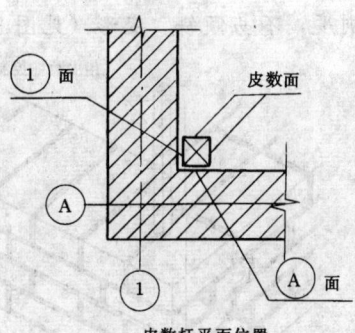

皮数杆平面位置

图 3-88 皮数杆

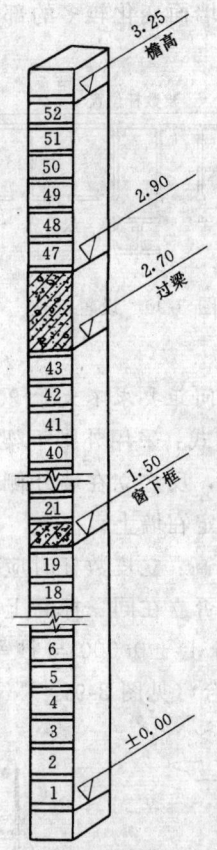

图 3-89 皮数杆起止

通砖的平均厚度，当时的气候计算排划。排划后需经质检人员检验合格，方可使用。

提示：

从进场的各砖堆中随机抽取 10 块砖样，量出总厚度，取其平均厚度作为砖厚度的依据。

3）划皮数杆的方法：

a. 划皮数杆时应以±0.000 开始，楼层如每层高度相同时划到二层地面标高为止；如每层高度不相同时应分层划制；平房划到前后檐口为止（见图 3-89）。

b. 将各构件的标高及厚度在杆上划出，然后在相应构件标高之间等分砖的皮数（10块砖的平均厚度加上灰缝厚度为一皮数），用调整灰缝厚度（8～12mm），使构件标高之间恰为整皮数。

提示：

每层砌体的顶面标高允许上、下移动 15mm。

常温施工用 10mm 厚灰缝。

冬期采用冻结法施工时用 8mm 厚灰缝。

c. 划完后，在杆上以每五皮砖为级数，标上砖的皮数，如 5、10、15……等并标出各构件、洞口的大致图例。

提示：

熟悉建筑图图例。

了解建筑剖面图中各构件标高尺寸。

d. 标准皮数杆划好后，再用板条排放整齐，依照标准皮数杆弹线制成若干小皮数杆。

4）皮数杆的设置：

a. 设置部位：墙的转角处、内外墙交接

处、楼梯间及墙面变化较多的部位（见图3-90）。

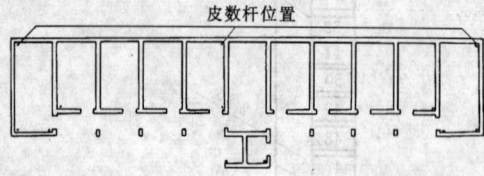

图 3-90 设置部位

提示

皮数杆的间距要求不大于20m。

b. 固定方式：采用外脚手架时，皮数杆应立在墙内侧，反之立在墙外侧。用线杆卡子或大铁钉固定在墙上。

c. 测定标高：立皮数杆时应用水准仪测定各皮数杆是否立在同一标高上。砌筑前，应先检查皮数杆上±0.000与抄平桩上的±0.000是否符合（见图3-91）。

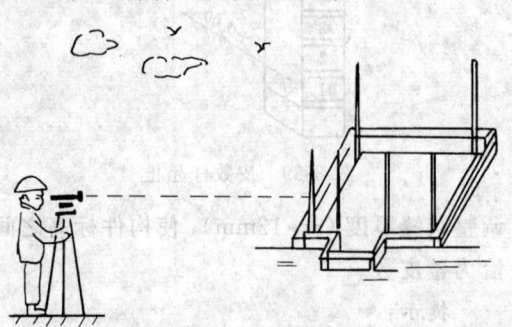

图 3-91 测定标高

（2）基础皮数杆（±0.000以下）

1）型式：皮数杆用20mm小方木制作，杆顶应高出防潮层位置。上面划有砖的皮数、灰缝厚度，大放脚的退台、地圈梁、防潮层以及各预留洞口、拉结筋的位置（见图3-92）。

2）划皮数杆的依据：同墙身皮数杆。

3）划皮数杆的方法：同墙身皮数杆。

4）皮数杆的设置：

a. 如垫层高度与皮数杆标高有偏差时，砌筑前应用细石混凝土找平。如相差不大，可利用灰缝厚度逐皮调整。

b. 其它同墙身皮数杆。

提示（皮数杆固定）：

当采用混凝土垫层时，可先在立皮数杆

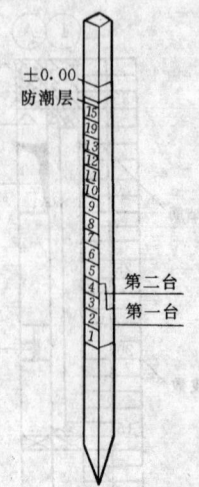

图 3-92 基础皮数杆

处预埋一根小木桩，再将皮数杆钉在小木桩上。

也可将皮数杆砌入基础墙内，使其具有一定的刚度，不易倾斜、变形（见图3-93）。

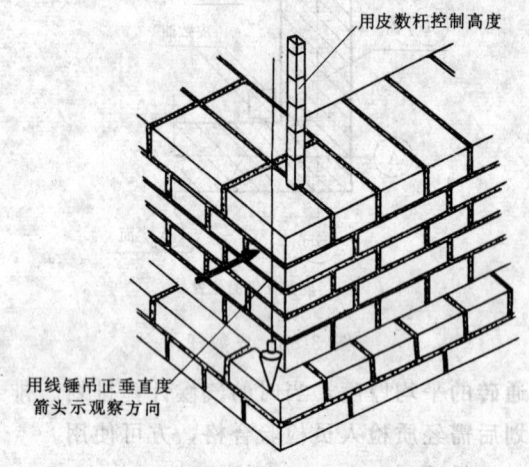

图 3-93 将皮数杆砌入基础

3.4.2 拉准线

（1）外墙大角挂线：用线拴上半截砖头，挂在大角的砖缝里，然后用别线棍（用小竹片或22号铁丝制作）。把线别住（别在离转角2～4cm处）。两端必须将线拉紧（见图3-94）。

（2）内墙挂线：将立线的两端拴在钉入纵墙水平缝的钉子上并拉紧。后将水平准线挂在两端立线上。这样可避免因槎口砖偏斜带来的误差（见图3-95）。

（3）挑线：挂线长度超过20m时，线会

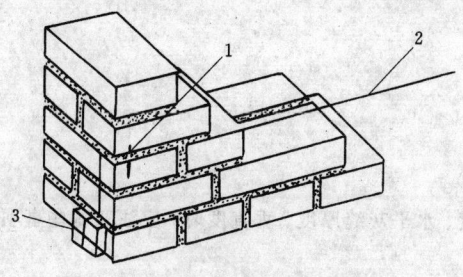

图 3-94 大角挂线
1—别线棍；2—挂线；3—简易挂线锤

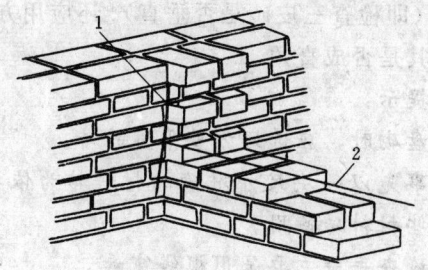

图 3-95 内墙挂线
1—立线；2—准线

因自重而下垂。对此应在墙身中间砌上一块挑出 3～4cm 的腰线砖，托住准线，再用砖将线压住。挑线时挂线应平直。（见图 3-96）。

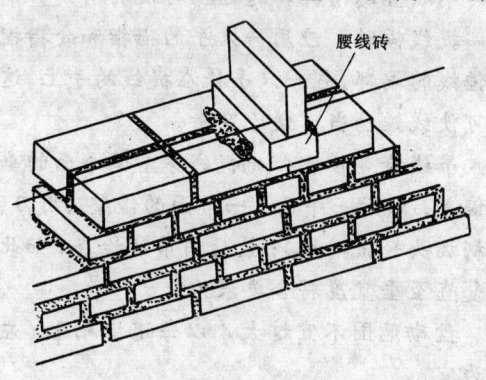

腰线砖

图 3-96 挑线

提示：

一道墙的中间部分是依据准线来控制其本身的垂直、平整、标高及灰缝厚度。墙厚时宜双面挂线。

3.4.3 靠尺板（托线板、弹子板）

（1）靠尺放上挂线锤的线不宜过长，也不要过粗。检查时不要使线锤贴靠在板上，应使其自由摆动。

（2）使用时将靠尺板一侧垂直靠紧墙面进行检测。当线锤与靠尺板上的竖直墨线重合；表示墙面垂直；当线锤向外离开墙偏离墨线时，表示墙面向外倾斜；当线锤向里靠近墙而偏离墨线时，表示墙面向里倾斜（见图 3-97、98）。

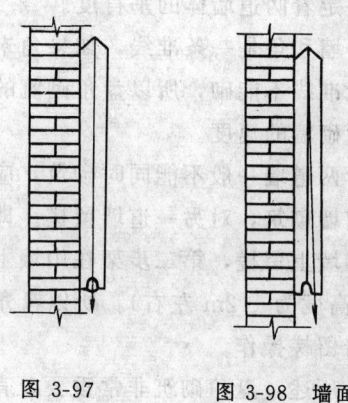

图 3-97 墙面垂直　　图 3-98 墙面向外倾斜

（3）经靠尺板检查墙面有不平整的现象时，则应校正墙面平整后，再检查其垂直度。

小　结

1）皮数杆划制应准确，设立的皮数杆基面应在同一标高上。2）拉准线时要绷紧，有时受风或其它因素的影响准线会发生偏离，砌筑时应经常检查，及时纠正。3）靠尺板的线锤应自由摆动。检测时不要使线锤贴靠在板上，影响检测效果。

1. 叙述皮数杆的作用和检测方法。
2. 叙述准线的作用和拉准线的方法。
3. 叙述靠尺板的作用和检测方法。
4. 运用皮数杆、准线、靠尺板控制砌体竖向高度、平整度、水平灰缝厚度、垂直度时,应注意哪些事项?

3.5 盘角挂线法

砌墙时,先砌墙角(砌墙角即为盘角),然后从墙角处拉好准线,再按准线砌中间墙,这种方法称为盘角挂线法。墙角多指两道外墙交接的部位,称为大角或头角。

由于先砌大角,后砌墙面,所以大角的垂直度决定着两道墙体的垂直度。

由于墙和角是一条准线,如果角未盘起来则墙无准线不能砌,所以盘角砌筑的速度又决定了砌墙的速度。

由于两道墙一般不能同时砌筑,应是大角连一道墙砌筑,对另一道墙留槎。即第一步架在檐墙上留槎,第二步架在山墙上留槎(一步架高度为 1.2m 左右)。所以盘角的砌筑包含着留槎操作。

综上所述,盘角砌筑非常重要,直接影响着墙体砌筑的质量。对此操作者应加强盘角砌筑的训练。

3.5.1 "三层一吊"操作方法

(1)砌第一皮砖:铺灰摆好角砖→揉砖→检查丁面和条面是否垂直→砌其余的砖→检查砖的外面是否与角砖外边顺齐。必须保证盘角成直角。

(2)砌第二皮砖:铺灰摆好第二皮角砖→揉砖→检查丁面和条面是否垂直→检查是否与下面角砖顺直→砌其余的砖→检查砖的外面是否与同层角砖外边顺齐→检查是否与下面砖边顺直。

(3)用上述"揉砖→检查(穿看)→揉砖→检查(穿看)……"砌好第三皮砖。

(4)吊线:手持线锤,用视线先、后穿看垂线与三皮砖形成的两个砖面是否平行、重合(即检查三皮砖是否垂直)。还应用方尺检查其是否成直角。

提示:

盘砌时,应选好方整平直的砖。

事先以一块尺寸准确的材料砖为依据,多打些材料砖备用。

检查手段主要是用视线穿看。

穿看方法:(1)边揉砖边穿看。(2)穿看时,视线要不时的远、近调节,使手中所揉砖的角、边与远处已砌好砖的角、边成直线。(3)穿看时,头部要稍移动,收寻上下皮砖不顺直的情况,通过揉砖使其消失。

提线锤时,应用一只手的拇指和食指捏住锤线的端部,另一只手扶在提线的手上,这样可使线锤稳当,便于穿看。

吊线检查步骤:先视线穿看两个面的垂直偏差;然后一个面、一个面的修整(用刀、铲柄端头轻击砖块);最后用吊线检查,如此重复直至垂直度符合要求为止。

盘砌范围不宜过大,以每道墙砌 1m 左右为宜。

3.5.2 挂准线

将线绳挂在第一皮砖上。挂线后要做紧线、穿线、固定线和安别线棍儿等工作其操作方法见 3.4 拉准线内容。

提示:

穿线就是用眼睛顺着准线看去,检查准线挠度大小。如挠度过大,应砌一块腰线砖,使准线达到砌墙的要求,此时可称挂好准线。

3.5.3 留槎

当砌完二皮砖墙后,继续往上盘砌两皮砖时,应在另一方向的墙上留槎。其方法见3.3墙体之间的连接内容。

提示:

留槎的位置距离大角不宜过长。

槎齿应为整砖或七分头伸1/4砖。

伸出的砖不能下溜(耷拉)或上扬(上翘)。

3.5.4 "五层一靠"操作方法

(1)盘角到五层砖后应用靠尺板检查其垂直度,其方法见3.4靠尺板运用的内容。如某个面外凸(内凹),可用刨锛柄端将外凸(内凹)的砖向里(向外)轻击即可。

(2)当墙体砌完第四皮砖后,在角比墙高一皮砖的基础上再盘砌两皮角砖,并用靠尺板检查、修整其垂直度。如此依次向上砌筑。

提示:

决不可将角盘砌到砌筑高度后再检查垂直度。那样,如果偏差过大,则会使修整困难。应边盘砌边检查边修整。

如果因某种原因使修整操作稍迟时,则在修整后,用适量的水将角部湿润,以保证砖与砂浆的粘结面吻合、密实。

小　结

(1)盘角之所以在砌三皮砖后采用吊线方法控制垂直,是因为三皮砖的高度无法使用靠尺板。当砌筑高度达到使用靠尺板的条件时,应用靠尺板检查、控制其垂直度。这样比较精确。(2)盘角挂线法的操作步骤:"三层一吊→挂准线→砌中间墙→另一方向墙上留槎→角比墙高一皮砖时再盘砌两皮角砖→砌中间墙。如此依次向上砌筑。

习题

1. 叙述盘角砌筑的重要性。
2. 叙述盘角挂线法的步骤和注意事项。

第4章 砖砌体的盘角操作

砌墙角即为盘角。盘角时应该重视一个"直"字，砌好角才能挂好线，而线挂好绷紧了才能砌好墙。所以，盘好角是砌好墙的保证。

4.1 准备工作

4.1.1 材料准备

（1）砂浆：采用石灰砂浆为宜。

（2）砖：采用粘土砖。

4.1.2 工具准备。

瓦刀或大铲；尼龙线；线锤；木折尺或钢卷尺；靠尺；木三角板；托线板；水平尺；铅笔；灰桶。

4.1.3 场地准备。

实训场地见图4-1所示。

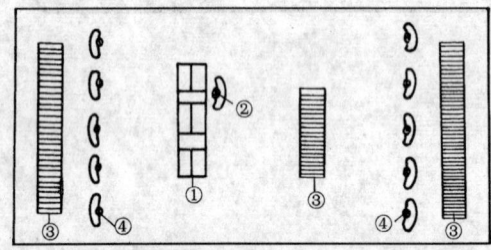

图 4-1　实训场地安排示意图

①—示范墙；②—教师；③—砖堆；④—学生

4.2 240mm 厚墙体（图4-2）

4.2.1 操作步骤

（1）为了更好的认识墙体连接的关系及避免在砌墙时可能出现的错误故干摆4层无灰浆墙体（见图4-3）。

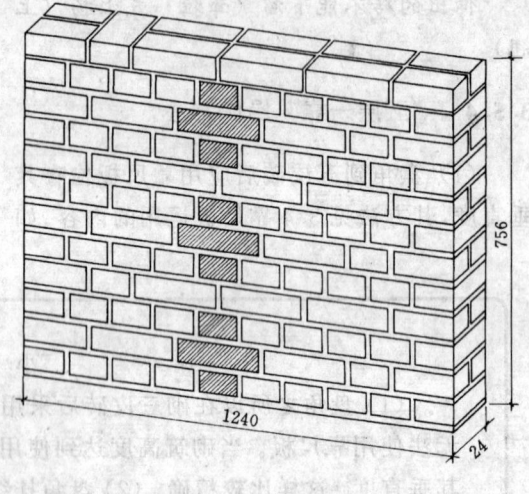

图 4-2

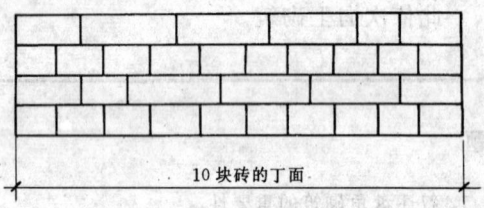

图 4-3　干摆4层墙体（正立面）

1）第一层丁砖层：此墙的连接以丁砖层开始（见图4-4）。

2）第二层顺砖层：墙的两端分别排摆七分头砖，左端七分头砖后排摆丁砖，其它均是顺砖，以达到1/4砖错缝要求（见图4-5）。

3）第三层丁砖层：同第一层（见图4-6）。

4）第四层顺砖层：右端七分头砖后排摆丁砖，其它同第二层（见图4-7）。

（2）确定墙体位置

1）将靠尺平放在两块砖上，形成一直线以确定墙体的位置（见图4-8）。

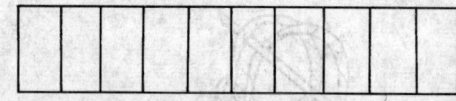

图 4-4　第一层（丁砖平面层）

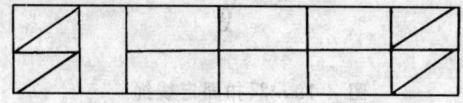

图 4-5　第二层（顺砖平面层）

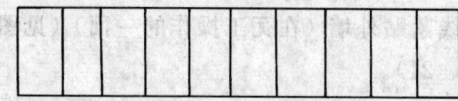

图 4-6　第三层（丁砖层）

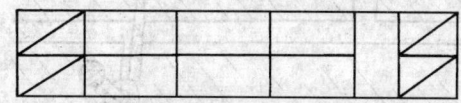

图 4-7　第四层（平面）

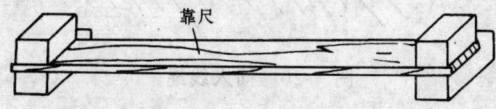

图 4-8　用靠尺确定直线

2）在墙的左端灰浆上砌一丁砖砖块（见图 4-9）。

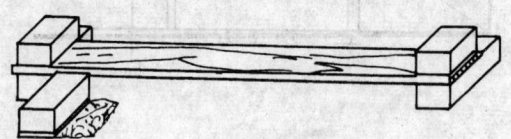

图 4-9　砌左端砖块

3）用木折尺确定墙体长为 1.24m，并在墙的右端灰浆上砌一丁砖砖块。两端砖块砌完后，再检查墙体的长度（见图 4-10）。

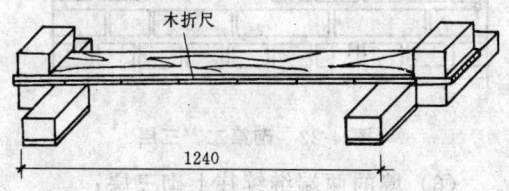

1240

图 4-10　砌右端砖块

4）运用砌墙的操作技能砌筑丁砖层，砌筑时砖的小面应紧靠靠尺，以保证墙体在一条直线上（见图 4-11）。

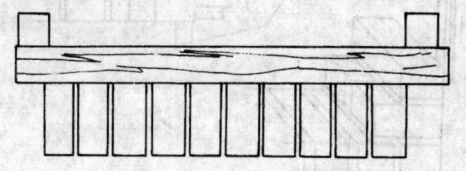

图 4-11　砌第一层（丁砖层）

5）用水平尺及靠尺检查此层砖的水平面，如不平可通过轻轻敲打校正砖的位置（见图 4-12）。

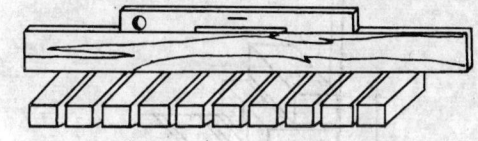

图 4-12　检查水平面

6）用木折尺检查第一层砖内外两侧的长度（见图 4-13）。

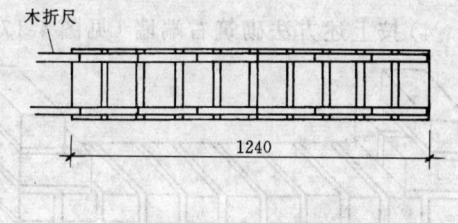

1240

图 4-13　检查长度

（3）墙的两端砌至第三层：

1）先砌筑左端墙。第二层为 2 块七分头顺砖；第三层为一丁砖（见图 4-14）。

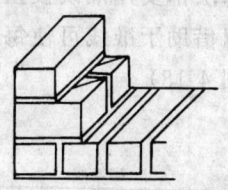

图 4-14　左端砌至第三层

2）将水平尺侧摆在墙端或用线锤检查其垂直度，如有偏差可通过轻度敲打修整砖的位置（见图 4-15）。

3）用木折尺检查其高度。如果尺寸偏高，可通过轻度敲打来校正；如果尺寸偏低，则

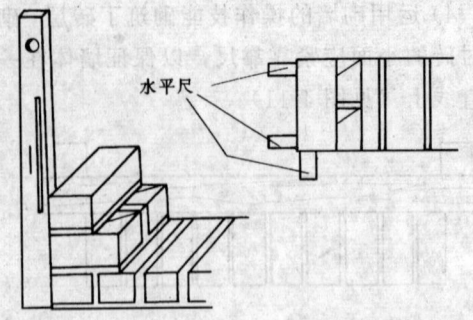

图 4-15　检查垂直度

可通过加厚水平灰缝来调整（见图 4-16）。

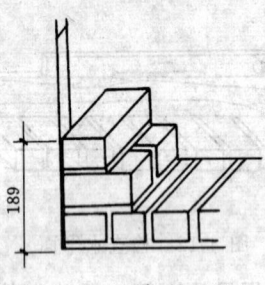

图 4-16　检查高度

4）按上述方法砌筑右端墙（见图 4-17）。

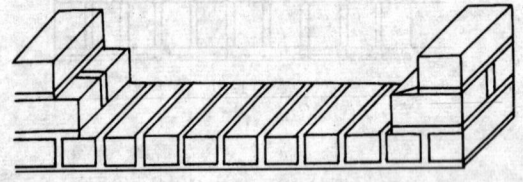

图 4-17　右端砌至第三层

（4）挂准线：

1）由于每层都要用准线校正墙的高度和平整度，所以借助于准线可使每层墙砌得既平又直（见图 4-18）。

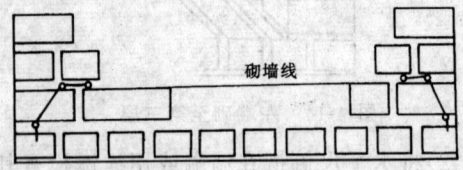

图 4-18　拉紧的准线

2）为了固定准线，须先在绳端打一个双扣，在双扣结上插上一个钉子（见图 4-19）。

图 4-19　双扣固定线绳

3）固定在双结扣内的钉子插入墙缝。用另外二个钉子固定线的高度。准线尽可能拉紧，线紧贴外墙（在瓦工操作的一面）（见图 4-20、21）。

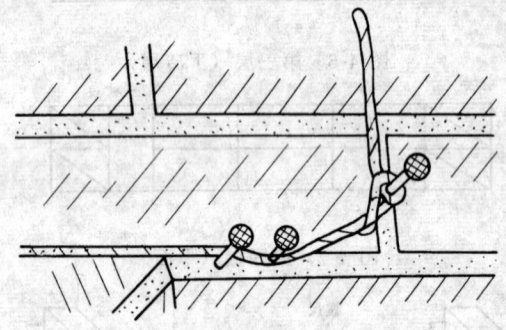

图 4-20　插入线绳

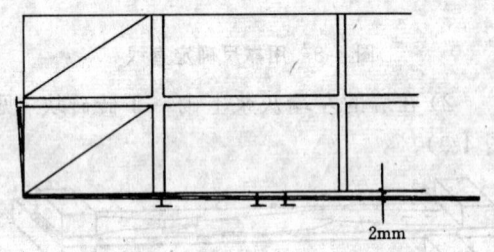

2mm

图 4-21　砖与线绳的间隙

（5）按准线砌筑第二层和第三层（见图 4-22）。

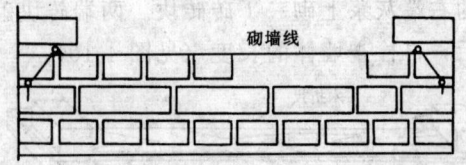

砌墙线

图 4-22　砌第二、三层

（6）墙的两端继续往上砌三层：

1）用线锤或托线板检查其垂直度；用木

折尺检查其高度（见图 4-23）。

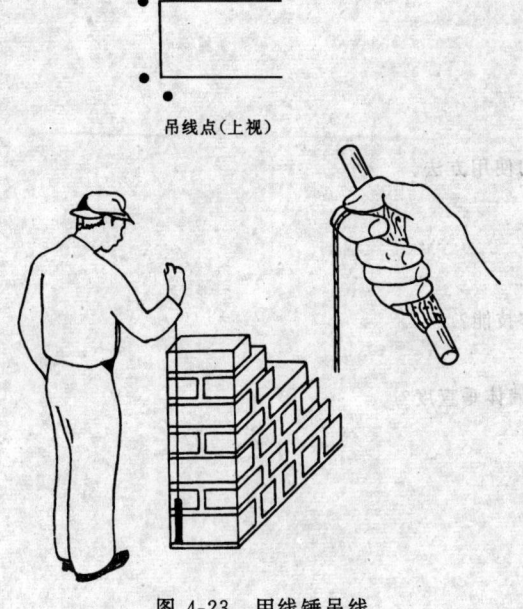

吊线点（上视）

图 4-23　用线锤吊线

图 4-24　砌完第五层墙体

（7）将墙体砌至第十二层：墙端垛每次向上砌三层后，均须用托线板检查其垂直度，用木折尺检查其高度。每层都要按准线砌筑（砌完八层后要对墙高进行全面检查，以防以后校正困难）。

提示：

三层以下用水平尺检查垂直度；五层以下用线锤或托线板检查垂直度；五层以上用托线板检查垂直度。

2）按准线砌到第五层。如前所述，砌每层墙都要将线绳拉在这层墙的边上（见图 4-24）。

小　结

（1）操作步骤：干摆四层砖墙→配制砂浆→确定墙体位置→墙体两端砌至三层→挂线→砌筑第二、三层→墙体两端继续往上砌三层→按准线砌至第五层→将墙体砌至第十二层。

（2）通过砌筑练习，操作者应掌握：正确运用一砖墙的组砌法则；正确使用准线并按准线砌筑墙体；正确使用线锤和托线板检查墙体的垂直度。

（3）线锤使用方法：将线锤绳放在食指上，使线锤绳置于要检查的墙体边（两者距离以使线锤自由摆动为宜），如果线锤距离墙体的距离各处均相同，则墙体垂直。

（4）托线板的使用方法：将托线板贴靠在需检查的墙边，如果线锤居于托线板中心，则墙体垂直。

（5）砌筑练习质量评估要求：

1）墙体的尺寸、垂直度、灰缝等要求见第 5 章质量检测标准内容和表 5-20 内容。

2）工作场所整洁，并在无准备情况下 8 小时完成。

1. 叙述一砖墙的组砌法则。

2. 叙述一砖墙的操作步骤和具体砌筑要求与方法。

3. 怎样确定砖墙砌筑位置？

4. 使用什么工具检查墙体的垂直度？叙述各工具的使用方法。

5. 叙述挂准线的方法、步骤。

6. 为什么要按准线砌筑墙体？

7. 砌筑砖墙时，为什么要先砌两端后砌中间墙？

8. 通过该项目的砌筑练习，操作者应掌握哪些操作技能？

9. 砌筑时，准线离墙体的距离是多少？

10. 在什么情况下使用水平尺、线锤、托线板检查墙体垂直度？

11. 墙体垂直度出现偏差时，应怎样校正？

12. 墙体高度尺寸出现偏差时，应怎样纠正？

13. 叙述一砖墙砌筑练习质量评估要求内容。

4.3 单侧直角墙体（图 4-25）

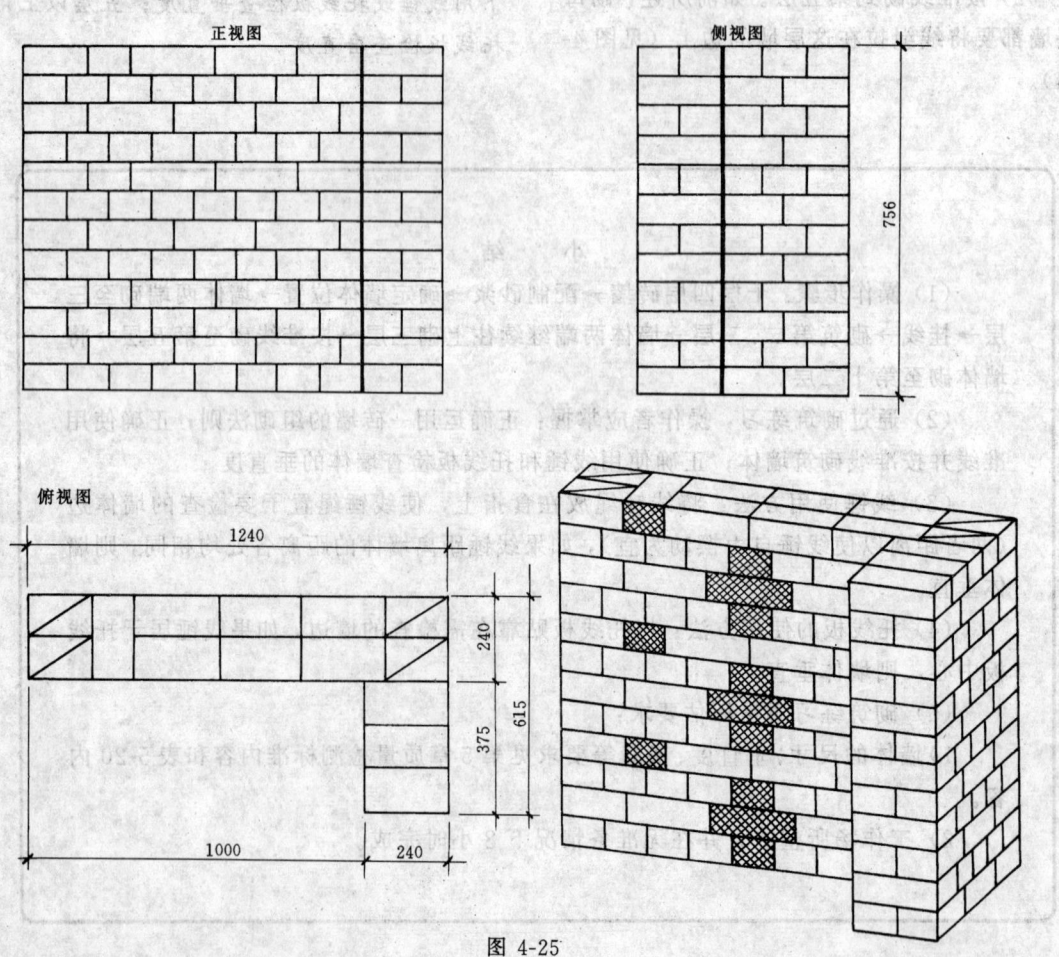

图 4-25

4.3.1 操作步骤

（1）干摆四层 24cm 厚单侧直角墙体

1）顺砖层总是连续连接，丁砖层与顺砖层连接（见图 4-26）。

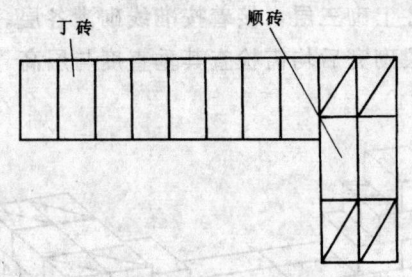

图 4-26 第一、三层摆砖

2）在顺砖层的七分头砖后面总是一右一左交替的排摆一块丁砖（见图 4-27、4-28）。

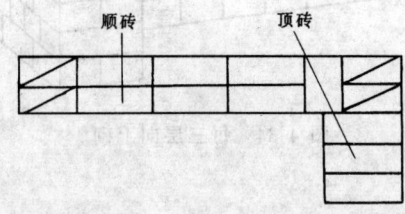

图 4-27 第二层摆砖

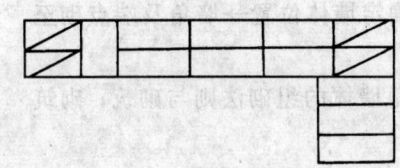

图 4-28 第四层摆砖

（2）确定墙体的位置

1）借助木三角尺画出墙体的直角（根据勾股定理检查木三角尺的直角）（见图 4-29）。

2）在画出的线上用木折尺确定墙体尺寸，并砌筑墙角砖和端点砖（见图 4-30）。

（3）检查第一层的排列直线、水平面及尺寸：

1）确定几个点的位置（墙角砖及末端砖）后，砌筑第一层（见图 4-31）。

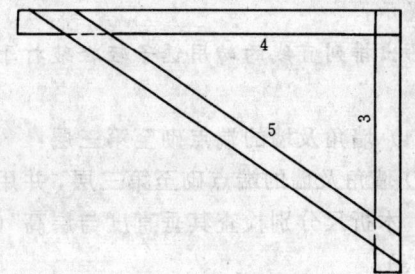

图 4-29 画直角

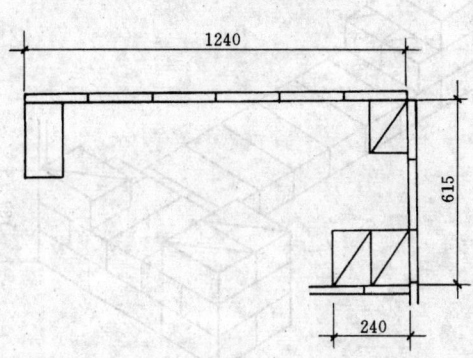

图 4-30 确定尺寸并砌筑墙角、端点砖

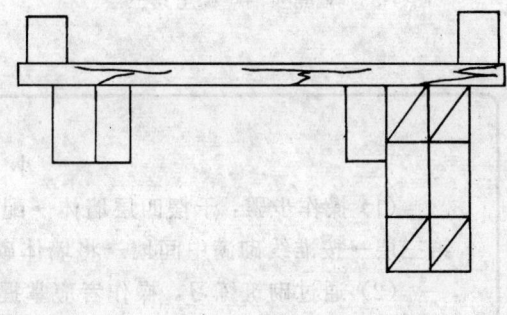

图 4-31 砌筑第一层

2）用靠尺确定墙体排列直线；用靠尺及水平尺检查水平面；用木折尺确定尺寸；将木三角尺放至墙的外侧检查其直角（见图 4-32）。

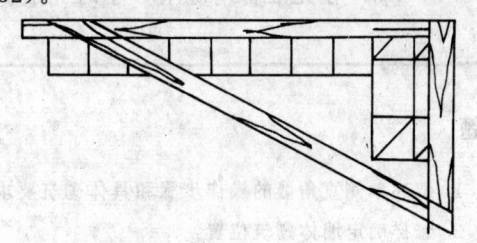

图 4-32 检查直角

提示：

凸出排列直线的砖用锤子轻轻敲打予以校正。

（4）墙角及墙的端点砌至第三层：

1）墙角及墙的端点砌至第三层，并用水平尺、木折尺分别检查其垂直度与层高（见图 4-33）。

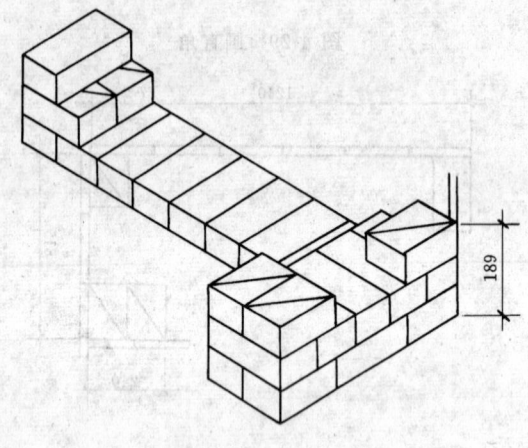

图 4-33　墙角及端点砌至第三层

2）按准线砌筑第二、三层中间墙。

提示：

墙角砖及端点砖应按一定的连接规则砌筑。

（5）将墙体砌至 12 层完成：墙角及端点继续往上砌三层，接着按准线砌满各层。每隔三层砌完后均需检查其垂直度与层高（见图 4-34）。

图 4-34　每三层向上砌

小　结

（1）操作步骤：干摆四层墙体→配制砂浆→确定墙体位置→墙角及端点砌至第三层→按准线砌满中间墙→将墙体砌至 12 层。

（2）通过砌筑练习，操作者应掌握：单侧直角墙体的组砌法则与砌筑；砌筑此墙角时木三角尺的使用。

（3）砌筑练习质量评估要求：

1）墙体的尺寸、垂直度、灰缝等要求见第 5 章 5.5.9 质量检测标准内容和表 5-11 内容。

2）工作场所整洁干净。

3）在无准备情况下 8 小时完成。

习题

1. 叙述单侧直角墙的操作步骤和具体砌筑要求与方法。

2. 怎样确定墙体砌筑位置？

3. 勾股定理各边的比例是多少？

4. 砌筑时，凸出排列直线的砖应怎样校正？

5. 叙述检查墙体直角的方法。

6. 通过该项目的砌筑练习，操作者应掌握哪些操作技能？

7. 叙述单侧直角墙体砌筑练习时的质量评估要求内容。

8. 比较 24cm 砖墙与单侧直角墙体砌筑的异同点。

4.4 双侧直角墙体（图 4-35）

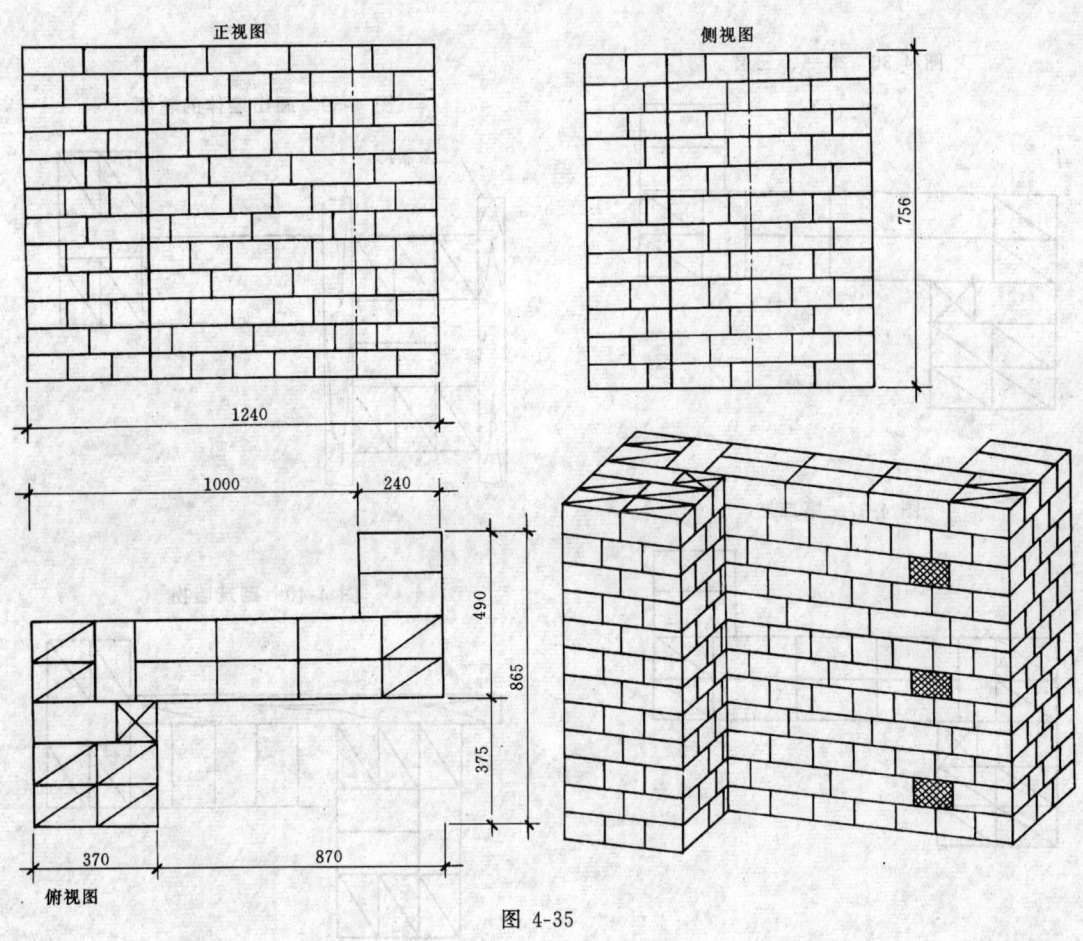

图 4-35

4.4.1 操作步骤

（1）干摆四层双侧直角墙体：

1）顺砖层总是连续连接，丁砖层与顺砖层连接。

2）第三层同第一层，第四层同第二层只是将丁砖放在顺砖层七分头的另一侧（见图 4-36、37、38）。

（2）确定墙体的位置，由于双拐墙角在砌筑时有一定的难度，故应借助木三角尺、木折尺及铅笔画出墙体的轮廓（见图 4-39）。

（3）砌筑第一层并检查排列直线、水平面及尺寸：

1）先砌筑两侧拐墙，此时应将靠尺放在画线上并检查其排列直线（见图 4-40）。

2）借助靠尺砌筑墙体的中间部位。水平

69

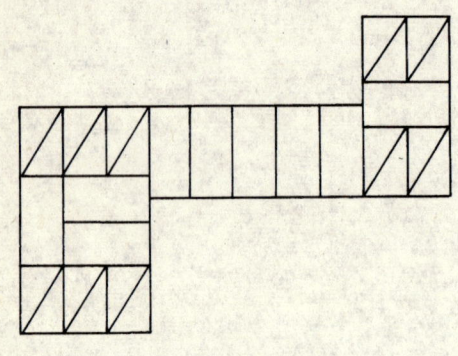

图 4-36 第一、三层

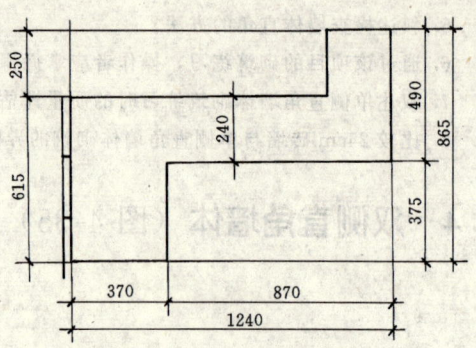

图 4-39 画出墙体的轮廓

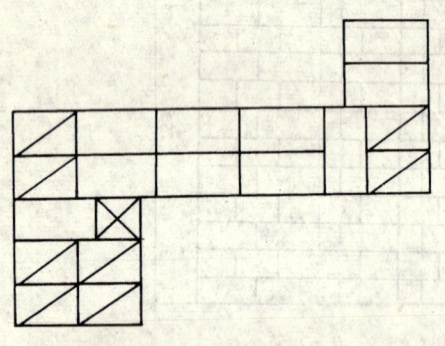

图 4-37 第二层

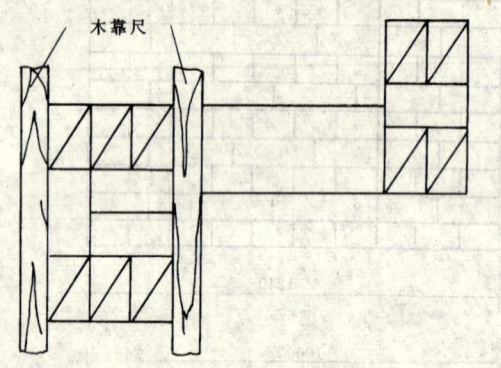

木靠尺

图 4-40 砌筑墙拐

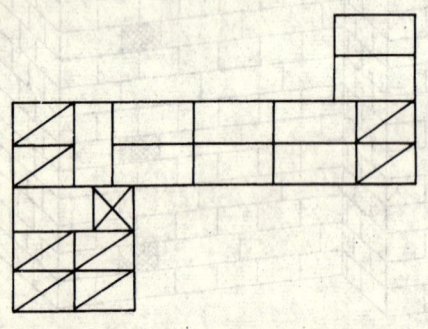

图 4-38 第四层

面、排列直线、尺寸及直角的检查同前单侧直角墙体练习（见图 4-41）。

（4）墙角及墙的端点砌至第三层：

1）墙角及墙的端点砌至第三层，并分别用水平尺、木折尺检查其垂直度与高度（见图 4-42）。

2）砌完墙角及端点后，依据组砌法则，按准线砌满第二及第三层。

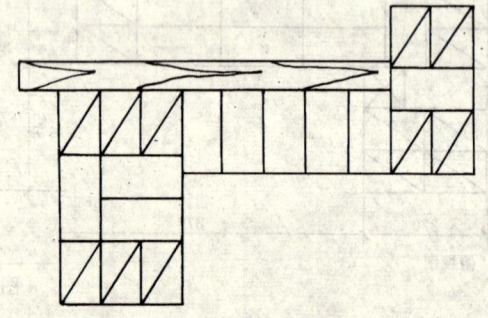

图 4-41 砌筑中间丁砖层

提示：

每砌三层应检查其垂直度与高度。

（5）按先砌墙角、端点后砌中间部分的程序，墙体每三层往上砌筑至第十二层完成（见图 4-43）。

图 4-42 墙角及端点砌至第三层

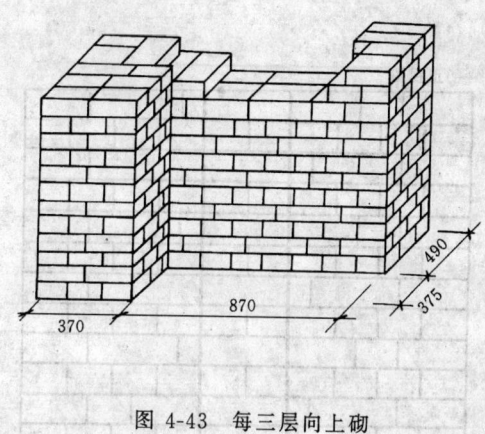

图 4-43 每三层向上砌

小　　结

（1）操作步骤：干摆四层墙体→配制砂浆→确定墙体位置→墙角及端点砌至第三层→按准线砌满中间墙→将墙体砌至 12 层。

（2）通过砌筑练习，操作者应掌握：37/37cm 及 24/24cm 墙角连接法则与砌筑方法。

（3）砌筑练习质量评估要求。

1）墙体的尺寸、垂直度、灰缝等要求见第 5 章 5.5.9 质量检测标准内容和表 5-21 内容。

2）工作场所整洁干净。

3）在无准备情况下 12 小时完成。

习题

1. 叙述双侧直角墙体的操作步骤和具体砌筑要求与方法。

2. 怎样画出双侧直角墙体的轮廓？

3. 砌筑时，为什么先砌墙拐后砌中间部分？

4. 通过该项目的砌筑练习，操作者应掌握哪些操作技能？

5. 叙述双侧直角墙体砌筑练习时的质量评估要求内容。

6. 比较单侧直角墙体与双侧直角墙体砌筑的异同点。

7. 比较 24cm 墙体与 37cm 墙体砌筑的异同点。

4.5 带墙垛的墙体（图 4-44）

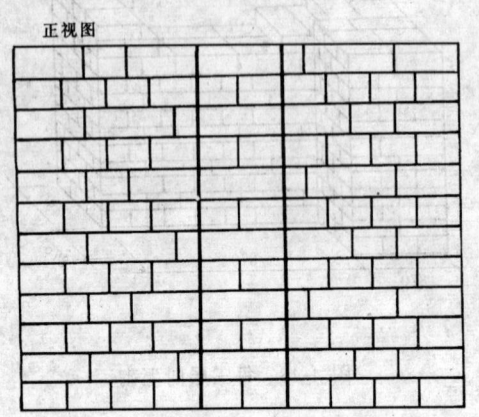

正视图

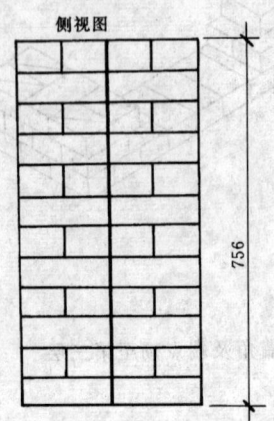

侧视图

756

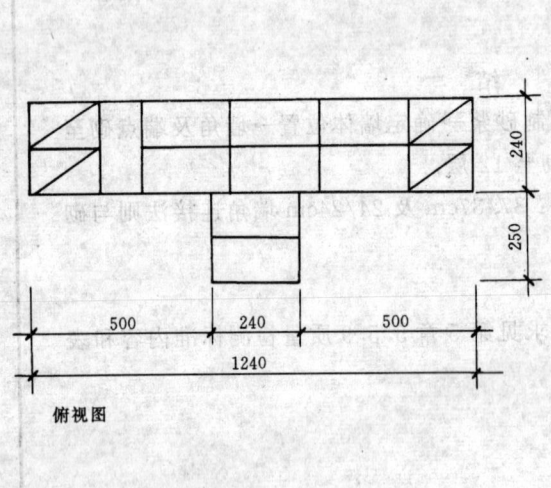

240

250

500 240 500

1240

俯视图

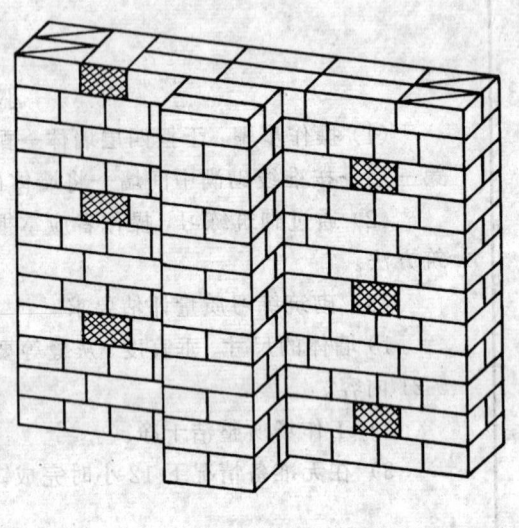

图 4-44

4.5.1 操作步骤

（1）干摆四层一砖墙墙垛：

1）第一层为丁砖层，墙垛部位为七分头砖的丁砖层（见图 4-45）。

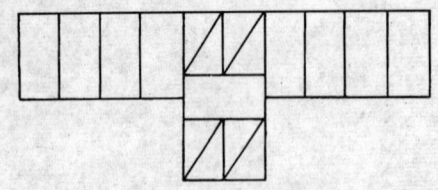

图 4-45 第一、三层

2）第二层为顺砖层，七分头砖的左或右放一皮丁砖。墙垛为顺砖层与墙体连接（见图 4-46、47）。

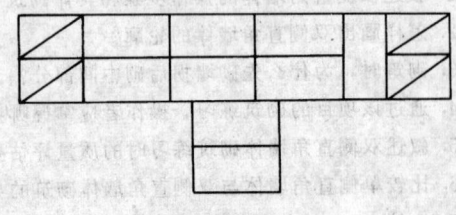

图 4-46 第二层

（2）确定墙体的位置：长度1.24m确定

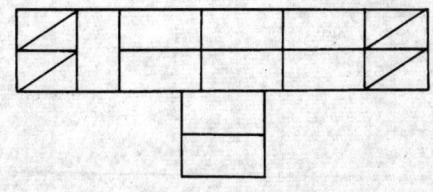

图 4-47 第四层

后砌筑丁砖层两端的砖,墙垛与墙体两端的
距离(各为 50cm)用木折尺确定并用铅笔画
出记号(见图 4-48)。

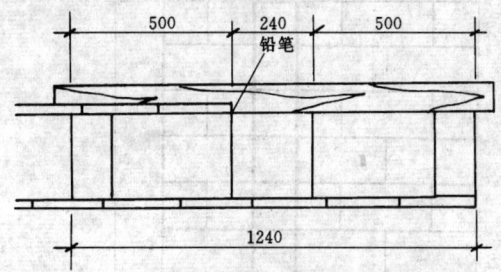

图 4-48 确定墙体并画出位置

(3)砌筑第一层并检查其排列直线、水
平面及尺寸:

1)砌完墙体的丁砖层后再砌墙垛。并用
木折尺确定其尺寸;用木三角尺检查墙垛与
墙体的直角;通过靠尺上放水准尺检查其水
平面(见图 4-49、50)。

2)将两端墙砌至第二、三层,检查其垂
直度、高度后,依照准线砌筑墙垛和中间墙
部分(见图 4-51)。

(4)墙体每三层往上砌筑直至第十二层
完成。

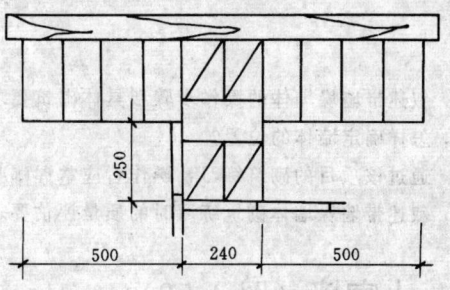

图 4-49 砌筑第一层

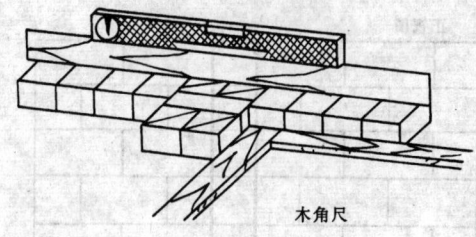

图 4-50 检查直角及水平面

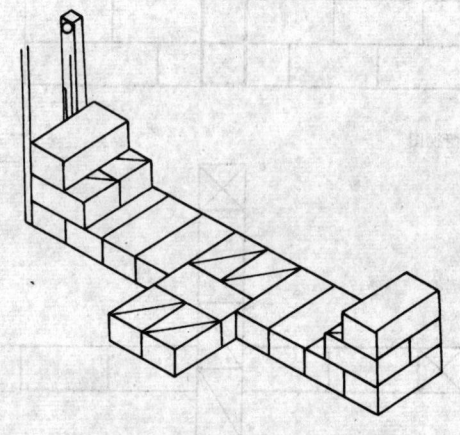

图 4-51 墙的两端砌至第三层

小　　结

(1)操作步骤:干摆四层墙体→配制砂浆→确定墙体位置→墙端砌至第三层
→按准线砌满中间墙与墙垛→将墙体砌至 12 层。

(2)通过砌筑练习,操作者应掌握:一砖墙墙垛的连接法则和砌筑方法。

(3)砌筑练习质量评估要求:同 24cm 墙体。

习题

1. 叙述带墙垛墙体的操作步骤和具体砌筑要求与方法。
2. 怎样确定墙体的位置？
3. 通过该项目的砌筑练习，操作者应掌握哪些操作技能？
4. 叙述带墙垛墙体砌筑练习时的质量评估要求内容。

4.6 十字墙（图 4-52）

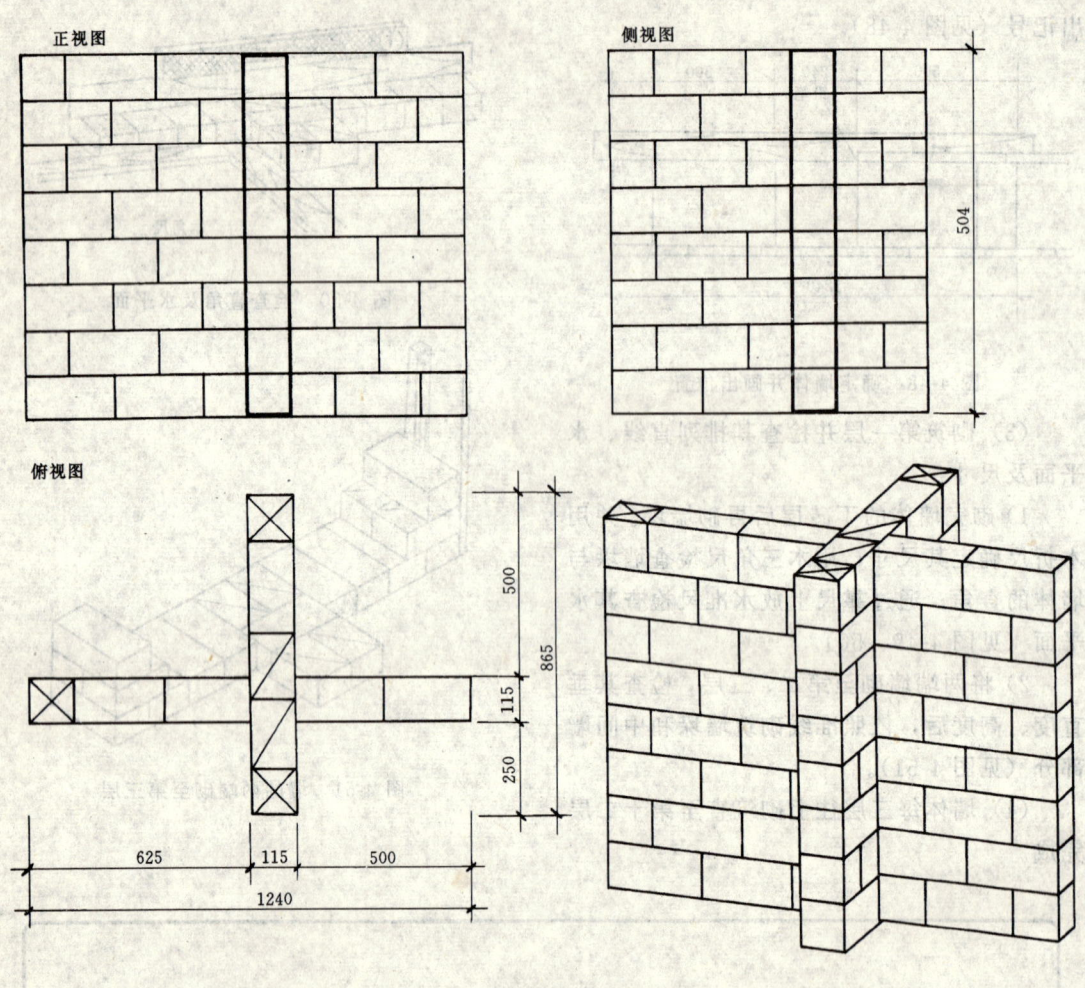

正视图   侧视图

俯视图

图 4-52

4.6.1 操作步骤

（1）干摆二层十字墙：

1）两堵墙相互连接便形成十字墙。

2）为使两墙相交的部位错缝连接，在连接层放两块七分头砖（见图 4-53、54）。

（2）确定十字墙的位置，砌筑第一层并检查排列直线、水平面及尺寸：

1）借助靠尺砌筑第一层（连接层）后，检查其排列直线、水平面及尺寸（见图 4-55）。

2）砌完连接层后，用木折尺画出相交层

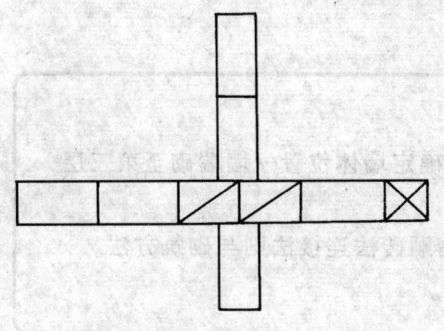

图 4-53　第一层

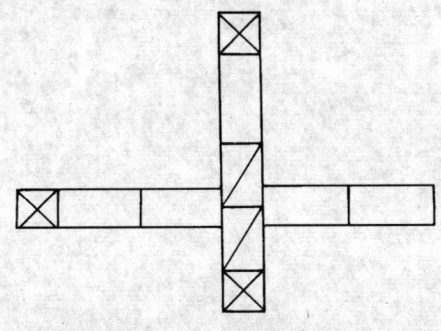

图 4-54　第二层

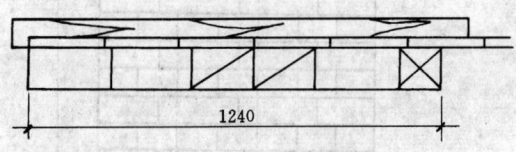

1240

图 4-55　确定连接层的位置并砌筑

直边的距离（见图 4-56）。

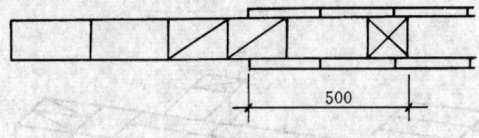

500

图 4-56　画出相交层直边的位置

3）借助木三角尺，画出相交墙的排列直线（见图 4-57）。

4）按画出的排列直线砌筑相交层，其长度用木折尺确定（见图 4-58）。

5）第一层砌完后，检查其水平面等。并用木三角尺侧放至墙角检查其直角（见图 4-59）。

（3）十字墙每两三往上砌筑，先砌端部

墙后挂准线砌中间墙，直至十二层完成。砌筑时，随时检查其垂直度与高度（见图 4-60）。

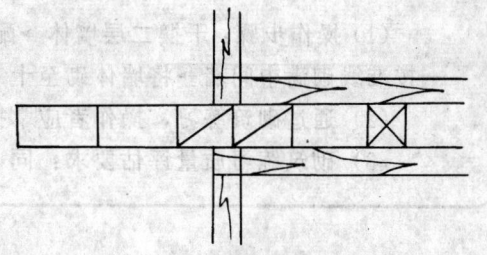

图 4-57　画出相交层的排列直线

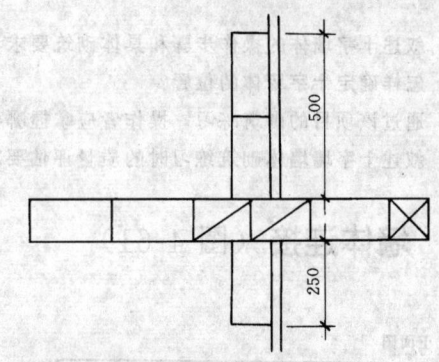

500

250

图 4-58　砌筑相交层

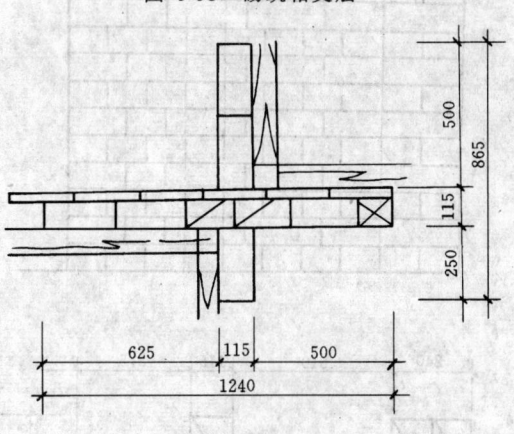

500

865

115

250

625　115　500

1240

图 4-59　检查直角

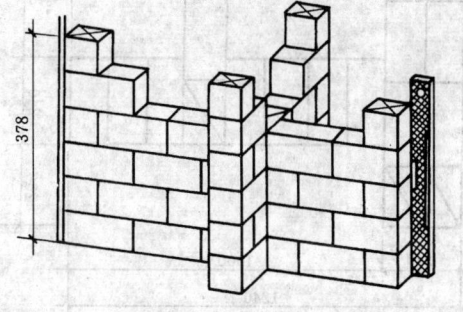

378

图 4-60　每两层往上砌

小　结

　　（1）操作步骤：干摆二层墙体→配制砂浆→确定墙体位置→墙端砌至第三层→按准线砌满中间墙→将墙体砌至十二层。

　　（2）通过砌筑练习，操作者应掌握：十字墙顺砖法连接法则与砌筑方法。

　　（3）砌筑练习质量评估要求：同 24cm 砖墙。

习题

　　1. 叙述十字墙体的操作步骤和具体砌筑要求与方法。

　　2. 怎样确定十字墙体的位置？

　　3. 通过该项目的砌筑练习，操作者应掌握哪些操作技能？

　　4. 叙述十字墙墙体砌筑练习时的质量评估要求内容。

4.7　墙体连接（图 4-61）

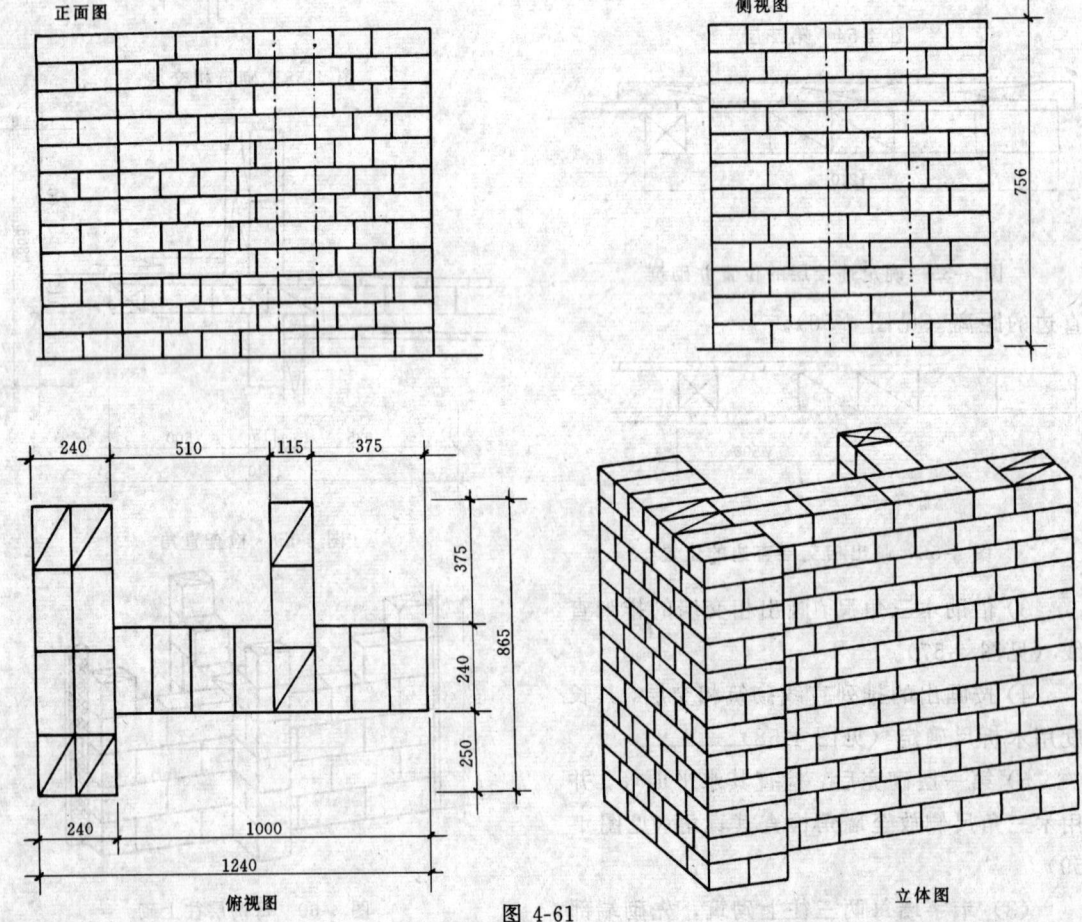

正面图　　　　　侧视图

俯视图　　　图 4-61　　　立体图

4.7.1 操作步骤

(1) 确定第一层位置：按图纸借助木三角尺、靠尺在保证直角、排列直线及水平面的同时确定第一层的位置(见图4-62)。

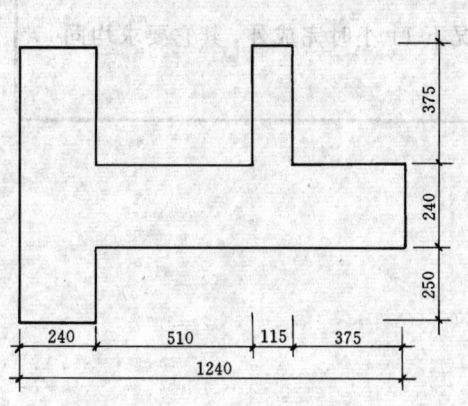

图 4-62 确定第一层位置

(2) 砌筑第一层：

1) 第一层以左边 86.5cm 长墙体的末端砖开始砌筑，用靠尺、水准尺检查其排列直线和水平面(见图4-63)。

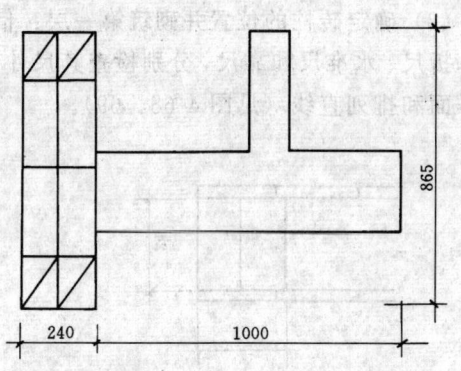

图 4-63 砌筑第一层左边墙

2) 右边墙砌丁砖，分别用木三角尺、靠尺、水准尺检查其直角、排列直线及水平面(见图4-64)。

3) 右边三皮丁砖后，用一皮七分头砖砌 11.5cm 厚连接墙体。完成第一层后应全面检查其尺寸及角度(见图4-64)。

(3) 按图砌筑第二层(见图4-65)。

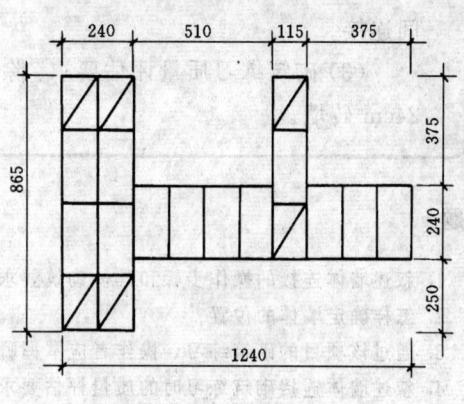

图 4-64 砌筑第一层右边墙

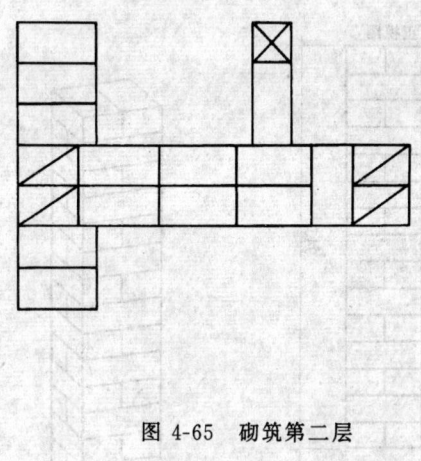

图 4-65 砌筑第二层

(4) 将墙体砌至第十二层完成：

1) 每奇数层如第一层，每偶数层如第二层往上砌筑。

2) 每三层检查其垂直度、角度及高度。

提示：

一砖墙与半砖墙连接时，只需一边按垂直线及排列直线砌筑。

小　　结

（1）操作步骤：确定第一层的位置→配制砂浆→砌筑第一、二层→将墙体砌至十二层。

（2）通过砌筑练习，操作者应掌握：一砖墙之间的连接；一砖墙与半砖墙之间连接。

（3）砌筑练习质量评估要求：除无准备情况下11小时完成外，其它要求均同24cm砖墙。

习题

1. 叙述墙体连接的操作步骤和具体砌筑要求与方法。
2. 怎样确定墙体的位置？
3. 通过该项目的砌筑练习，操作者应掌握哪些操作技能？
4. 叙述墙体连接砌筑练习时的质量评估要求？
5. 为什么墙体连接时，要采用七分头砖？

4.8　砖柱（图 4-66）

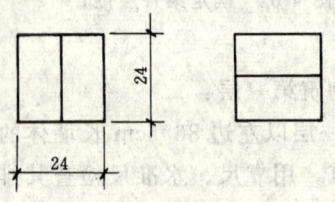

图 4-67　第一、二层

（2）确定砖柱的位置并砌筑第一层：借助木折尺、水准尺和靠尺，分别检查其尺寸、水平面和排列直线（见图 4-68、69）。

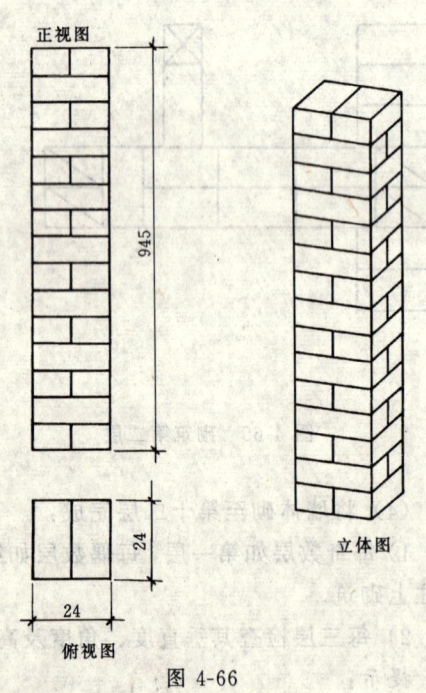

图 4-66

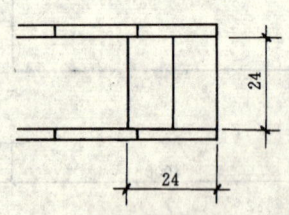

图 4-68　砌筑第一层

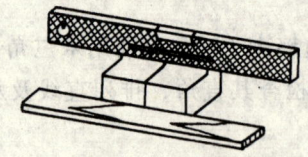

图 4-69　检查排列直线及水平面

4.8.1　操作步骤

（1）干摆四层砖柱：砖的每层应错缝搭接，即顺砖层丁砖层交替排摆（见图 4-67）。

（3）将砖柱砌至 15 层完成：砖柱的砌筑如墙的端点。先砌筑三层，之后每三层往上砌筑并检查其高度及垂直度（见图 4-70）。

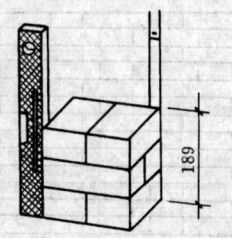

图 4-70　砖柱砌至第三层

小　　结

（1）操作步骤：干摆四层砖柱→配制砂浆→确定砖柱位置→砌筑第一层→将砖柱砌至 15 层

（2）通过砌筑练习，操作者应掌握：24cm 正方砖柱的连接法则与砌筑。

（3）砌筑练习质量评估要求：除无准备情况下 4 小时完成外，其它要求同 24cm 砖墙。

（4）其它尺寸砖柱的砌筑类似上述方法。

习题

1. 叙述砖柱的操作步骤和其体砌筑要求与方法。
2. 为什么砖柱每层应错缝搭接？
3. 通过该项目的砌筑练习，操作者应掌握哪些操作技能？
4. 叙述墙体连接砌筑练习时的质量评估要求。
5. 熟悉其它尺寸砖柱的砖块排列与错缝要求。

练习一

1. 题目：按图 4-71 砌石灰砂浆带垛单面清水砖墙。
2. 时间：4 小时；
3. 要求：（1）操练者自带助手一名，负责供料工作；（2）标准砖、灰缝 10mm。
4. 评分内容：

项　　目	配　分	评 分 标 准	得　分
水平缝砂浆饱满度	12	一组三块平均达 80% 以上得满分，达不到 80% 不得分	
外形尺寸	8	第一皮砖外形尺寸与图比较，测 4 点，允许偏差 ±5mm	
墙面、阳角垂直度	20	测 8 个点，允许偏差 5mm	
墙面平整度	10	测 4 个点，允许偏差 5mm（清水墙）	
墙面游丁走缝	10	测 4 个点，允许偏差 20mm	
水平灰缝厚度（10 皮砖累计数）	10	测 4 个点，允许偏差 ±8mm	
表面清洁度	10	墙面清洁、干净	
工效	10	按时完成不扣分；按时完成 4/5 以上扣 4 分；未达 4/5 不得分	
工完场清	5	场地清洁	
安全	5	无安全事故	
总计	100		

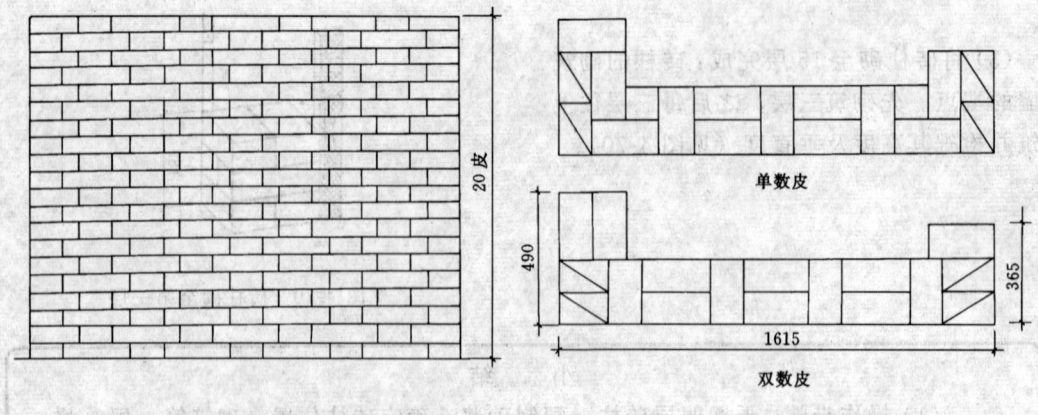

图 4-71

练习二

1. 题目：按图 4-72 砌石灰砂浆带垛单面清水砖墙。

2. 时间：4 小时。

3. 要求：（1）操练者自带助手一名，负责供料工作；（2）标准砖、灰缝 10mm。

4. 评分内容：

项　目	配　分	评　分　标　准	得　分
水平缝砂浆饱满度	12	一组三块平均达 80% 以上得满分，达不到 80% 不得分	
外形尺寸	8	第一皮砖外形尺寸与图比较，测 4 个点，允许偏差 ±5mm	
墙面、阳角垂直度	20	测 8 个点，允许偏差 5mm	
墙面平整度	10	测 4 个点，允许偏差 5mm（清水墙）	
墙面游丁走缝	10	测 4 个点，允许偏差 20mm	
水平灰缝厚度（10 皮砖累计数）	10	测 4 个点，允许偏差 ±8mm	
表面清洁度	10	墙面清洁、干净	
工效	10	按时完成不扣分；按时完成 4/5 以上扣 4 分；未达 4/5 不得分	
工完场清	5	场地清洁	
安全	5	无安全事故	
总计	100		

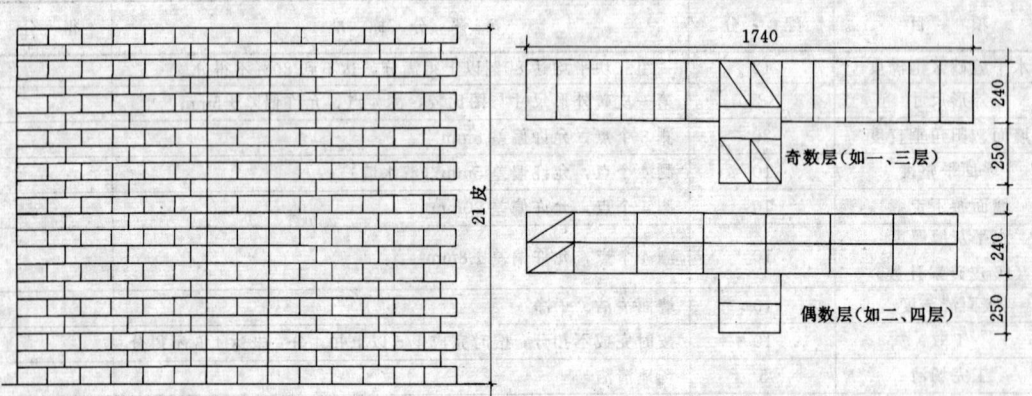

图 4-72

80

练习三

1. 题目：按图 4-73 砌石灰砂浆清水砖柱。
2. 时间：4 小时。
3. 要求：(1) 操练者自带助手一名，负责供料工作；(2) 标准砖、灰缝 10mm。
4. 评分内容：

项　目	配　分	评　分　标　准	得　分
水平缝砂浆饱满度	12	一组三块平均达 80% 以上得满分，达不到 80% 不得分	
外形尺寸	8	第一皮砖外形尺寸与图比较，测四个边，允许偏差 ±5mm	
柱方正	10	200mm 方尺测 5 个点，允许偏差 5mm	
柱垂直度	20	测 8 个点，允许偏差 5mm	
柱面平整度	10	测 4 个点，允许偏差 5mm	
水平灰缝厚度（10 皮砖累计数）	10	测 4 个点，允许偏差 ±8mm	
表面清洁度	10	柱面清洁、干净	
工效	10	按时完成不扣分；按时完成 4/5 以上扣 4 分；未达 4/5 不得分	
工完场清	5	场地清洁	
安全	5	无安全事故	
总计	100		

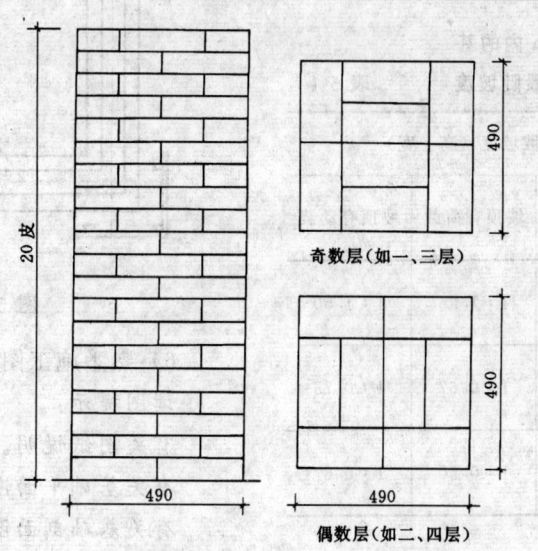

20 皮　　490

奇数层（如一、三层）　490

偶数层（如二、四层）　490

图 4-73

第 5 章　砖砌体的砌筑

5.1　砌筑准备

任何操作项目施工前的准备工作是顺利完成该项目施工任务的前提。据此砖砌体砌筑前应做好各项砌筑准备。砌筑准备可分施工准备；材料准备，操作准备。

5.1.1　施工准备

（1）砖基础施工准备

1）砖基础砌筑是在土方开挖结束，垫层施工完毕前提下进行。

2）检查土方开挖尺寸和坡度是否正确。（见表 5-1）。

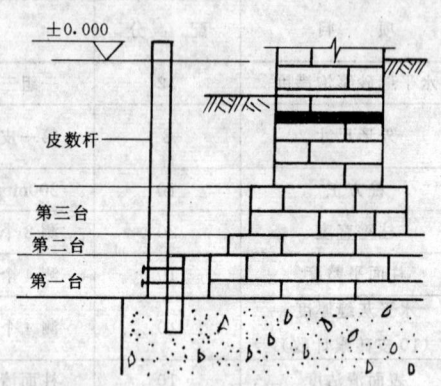

图 5-1　立基础皮数杆

深度在 5m 内的基坑（槽）最陡坡度　表 5-1

土的类别	边坡坡度（高：宽）		
	坡顶无荷载	坡顶有荷载	坡顶有动载
中密的砂土	1：1.00	1：1.25	1：1.50
碎石土	1：0.50	1：0.67	1：0.75
粘土	1：0.33	1：0.50	1：0.67

3）在垫层转角、基础高低踏步交接处立好基础皮数杆（见图 5-1）。

4）清扫垫层表面，检查垫层是否符合质量要求。如垫层高度与皮数杆标高有偏差时，应对垫层进行找平。

5）按龙门板的标志弹基础中心线和基底边线（见图 5-2）。

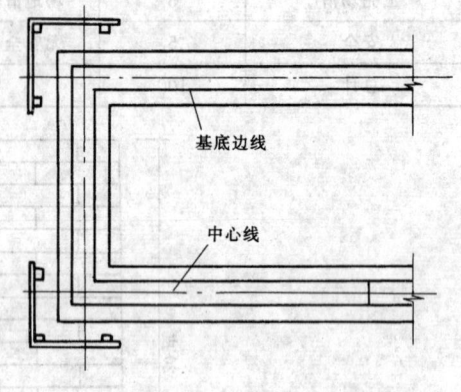

图 5-2　弹线

6）熟悉施工图，了解设计要求。

读图提示：

有关图纸说明。

有关基础平面图。

有关基础剖面图。

（2）实心墙施工准备：

1）实心墙砌筑是在基础施工结束，基槽土方回填完毕前提下进行。

2）检查基础防潮层有无损坏，如损坏应修补抹平。

3）在墙的转角处、内外墙交接处及楼梯间和墙面变化较多的部位立好墙身皮数杆

（见图 5-3）。

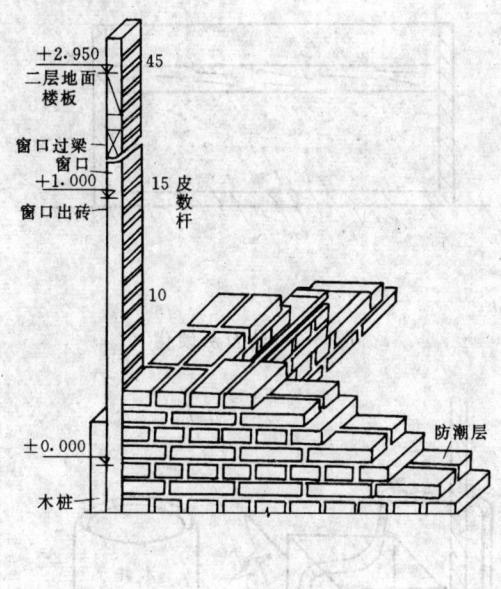

图 5-3 立墙身皮数杆

4）检查皮数杆上的±0.000与测定点处的±0.000是否一致；皮数杆第一层砖的标高是否在同一水平上（见图 5-4）。

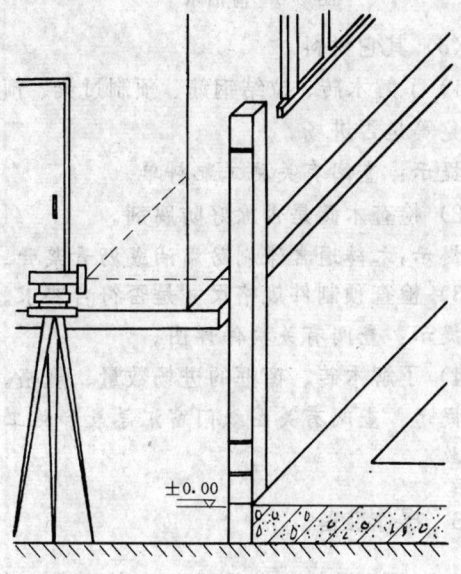

图 5-4 检测标高

5）复核基础中心线；弹好墙体中心线；划好开间、门窗洞口等尺寸线（见图 5-5）。

6）熟悉施工图纸，了解墙体各构件的具体做法和要求。

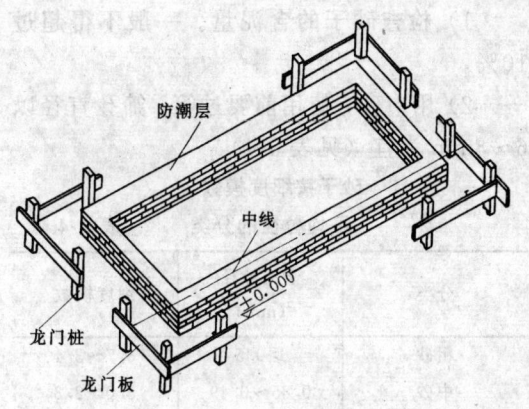

图 5-5 墙身弹线

5.1.2 材料准备

（1）砖：

1）检查砖的品种、规格、强度等级是否符合设计要求（见表 5-2）。

粘土砖的强度等级　　表 5-2

项目	抗压强度（MPa）		抗折强度（MPa）	
等级	平均值	单块最小值	平均值	单块最小值
MU20	20	14	4	2.6
MU15	15	10	3.1	2.0
MU10	10	6	2.3	1.3
MU7.5	7.5	4.5	1.8	1.1
MU5.0	5.0	3.5	1.6	0.8

2）砌清水墙时应检查砖的外观尺寸是否符合要求；色泽是否一致（见表 5-3）。

粘土砖的外观允许偏差表　表 5-3

项　　目	指标（mm）	
	一等品	二等品
尺寸允许误差不大于		
长度	±5	±7
宽度	±4	±5
厚度	±3	±3
二个条石厚度差不大于	3	5
弯曲不大于	3	5
完整面不少于	一个条面或一个顶面	同左

（2）砂:

1）检查砂子的含泥量。一般不得超过10%。

2）用中砂，使用前要过筛，筛孔直径以6～8mm为宜（见表5-4）。

砂子按细度模数及
平均粒径的分类　　表 5-4

分类	平均粒径(mm)	细度模数
粗砂	＞0.5	3.7～3.1
中砂	0.35～0.49	3.0～2.3
细砂	0.25～0.34	2.2～1.6
特细砂	＜0.25	1.5～0.7

（3）水泥:

1）检查水泥的品种、标号、出厂日期是否符合要求。

2）袋装水泥，要抽查过磅，以检查袋装水泥的计量正确程度。散装水泥应了解计量方法。

提示:

大部分水泥的贮存期国家规定为三个月。

极大部分水泥每袋净重为50±1kg。

（4）石灰:

1）将熟化好的石灰浆放在贮灰池内"陈伏"两个星期以上（见图5-6）。

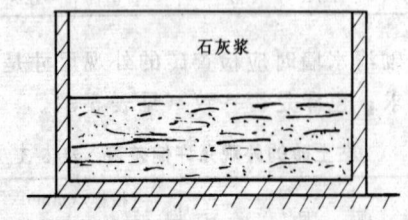

图 5-6　石灰"陈伏"

2）"陈伏"期间，石灰浆表面应保持有一层水分，以免石灰浆表面硬化（见图5-7）。

（5）水

1）使用自来水或清洁的天然水（见图5-8）。

2）工业废水、矿泉水需经化验合格后才

能使用。

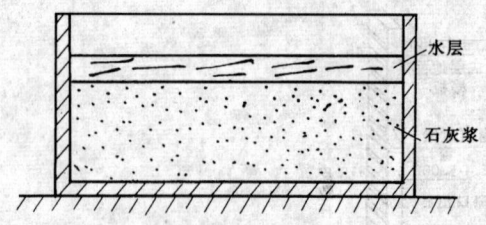

图 5-7　防石灰硬化

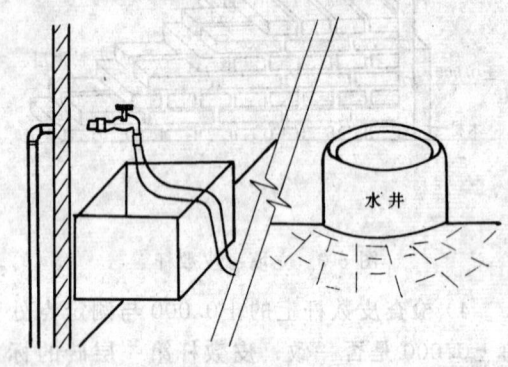

图 5-8　清洁水

（6）其它材料

1）了解木砖、拉结钢筋、预制过梁、预制壁龛等是否进场。

提示:查阅有关施工配料单。

2）检查木砖是否涂好防腐剂。

提示:木砖通常涂刷防腐油或沥青浆膏。

3）检查预制件规格尺寸是否符合要求。

提示:查阅有关构件详图。

4）了解木砖、窗框的进场数量、规格。

提示:查阅有关图纸门窗汇总表和施工配料单。

5.1.3　操作准备

（1）检查基槽土壁是否安全，上下有无踏步或梯子（见图5-9）。

（2）基槽内的积水要予以排除（见图5-10）。

（3）了解搅拌设备、运输设备、脚手架的安放架设情况和计量器具情况。

（4）检查运输道路是否完好、畅通；室

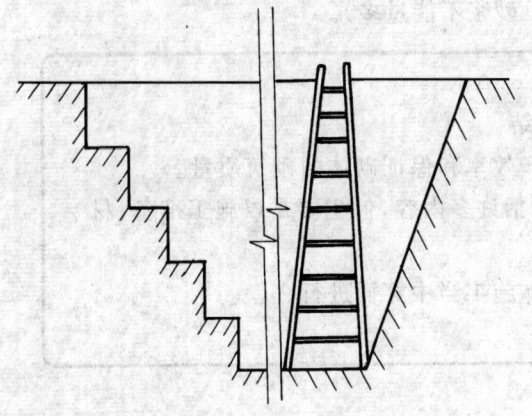

图 5-9　基槽上下通道

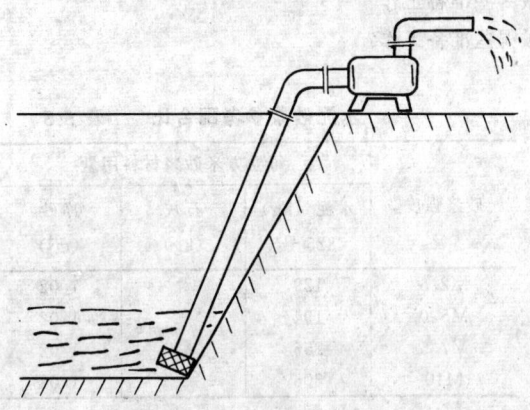

图 5-10　基槽排水

内外填土是否完成；地沟盖板是否盖好（见图 5-11）。

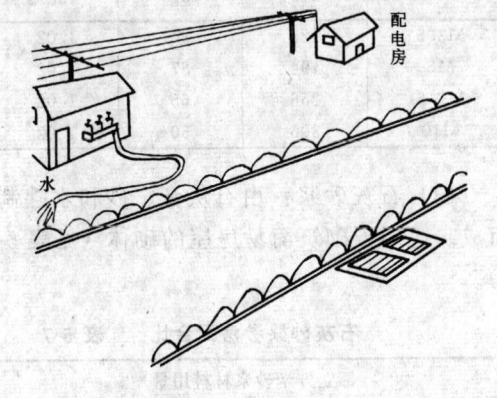

图 5-11　三通一平

（5）浇砖：用砖的前一天进行为宜。标准一般是浇透，不能浇涝。即水浸入砖深度

达 1~1.5cm 为宜（见图 5-12）。

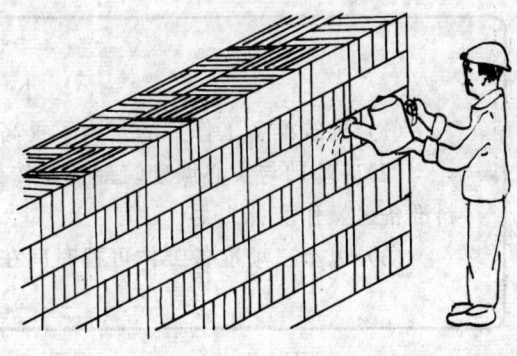

图 5-12　浇砖

（6）布料：将浇好的砖与灰槽布置在距离所砌位置 50cm 为宜；灰槽间距以 150cm 为宜（见图 5-13）。

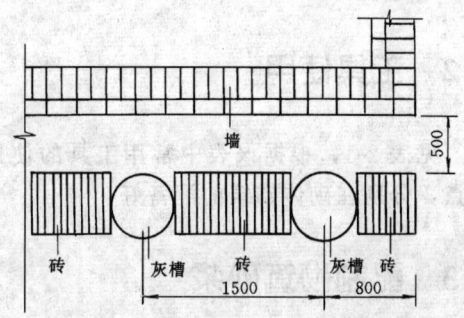

图 5-13　布料

（7）供砖：保证砖的摆放位置准确；砖堆角部的砖要交叉摆放；砖的数量供应准确，避免砖二次搬运（见图 5-14）。

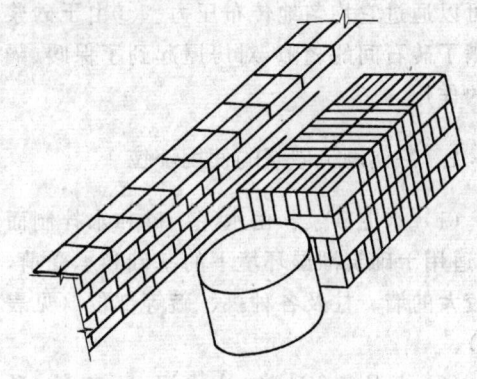

图 5-14　供灰砖

（8）供灰：力争做到适时（供灰不能过早也不能过迟）、适湿（供到使用位置的砂浆

85

要保证有合格的流动性），适量（放入灰槽的 砂浆不能过多）。

小　结

（1）砌筑准备工作目的是为了提高生产效率和保证砌体的砌筑质量。

（2）砖基础与实心墙砌筑准备工作虽包括许多内容，但主要是以施工准备、材料准备、操作准备为主。

（3）以上三项准备工作可视时间在具体施工当中穿插进行。

习题

1. 砌筑准备工作的目的意义？
2. 砖基础砌筑工作是在什么前提下进行？具体要做哪些准备工作？
3. 实心墙砌筑工作是在什么前提下进行？具体要做哪些准备工作？

5.2　工具使用

见表 2-1，根据该表中常用工具的使用特点，分别在砌体砌筑前配备好。

5.3　配制砌筑砂浆

砂浆是砖砌体的重要组成部分。它由胶凝材料（水泥、石灰）、细骨料（中砂）与水按一定的配合比拌和而成。其作用：①把各单块体胶结成一个整体。②砂浆硬结后各层砖可以通过它均匀地传布压力。③由于砂浆填满了砖石间的缝隙，对房屋起到了保暖、隔热的作用。

5.3.1　各类砌筑砂浆的使用部位

（1）水泥砂浆：由水泥、砂和水拌制而成。适用于砌筑潮湿环境下的基础和承受荷，载较大的墙、柱及各种拱、碹等部位（见表5-5）。

（2）水泥混合砂浆：由水泥、石灰膏、砂和水拌制而成。适用于砌筑地面以上承受荷载不大的砌体（见表5-6）。

水泥砂浆参考配合比　　表 5-5

砂浆强度	每立方米砂浆材料用量		
	水泥（kg）325 号	石灰（kg）	净砂（m³）
M2.5	129		1.02
M5.0	194		1.02
M7.5	256		1.02
M10	306		1.02

水泥混合砂浆参考配合比　　表 5-6

砂浆强度	每立方米砂浆材料用量		
	水泥（kg）325	石灰（kg）	净砂（m³）
M2.5	129	94	1.02
M5	194	87	1.02
M7.5	256	65	1.02
M10	306	50	1.02

（3）石灰砂浆：由石灰膏、砂和水拌制而成。适用于砌筑简易房屋的砌体（见表5-7）。

石灰砂浆参考配合比　　表 5-7

每立方米砂浆材料用量		
石灰膏（m³）	石灰（kg）	净砂（m³）
0.25	180	0.98

5.3.2 砌体对砌筑砂浆的要求

（1）强度要求：砂浆在砌体中不但起着均匀传递荷载,而且自身也承受较大压力,因此砂浆必须具有一定的强度（见表5-8）。

砌筑砂浆强度指标　　表 5-8

强度等级	抗压极限强度（MPa）
M2.5	2.5
M5	5.0
M7.5	7.5
M10	10

（2）粘结力要求：砂浆把单块砖胶结成一个整体,因此砂浆本身应具有较好的粘结力（见图5-15）。

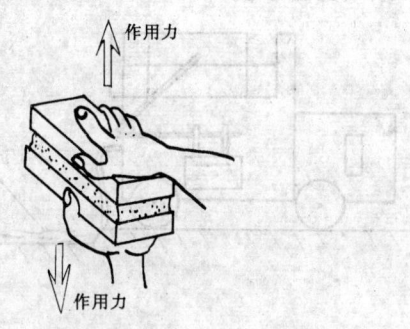

图 5-15　砖的粘结力

（3）流动性要求：砌体砌筑时,砂浆是通过瓦刀或大铲刮粘在砖块上。砂浆流动性过大,容易掉下；过小,不易刮粘。因此为便于操作,砂浆应具有合适的流动性（亦称稠度）（见图5-16、表5-9）。

砌筑砂浆的适宜稠度　　表 5-9

项 次	砖石砌体种类	砂浆稠度
1	实心砖墙、柱	7～10cm
2	实心砖平拱式过梁	5～7cm
3	空心砖、墙、柱	6～8cm
4	空斗墙、筒拱	5～7cm
5	石砌体	3～5cm

（4）保水性要求：砂浆内的水与胶结材

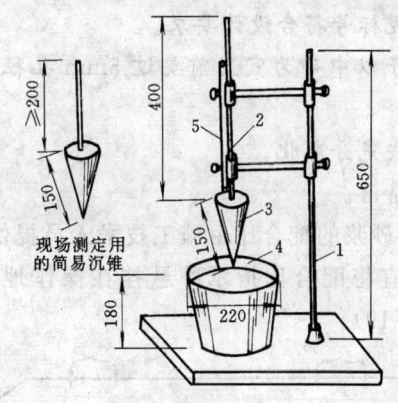

图 5-16　砂浆流动性测定仪
1—台架；2—滑杆；3—圆锥（自重300g,
锥径75mm）；4—灰桶；5—标尺

料及骨料分离过快时,其水份很快被砖吸干,造成砂浆很稠,难于操作,也影响砌体的强度。因此砂浆应具有较好的保水性（见图5-17、图5-18）。

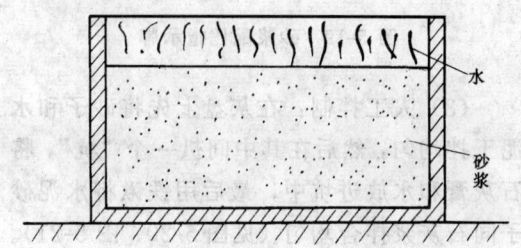

水
砂浆

图 5-17　水与胶结材料分离

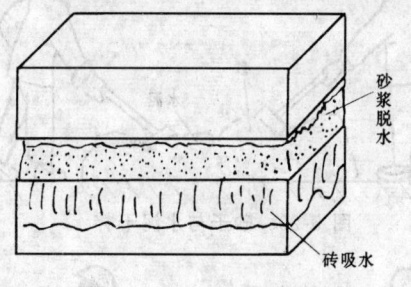

砂浆脱水
砖吸水

图 5-18　砂浆水份被砖吸干

5.3.3 砌筑砂浆的拌制

（1）为确保砂浆的强度、粘结力、流动性、保水性要求,原材料（水泥、石灰、砂、水）必须符合要求。

提示：

水泥标号符合设计要求。

砂子以中砂为宜用前要过 5mm 孔径的筛。

石灰充分熟化。

水清洁。

（2）砂浆的配合比由施工技术人员提供，拌制时宜将配合比指示牌悬挂在操作地点（见图 5-19）。

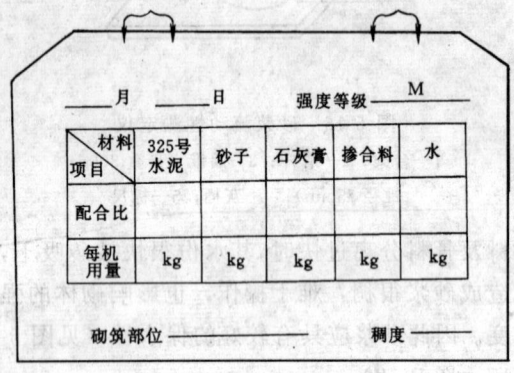

月 日 强度等级 M				
材料 项目	325号 水泥	砂子	石灰膏	掺合料	水
配合比					
每机 用量	kg	kg	kg	kg	kg
砌筑部位 稠度				

图 5-19 砂浆配比指示牌

（3）人工拌制：在灰盘上先将砂子和水泥干拌均匀，然后在其中间扒一个"坑"，将石灰膏和水放进坑中，最后用铁锹将水泥砂子同石灰浆拌合均匀（见图 5-20、图 5-21）。

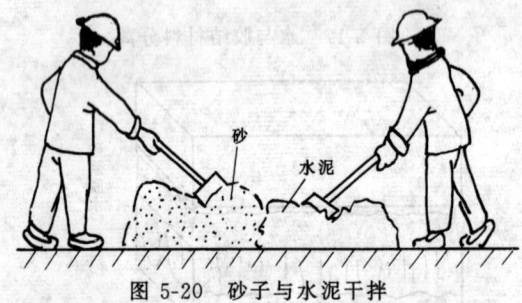

图 5-20 砂子与水泥干拌

图 5-21 水泥砂与石灰湿拌

（4）机械拌制：

1）砂浆机前部建好灰盘，以便存放拌制好的砂浆（见图 5-22）。

图 5-22 机前建好灰盘

2）砂浆机侧挖好沉淀池，通过排水沟使冲刷砂浆机的泥水得以集中，保持拌制场地干净（见图 5-23）。

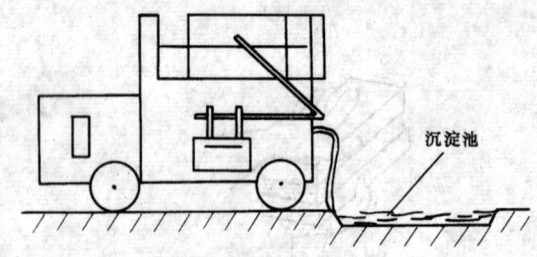

图 5-23 机侧挖好沉淀池

3）砂浆机后建好上料台，并将水管引到机旁（见图 5-24）。

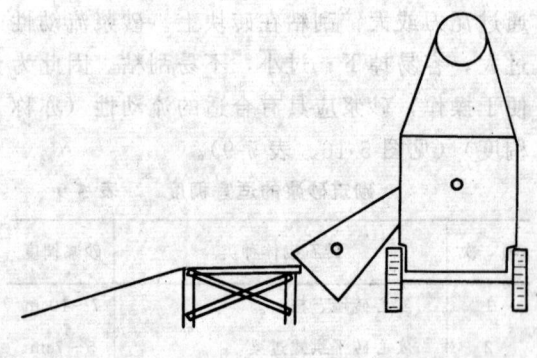

图 5-24 机后建好上料台

4）投料顺序：机斗内先放水和水泥，搅

拌成水泥浆，再放入石灰膏和砂子（见图5-25）。

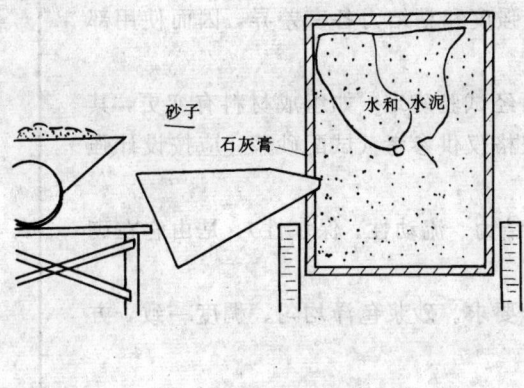

图 5-25　投料顺序

5）拌制时间，自投料完算起，不得少于2min（见图5-26）。

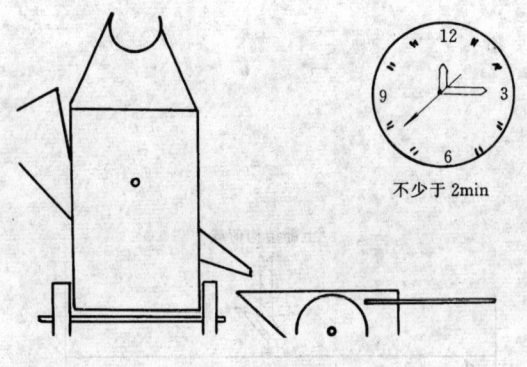

不少于2min

图 5-26　拌制时间

6）拌制完毕，砂浆机应用水清扫干净（见图5-27）。

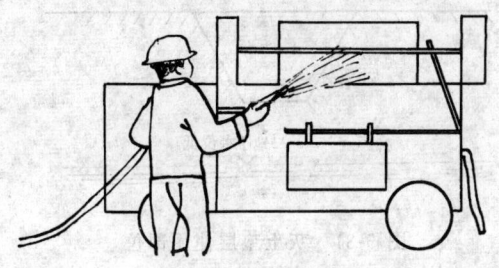

图 5-27　机清扫

（5）砂浆应随拌随用，拌制好的砂浆必须在 3～4 小时内使用完毕，如气温超过30℃时，须在 2～3 小时内使用完毕。防止砂浆存放过多使用不完而造成浪费（见图5-28）。

图 5-28　随拌随用

（6）每一楼层或 250m³ 砌体，每种砂浆应制作一组（6块）试块，以便测定砂浆的强度标号。如配合比有变化时，应另作试块（见图5-29）。

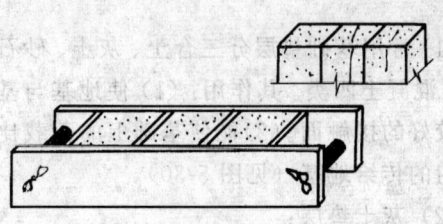

图 5-29　制作试块

习题

　　1. 砌筑砂浆是由什么材料拌和而成？
　　2. 砌筑砂浆的作用是什么？
　　3. 砌筑砂浆分哪几类？各用在什么部位？
　　4. 砌体对砌筑砂浆有哪些要求？
　　5. 简述人工拌制砂浆的过程。
　　6. 简述机械拌制砂浆的过程。
　　7. 什么情况下认为砂浆搅拌完毕？

5.4　砖基础的砌筑

　　基础是房屋地面以下的承重结构。起着承上（承担上部全部荷载）、传下（荷载通过它往下传给地基）的作用。

5.4.1　垫层施工

　　(1) 常用基础垫层分三合土、灰土、砂石碎砖、混凝土四类。其作用：(1) 使地基与基础有较好的接触面。(2) 能使基础上的荷载比较均匀的传给地基（见图 5-30）。

　　(2) 灰土垫层：

　　1) 灰土垫层是由石灰与黄土拌和而成灰土施工时，应适当控制含水量，如土料水份过多或不足时，应晾干或洒水润湿。石灰与黄土的体积比为 3∶7 或 2∶8，一般用于地下水位低，基槽干燥处。该垫层施工简单，费用较低（见图 5-31）。

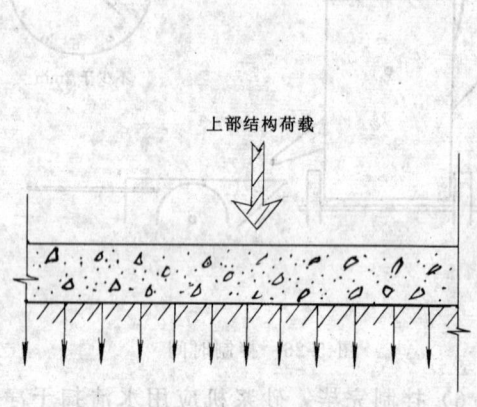

图 5-30　垫层的作用

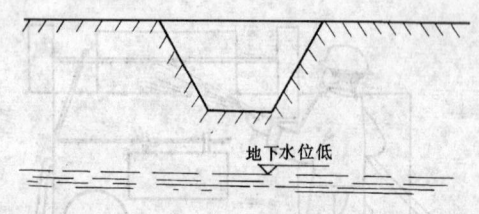

图 5-31　灰土垫层使用部位

　　提示：

　　石灰宜用块灰，使用前数天浇水粉化。拌好的灰土颜色应均匀一致。

　　含水量以用手握灰土为团，两手指轻捏

即碎为宜。

2）灰土应分层填入基槽，每层厚度以25cm 左右为宜。每层填完应及时用木夯或石夯分层夯打（见图 5-32）。

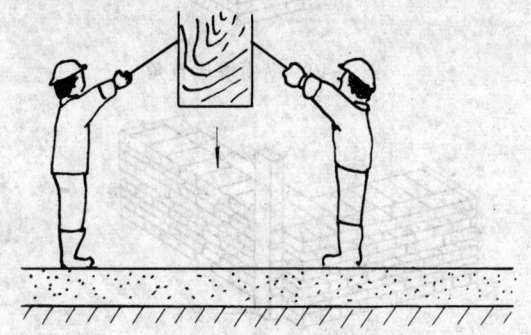

图 5-32　分层夯打

3）夯打坚实的灰土声音清脆，并呈金属声。垫层夯打完后应找平，过高的铲除，低的补夯平整（见图 5-33）。

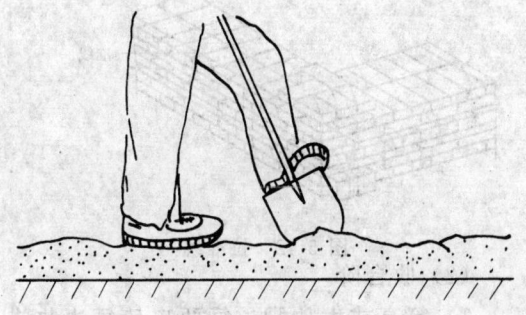

图 5-33　找平

（3）碎砖三合土垫层：

1）碎砖三合土垫层是由石灰、砂、碎砖加适量的水拌和而成。石灰与砂、碎砖的体积比为 1∶2∶4 或 1∶3∶6。用于地下水位低，基槽干燥处。

提示：

石灰应用提前粉化的粉灰。

砂应用中、粗或泥砂。

碎砖用一般废砖敲碎，其粒径为 20～60mm。

2）铺设厚度第一层为 22cm，以后每层20cm，每层均分别用人工木、石夯或打夯机将其夯打至 15cm 厚，逐层增筑至设计标高（见图 5-34）。

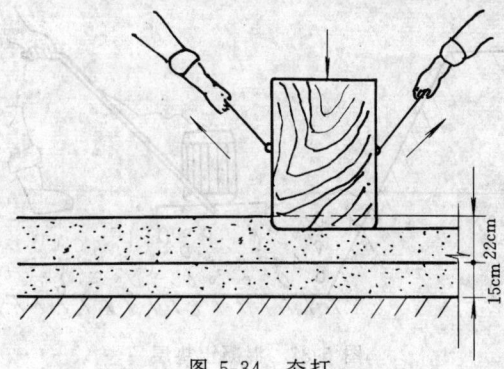

图 5-34　夯打

3）夯打要求均匀，表面平整密实。夯打最后一遍时，需加浇浓浆一层，待表面略干燥后，在其上铺一层黄砂土，进行最后平整夯实（见图 5-35）。

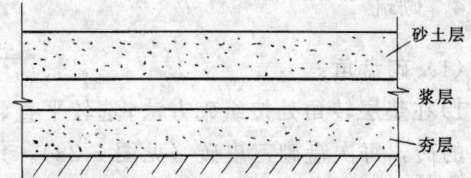

图 5-35　平整夯实

（4）振动灌浆垫层：是在铺好的碎石或卵石层上，铺置一层水泥砂浆，然后用平板震动器振动密实（见图 5-36）。

图 5-36　振动灌浆垫层

（5）混凝土垫层：用低强度混凝土和卵石、砂搅拌后，按设计标高浇筑在基槽。然后用平板震动器振动密实、并找平（见图 5-37）。

5.4.2　组砌方法

见第三章 3.1.6 砖基础的组砌与摆砖内容。

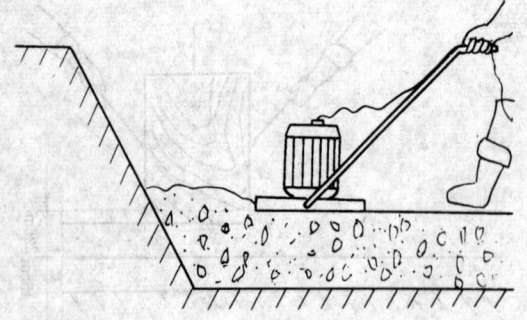

图 5-37　混凝土垫层

5.4.3　摆砖撂底

见第三章 3.1.6 砖基础的组砌与摆砖内容。

5.4.4　砌筑

（1）砌盘角：

1）在垫层转角处按组砌方法，选较平直、方整的砖，每次盘砌三皮砖（见图 5-38）。

图 5-38　砌盘角

2）随时用线锤检查盘角垂直度：视线双上往下看，盘角边线应在一垂线上；视线从前后穿看，锤线与盘角边应平行。并且纵横墙应成直角（见图 5-39、40）。

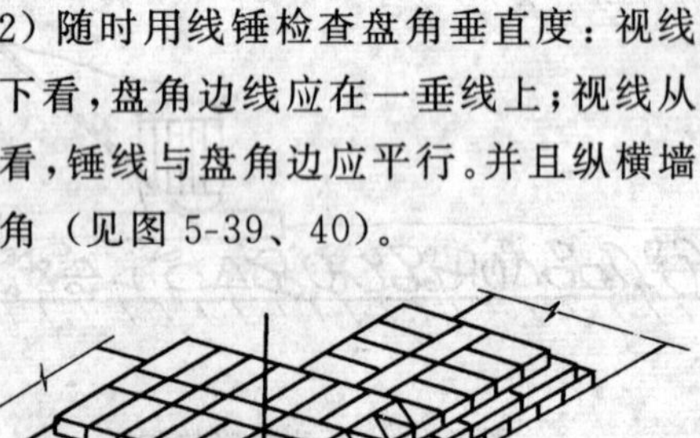

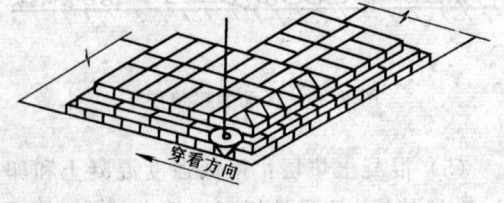

穿看方向

图 5-39　吊线锤

3）检查盘角与皮数杆的相符情况。如与皮数杆有错位，可在灰缝中逐步调整，达到和皮数杆吻合（见图 5-41）。

4）以两端盘角拉准线，中层基础照线逐

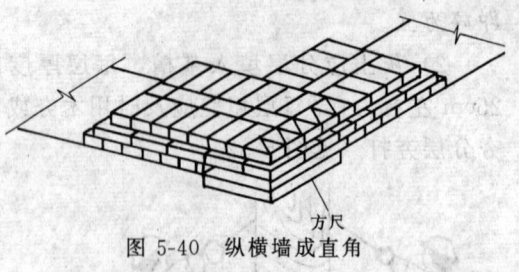

方尺

图 5-40　纵横墙成直角

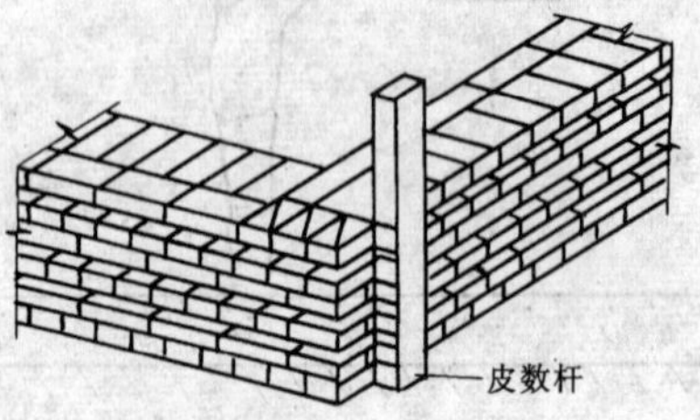

皮数杆

图 5-41　皮数检查

步砌筑。最后盘角、砌砖两者循序向上砌筑（见图 5-42）。

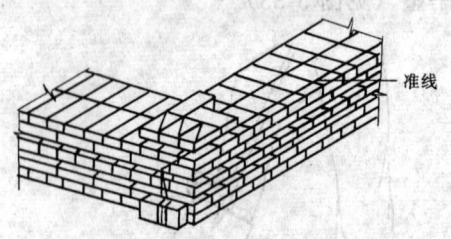

准线

图 5-42　拉准线

（2）收台阶

1）等高式大放脚，每两皮砖每边收进60mm。间隔式大放脚。第一台阶两皮砖每边收进 60mm，第二台阶每一皮砖每边收进60mm，如此循环收进直至到砖墙尺寸（见图5-43、44）。

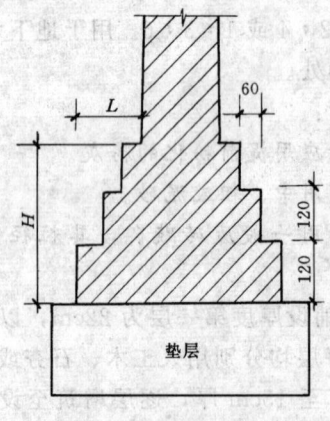

垫层

图 5-43　等高式大放脚

92

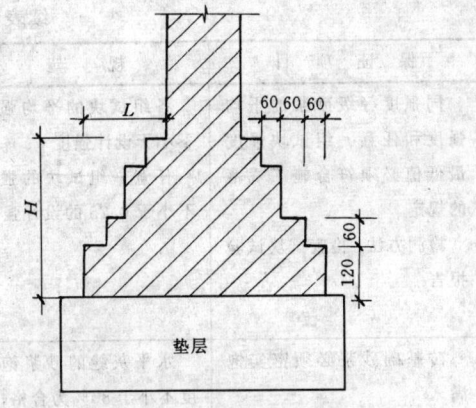

图 5-44 间隔式大放脚

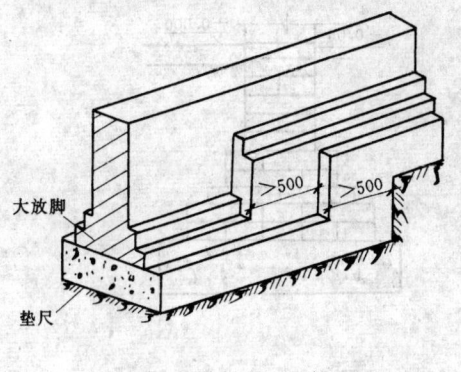

图 5-46 台阶搭接

2）每次收台阶必须用卷尺量准尺寸，中间部分的砌筑应以盘角处准线为依据，不能用目测或砖块比量，以免出现偏差（见图 5-45）。

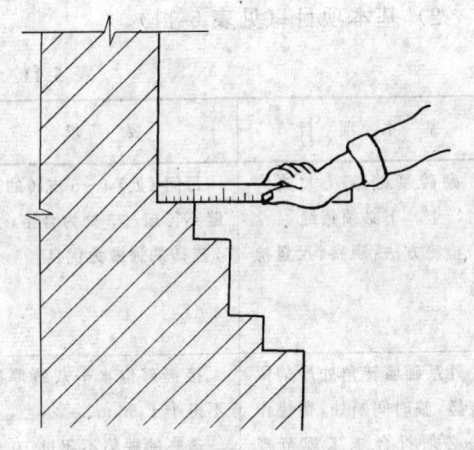

图 5-45 量台阶

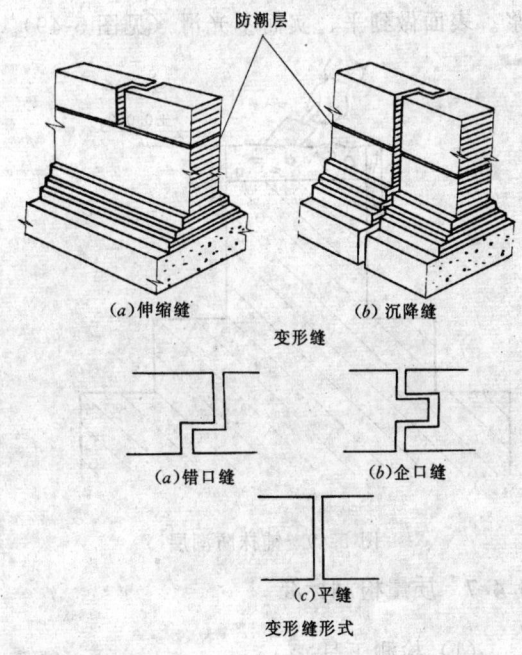

图 5-47 变形缝及形式

5.4.5 特殊部位砌筑

（1）基础的埋置深度不一致时：应由低向高砌筑。同一边线高低台阶搭接长度不小于 500mm（见图 5-46）。

（2）变形缝：两边的墙按要求分开砌筑。缝中不要落入砂浆和碎砖，保证缝道畅通（见图 5-47）。

（3）基础不能同时砌筑时：必须留踏步槎，分段砌筑的相差高度不得超过 1.2m。

（4）预留孔洞：必须在砌筑时留出，位置要准确，不得事后开凿基础。要预留沉降空

隙。

5.4.6 防潮层

（1）基础防潮层应在基础墙全部砌到设计标高，回填土完成后进行施工（见图 5-48）。

（2）常用做法：铺抹 20mm 厚的防水砂浆或浇筑 60mm 厚的钢筋混凝土圈梁。

提示：

防水砂浆一般采用 1：2.5 水泥砂浆加水泥含量 3%～5% 的防水剂搅拌而成。

（3）铺抹防潮层时，先在基础墙顶侧面抄

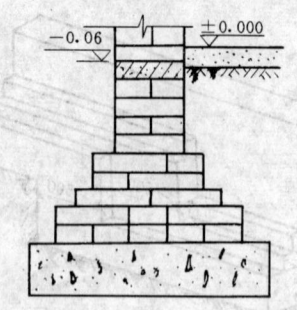

图 5-48 防潮层位置

出水平标高线,用薄直木条夹在基础墙两侧,(木条下边与水平标高线平齐)。然后摊铺砂浆。表面做到平、实而不光滑(见图 5-49)。

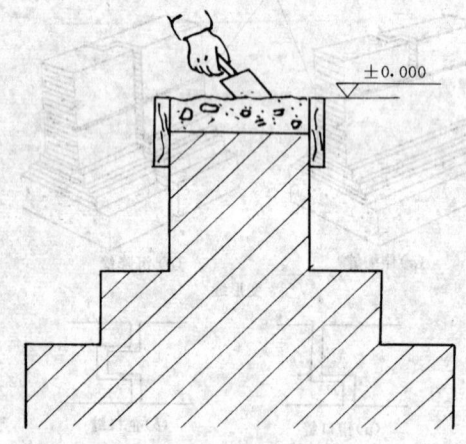

图 5-49 铺抹防潮层

5.4.7 质量检测标准

(1)检测工具

见第 2 章表 2-1。

(2)质量标准

1)保证项目(见表 5-10)。

表 5-10

保 证 项 目	规 定
用于砖基础砖的品种、强度必须符合设计要求 检测方法:观察、检查出厂合格证	标准粘土砖 强度不低于 MU7.5 按图纸要求
用于砖基础砂浆的品种、强度必须符合设计要求 检测方法:观察、检查	水泥砂浆 强度不低于 M5 按图纸要求

续表

保 证 项 目	规 定
同强度等级砂浆的平均强度和任意一组试块强度最低值必须符合施工规范的规定 检测方法:检查试块试验报告	各组试块的平均强度不小于设计强度 任意一组试块的强度不小于 0.75 的设计强度
砖基础砂浆必须密实饱满 检测方法:用百格网检查砖底面与砂浆的粘结痕迹面积,每处掀 3 块砖取其平均值(每步架抽查不少于 3 处)	水平灰缝的砂浆饱满度不小于 80%为合格;不小于 90%为优良

2)基本项目(见表 5-11)。

表 5-11

基 本 项 目	要 求
砌砖基础墙及大放脚时,上、下必须错缝 检测方法:观察、尺量检查	每间(处)4~6 皮砖的通缝不得超过 3 处为合格;无 4 皮砖的通缝为优良
外基础墙转角处严禁留直槎,临时间断处,留槎作法必须符合施工规范规定。接槎处砂浆必须密实,缝、砖平直 检测方法:观察、尺量检查	接槎部位水平灰缝厚度不得小于 5mm 透亮的缺陷不超过 10 个为合格;不超过 5 个为优良
预埋拉结筋的数量、长度、间距均应符合设计要求和施工规范规定 检测方法:观察、尺量检查	钢筋留置间距偏差不超过 3 皮砖为合格;不超过 1 皮砖为优良
构造柱位置留置正确 检测方法:观察、尺量检查	大马牙槎先退后进,残留砂浆清理干净

3)允许偏差项目(见表 5-12)。

表 5-12

允许偏差项目	允许偏差值
基础墙厚度应符合设计要求 检测方法：尺量检查	允许偏差值为 +15mm
基础顶面标高应符合设计要求 检测方法：用水准仪和尺量检查	允许偏差值为 ±15mm
基础轴线位置准确 检测方法：用经纬仪或拉线检查	允许偏差值为 10mm
预留构造柱截面（宽度、深度）准确 检测方法：尺量检查	允许偏差值为 ±10mm
基础表面平整度应符合要求 检测方法：用靠尺和塞尺检查	允许偏差值为 8mm
基础水平灰缝平直度应符合要求 检测方法：拉 10m 线和尺量检查	允许偏差值为 10mm

5.4.8 质量通病与防止

（1）砂浆强度不稳定的原因与防止措施（见表 5-13）。

表 5-13

原 因	防 止 措 施
1. 计量不准：砂浆配合比多数工地使用体积比；以小车为计量单位；砂子含水率变化和运料途中丢失	建立施工计量工具校验、维修、保管制度。计量工作派专人监控 配合比按重量比计算
2. 施工时为使砂浆和易性好，使用的塑化材料（石灰膏等）常常超过规定用量，降低了砂浆强度	将塑化材料调成 12cm 的标准稠度后称量。或测出其实际稠度后进行换算
3. 原材料质量不符合有关要求	加强原材料的进场验收工作
4. 砂浆试块的制作、养护方法和强度取值等没有执行规范的统一标准。数据不准	对砂浆试块应有专人按有关规定负责制作和养护
5. 砂浆搅拌不均匀，人工搅拌次数不够，机械搅拌加料顺序颠倒	人工拌和：增加搅拌次数 机械搅拌：严格按加料顺序加料

（2）基础墙身偏移过大的原因与防止措施（见表 5-14）。

表 5-14

原 因	防 止 措 施
1. 大放脚收台阶时两边的收退不均匀或收退尺寸不准	严格控制台阶宽度，量测中心线至两侧的距离
2. 砌筑前和收台阶结束后没有拉线检查轴线和台阶边线	拉准线检查，随时检查盘角的垂直度。防止因盘角偏差引起墙身偏差
3. 中间隔墙没有龙门板，用卷尺丈量而发生误差	中间墙应设置龙门板和中心桩，以便拉横墙中线

（3）水平灰缝高低不平的原因与防止措施（见表 5-15）。

表 5-15

原 因	防 止 措 施
砌盘角时灰缝掌握得不好或砌筑时没有拉准线或准线绷得时松时紧	严格按皮数杆上的皮数砌盘角 拉准线必须绷紧

（4）基顶标高不准的原因与防止措施（见表 5-16）。

表 5-16

原 因	防 止 措 施
1. 基底或垫层标高相差较大，没有找平偏差较大部位	垫层凹处用豆石混凝土找平 摆底时要摆平
2. 大放脚宽大，皮数杆不能贴近，难以检查所砌砖层与皮数杆的标高差	将皮数杆直接夹砌在基础中心位置 砌筑前，用水准仪复核皮数杆的标高

（5）基础防潮层失效的原因与防止措施

（见表 5-17）。

表 5-17

原　　因	防　止　措　施
1. 防潮层施工前，没有做好基层清理工作	清理好基面上的泥土、砂浆等杂物，碰动的砖块重新砌好
2. 施工前，基面不浇水或浇水不够，影响防潮层与基面的粘结	要充分浇水润湿，表面略见风干，方可进行施工
3. 操作时表面抹压不实，养护不好，使防潮层因早期脱水、强度和密实度达不到要求而出现裂缝	砂浆表面用木抹子抹平，起干时，即可进行抹压（2～3 遍）。不留施工缝。必须留时，则留在门口位置且至少养护 3 日
4. 砂浆搅拌不均匀，防水剂漂浮在砂浆表面影响砂浆的防水性	防潮层砂浆拌制必须均匀

5.4.9　安全操作

（1）砌筑安全要求

1）砌筑前必须检查基槽土壁。如有坍塌危险，应采取槽壁加固或清除有坍塌危险的土方等处理措施（见图 5-50）。

图 5-50　在基槽内操作时注意土壁坍塌

2）人进入槽内工作应有上下踏步或梯子。

（2）运输安全要求

1）跨越基槽运输材料时，要随时观察基槽内操作人员，以防应采空跌倒和砖块等失落伤人（见图 5-51）。

图 5-51　跨越基槽运输

2）往槽内运输材料时，应采用溜槽或人工担运。禁止向槽内投掷材料（见图 5-52）。

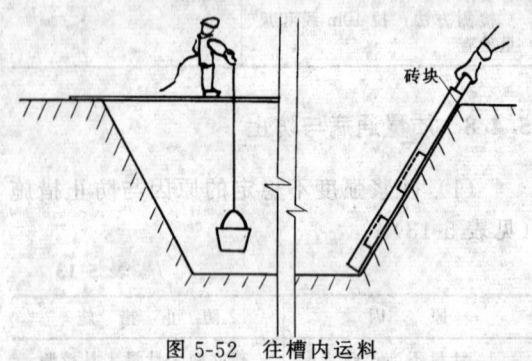

图 5-52　往槽内运料

（3）堆料安全要求：基槽边 1m 内禁止堆料（见图 5-53）。

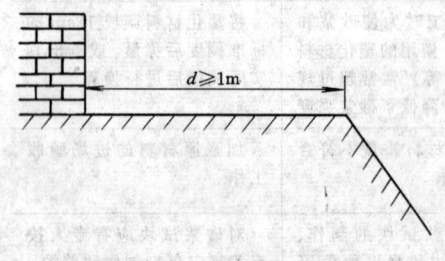

图 5-53　堆料

（4）其他安全要求

1）凡进入现场人员，必须戴安全帽，不准穿高跟鞋和拖鞋（见图 5-54）。

2）非机工不能开机，非电工不得动电

图 5-54 带安全帽

（见图 5-55）。

图 5-55 机、电保护

3）雨雪天应采取防滑措施。

小　结

　　（1）房屋基础采用哪类垫层由设计人员定，不管施工何种垫层均应密实、平整、标高符合设计要求。

　　（2）砌盘角是砖基础砌筑的关键。盘砌时应随时检查其垂直度、平整度、纵横墙的直角度、水平灰缝厚度。

　　（3）中间基础墙的砌筑必须按两端盘角间的准线砌筑。

　　（4）大放脚两边收台阶要均匀，以防基础、墙轴线偏移。

　　（5）基础特殊部位应严格按有关规定砌筑。

　　（6）防潮层应作为一道工序来单独完成，不允许在砌墙砂浆中添加防水剂砌砖来代替防潮层。

　　（7）操作人员应严格按质量标准砌筑砖基础，砌筑过程中应采取自检、互检形式防止通病发生。

　　（8）操作中自觉遵守安全操作规程。

　　（9）砖基础砌筑工艺顺序：准备工作→拌制砂浆→确定组砌方式→排砖摞底→建筑→抹防潮层。

习题

1. 常用基础垫层有哪几类？各自施工特点和要求有哪些？
2. 在房屋结构中，基础起什么作用？
3. 砌盘角时应注意哪些操作要求？
4. 收台阶时应注意哪些操作要求？
5. 叙述砖基础砌筑全部操作过程。
6. 基础特殊部位有哪几种？各自操作特点和要求有哪些？
7. 基础防潮层常用做法有几种？怎样铺抹好防潮层？
8. 叙述砖基础的质量检测标准。
9. 砖基础砌筑中应注意哪些质量问题？
10. 怎样防止基础墙身位移过大和基顶标高不准的弊病？
11. 怎样防止砂浆强度不稳定和防潮层失效的弊病？
12. 基础砌筑中必须注意哪些安全问题？

13. 叙述砖基础砌筑工艺顺序。

5.5 240mm 厚实心墙的砌筑

墙体是由砖、石或砌块作骨架，砂浆作粘结剂，按一定的组砌方法砌筑而成。

墙体按其用材不同可分为砖墙、石墙、砌块墙；按其在房屋中的位置不同可分为内墙（房屋内部的墙）、外墙（房屋外围的墙）；按其承受荷载的不同可分为承重墙（承受上部荷载和水平风力等）、非承重墙（只承担本身自重）；按其组砌方式不同可分实心墙、空斗墙。

墙体厚度是由工程技术人员根据其承受荷载的大小、作用、高度、长度以及使用要求等因素统筹确定的。墙体厚度有 12 墙、18 墙、24 墙、37 墙、49 墙、62 墙……等，其中 24 墙最为经济、实用。

墙体的作用：（1）与楼板、梁组成房屋的承力骨架。（2）承受房屋各层荷重，并将这些荷载传递到基础上。（3）外墙抵御风吹、日晒、雨淋等，内墙分隔内部空间。

5.5.1 组砌方法

见第三章 3.1.4 24 厚实心墙的组砌、摆砖与接头内容。

5.5.2 摆砖撂底

见第三章 3.1.4 24 厚实心墙的组砌、摆砖与接头内容。

5.5.3 砖墙砌筑

（1）砌盘角

1）盘角处 1m 范围内，按组砌方法挑选平直、方整的砖（"七分头"一定要棱角方正，打制尺寸正确），先砌三～五皮砖（见图 5-56）。

2）用方尺检查其方正度。线锤检查其垂直度（见图 5-57）。

3）五皮砖盘砌后，两端拉通线检查砖墙

图 5-56 砌盘角

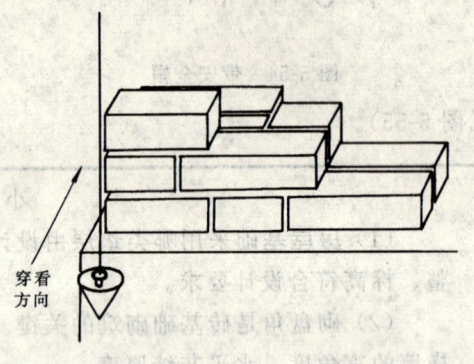

图 5-57 线锤检查

槎口处砖是否有抬头和低头的现象。再核对砖的皮数，不能出现错层（见图 5-58）。

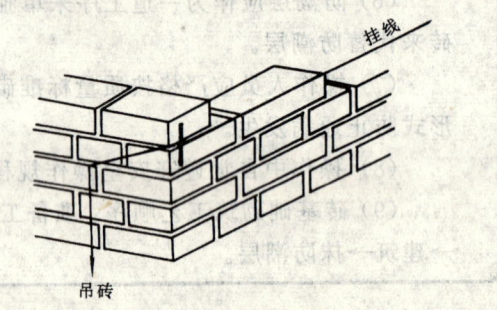

图 5-58 拉准线检查

4）随着盘角不断上砌，要不断用托线板检查其垂直度，纵横墙应成直角（见图 5-59）。

5）盘砌时必须对照皮数杆，特别要控制好砖层上口高度，不要与皮数杆相应皮数高差太多（偏差值控制在 5～10mm 内）（见图 5-60）。

（2）挂准线

1）外墙大角挂线：用线拴上半截砖头，挂在大角的砖缝里，然后用别线棍把线别住，别线棍的直径约 1mm，别在离转角 2～4cm

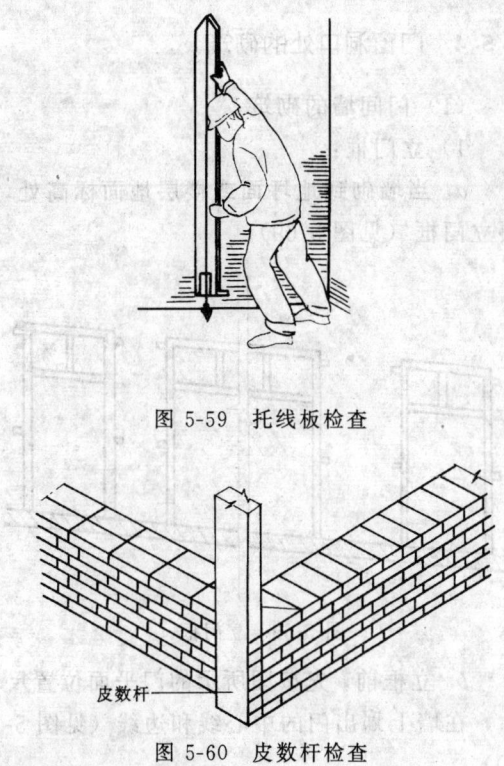

图 5-59　托线板检查

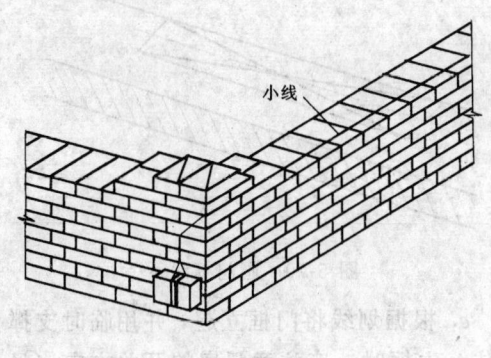

皮数杆

图 5-60　皮数杆检查

处（见图 5-61）。

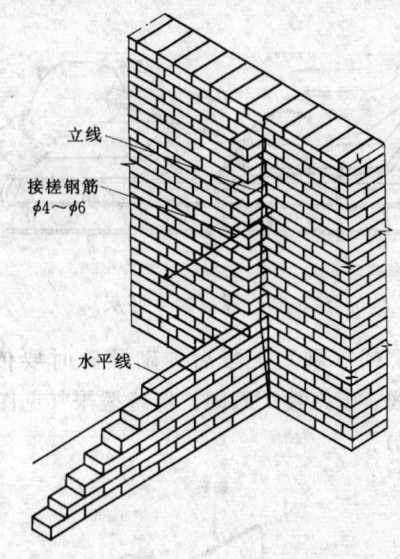

立线

接槎钢筋
$\phi4\sim\phi6$

水平线

图 5-62　内墙挂线

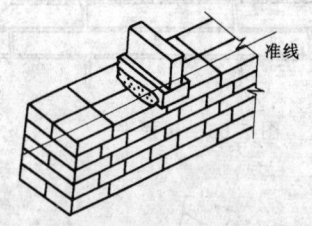

准线

图 5-63　挑线

一侧挂准线。准线要绷紧，中间墙身的砌筑主要是依靠准线掌握墙身平直度（见图 5-64）。

小线

图 5-61　外墙大角挂线

2）内墙挂线：先拴立线，后将准线挂在两端立线上。这样可避免因槎口砖偏斜带来的误差（见图 5-62）。

3）挑线：挂线长度超过 20m 时，线会因自重而下垂。对此应在墙身中间砌上一块挑出 3～4cm 的腰线砖，托住准线，再用砖将线压住。挑线时，挂线应平直（见图 5-63）。

（3）砌墙身

1）墙身砌筑必须挂准线：两端盘角砌毕后，外墙朝室外挂准线，内墙根据需要另选

图 5-64　挂准线砌中间墙

2）准线挂好后，严格按第 3 章有关砌筑法则铺（刷）好灰浆：上灰要准、铺（刷）灰要活；砖底、角、线都达到要求（见图 5-65）。

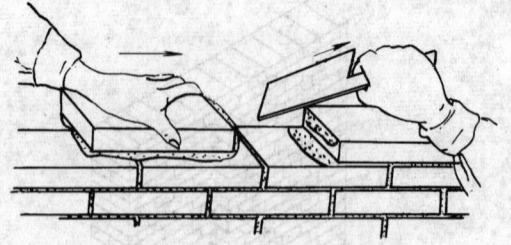

图 5-65 铺（刷）好灰

3）铺（刷）灰浆后，砌顺砖时要依据"上跟线、下跟棱"原则，将砖摆平（见图5-66、67）。

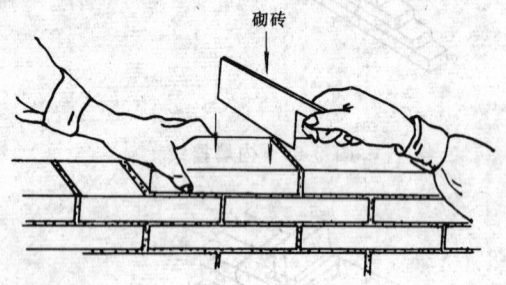

图 5-66 砖摆平

图 5-67 砌丁砖

4）砌丁砖时，身体稍外探，用眼睛穿看墙面丁砖面的侧边，使其与下面已砌好的丁砖面对齐，避免"游丁走缝"（见图5-68）。

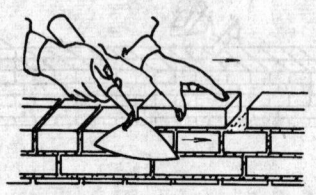

图 5-68 砌顺砖

5）墙身中间留接槎口，按有关留接槎规定建筑。

6）最后盘角、墙身两者循序向上砌筑。

5.5.4 门窗洞口处的砌筑

（1）门间墙的砌筑

1）立门框：

a.当墙砌到地坪面或楼层地面标高处，要立门框（见图5-69）。

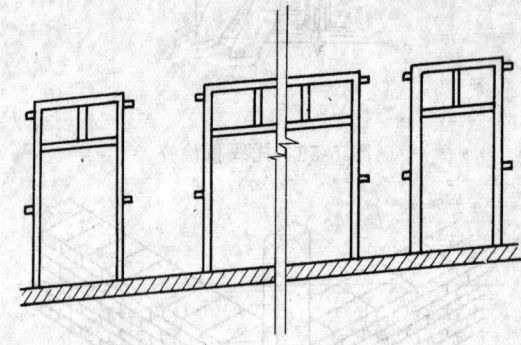

图 5-69 立门框

b.立框前，先按图所示的门平面位置尺寸，在墙上划出门的中心线和边线（见图5-70）。

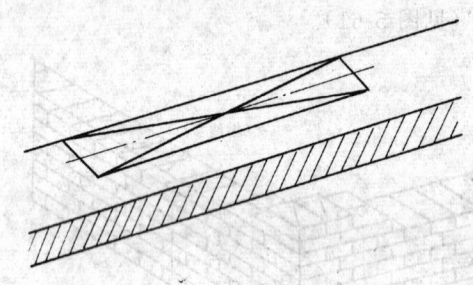

图 5-70 画门框线

c.根据划线将门框立起，并用临时支撑撑住。立框时，应注意门扇的开关方向（见图5-71）。

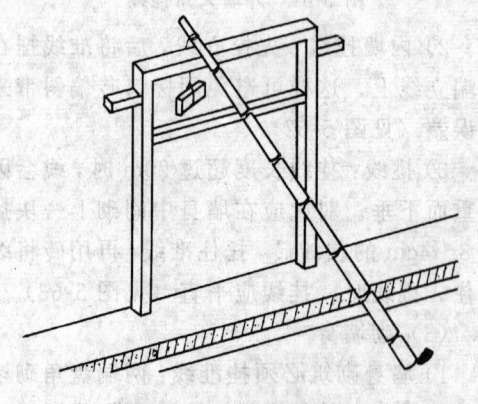

图 5-71 支撑门框

d. 用线锤或靠尺板校正门框平面内、外的垂直度；检查门框标高是否正确；用水平尺检查其冒头是否呈水平（见图5-72）。

图 5-72　检查门框的垂直、水平度

e. 同一墙面上的门框应统一整齐，标高相等的同一排门框，应先立两端的两个门框，再在其间拉上通线，其它各框依照通线竖立（见图5-73）。

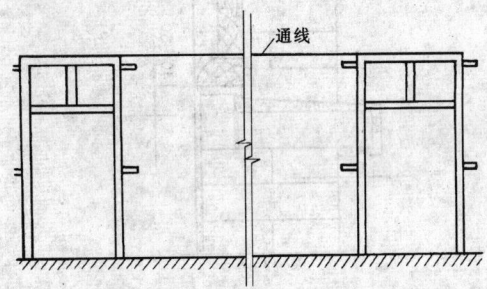

图 5-73　同一排门框应拉通线对齐

f. 上下对应的门框要对齐，可用线锤从上层沿框子梃边吊下来进行校核（见图5-74）。

2）砌门间墙：

a. 门间墙的砌筑程序与要领同5.5.3砖墙砌筑。

b. 先立框的门洞口砌筑时，须将砖与框相距10mm左右，不要与门框挤得太近或太紧造成门框变形（见图5-75）。

c. 后立框的门洞口先砌好，后装门框。其尺寸根据设计图纸定（见图5-76）。

d. 后立框的门洞口按下列规定砌入木砖：

图 5-74　上下门框应对齐

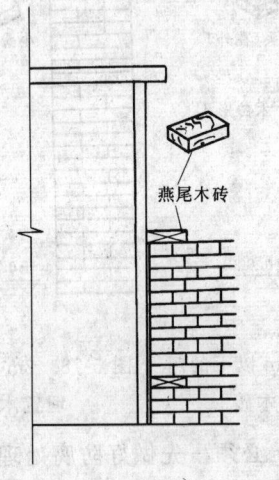

图 5-75　门洞口的砌筑

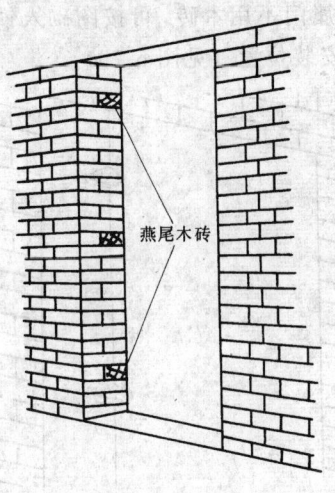

图 5-76　后立框门洞口的砌筑

101

a）2m 以下的门，每侧内砌埋 3 块木砖，上下两块木砖距门洞口上、下边约 3～4 皮砖，中间一块在上下两块间取中放置（见图 5-77）。

b）2m 以上的门，每侧内砌埋 4 块木砖，上下两块距离同前，中间两块可在上下两块间等分放置（见图 5-78）。

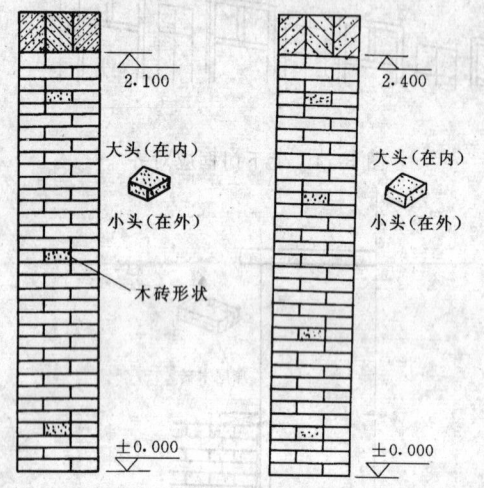

图 5-77　2m 以下的门　图 5-78　2m 以上的门
　　　　埋置木砖　　　　　　　埋置木砖

c）木砖必须事先做好防腐处理，砌埋木砖时，小头在外。

提示：

采用在液沥青中浸渍过的木砖。

d）金属门不用木砖，可按图砌入铁件或预留铁件安装位置（见图 5-79）。

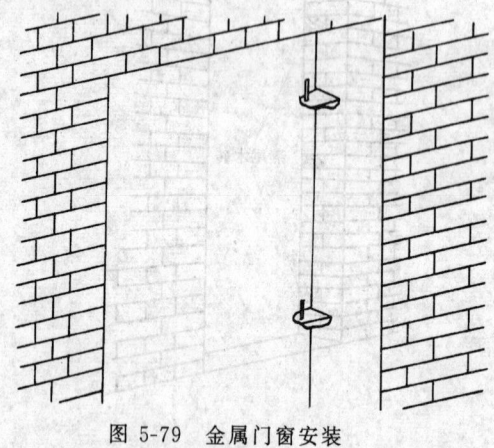

图 5-79　金属门窗安装

（2）窗台的砌筑

1）砖墙砌到窗洞口标高时，应砌筑窗台。砌窗台有先砌窗台后砌窗间墙和先预留窗台位置后砌窗间墙之分。不管何种做法均按下列方法砌窗台（见图 5-80）。

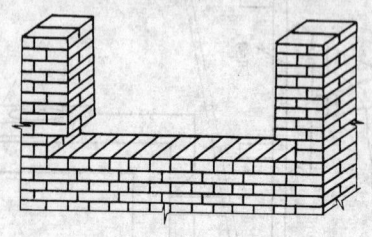

图 5-80　窗台预留位置

2）混水窗台（也称平出窗口）：

a. 尺寸要求：挑砖面一般低于窗框下冒头 40～50mm；突出外墙和伸入窗间墙的尺寸均为 60mm（见图 5-81）。

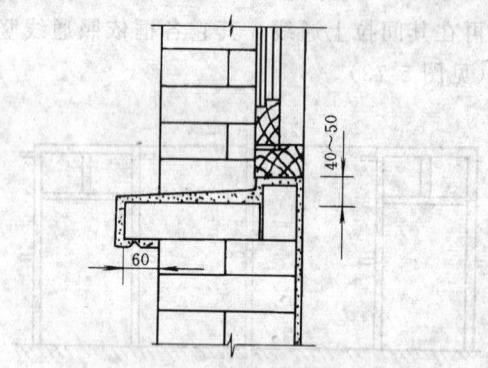

图 5-81　混水窗台尺寸

b. 具体操作：用披灰法平砌丁砖一皮，两端先砌 2 块挑砖，挂好准线，中间依据准线砌挑砖。竖缝要披足嵌严（见图 5-82）。

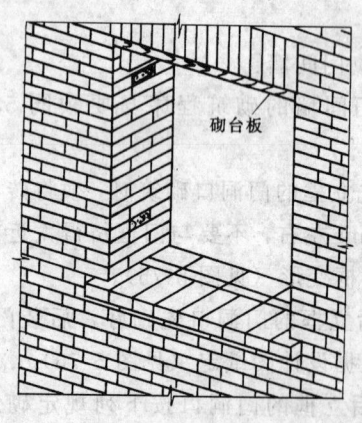

图 5-82　砌混水窗台

c. 抹灰：上下表面及侧面用水泥砂浆抹灰，窗台面抹出坡度，窗台底抹出滴水槽（见图 5-83）。

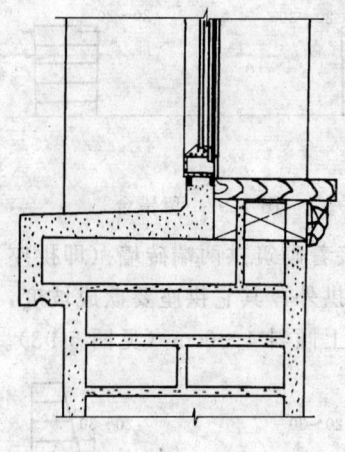

图 5-83　混水窗台抹灰

3) 清水窗台（也称虎头窗台）：

a. 尺寸要求：挑砖面低于窗框下冒 10mm；突出外墙 60mm；伸入窗间墙的尺寸约为 60~120mm（见图 5-84）。

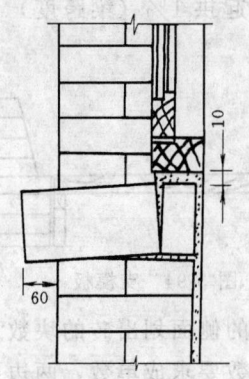

图 5-84　清水窗台尺寸

b. 具体操作：用披灰法砌陡砖层，两端先砌 2 块挑砖，挂好准线，中间依据准线砌陡砖，竖缝要披足嵌严（见图 5-85）。

c. 勾缝：窗台的砖缝以及与窗框的缝隙均用水泥砂浆勾缝（见图 5-86）。

(3) 窗间墙的砌筑

1) 窗台砌后，立窗框，其方法同立门框。

2) 后立窗框方法同后立门框。

3) 同一轴线多窗口的窗间墙应拉道线同

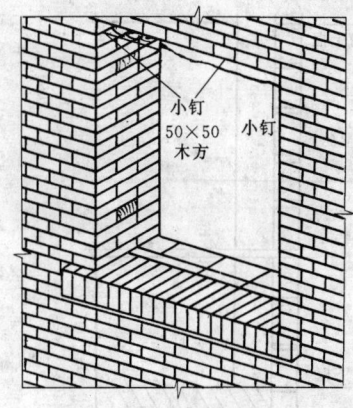

图 5-85　砌清水窗台

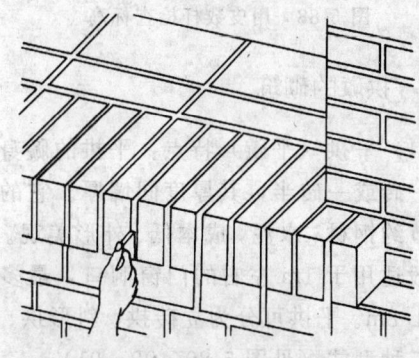

图 5-86　勾缝

时砌筑，其方法同砌门间墙（见图 5-87）。

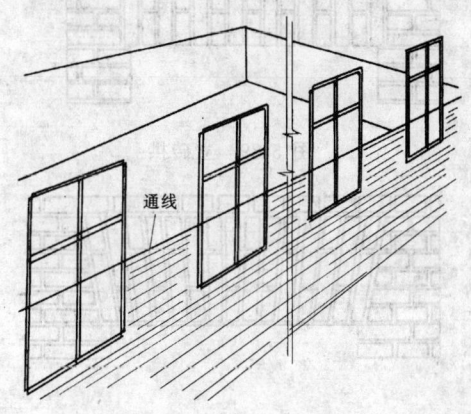

图 5-87　砌窗间墙

4) 砌窗间墙第一皮砖时要防止窗口砌成阴阳膀（窗口两边不一致，窗间墙两端用砖不一致）。

5) 随时用皮数杆检查窗间墙的洞口标高和预埋件位置标高（见图 5-88）。

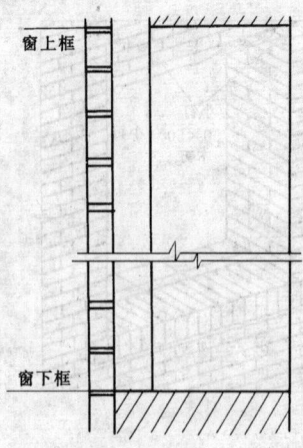

图 5-88　用皮数杆检查标高

5.5.5　拱碹的砌筑

（1）平拱（平碹）特点：平拱的碹身高度为一砖或一砖半，其厚度同墙厚。它的特点是节约钢材、水泥，成本低、外形美观。平拱一般适用于 1m 左右的门窗洞口，最多不超过 1.8m。平拱可分为立砖拱、斜形拱、插子拱三种型式（见图 5-89、90、91）。

（2）砌筑：

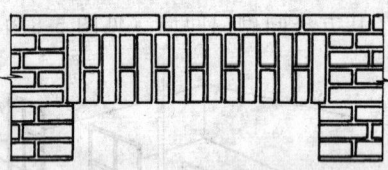

图 5-89　立砖拱

图 5-90　斜形拱

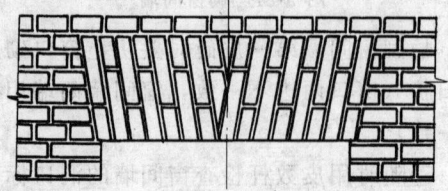

图 5-91　插子拱

1）当砖墙砌到门窗上平口高度时，在洞口两边墙上留出 2～3cm 错台作为拱脚支点（又称碹肩）（见图 5-92）。

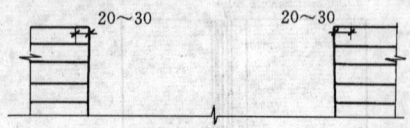

图 5-92　留错台

2）接着砌筑拱两端砖墙（即拱座）。除清水立砖拱外，其它拱座要砍成坡度，其大小一般向上倾斜 4～6cm（见图 5-93）。

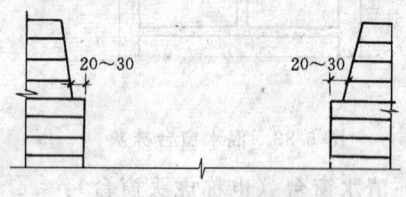

图 5-93　砌拱座

3）拱座砌到与拱同高时，暂停向上砌筑，应以门窗上口为准，按照平拱过梁的跨度将模板支好，并起拱 1%（梁跨度）（见图 5-94）。

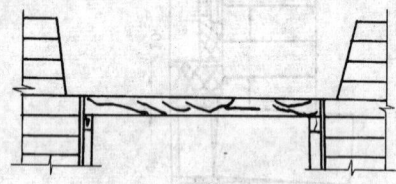

图 5-94　支模板

4）在底板的侧面划出砖的块数及砖缝的宽度，砖的块数要求成单数，两边要互相对称（见图 5-95）。

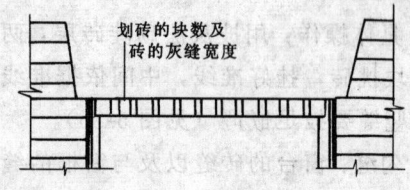

图 5-95　画砖的块数

5）依所划砖与灰缝的位置从两端拱座同时开始，用立砖与陡砖交替地砌筑并向中间合拢，当中的一块砖要从上向下塞砌，并用砂浆填嵌密实（见图 5-96）。

向中间砌筑

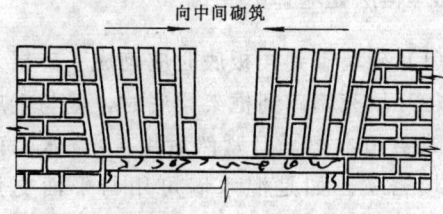

图 5-96　砌平拱

6）砌筑时，灰缝应砌成楔形，上口灰缝不得超过 15mm，下口灰缝不得小于 5mm，拱脚下面应伸入墙内不小于 20mm，灰浆要饱满，把砖挤紧。砂浆强度等级不低于 M5（见图 5-97）。

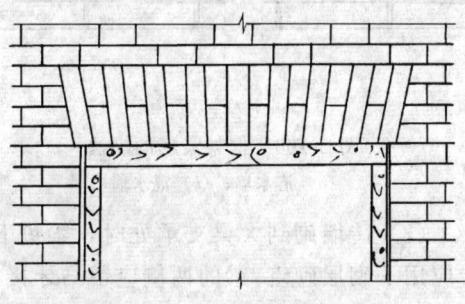

图 5-97　灰缝成楔形

7）在砂浆强度达到设计的 50% 以上后才可拆除模板，以防砖拱变形坍落（见图 5-98）。

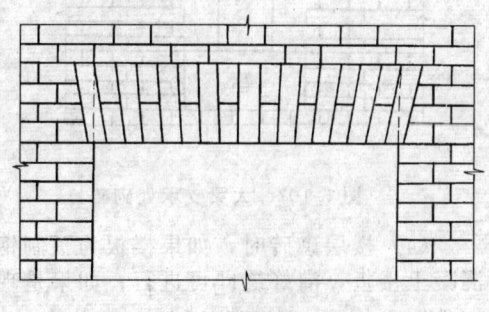

图 5-98　拆模

（3）钢筋砖过梁特点：节省材料、操作简便、适用于 1～2m 宽的门窗洞口。有用于混水墙钢筋砖过梁和用于清水墙钢筋砖过梁之分（见图 5-99、图 5-100）。

（4）砌筑

1）当墙砌到门窗上平口处时，在洞口跨度内支设过梁模板，板宽同墙厚，中间起拱

1/100（梁跨度）（见图 5-101）。

在此范围内 L/4 高的砖层提高砂浆强度等级

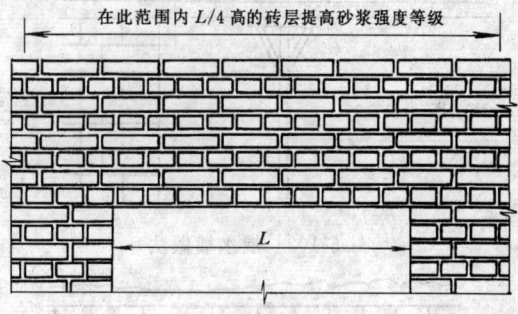

图 5-99　用于混水墙

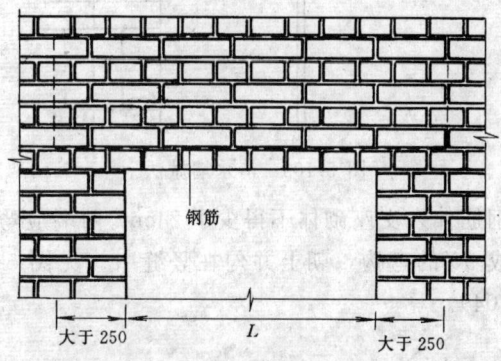

钢筋

大于 250　　　L　　　大于 250

图 5-100　用于清水墙

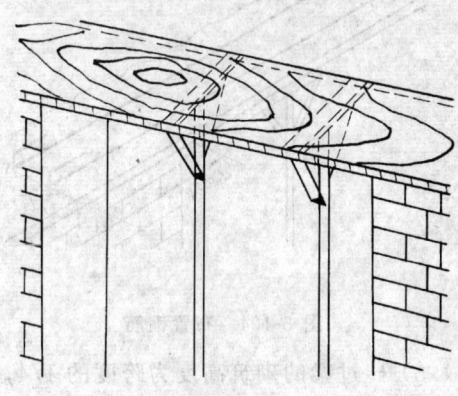

图 5-101　支模

2）用于混水墙时，将模板面浇水湿润，如设计无具体要求，底面应铺设 1：3 水泥砂浆层，厚度宜为 3cm。再放置钢筋埋入砂浆层中，然后砌第一皮丁砖（见图 5-102）。

3）用于清水墙时，应先砌一皮丁砖，然后铺置砂浆和放置钢筋，按原组砌形式砌筑（见图 5-103）。

4）钢筋的直径、根数按图纸要求定。但

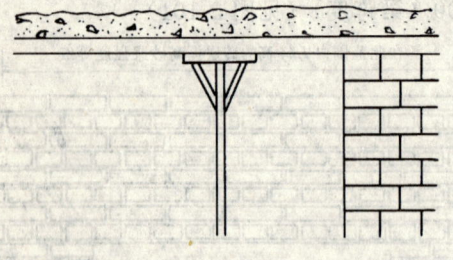

图 5-102 混水墙做法

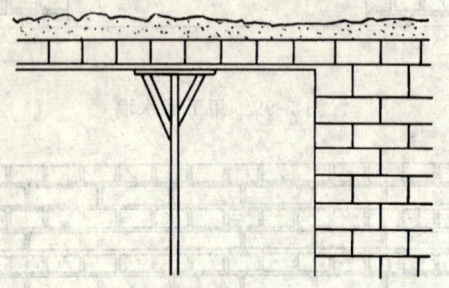

图 5-103 清水墙做法

钢筋伸入支座砌体不得少于 24cm。两端应弯成 90°的弯钩，朝上并勾在竖缝中（见图 5-104）。

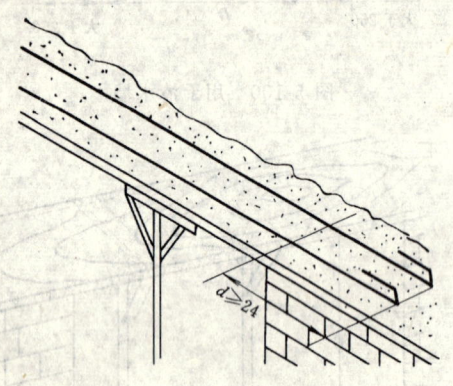

图 5-104 布置钢筋

5）砖过梁的砌筑高度为跨度的 1/4，但至少不得小于七皮砖。该段的砂浆至少比墙体的砂浆高一个强度等级，或按设计要求定（见图 5-105）。

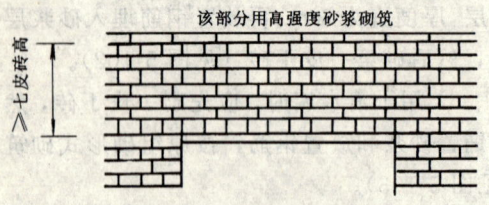

图 5-105 过梁高度

5.5.6 楼层处墙体的砌筑

（1）砖墙砌到楼板底时应砌成丁砖层。

（2）填充墙砌到框架梁底时，墙与梁底的缝隙要用木楔子打紧然后用 1：2 水泥砂浆嵌填密实。如是混水墙可用与平面交角 45°～60°的斜砌砖顶紧（见图 5-106）。

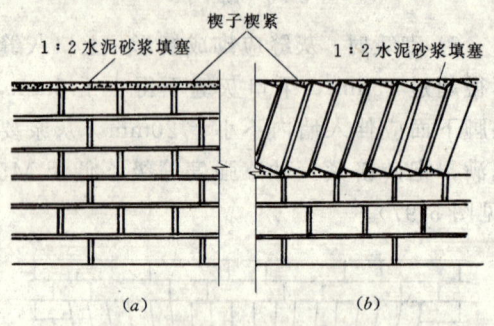

图 5-106 框架梁底的砌法
(a) 清水墙；(b) 混水墙

（3）砖墙砌到大梁支承处时，梁垫下的砖应用丁砌层砌筑，梁的两侧应留马牙接槎。待梁施工完后，再将槎口用砖嵌补好（见图 5-107）。

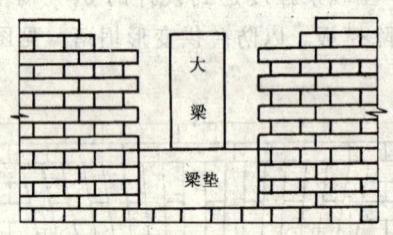

图 5-107 大梁支承处砌砖

（4）楼层砌砖时，如果楼板为预制钢筋混凝土楼板，灌好缝即可进行；如果是现浇钢筋混凝土板，必须待混凝土强度达 5MPa 以上方可进行（见图 5-108）。

（5）楼层砌墙的关键是应该和板下的砖墙在一垂线上；外墙水平灰缝上下均匀一致。

（6）内墙的第一皮砖应与外墙的砖层交圈，如因楼板不平，底皮灰缝超过 20mm 厚，则应用细石混凝土找平，使内外墙的砖皮数一致后，才能进行砌筑（见图 5-109）。

（7）对四周的外墙应按照皮数杆向上砌

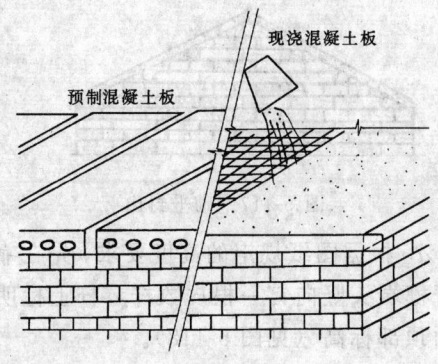

图 5-108 预制、现浇混凝土板

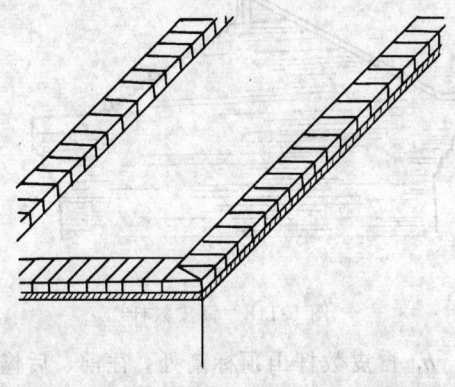

图 5-109 内外墙第一皮砖交圈

筑;对内墙应先在楼面上按轴线弹好墨线,并检查所弹线的位置是否与楼板下墙体轴线重合。避免上层墙移位(见图5-110)。

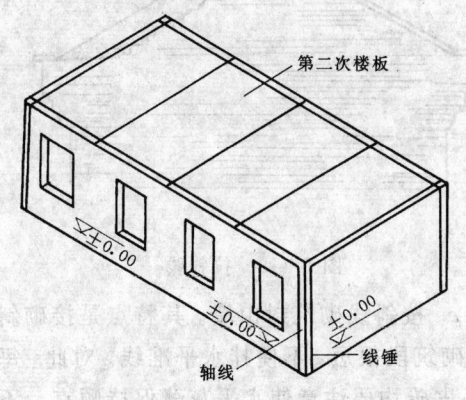

图 5-110 楼层内墙弹线

(8)楼层外墙上的门、窗、挑出件等应与底层或下层对应构件在同一垂直线上。分口线应用线锤从下面吊挂上来(见图5-111)。

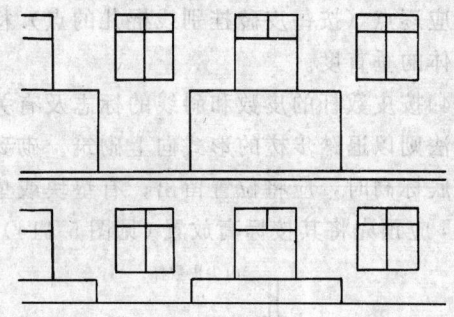

图 5-111 楼层上下构件对齐

(9)楼层砌砖墙的要领、程序、法则均同底层,不一一叙述。

5.5.7 山尖、封山、挑檐及女儿墙的砌筑

(1)山尖:

1)坡形屋面的山墙砌到檐口标高后,就要往上收砌山尖(见图5-112)。

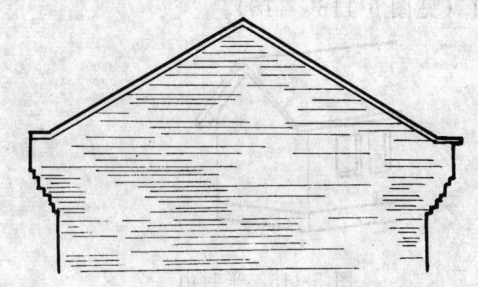

图 5-112 山尖

2)砌山尖时,先把皮数杆钉在山墙中心,在皮数杆上的屋脊标高处钉一钉子,往前后檐拉挂斜线。以此作为砌筑屋面坡度的退砌依据(见图5-113)。

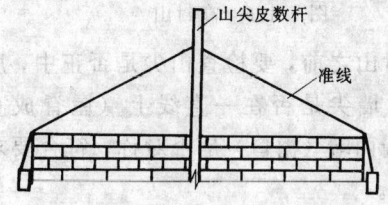

图 5-113 挂斜线

3)虽拉有斜线,但砌筑时必须挂水平准线,只是挂别线棍儿的位置随着退台而变位。

对此应逐点（按每皮砖挂别线棍儿的点）检查墙体的垂直度。

4）按皮数杆的皮数和斜线的标志及有关建筑法则以退踏步槎的形式向上砌筑。砌到桁条底标高时，应将位置留出；有垫块或垫木时，应预先将其按标高放置（见图5-114）。

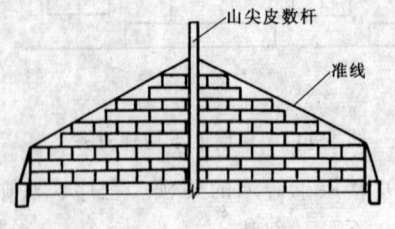

图 5-114　山尖砌筑

（2）封山

1）待山尖上搁置桁条后，即可封山。封山有两种形式：一种是砌平面的，叫做平封山；另一种是把山墙砌得高出屋面，叫做高封山（见图5-115、116）。

图 5-115　平封山

图 5-116　高封山

2）封山之前，要检查山尖是否正中，房屋中间山墙尖是否在一直线上（屋脊成直线），山墙两端（檐口）是否对称，符合要求方可砌砖。

3）平封山：按已放好的桁条上表面拉线，或按已安好的屋面为准，用砖和砂浆将桁条之间砌平。顶坡的砖要砍成楔形砌成斜坡，然后抹灰找平桁条上顶面（见图5-117）。

4）高封山

图 5-117　砌平封山

a. 根据图纸规定的高度要求，先在靠山墙脊檩端头竖向钉一根皮数杆，杆上标明高封山顶部标高（见图5-118）。

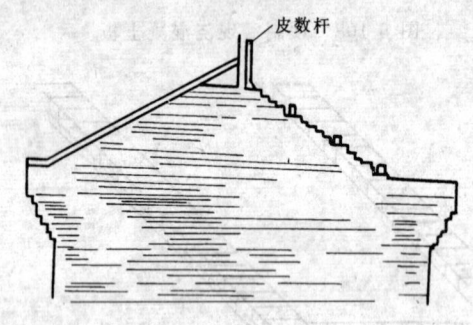

图 5-118　钉皮数杆

b. 自皮数杆山顶标高处，往前、后檐拉线，线的坡度应和屋面坡度一致，以此作为高封山砌筑的标准（见图5-119）。

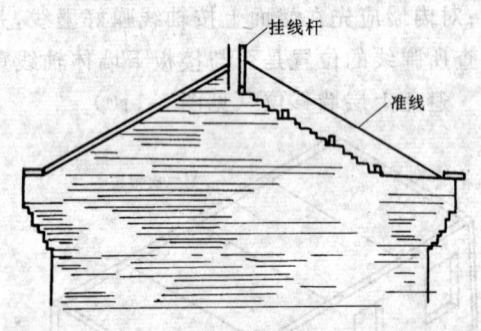

图 5-119　拉斜线

c. 按斜线砌筑封山墙。其特点是接砌斜槎；砌筑段很短，不便挂水平准线。对此，每砌一皮砖均要注意使水平灰缝保持顺直，不能留下接槎痕迹（见图5-120）。

d. 如封山高出屋面较多时，在封山内侧200mm高处向屋面一侧挑出一道滴水檐（一般挑出一块砖厚，出墙60mm）（见图5-121）。

e. 封山砌完后，在墙上砌一～二层压顶出檐砖，其上抹1∶2.5～3的水泥砂浆作为

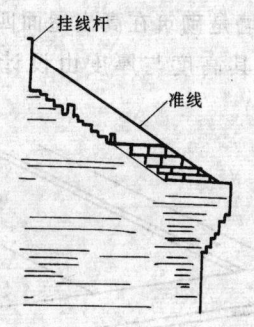

图 5-120　砌高封山墙

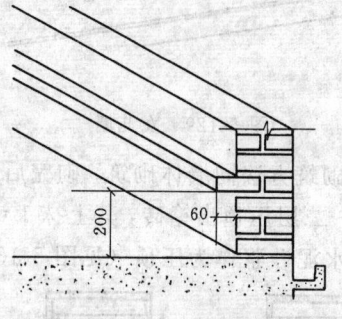

图 5-121　滴水檐

压顶（见图 5-122）。

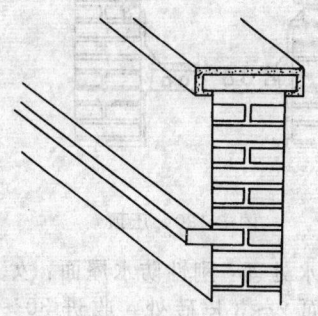

图 5-122　压顶

（3）挑檐

1）挑檐是在山墙前后檐口处，向外挑出的砖砌体，和房屋两头山墙的封山配砌一个好的收头（见图 5-123）。

2）出檐砖形式：两皮挑出 1/4 砖；一皮挑出 1/4 砖；间隔挑出 1/4 砖（见图 5-124）。

3）砌筑

a. 砌筑挑檐的砖，干湿适宜，可在砌筑时将砖在水中浸一下，随砌随浸随取用（见图 5-125）。

b. 砂浆要稠，其强度不低于 M5。

提示：

采用水泥混合砂浆；稠度为 4～5cm。

c. 按接砌斜槎办法，先将墙身部分砌好（见图 5-126）。

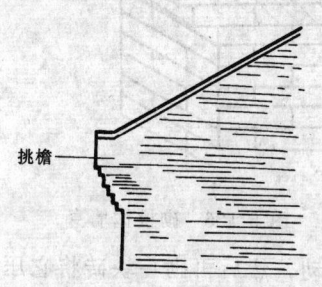

图 5-123　挑檐

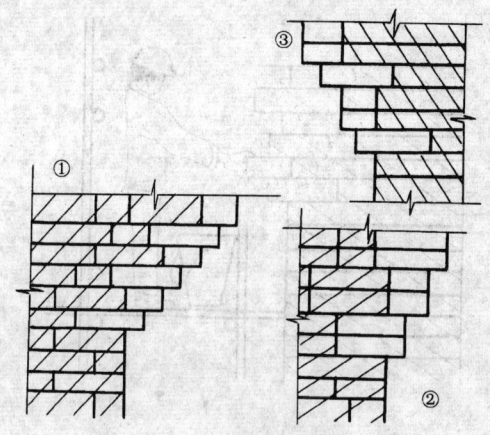

图 5-124　出檐砖形式

①一皮挑出；②两皮挑出；③间隔挑出

图 5-125　随砌随浸

d. 砌挑出砖时，立缝要披满砂浆，水平灰缝的砂浆要使外高内低。

e. 放砖时宜由外往里水平靠向已砌好的砖，将立缝挤紧。放砖动作要快，砖放平

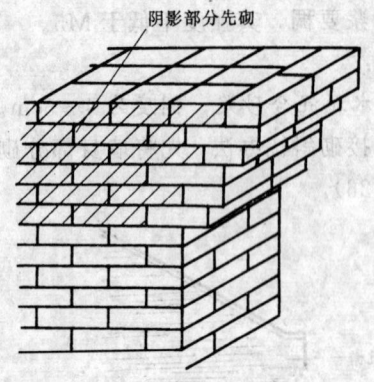

图 5-126 砌挑檐墙身

后不宜再动，然后再砌一块砖将它压住（见图 5-127）。

图 5-127 砌挑砖

4）砌筑时所挑出的砖要求比例协调，阴阳线条均匀，不可挑出过大或过小（见图 5-128）。

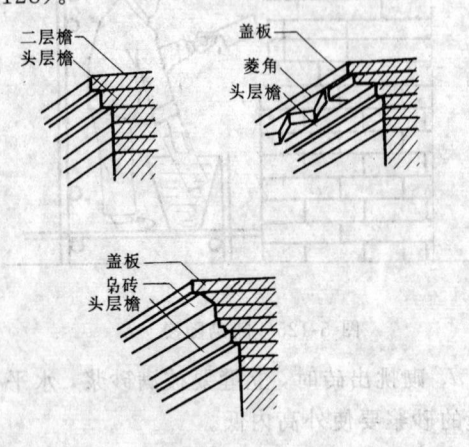

图 5-128 线条均匀

（4）女儿墙

1）女儿墙是砌筑在高出屋面四周外墙上的装饰墙，其高度与厚度由设计要求而定（见图 5-129）。

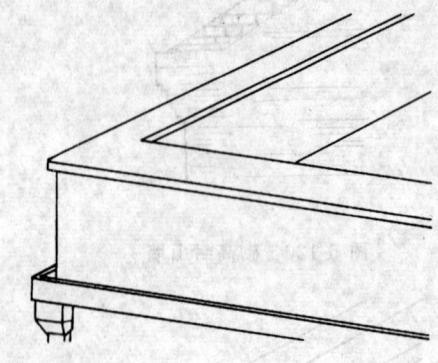

图 5-129 女儿墙

2）砌筑方法同墙体砌筑，砌完后，在墙上砌一～二层压顶出檐砖，其上抹 1：2.5～1：3 的水泥砂浆作为压顶（见图 5-130）。

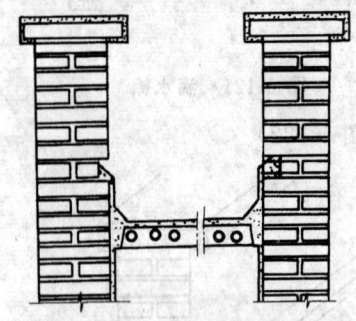

图 5-130 压顶

3）防水处理：刚性防水屋面：女儿墙砌到高出屋面 2～3 皮砖处，收进 30～40mm（一皮砖厚且四周贯通），便于做屋面细石混凝土时随手将混凝土嵌入墙内，防止渗水（见图 5-131）。

4）油毡防水屋面

a. 女儿墙砌到距顶层屋面板 250～300mm 处，不但要收进 30～40mm（一皮砖厚且四周贯通），并且在其上面砌一皮向内墙面外挑出 1/4 的砖，形成一条贯通四周的出线（见图 5-132）。

b. 做屋面防水时，可把油毡贴到凹口里面，然后在抹出线时，把砂浆抹到油毡上口，将油毡压牢，以防渗水。

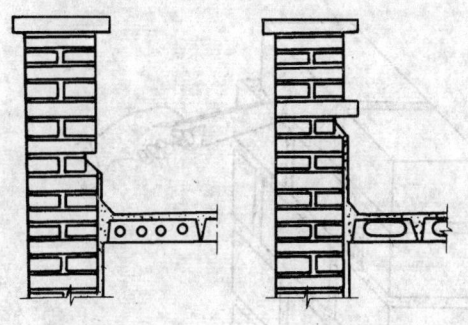

图 5-131 刚性防
水屋面

图 5-132 油毡防
水屋面

提示：

见有关屋面节点详图（国家、省标准图集）或屋面施工图中有关防水详图。

5.5.8 墙面勾缝

(1) 勾缝的形式

1) 清水墙砌完后，对墙面要进行修整及勾缝。经过勾缝的清水墙面既美观又防水其形式有三种（见图 5-133）。

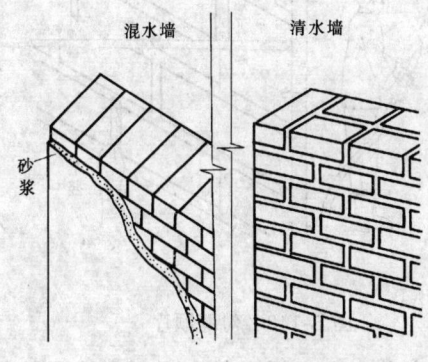

图 5-133 清、混水墙比较

2) 平缝：操作简单，不易剥落，勾成的墙面平整，灰缝不易积垢，空斗墙宜采用勾平缝（见图 5-134）。

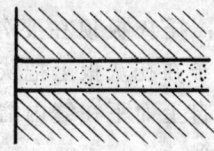

图 5-134 平缝

3) 凹缝：将灰浆全部压入缝内 4～5mm，

立体感强，较美观，但费工（见图 5-135）。

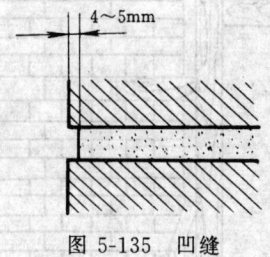

图 5-135 凹缝

4) 风雨缝（斜缝）：将水平缝的上部砂浆压进墙面 3～4mm，下部平墙面，使其形成一个斜面。操作方便，易泻水，用于大部分清水墙和烟囱勾缝（见图 5-136）。

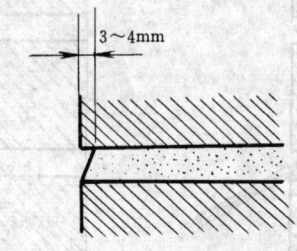

图 5-136 风雨缝

(2) 勾缝准备工作

1) 工具准备：见第 2 章表 2-1。

2) 砂浆准备：用细砂拌制的 1∶1.5 水泥砂浆（砂子过 3mm 筛，砂浆稠度 4～5cm）勾缝。砂浆用量不大，人工拌制，随拌随用。

3) 墙面修整

a. 用与原墙相同的砖将脚手眼补砌严密。

b. 把门窗框周围的缝隙用 1∶3 水泥砂浆堵严嵌实（见图 5-137）。

c. 对瞎缝、偏斜的灰缝，用扁钢凿剔凿，使灰缝宽度、深浅一致（见图 5-138）。

d. 对缺棱掉角的砖，应用与砖色相同的砂浆修补（见图 5-139）。

e. 将墙面粘结的泥浆、砂浆、杂物清除干净（见图 5-140）。

(3) 勾缝操作

1) 原浆勾缝：用砌墙的砂浆，随砌墙随勾缝，一般勾成平缝或风雨缝。我国南方大

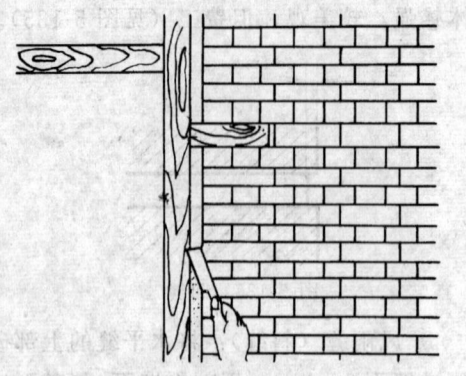

图 5-137　嵌缝

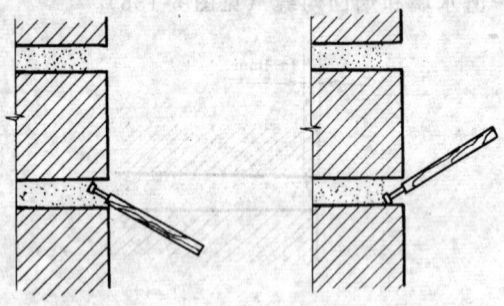

图 5-138　剔凿灰缝

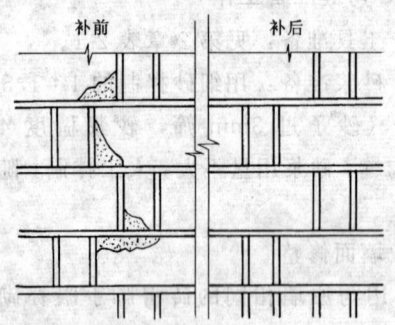

图 5-139　修补墙面

图 5-140　清除杂物

部分地区采用此种方法（见 5-141）。

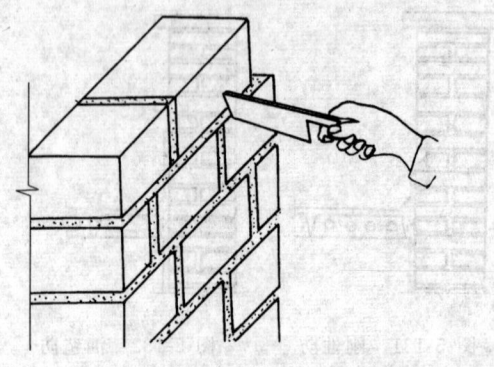

图 5-141　原浆勾缝

2）加浆勾缝：

a. 勾缝前 1 天应将墙面浇水洇透。勾缝顺序从上而下；先勾横缝，后勾竖缝（见图 5-142）。

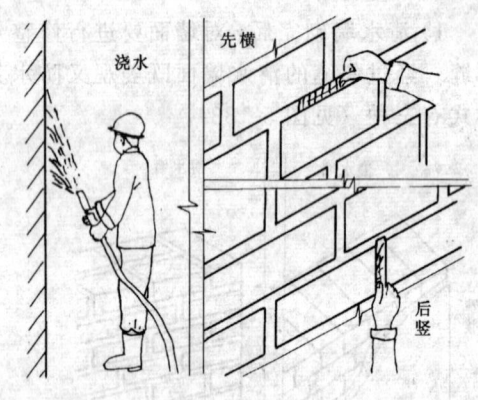

图 5-142　勾缝顺序

b. 勾横缝：左手拿托灰板紧靠墙面，右手拿长溜子，将托灰板顶在要勾的缝口下边，右手用溜子将灰浆喂入缝内，自右向左随勾随移动托灰板。勾完一段后，再用溜子自左向右在砖缝内溜压密实，使其平整，深浅一致（见图 5-143）。

c. 勾竖缝：托灰板顶在要勾的缝口下边，右手拿短溜子在托灰板上把灰浆刮起，勾入缝中，用溜子自上而下在缝内溜压密实、平整（见图 5-144）。

d. 勾好的平缝与竖缝要深浅一致交圈对口。一段墙勾完后用笤帚把墙面扫干净，勾

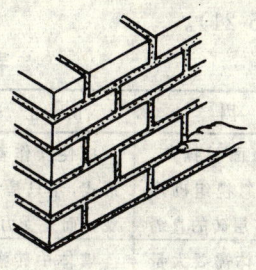

图 5-143 勾横缝

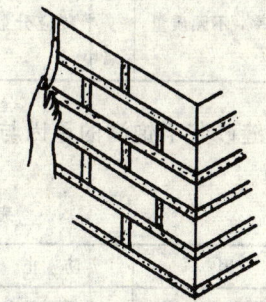

图 5-144 勾竖缝

完的灰缝不应有搭槎、毛疵、舌头灰等毛病（见图 5-145）。

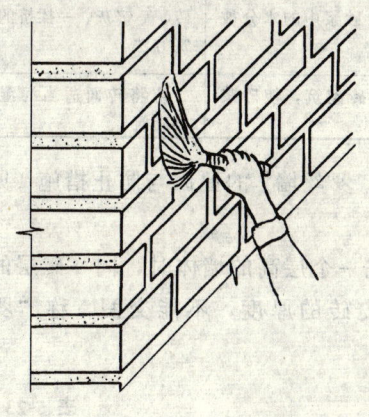

图 5-145 墙面清扫

5.5.9 质量检测标准

（1）检测工具

见第 2 章表 2-1。

（2）质量标准

1）保证项目（见表 5-18）。

表 5-18

保证项目	规 定
砖的品种、强度必须符合设计要求 检测方法：观察、检查出厂合格证	按图纸要求
砂浆的品种、强度必须符合设计要求 检测方法：观察、抽查	按图纸要求
同品种、同强度等级砂浆各组试块的平均强度和任意一组试块强度最低值必须符合施工规范的规定。 检测方法：检查试块试验报告	各组试块的平均强度不小于设计强度 任意一组试块的强度不小于 0.75 的设计强度
砖墙砂浆必须密实饱满。 检测方法：用百格网检查砖底面与砂浆的粘结痕迹面积，每处掀 3 块砖取其平均值（每步架抽查不少于 3 处）。	水平灰缝砂浆饱满度不小于 80% 为合格；不小于 90% 为优良

2）基本项目（见表 5-19）。

表 5-19

基本项目	要 求
砖砌体上、下必须错缝 检测方法：观察、尺量检查	窗间墙及清水墙面无通缝；混水墙每间（处）4～6 皮砖的通缝不超过 3 处为合格，无 4 皮砖的通缝为优良
砖砌体接槎处灰浆必须密度、缝、砖平直 检测方法：观察、尺量检查	每处接槎部位水平灰缝厚度不得小于 5mm。 透亮的缺陷不超过 10 个为合格；不超过 5 个为优良
预埋拉结筋的数量、长度、间距均应符合设计要求和施工规范规定 检测方法：观察、尺量检查	钢筋留置间距偏差不超过 3 皮砖为合格 不超过 1 皮砖为优良
构造柱位置留置正确 检测方法：观察、尺量检查	大马牙槎先退后进，残留砂浆清理干净
清水墙面平、竖缝应深浅一致，交圈对口，无搭槎、毛疵、舌头灰 检测方法：观察、尺量检查	组砌正确、刮缝深度适宜、墙面整洁为合格 组砌正确、竖缝通顺、刮缝深度适宜、一致、楞角整齐、墙面清洁美观为优良

3）允许偏差项目砖砌体尺寸、位置的允许偏差和检测方法（见表 5-20）。

措施（见表 5-21）。

表 5-20

项次	项 目			允许偏差(mm)	检测方法
1	轴线位置偏移			10	用经纬仪或拉线和尺量检查
2	砌体顶面标高			±15	用水平仪和尺量检查
3	垂直度	每层		5	用2m托线板检查
		全高	≤10m	10	用经纬仪或吊线和尺量检查
			>10m	20	
4	表面平整度	清水墙、柱		5	用2m靠尺和楔形塞尺检查
		混水墙、柱		8	
5	水平灰缝平直度	清水墙		7	拉10m线和尺量检查
		混水墙		10	
6	水平灰缝厚度（10皮砖累计数）			±8	与皮数杆比较，尺量检查
7	清水墙面游丁走缝			20	吊线和尺量检查，以第一皮砖为准
8	门窗洞口（后塞口）	宽 度		±5	尺量检查
		门口高度		+15、(-5)	
9	预留构造柱截面（宽度、深度）			±10	尺量检查
10	外墙上、下窗口偏移			20	用经纬仪或吊线检查以底层窗口为准

5.5.10 质量通病与防止

（1）砂浆强度不稳定：见砖基础砌筑中质量通病内容。

（2）砖砌体组砌方法错误的原因与防止

表 5-21

原 因	防 止 措 施
1. 因混水墙面要抹灰，操作人员容易忽视组砌形式，因此出现多层砖的直缝	应使操作者了解组砌形式，不只是为了墙面美观，而是受力的需要
2. 砌筑砖砌体需要大量七分砖来满足内、外层错缝的要求。由于切七分砖增加许多工作量，影响砌筑效率，对此许多操作人员不够重视，只求效率，不顾质量	墙体中砖搭接不得少于1/4砖长 为了节约，允许使用半砖头，但必须满足1/4砖长的搭接要求 半砖应分散砌于混水墙中

（3）砖缝砂浆不饱满的原因与防止措施（见表 5-22）。

表 5-22

原 因	防 止 措 施
1. 砌筑砂浆和易性差，挤浆费劲；铺制砂浆后，使底灰产生空穴，砂浆层不饱满	改善砂浆和易性。铺刷砂浆应均匀不留空穴
2. 用摊灰尺铺灰法砌筑，由于铺灰过长，砌筑速度跟不上，砂浆中的水分被底砖吸收	改进砌筑方法，应采用"三一砌砖法"，即：一块砖、一铲灰、一揉挤的砌筑方法
3. 用干砖砌筑，使砂浆早期脱水	应将砖面适当润湿后再砌筑

（4）"罗丝墙"的原因与防止措施（见表 5-23）

砌完一个层高的墙体时，同一砖层的标高差一皮砖的厚度，不能交圈，称"罗丝墙"。

表 5-23

原 因	防 止 措 施
1. 基层标高偏差较大，砌筑时没有按皮数杆控制砖的层数	基层用细石混凝土找平 使砖层符合皮数杆要求
2. 砌同一层砖时，误将负偏差当作正偏差，把提灰当成压灰，其结果差了一层砖	采取提（压）灰调整墙面标高误差 挂线两端应相互呼应 墙体一步架砌完前，应进行抄平

（5）墙面凹凸不平、水平灰缝不直的原因与防止措施（见表5-24）

表 5-24

原　　因	防　止　措　施
1. 砖的尺寸不标准	不标准的砖用于不重要的部位
2. 墙体长度超过20m时，拉线不紧挂线产生下垂	挂线长度超过20m时，应加腰线。用腰线砖的灰缝厚度调平
3. 吊垂线时没有从下步脚手架墙面向上引伸，使墙体在两步架交接处，出现凸凹不平、水平灰缝不直现象	吊垂线应从下面一步架墙面引伸，垂线延至下部墙面至50cm

（6）清水墙游丁走缝的原因与防止措施（见表5-25）。

表 5-25

原　　因	防　止　措　施
1. 砖的规格不好，砖超长，宽度方向却缩小，在丁顺互换的过程中产生偏差	不合规格的砖，用于不重要的位置
2. 砌窗间墙时由于分窗口的边线不在竖直位置，使窗间墙的竖缝搬家、上下错位	摆砖干排一定要认真进行，最好把窗口的位置在摆砖时一起考虑。当窗口分好后，如果竖缝错位，可在2cm内适当调整

（7）留槎不符合要求的原因与防止措施（见表5-26）。

表 5-26

原　　因	防　止　措　施
1. 操作者对接槎的重要性认识不足，习惯留直槎	加强对操作者教育，认识接槎的重要性和正确处理方法
2. 施工组织不当，造成留槎过多，砌墙时检查、督促不够	在施工组织和安排时，要统一考虑留槎位置加强监督检查工作

（8）清水墙面勾缝污染的原因与防止措施（见表5-27）。

表 5-27

原　　因	防　止　措　施
墙面浇水不透；有的缝隙太小甚至没有开缝，以至溜子无法嵌入缝内；托灰板接触墙面产生污染；勾缝结束未彻底清扫	勾缝前要对墙面浇好水。做好灰缝开补工作。勾缝结束后要彻底清扫

5.5.11 安全操作

（1）见砖基础砌筑安全操作内容。

（2）一层楼以上或高度超过4m时，采用脚手架砌墙必须按规定挂安全网、设护身拦杆和挡脚板（见图5-146）。

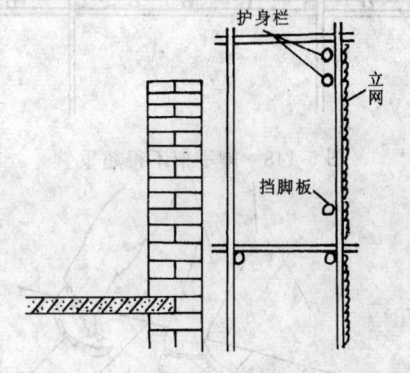

图 5-146　挂安全网等

（3）雨雪天，要检查脚手架是否下沉，绑扎是否牢固，有无空头板。采取防滑措施（见图5-147）。

（4）脚手架承载能力不得超过2700N/m²，堆砖不得超过三层砖（见图5-148）。

（5）严禁站在墙上工作或行走，严禁在脚手架上嬉戏或坐在脚手架栏杆上休息（见图5-149）。

（6）在架子上砍砖时，砍下的断头砖应落于砖墙上，不得随意往下砍砖。挂线用的砖头，应绑扎牢固，防止掉下伤人（见图5-150）。

图 5-147　检查脚手架

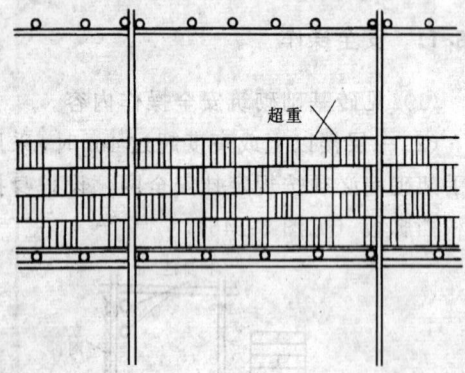

图 5-148　脚手架不得超重

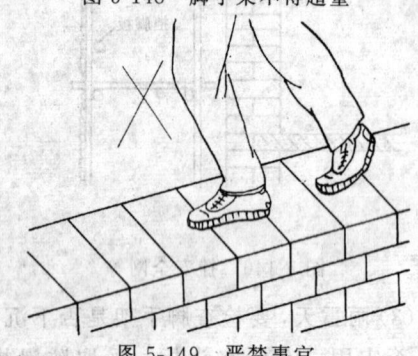

图 5-149　严禁事宜

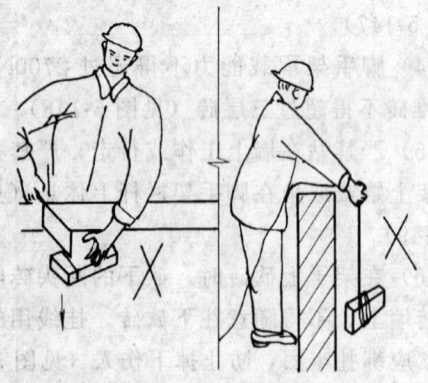

图 5-150　防坠砖伤人

（7）支撑门窗框的拉结条，应固定在楼面上，不得拉在脚手架。

（8）山墙砌到顶以后，悬臂高度较高，应及时安装檩条，如不能及时安装檩条，应用支撑撑牢，以防大风刮倒（见图 5-151、152）。

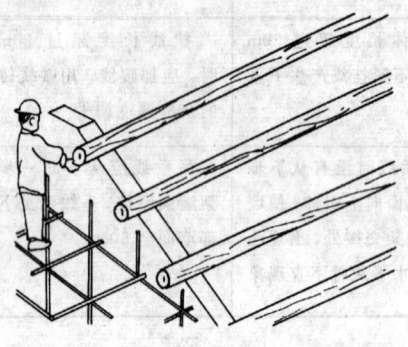

图 5-151　安装檩条

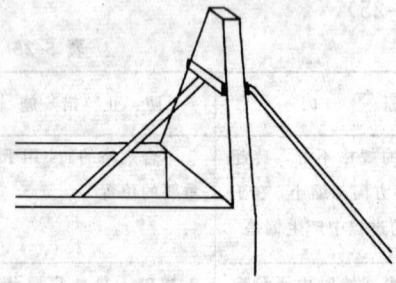

图 5-152　山墙加固

（9）使用卷扬机井架吊物时，应由专人负责开机，每次带物不得超载，并应安放平稳。吊物下面禁止人员通行，不得将头手伸入井架，严禁乘坐吊篮上下（见图 5-153）。

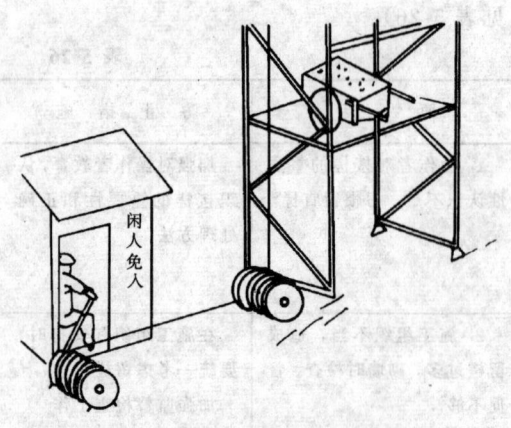

图 5-153　卷扬机吊物注意事项

小 结

(1) 砖墙砌盘角是墙体砌筑的关键,它的好坏直接影响墙体的砌筑质量。对此,盘砌时,应随时检查盘角的垂直度、水平灰缝的厚度和纵横墙的方正度,且挑选好平直、方整的砖。

(2) 挂好准线是砌好中间墙身的保证,准线要绷紧,砌筑时不要随意碰动。

(3) 摆砖干排时,一定要考虑门窗间墙位置。门窗间墙砌筑前一定要弹好门窗框的边线和中心线,同一轴线的门窗墙要拉通线同时砌筑,上下层门窗要对齐。

(4) 拱碹砌筑应按有关砌筑法则,作为一道工序来单独完成。

(5) 楼层砌砖墙的关键是:上下砖墙在一垂线上,外墙的水平灰缝上下一致。

(6) 砌筑挑檐时,要做到比例协调、阴阳线条均匀;封山、女儿墙砌筑时,一定要处理好屋面防水部位。

(7) 清水墙勾缝要做到墙面平、竖缝深浅一致、美观。

(8) 操作人员应严格按质量标准砌筑砖砌体,砌筑过程中应采用自检、互检形式防止通病发生。

(9) 操作中自觉遵守安全操作规程。

(10) 砖墙砌筑工艺顺序:准备工作→拌制砂浆→确定组砌方式排砖摺底→砌筑墙身→砌筑窗台、拱碹和过梁→梁底和板底的处理→楼层砌筑→封山和挑檐的砌筑→清水墙勾缝。

习题

1. 砖墙分为哪几类?

2. 在房屋结构中砖墙起什么作用?

3. 砌筑砖墙前要做哪些准备工作?

4. 砌盘角时应注意哪些操作要求?

5. 挂准线有哪几种形式?砌筑时应注意哪些问题?

6. 门窗口砌筑应注意哪些问题?

7. 怎样砌筑窗台?

8. 怎样砌筑平碹?

9. 怎样砌筑钢筋砖过梁?

10. 填充墙到框架梁底怎么处理?

11. 大梁下支承处砖墙怎么处理?

12. 楼层面砌墙时,应注意哪些问题?

13. 怎样砌筑山尖?

14. 怎样砌筑封山?

15. 怎样砌筑挑檐?

16. 怎样砌筑女儿墙?

17. 清水墙的勾缝形式有哪几种?其优缺点各是什么?

18. 叙述清水墙勾缝的操作过程?

19. 砌筑砖墙时，容易出哪些质量问题？怎样防止？

20. 砌筑砖墙时，应注意哪些安全问题？

21. 叙述砖墙砌筑工艺顺序。

5.6 120mm 厚实心墙的砌筑

12墙除自身重量外，一般不承受荷载；在房屋结构中，起着隔断，围护作用。

5.6.1 砌筑

其砌筑法则、程序均同 240mm 实心墙

5.6.2 注意事项

(1) 基础处理：

1) 如砌在土质地面上时，应将土挖下不少于 200mm 深，夯打密实后，做灰土垫层（见图 5-154）。

图 5-156 地坪或楼板的清理

Φ6 钢筋，与主墙连接（见图 5-157）。

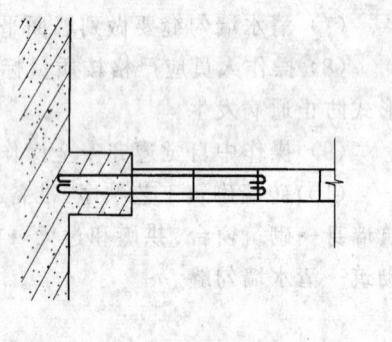

图 5-157 墙身处理

(3) 梁、楼板下处理：

1) 清水墙：砌到梁、板底时，用铁或木楔子楔紧，然后用 1～2.5～3 水泥砂浆嵌实封严（见图 5-158）。

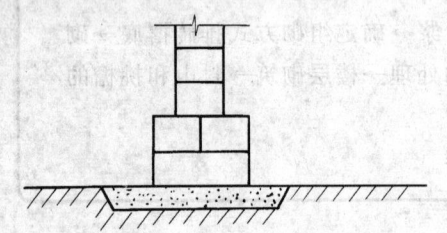

图 5-154 灰土垫层

2) 不设垫层时，应砌两皮以上 24 墙为基础（见图 5-155）。

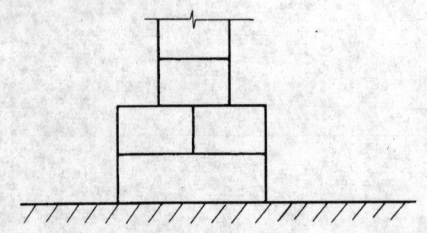

图 5-155 不设垫层

3) 当砌在混凝土地坪时或楼板时，应清理混凝土表面，洒水湿润后，再砌墙身（见图 5-156）。

(2) 墙身处理：墙体较高、较长时，应每砌 1～1.2cm 高处，在墙的水平缝中加设 2

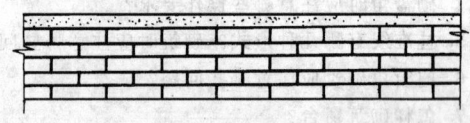

图 5-158 清水墙顶部处理

2) 混水墙：可采取斜砌砖的方法与上部结构挤紧（见图 5-159）。

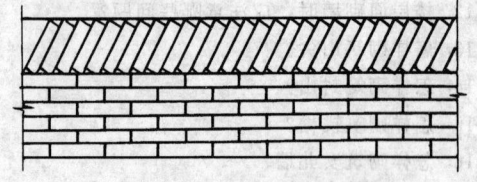

图 5-159 混水墙顶部处理

┌───┐
│ 小　　结 │
│ （1）砌筑法则、程序、要领等均同 24 实心墙。 │
│ （2）按有关要求将基础、墙身、顶部处理好，以保证 12 墙自身稳定性。 │
└───┘

习题

1. 房屋结构中 12 墙起什么作用？

2. 12 墙的基础有几种形式？

3. 12 墙身、上部结构砌筑时，怎样处理？

第6章 搭设砌筑脚手架

6.1 木、竹脚手架的搭设

木脚手架采用剥皮杉杆作为杆材,用镀锌铁丝绑扎搭设,适用于北方气候干燥地区。竹脚手架采用毛竹为杆材,用竹篾或塑料篾、镀锌铁丝绑扎搭设,适用于南方气候湿润地区(南方盛产毛竹,便于就地取材)。

6.1.1 搭设准备

(1)材料准备

1)木脚手架:

a. 木脚手架由立杆、大横杆、小横杆、斜撑、剪刀撑(又称十字撑)、抛撑、连墙杆等组成(见图6-1、2)。

b. 木杆选用剥皮的杉杆或其它坚韧硬木。凡腐朽、折裂、枯节的木杆均不能使用(见表6-1)。

承重木杆原木材质标准　　表6-1

项次	缺陷名称	容许程度
1	腐朽	不容许
2	木节 1. 在木杆任何150mm长度上沿周长所有木节总和,不得大于所测部位原木周长的	1/3
	2. 每个木节的最大尺寸,不得大于所测部位原木周长的	1/6
3	扭纹 小头1m材长上倾斜高度不得大于	120mm
4	髓心	不限
6	容许有表面虫沟,不得有虫眼	

c. 绑扎材料,木脚手架一般使用8号镀锌铁丝(直径4mm,抗拉强度为900N/mm²)或10号镀锌铁丝(直径3.5mm,抗拉强度为1000N/mm²)绑扎连接。

d. 脚手板:一般采用木脚手板,铺设在小横杆上,形成工作平台,木板必须满足强度和刚度要求。

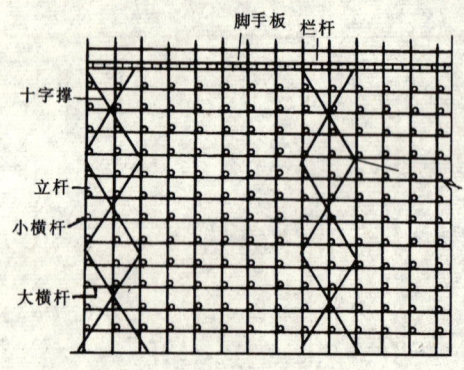

图 6-1　木、竹脚手架

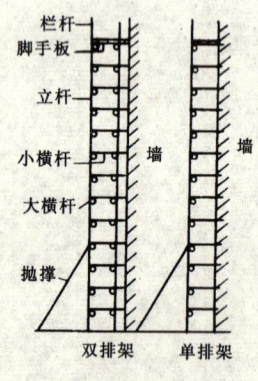

图 6-2　单、双排架

提示:

——板厚≥50mm,板宽为200～250mm,板长3～6m。板端用10号铁丝加两道紧箍。

2)竹脚手架:

a. 竹脚手架基本构件与木脚手架大体

相同。分为立杆、大横杆、小横杆、斜杆、剪刀撑、抛撑、连墙杆和顶杆等。各基本构件的作用与木脚手架相同。

提示：

基本构件应选用生长期 3 年以上的毛竹，竹杆挺直、质地坚韧。不得使用弯曲不直、青嫩、枯脆、虫蛀和裂缝连通二节以上的竹杆。

b. 绑扎材料：竹脚手架各种构件采用竹篾、镀锌铁丝和塑料篾绑扎连接。竹篾用前应置于清水浸泡 12 小时以上（见表 6-2）。

竹篾规格　　表 6-2

名称	长度（m）	宽度（mm）	厚度（mm）
毛竹篾	3.5～4.0	20	0.8～1.0
水竹、慈片篾	>2.5	5～45	0.6～0.8

c. 脚手板：采用竹脚手板。其型式较多，常用的有竹串片脚手板（采用螺栓穿过并列的竹片拧紧而成。螺栓直径 8～10mm，间距 500～600mm，竹片宽 50mm，板长 2～3m，板宽 0.25～0.3m）；竹笆板（用竹筋作横挡，穿编竹片，竹片与竹筋相交处用铁丝扎牢，板长 1.5～2.5m，板宽 0.8～1.2m）；钢竹脚手板（用钢管作直挡，钢筋作横挡，焊成爬梯式，横挡间穿竹片）（见图 6～3、4、5）。

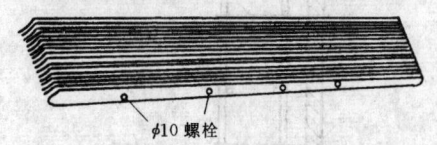

φ10 螺栓

图 6-3　竹串片脚手板

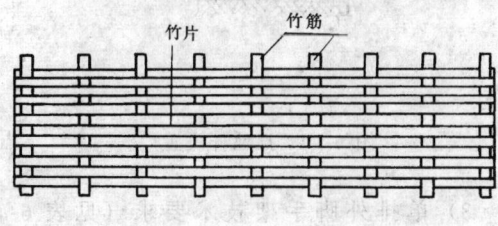

竹片　　竹筋

图 6-4　竹笆板

（2）工具准备

1）钎子：用于拧紧绑扎架子的铁丝（见图 6-6）。

2）扳手：有活扳手、棘轮扳手等，用于紧固螺栓（见图 6-6）。

钢筋　钢管　竹片

1—1

图 6-5　钢竹脚手板

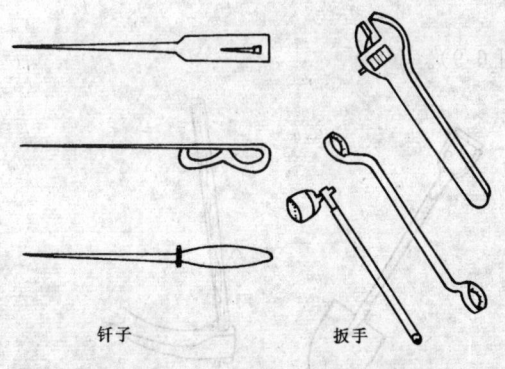

钎子　　扳手

图 6-6　钎子、扳手

3）钢丝钳：用于剪断铁丝（见图 6-7）。

4）篾刀：用于劈削竹篾（见图 6-7）。

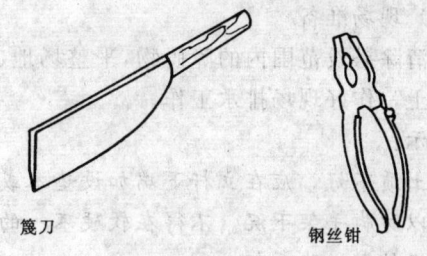

篾刀　　　　钢丝钳

◆ 图 6-7　钢丝钳、篾刀

5）锯子：用于锯断木、竹杆（见图 6-8）。

6）锤头：用于架子的搭设与拆除（见图 6-8）。

7）铁锹：用于平整场地与挖立杆坑（见图 6-9）。

8）锄头：用于平整场地与挖立杆坑（见

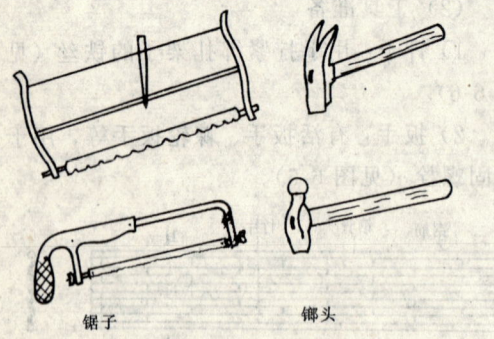

图 6-8 锯子、锤头

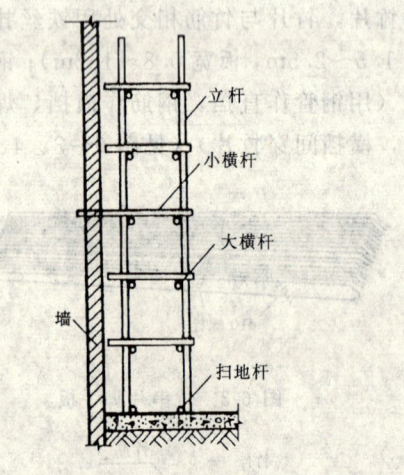

图 6-9）。

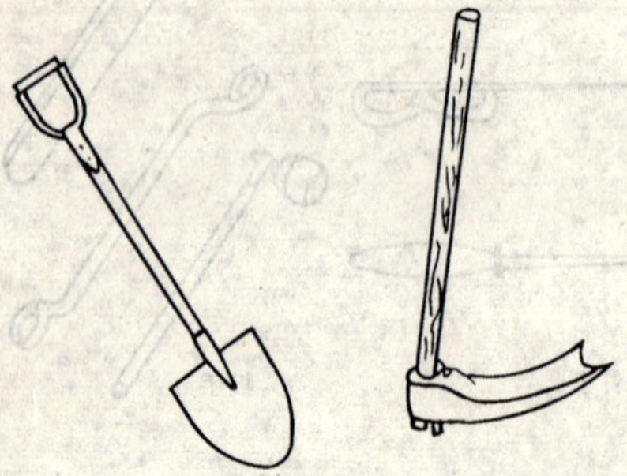

图 6-9 铁锹、锄头

（3）现场准备

1）清除搭设范围内的障碍物,平整场地、夯实基土,作好现场排水工作。

提示:

如土质不好,应在立杆下端加设垫木或垫板,以防脚手架下沉。不得在软硬不一的地面上直接搭设脚手架。

2）根据建筑物平面形状、尺寸、使用要求,确定脚手架的搭设形式。

提示:

力求做到安全、坚固、适用和经济。

按其搭设形式可分单、双排脚手架。

3）按照立杆距离,用石灰点出各根立杆的位置。

提示:

以利加快搭设速度,并能使架子平

直。

4）挖坑时,坑口直径要比立杆根部直径大 10cm。深度 ≤50cm。

提示:

回填土较多,有利于立杆埋设稳固。

5）架料进场后,应根据材料的长短、粗细进行选择分类,便于架子搭设和取材。

提示:

粗料作立杆,两头大小相近作横杆,稍有弯曲的作抛撑。粗料在下,细料在上。

6.1.2 搭设法则

（1）单排外木脚手架搭设基本法则

1）单排脚手架仅在墙外侧有一排立杆,小横杆一端与立杆、大横杆相连,另一端搁置在墙上。

提示:

稳定性较差,其搭设高度不得超过 20m。

2）竖立杆时,如遇松土时,必须加绑扫地杆,并在立杆底下垫以木、砖块。如遇混凝土或石层地面,立杆应直接支在其上面,但也需要加绑扫地杆（见图 6-10）。

图 6-10 扫地杆设置

3）单排外脚手架技术要求（见表 6-3）。

表 6-3

名　称	规　格	构　造　尺　寸	搭　设　要　点
立杆	梢径： ≮700mm 长度： ≮6m	纵向间距 1.5m，离墙面 1.2～1.5m，埋深不小于 0.5m，垂直偏差（仅限于朝内）不大于架高的 1/200，即 6m 的立杆，允许偏差为 3cm	立杆应大头朝下，先竖两侧立杆，再竖中间立杆，校正后将杆坑填平夯实。竖其它杆时，以这三根立杆为标准，做到横平竖直
大横杆	梢径： ≮80mm 长度： ≮6m	绑于立杆里侧，第一步离地 1.8m，以上各步间距 1.2～1.5m	同一步架大横杆的大头朝向应一致，上、下相邻两步架的大头朝向要相反。绑第一道大横杆时，要保持立杆横平竖直
小横杆	梢径： ≮90mm	绑于大横杆上，间距 0.8～1m，内侧搁入墙内≮240mm，外侧伸出立柱≮300mm	相邻两根小横杆的大头朝向应相反，立柱上下两排小横杆应绑在立柱的不同侧面。绑扎大横杆的同时，也应绑扎小横杆，以增加架子稳定性
抛撑	梢径： ≮70mm 长度： ≮6m	每隔 7 根立杆设一道；与地面夹角 60°，底端埋入土中 200～300mm	脚手架绑扎到三步架时，必须绑扎抛撑，抛撑设在脚手架外侧拐角处、剪刀撑的中部
剪刀撑	梢径： ≮70mm 长度： ≮6m	每隔 7 根立杆设一道，从底到顶，杆与地面的夹角为 45°～60°，剪刀撑要占两个立杆跨间 剪刀撑两端的扣件距邻近连接点不宜大于 20cm，最下一对剪刀撑与立杆连接点距地面不宜大于 50cm	脚手架绑扎到三步架时，必须绑扎剪刀撑（设置在脚手架外侧）。第一步剪刀撑要着地，由下至上与脚手架同步搭设。上下两对剪刀撑不能对头相接，应互相搭接，搭接位置位于立杆处

4）立杆的接长位置应错开一步架，搭接长度应跨两根大横杆，相邻两根立杆的搭接位置应错开（见图 6-11）。

5）大横杆的接长应位于立杆处，大头伸出立杆 200～300mm，并使小头压在大头上，上下大横杆的搭接位置应错开（见图 6-11）。

提示：

立杆、大横杆的搭接长度不小于 1.5m。立杆、大横杆的搭接部位绑扎不少于三道。

6）如遇坚硬地面，抛撑底脚无法支柱时，应加绑扫地杆。扫地杆一头绑住抛撑，另一头穿过墙，与墙脚处横杆绑住（见图 6-12）。

7）当脚手架高度在 7m 以上无法设置抛

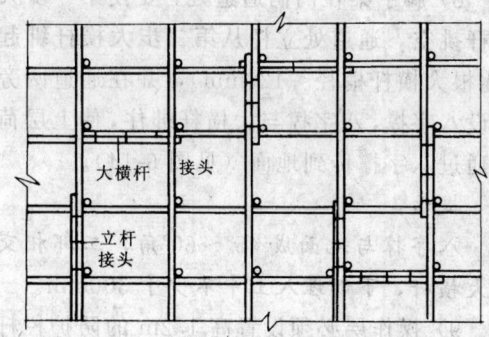

图 6-11　立杆、大横杆接头布置

撑时，则可用双股 8 号铁丝与墙上预埋钢筋环拉结。拉接处应每隔两步、4 个跨间设置一道，拉结处的横杆作为连墙杆顶住墙面（见图 6-13）。

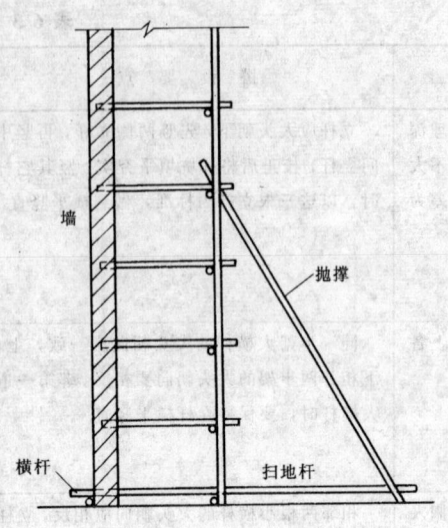

图 6-12　抛撑的设置

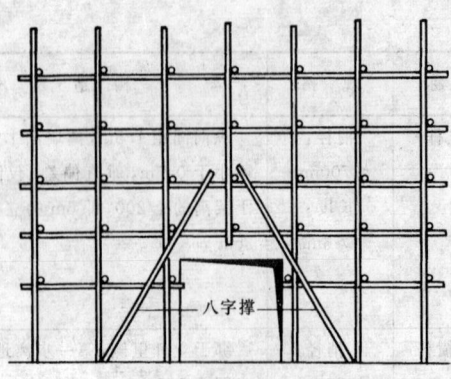

图 6-14　通道处八字撑布置

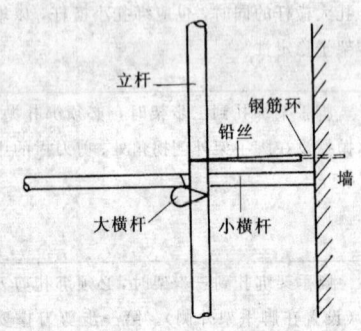

图 6-13　连墙杆的设置

提示：

预埋钢筋环材料可采用 $\phi6 \sim \phi8$ 钢筋或打胀管螺栓。

8）脚手架在门洞通道处，要使第一步大横杆挑空，通道处立杆从第二步大横杆绑起（此根大横杆梢径 ≤120mm），并在通道两旁加设八字撑，八字撑与大横杆绑住，使上层荷载通过八字撑传到地面（见图 6-14）。

提示：

八字撑与地面成 $45° \sim 60°$ 角，工部相交于大横杆，下部埋入土中不少于 300mm。

9）操作层必须设置高 1.2m 的防护栏杆和高度不小于 0.18m 的挡脚板（也可加设一道 $0.2 \sim 0.4m$ 高的低护栏代替挡脚板）。以防人、物的闪出和坠落（见图 6-15）。

（2）双排外木脚手架搭设基本法则

1）双排外脚手架是在墙外侧设双排立

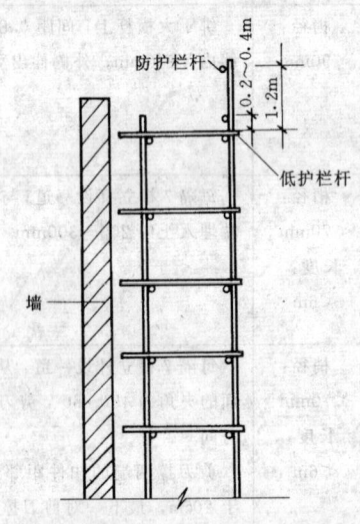

图 6-15　防护栏杆、挡脚板

杆，稳定性较好。

提示：

其搭设高度一般不超过 30m。

2）双排外脚手架构造尺寸（见表 6-4）。

3）双排外脚手架的搭设要点与单排外脚手架搭设要点相同，但强调以下要求：

a. 立杆搭至建筑物顶部时，里排立杆应低于檐口 $400 \sim 500mm$，外排立杆应高出檐口。

提示：

外排立杆高出平屋顶檐口 $0.8 \sim 1.0m$。

外排立杆高出坡屋顶檐口不小于 1.5m。

表 6-4

用途	内立杆轴线离墙面距离	立杆间距		操作层小横杆间距	大横杆竖向步距	小横杆朝墙方向的悬臂长
		横向	纵向			
砌筑架	0.5m	1.0~1.5	1.5~1.8	≤1.0	1.2~1.4	0.4~0.45m
装饰架	0.5m	1.0~1.5	2.0	1.0m	1.6~1.8	0.35~0.45m
备注	双排外脚手架的立杆、大横杆、小横杆、斜撑、剪刀撑、抛撑等杆件的稍径、长度尺寸要求同单排外脚手架,具体见表6-3					

b. 立杆的接长除应遵守单排外脚手架的规定外,尚应注意内外排立杆的搭接接头必须错开一步架(见图6-16)。

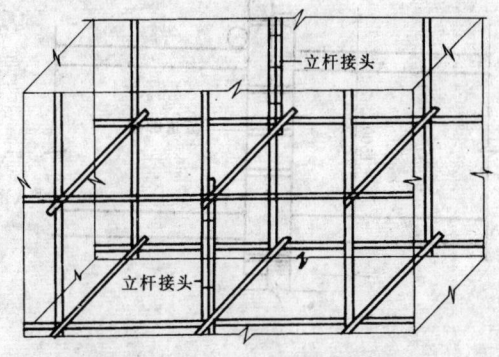

图 6-16 内外排立杆的搭接

c. 脚手架纵向长度小于 15m 或架高小于 10m 时,可用斜撑代替剪刀撑,由下而上呈"之"字形设置(见图6-17)。

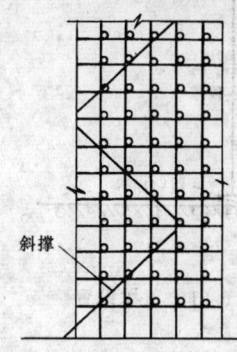

图 6-17 "之"字形设置斜撑

d. 在挑檐和其它凸出部位,采用斜杆将脚手架挑出,形成挑脚手架。斜杆应在每跨立杆上挑出,与水平夹角不得小于60°,两端均应交于立杆与大横杆、立杆与小横杆的结点处。斜杆大头应朝下,小头直径不得小于 120mm。挑脚手架最外排立杆与原脚手架的两排立杆,至少应连续设置三道平行的大横杆,并高出檐口 1m 以上,以绑扎防护栏杆(见图6-18)。

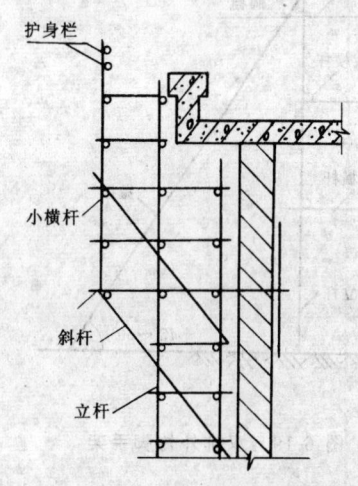

图 6-18 挑檐处脚手架的处理

提示:

排出部分的高度不得超出两步架高,挑出部分的宽度和斜杆间距均不得大于 1.5mm 使用荷载不得超过 1000N/m²。

顶部四周须绑二道护身栏杆和挡脚板并立挂安全网,确保安全。

(3) 双排外竹脚手架搭设基本法则

1) 竹脚手架一般搭成双排架。搭设高度不超过25m,可采用单立杆;搭设高度为25~35m 时,则应采用双立杆(见图6-19)。

2) 双排外脚手架构造尺寸(见表6-5)。

125

表 6-5

用途	内立杆至墙面距离	立杆间距		大横杆步距	小横杆挑向墙面的悬臂	搁栅间距	小横杆间距
		横向	纵向				
砌筑	0.5	1.0~1.3	1.3~1.5	1.2	0.4~0.45	≤0.25	≤0.75
装饰	0.5	1.0~1.3	1.8	1.6~1.8	0.35~0.4	≤0.25	≤1.0
备注	立杆、大横杆、剪刀撑、抛撑等竹杆有效部分小头直径不得小于 75mm；小横杆不得小于 90mm；搁栅、栏杆不得小于 60mm						

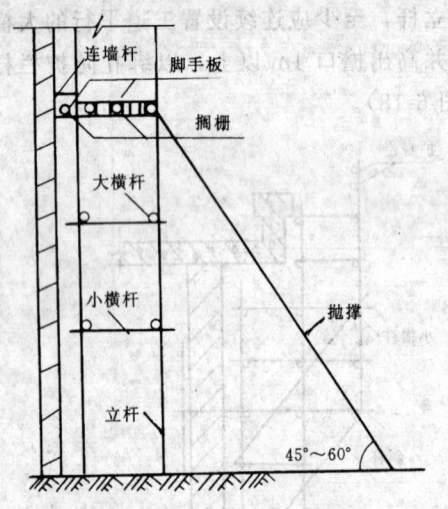

图 6-19 双排外竹脚手架

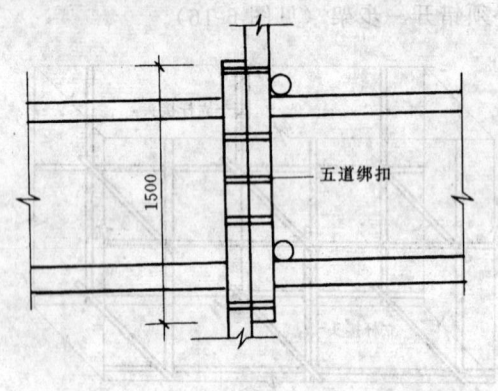

图 6-20 立杆的搭接

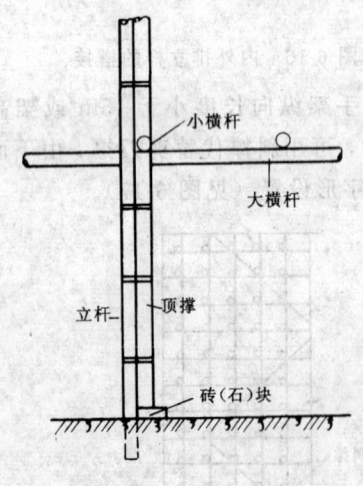

图 6-21 顶撑设置

3)竹脚手架搭设要点与木脚手架基本相同，但强调以下要求：

a. 立杆搭接长度不得小于 1.5m，绑扎不少于五道绑扣，相邻立杆的接头应上下错开一个步距（见图 6-20）。

b. 立杆顶端向内倾斜不得大于架高的 1/250，且不大于 100mm，不得向外倾斜。立杆旁加绑小顶撑顶住小横杆（见图 6-21）。

c. 大横杆搭接处，绑扎不少于五道绑扣。其它要求同木脚手架（见图 6-22）。

d. 搁栅应设在小横杆上，间距不大于 0.25m。搁栅绑扎在小横杆上，搭接处的竹杆应头搭头，梢搭梢，搭接端应在小横杆上，且伸出小横杆 200~300mm（见图 6-23）。

6.1.3 杆件的连接与绑扎

（1）木脚手架的连接与绑扎

1)绑扎铁丝的弯制：绑扎铁丝的长度应根据绑扎杆件的粗细和部位确定，一般为

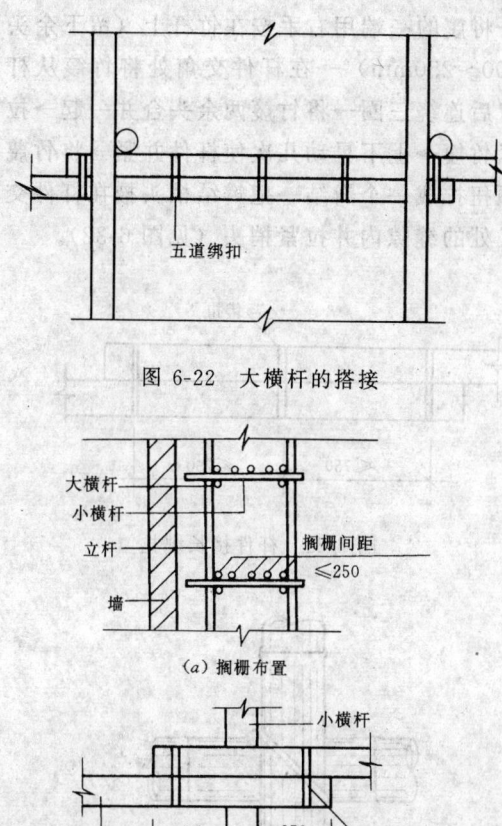

图 6-22 大横杆的搭接

五道绑扣

图 6-23 搁栅的设置

（a）搁栅布置

大横杆
小横杆
立杆
墙
搁栅间距 ≤250

（b）搁栅搭接

小横杆
搁栅
250 250
绑扣

1.4～1.6m，并将铁丝从中间弯折成图 6-24 形状，其中间鼻孔的直径约 1.5cm。

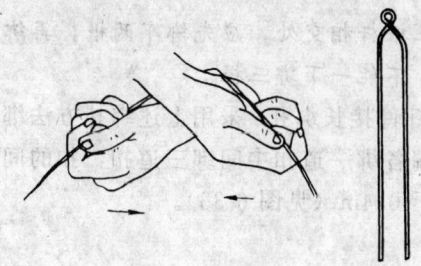

图 6-24 铁丝的弯制

2）杆件垂直相交（如立杆与大横杆相交）属直交连接。此种连接可采用平插法或斜插法绑扎：

提示：

立杆与大横杆、立杆与小横杆、小横杆与大横杆均属直交连接。

a．平插绑扎法：用铁丝卡住大横杆→铁丝从立杆的右边穿过去→绕过立杆的背后→再从立杆的左边拉过来→用钎子插进鼻孔→左手拉紧铁丝→将其压在鼻孔下→右手用力将钎子拧扭一圈半→绑扎完毕（见图 6-25、26）。

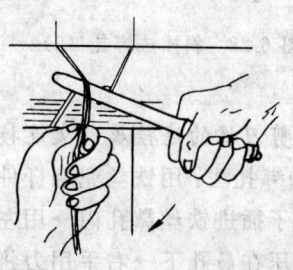

图 6-25 平插法绑扎（1）

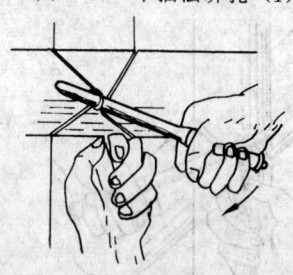

图 6-26 平插法绑扎（2）

b．斜插绑扎法：用铁丝卡住大横杆→从立柱与大横杆交角处斜插过去→绕过立柱背后→分别从立柱的右边和左边拉过来→把钎子插进鼻孔→用左手拉紧铁丝→使铁丝压到鼻孔下→右手用力将钎子拧扭一圈半→绑扎完毕（见图 6-27、28）。

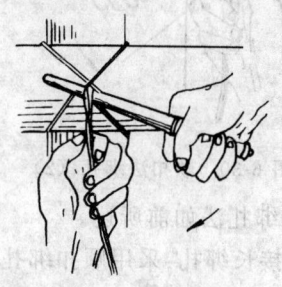

图 6-27 斜插法绑扎（1）

3）杆件倾斜相交属斜交连接，此种连接可采用斜插法或顺扣法绑扎：

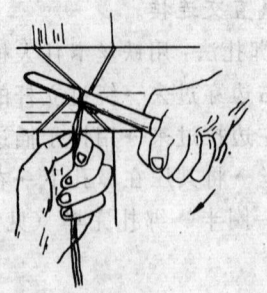

图 6-28　斜插法绑扎 (2)

提示:

立杆与剪刀撑的连接属斜交连接。

a. 顺扣绑扎法:用铁丝兜绕杆件相交处一圈→将钎子插进铁丝鼻孔内→用左手拉紧铁丝→使其压在鼻孔下→右手用力将钎子拧扭一圈半→绑扎完毕(见图 6-29、30)。

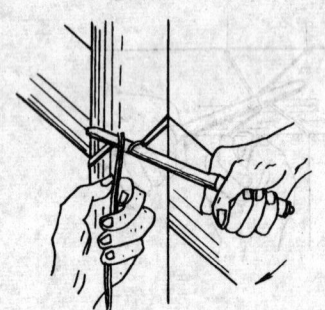

图 6-29　顺扣法绑扎 (1)

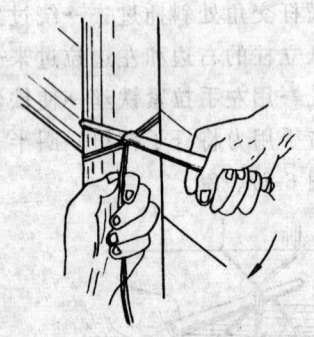

图 6-30　顺扣法绑扎 (2)

b. 斜插绑扎法如前所述。

4)杆件接长绑扎:采用顺扣绑扎法绑扎,两端及中间各绑一道扣,扣的间距不大于 0.75m(见图 6-31)。

(2) 竹脚手架的连接与绑扎

1)杆件绑扎方法:用两根竹篾并在一起

→将篾的一端用右手按在竹杆上(留下余头 200～250mm)→在杆件交角处将竹篾从杆背后连绕三圈→将竹篾两余头合并一起→拉紧竹篾→上下晃动几次使杆件并紧→将竹篾顺扭拧成一个辫结→把辫结梢头掖在杆件交叉处的缝隙内并拉紧梢头(见图 6-32)。

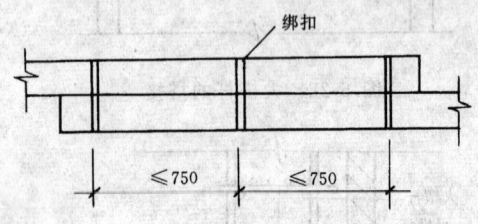

图 6-31　杆件接长绑扎

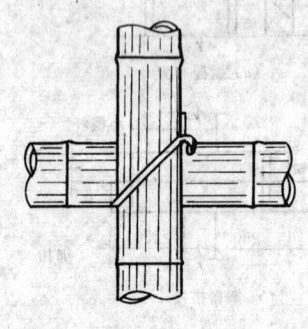

图 6-32　竹篾绑扎方法

提示:

打辫结时应避开篾节,以防竹篾在节处断裂。

在三根杆相交处,应先绑牢两根,再绑另一根,不能一下绑三根

2)杆件接长绑扎:采用上述绑扎方法绑扎,两端各绑一道扣中间绑三道扣,扣的间距不大于 0.4m(见图 6-33)。

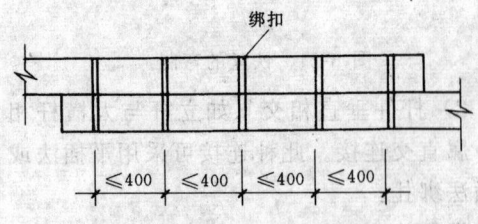

图 6-33　杆件接长绑扎

6.1.4 搭设步骤与方法

（1）木竹脚手架搭设步骤与方法

1）搭设步骤：放立杆位置线→挖立杆坑→竖立杆→绑大横杆→绑小横杆→绑抛撑→绑剪刀撑→铺脚手板→搭设安全网。

提示：

脚手架搭设的尺寸要求与搭设要点见6.1.2搭设法则的有关内容。

2）搭设方法：

a. 竖立杆，1人将立杆大头对准坑口→另1人用铁锹挡住立杆根并用脚向坑内蹬立杆根部→1人抬起立杆的梢头扛在肩上→两人举起立杆小头并两手互换向前走→将杆立起插入坑中→扶直立杆→埋土夯实（里外两排立杆要等距看齐、看直）（见图6-34）。

图 6-34 竖立杆

提示：

一般需3人操作，双排架先立里排，后立外排。

应使立杆的弯势朝脚手架纵向，不要向里或向外弯。

b. 绑大横杆：绑第一步大横杆先检查立杆是否埋正→3人同时将杆举到绑扎位置→听从找平人指挥使杆平直→用铁丝绑扎（先绑两端再绑中间）→递料→用上述方法绑二、三步大横杆→吊送杆件→用上述方法绑四步以上大横杆（见图6-35）。

提示：

一般需4人操作，3人绑扎，1人递料、

看正找平。

绑时拉铁丝不要用力过猛，以防将立杆拉歪。

c. 绑小横杆：将杆件放在大横杆上→等距离均匀布料→按顺序将杆件绑扎在立杆旁或大横杆上（两端只绑一道扣）（见图6-36）。

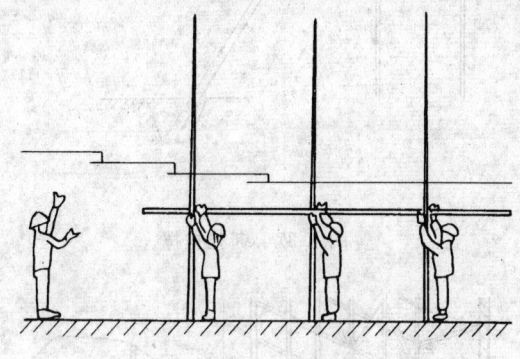

图 6-35 绑大横杆

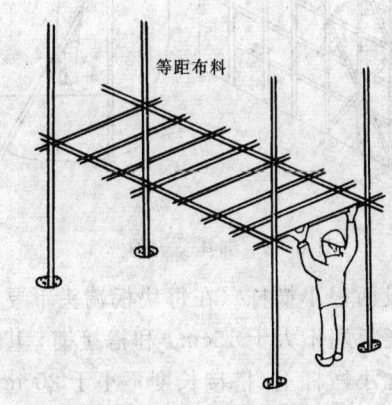

图 6-36 绑扎小横杆

d. 绑抛撑：在抛撑落地处挖坑→将杆件大头插入坑内，小头斜靠架上→将小头与立杆、大横杆或十字撑绑牢→坑内埋土夯实（见图6-37）。

e. 绑剪刀撑：将杆件大头着地斜贴在架外侧立杆→上中下分别与立杆绑牢→用同样方法将另一杆件交叉绑牢→由下至上与脚手架同步绑扎（见图6-38）。

提示：

两杆件交叉处应设在立杆上。

f. 铺脚手板：脚手板可直接铺在小横杆上并与杆件绑牢。搭接形式分对头铺，其接

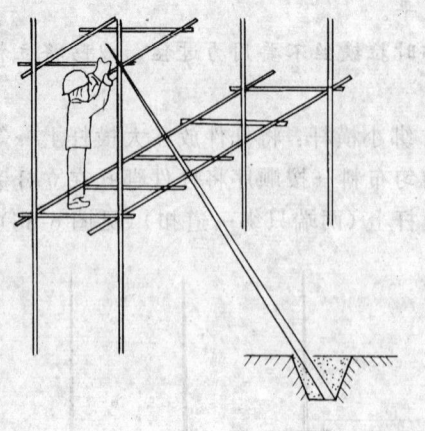

图 6-37 绑扎抛撑

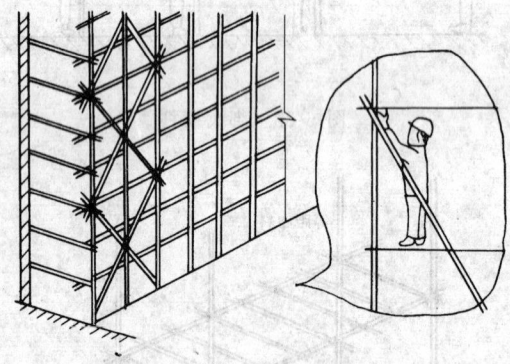

图 6-38 绑扎剪刀撑

头下面设两根小横杆（在每块板端头下要有小横杆离板端不大于 15cm）和搭接铺，其接头必须在小横杆上（搭接长度不小于 20cm）。竹、木脚手板可对头铺或搭接铺，钢木脚手板要对头铺（见图 6-39、40）。

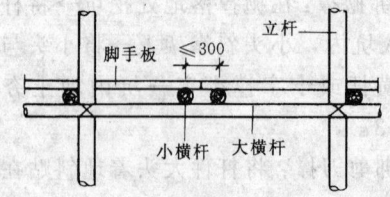

图 6-39 对头铺脚手板

g. 搭设安全网：按照《建筑施工安全网搭设安全技术规范》进行。

（2）马道的搭设

1）马道又称斜道、盘道，为附设在外脚手架旁供施工人员上下脚手架或兼作运输通道用的架子

提示：

马道宽度不小于 1.5m，坡度为 1∶3（高∶长）。

2）马道的形式有"一"字形和"之"字形两种。脚手架高度在三步架以下时，可搭成一字形；超过三步架的应搭成之字形，并在拐弯处设平台（见图 6-41、42）。

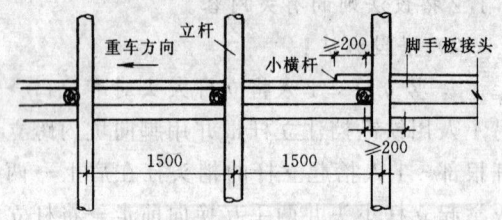

图 6-40 搭接铺脚手板

图 6-41 一字形马道

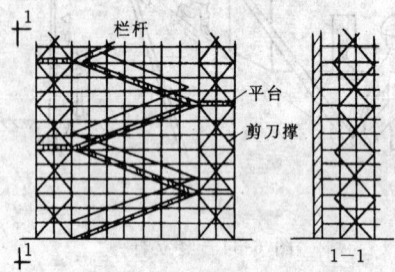

图 6-42 之字形马道

3）马道两侧及拐弯平台的外围，均应搭设不低于 1m 的防护栏杆和高 18cm 的挡脚板。

4）搭设要点与方法：

a. 竖立杆和绑大小横杆：其搭设要点和方法同木竹脚手架搭设；其构造尺寸与结构脚手架相适应。

提示：

独立马道的立杆和大横杆间距不大于 1.5m，立杆埋深不小于 50cm，大横杆间距 1.2~1.4m，小横杆间距不大于 1m。

b. 铺脚手板：其铺设要点、方法和形式均同木竹脚手架脚手板的铺设。

提示：

搭接铺时，搭接长度不小于40cm。在接头处设双根小横杆并在脚手板上加钉防滑条，其厚为2～3cm，间距不大于30cm。

c. 设剪刀撑，在马道的两侧、平台外围和端部应设剪刀撑。

提示：

保证马道结构的稳定性。

6.1.5 拆除与保管

（1）拆除的程序：拆除安全网→拆除护身栏杆→拆除挡脚板→拆除脚手板→拆除小横杆→拆除剪刀撑→拆除连墙杆→拆除大横杆→拆除立杆→拆除斜杆→拆除抛撑和扫地撑。

提示：

先绑扎的后拆除，后绑扎的先拆除。

拆除时至少需4人配合工作。

严禁上下同时进行作业；严禁直接向下随意抛落杆件；严禁采用推、拉法拆除。

（2）保管：拆除的杆件、铁丝应及时清理和搬运到指定地点，并按规格、用途的不同分类堆放整齐。

提示：

应架空堆放杆件，做好通风排水工作。

铁丝要回收处理。

6.1.6 质量要求

（1）搭设脚手架的材料规格和质量必须符合要求，决不能随便使用。

（2）架子要有足够的坚固性和稳定性，施工期间应保证脚手架不摇、不晃、不倾斜、不沉陷、不倒塌。

（3）脚手板要铺稳、铺满，不得有空头板。

（4）单排脚手架的脚手眼位置要按照规定留设。

（5）搭拆方便，并能多次周转使用。

提示：

外承重脚手架使用均布荷载不得超过2646N/m²，集中荷载不得超过1500N/m²。大小横杆的允许挠度不得超过杆长的1/150。

脚手架要有足够和牢固的连墙点，以保证架子的稳定。

土筑墙、空斗墙、空心砖墙、1/2砖墙和柱；砖过梁上与过梁成60°角的三角形范围内；宽度小于1m的窗间墙；梁或梁垫下及其左右各50cm的范围内；门窗洞口两侧3/4砖和转角处$1\frac{3}{4}$砖的范围内；设计规定不允许设置脚手眼的部位；均不能留脚手眼。

6.1.7 安全操作

（1）脚手架搭设时，操作人员必须配戴安全帽、安全带、穿防滑鞋（见图6-43）。

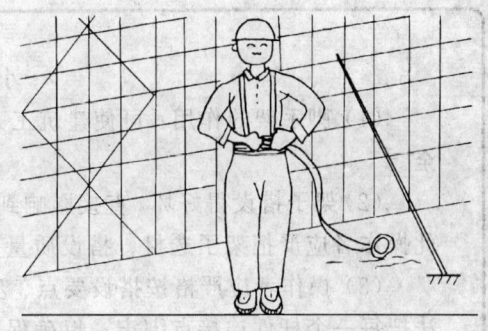

图6-43 配戴劳动保护用品

（2）脚手架与高压线之间的水平和垂直安全间距不得小于6m（见图6-44）。

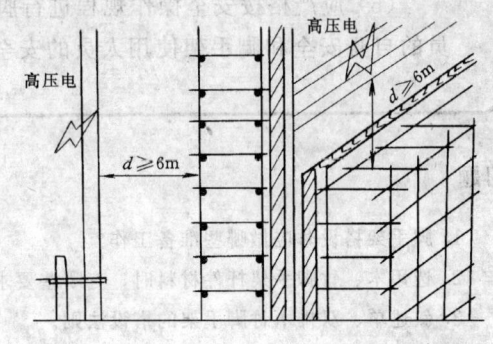

图6-44 与高压线的安全间距

（3）大风、大雾、大雨、大雪天气不得

进行脚手架搭设工作。雨雪后作业必须采取防滑安全措施。

（4）脚手架不宜一次搭设过高，应与结构工程施工高度相适应，以免影响架子稳定（见图 6-45）。

（5）脚手架高度超过 4m 时，必须按规定设置安全网（见图 6-46）。

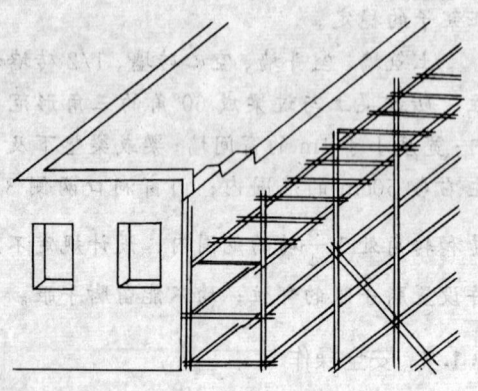

图 6-45　控制搭设高度

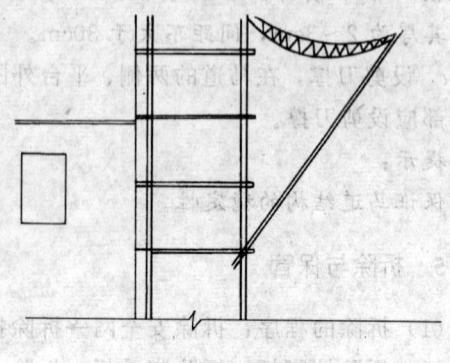

图 6-46　设置安全网

小　结

（1）脚手架的作用：可使建筑工人在高空中作业；保证高空作业时的人身安全。

（2）架子搭设得好坏，直接影响到施工人员的安全、工程进度和工程质量，对此操作者应严把架子选材、搭设质量关。

（3）操作者应严格按搭设要点、步骤和方法进行脚手架搭设工作；按绑扎方法把每一个杆件连接点绑牢；以确保脚手架有足够的坚固性和稳定性。

（4）应严格按构造尺寸搭设脚手架，确保脚手架有足够的面积，以满足工人操作、材料堆放以及车辆行驶的需要。

（5）因地制宜，就地取材，尽量节约架子用料。

（6）应严格按安全操作规程进行脚手架的搭设与拆除工作，以确保搭、拆人员的自身安全和脚手架使用人员的安全

习题

1. 脚手架搭设时应做哪些准备工作？
2. 选用木、竹脚手架杆件材料时，有哪些要求？
3. 叙述单、双排木竹脚手架的搭设法则。
4. 木脚手架的绑扎方法有几种？分别叙述各自的要点。
5. 叙述竹脚手架绑扎方法的要点。
6. 叙述木、竹脚手架的搭设步骤和方法。

7. 叙述马道搭设要点和方法。

8. 叙述木、竹脚手架拆除的程序和注意事项。

9. 脚手架质量要求有哪些？

10. 搭设脚手架时，应注意哪些安全事项？

11. 哪些部位不能留脚手眼？

12. 脚手架的使用荷载是多少？

6.2 扣件式钢管脚手架的搭设

扣件式钢管脚手架是由许多钢管杆件用扣件连接而成。它具有承载力大、搭设灵活、拆卸方便、坚固耐用等特点，因而在建筑工程中被得到广泛应用。

6.2.1 搭设准备

（1）材料准备

1）扣件式钢管脚手架由底座、立杆、大横杆、小横杆、剪刀撑（又称十字撑）等基本构件组成（见图 6-47、48）。

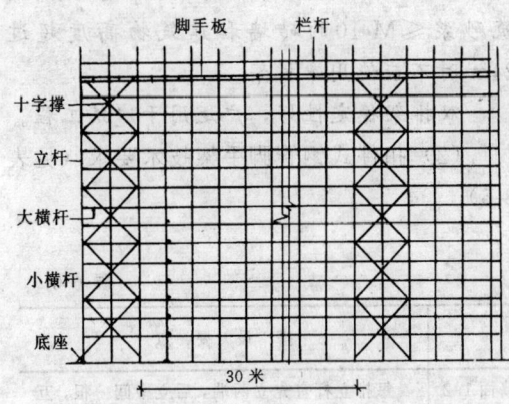

图 6-47 扣件式钢管脚手架

2）立杆、大横杆、小横杆、剪刀撑等均采用外径 48mm，壁厚 3.5mm 的焊接钢管（或用外径 50mm，壁厚 3～4mm 的无缝钢管）。

3）底座由套管和底板焊成。套管一般用外径 57mm，壁厚 3.5mm 的钢管（或用外径 60mm，壁厚 3～4mm 的钢管），管长 150mm。底板一般用边长（或直径）150mm，厚 8mm 的钢板（见图 6-49）。

4）采用扣件连接，其形式有三种：

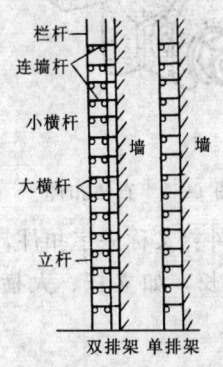

图 6-48 单双排脚手架

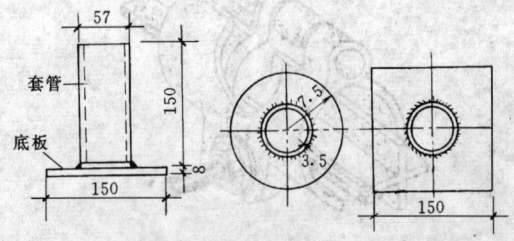

图 6-49 底座

a. 回转扣件；用于连接扣紧两根呈任意角度相交的杆件，如立杆与剪刀撑的连接（见图 6-50）。

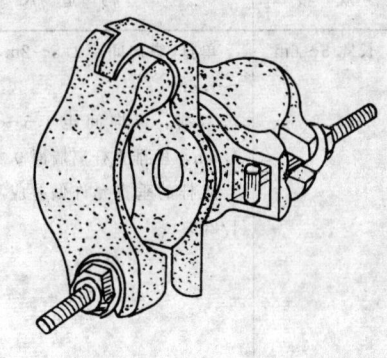

图 6-50 回转扣件

b. 直角扣件：又称十字扣件，用于连接扣紧两根垂直相交的杆件，如立杆与大横杆、小横杆与大横杆的连接（见图 6-51）。

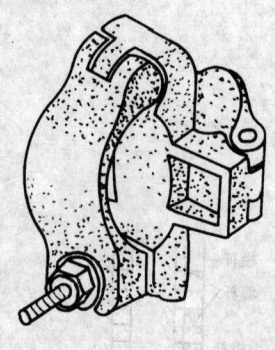

图 6-51 直角扣件

c. 对接扣件：又称一字扣件，用于两根杆件的对接接长，如立杆、大横杆的接长（见图 6-52）。

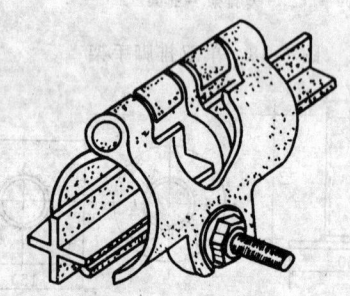

图 6-52 对接扣件

d. 也可采用套筒接长杆件。套筒用长 40cm 的钢管制成，其外径等于连接杆件的内径，套筒中央焊有法兰（见图 6-53）。

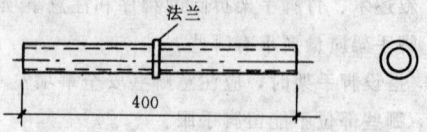

图 6-53 套筒

5）脚手板：可采用木、竹、钢、钢木脚手板。

（2）工具准备：见木、竹脚手架内容。

（3）现场准备：见木、竹脚手架内容。

6.2.2 搭设法则

（1）单排扣件式铜管脚手架仅在墙外侧有一排立杆，小横杆一端与立杆、大横杆相连，另一端搁置在墙上。双排扣件式钢管，脚手架是在墙外侧设里、外两排立杆。

提示：

≤180mm 的墙体、空斗墙、加气块墙、砌筑砂浆≤M 10 的砖墙和建筑物高度超过 24m 时不应使用单排架。

双排架稳定性好，广泛用于建筑工程。

（2）扣件式钢管脚手架技术要求（见表 6-6）。

表 6-6

名 称	规 格	构 造 尺 寸	搭 设 要 点
立杆	长 4.5～6m	单排、纵向间距1.5～2m，立杆距墙面1.2～1.4m 双排：纵向间距1.5～2m，横向间距1.5m，里排立杆离墙面0.4～0.5m 立杆的垂直允许偏差应不大于其高度的1/200	每排立杆宜先立两端，后立中间一根，互相看齐后，再立中间其它立杆。双排架宜先立里排立杆，后立外排立杆，且里外排两立杆的连线要与墙面垂直
大横杆	长 4.5～6m	步距为：砌筑用时为1.2～1.5m，装饰用时为1.7～1.8m。同一步内纵向水平高低差不得超过6cm	大横杆应安放在立杆的内侧，用直角扣件与立杆连接，一般置于小横杆之下

名　称	规　格	构　造　尺　寸	搭　设　要　点
小横杆	长 2～2.3m	砌筑用时间距为 1.5m，装饰用时间距为 2m，如在架子上推车，间距要适当加密。小横杆两端应伸出大横杆外边 10cm 以上。双排架小横杆靠墙一头应离墙面 5cm	双排时，小横杆两端用直角扣件分立杆、大横杆连接 单排时，一端搁入墙内 240mm，一端与立杆、大横杆用直角扣件连接。大、小横杆相互垂直
剪刀撑	长 4.5～6m	剪刀撑用两根钢管交叉搭设，其与地面夹角为 45°～60°	剪刀撑设在脚手架的转角端头及沿纵向每隔 30m 处，每挡剪刀撑占两个跨间，从底到顶连续布置，最下一对落地，与立杆用回转扣件连接

（3）立杆接长时采用对接扣件连接，相邻两根立杆的接头上下应错开 50cm 以上，并力求不在同一步距内（见图 6-54）。

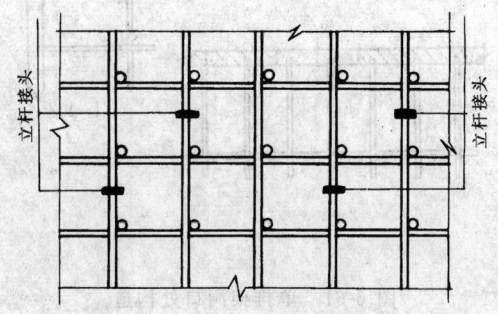

图 6-54　立杆接长要求

（4）立杆应设置纵横方向的扫地杆，并用直角扣件固定在距底座下皮不大于 200mm 的立杆上（见图 6-55）。

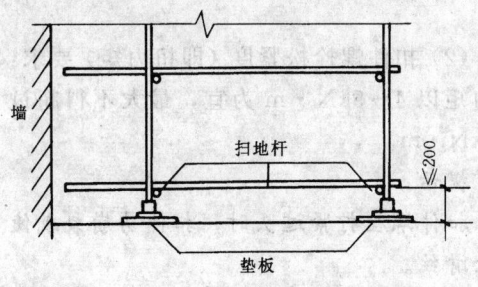

图 6-55　设置扫地杆

（5）大横杆的接长宜采用对接扣件连接，也可搭接。其搭接长度不小于 1m，并用三个

扣件连接。大横杆接长布置要求同立杆（见图 6-56）。

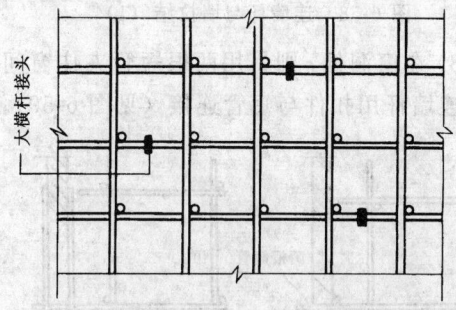

图 6-56　大横杆接长要求

（6）同一步里外两根大横杆接头应互相错开，不宜在同一跨间内。同一跨间上下两根大横杆的接头要错开 50cm 以上（见图 6-57）。

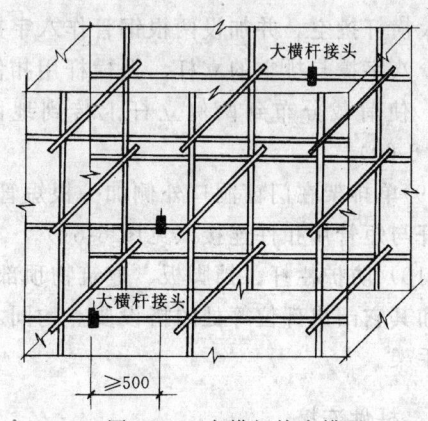

图 6-57　大横杆接头错开

（7）连墙杆要每隔 3 步高、5 跨间设置一

处。其方法如下：

1）将连墙杆一头顶墙，并用铁丝绕过立杆与墙上的预埋吊环绑住（见图6-58）。

2）将连墙杆一头穿过墙，并在墙的里外侧用扣件扣住（见图6-58）。

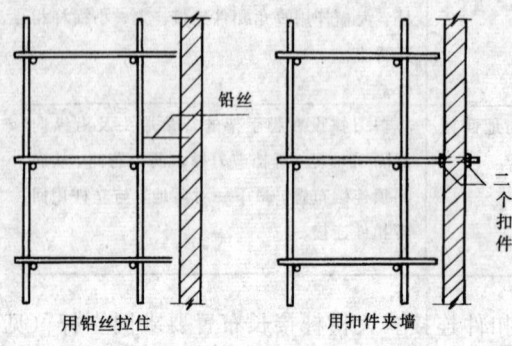

图 6-58 连墙杆与墙拉结（1）

3）在窗洞处，则另用两根短管夹住窗间墙，连墙杆用扣件与短管连接（见图6-59）。

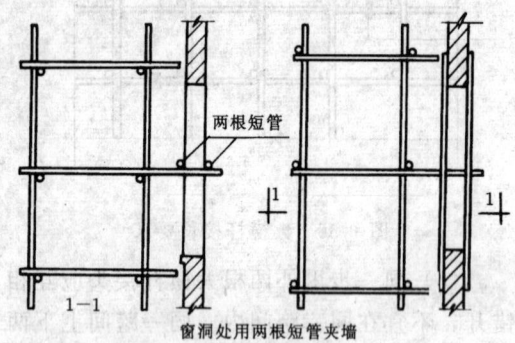

图 6-59 连墙杆与墙拉结（2）

（8）脚手架在门洞通道处，应使部分立杆及大横杆挑空，并加设两根钢管作八字撑布置，八字撑与挑空的立杆、大横杆用扣件连接。使荷载分布到两侧立杆上传到地面（见图6-60）。

（9）单排架在门窗洞口外侧加一根短管，小横杆与短管用扣件连接（见图6-61）。

（10）防护栏杆、挡脚板、建筑物顶部、挑檐和其它凸出部位等处的搭设要点均同木竹脚手架。

6.2.3 杆件连接

（1）扣件式钢管脚手架的杆件均采用

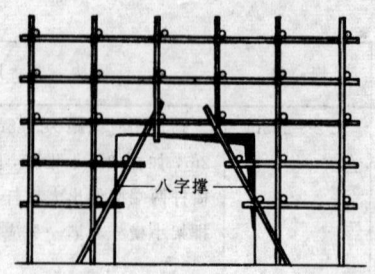

图 6-60 门洞处八字撑布置

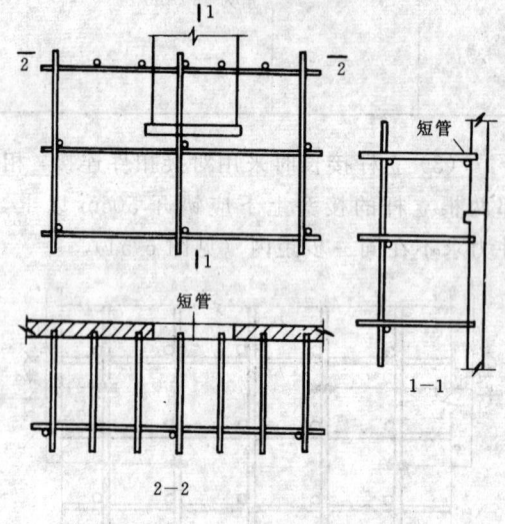

图 6-61 单排架洞口处构造

扣件连接，拧紧扣件螺栓的工具以采用棘轮扳子为宜。

提示：

棘轮扳子可连续拧转，使用方便。

扣件连接牢固、方便，并且杆件装得顺直。

（2）扣件螺栓松紧度（即扭力矩）要求：扭力矩以$4 \sim 5 kN \cdot m$为宜，最大不得超过$6.5 kN \cdot m$。

提示：

扣件螺栓拧紧过头时，扣件易崩裂或使螺栓滑丝。

扣件螺栓拧得过松时，易产生滑落事故。

（3）扣件开口的朝向要求：

1）用于连接大横杆的对接扣件的开口应朝架子里侧，螺栓朝上。

提示：

防止雨水进入钢管,使钢管锈蚀。

螺栓朝上便于拧紧螺栓。

2) 直角扣件的开口不得朝下。

提示:

确保架子安全,防止意外事故发生

(4) 脚手架使用过程中,应经常检查扣件是否松动,如有松动要及时拧紧。

提示:

架子使用时,受荷载作用易产生震动,在震力作用下,扣件易产生松动。

6.2.4 搭设步骤与方法

(1) 搭设步骤:放立杆位置线→铺垫板放底座→竖立杆→安放扫地杆→安放大横杆→安放小横杆→绑扎剪刀撑→绑扎封顶杆→铺脚手板→搭设安全网。

提示:

脚手架搭设的尺寸要求与搭设要点见6.2.2 搭设法则的有关内容。

不合格的架子构配件不能使用。

(2) 搭设方法:

1) 定位和安铺垫板、底座,按单、双排脚手架的杆距、排距要求放线定位,铺设垫板和安放底座时应平稳、不得悬空,底座垫板的位置必须准确。

提示:

根据施工组织设计中有关脚手架的要求进行操作。

事先清除障碍物及地面杂物,夯实基土,搞好排水。

用白灰定位。

2) 竖立杆和安放大小横杆:竖立杆时,一人拿起立杆并插入底座中,另一人用脚将底座的底端踩住,并用双手将立杆竖起并准确插入底座内。内、外排的立杆同时竖起,并及时拿起大、小横杆用直角扣件与立杆连接扣住,绑上临时抛撑。搭设时,必须有一人负责校正立杆的垂直度和大横杆的平直度(见图6-62)。

提示:

需6～8人互相配合操作。

开始竖立杆时,应每隔6跨设抛撑一道,直至连墙杆安装稳定后,方可拆除。同一步大横杆必须四周交圈。

3) 绑扎剪刀撑:先将一钢管斜贴在架外侧立杆→用回转扣件分上、中、下分别与立杆连接→用另一根钢管交叉与小横杆扣紧→由下至上与脚手架同步绑扎(见图6-63)。

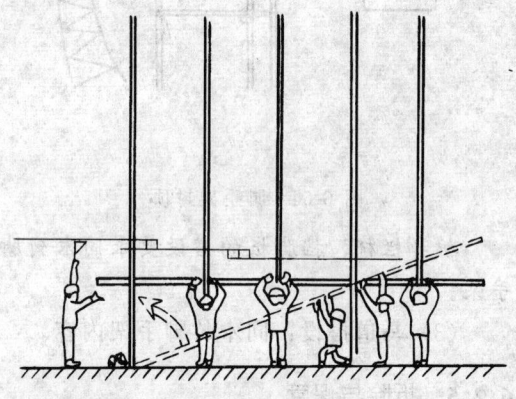

图 6-62 竖立杆和安放大小横杆

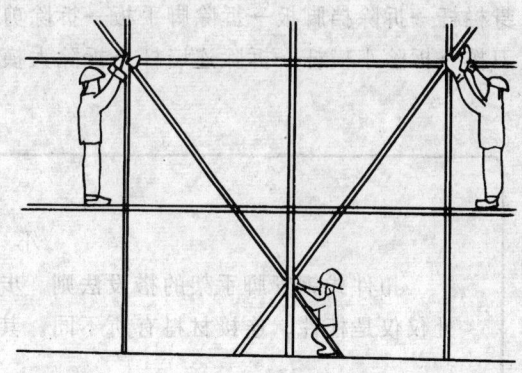

图 6-63 绑扎剪刀撑

提示:

扣件距邻近连接点不宜大于20cm,距地面不宜大于50cm。

4) 铺脚手板:同木竹脚手架内容。

5) 脚手架封顶和立挂安全网、外排立杆高出平房顶女儿墙0.8～1m;高出坡屋顶檐口1.5m。里排立杆低于檐口底40～50cm。绑扎两道护身栏杆、挡脚板后立挂安全网(见图6-64)。

提示:

图 6-64 脚手架封顶

护身栏杆、挡脚板的搭设要求同木竹脚手架。

（3）马道搭设：同木竹脚手架内容。

6.2.5 拆除与保管

（1）拆除的程序：拆除安全网→拆除护身栏杆→拆除挡脚板→拆除脚手板→拆除剪刀撑→拆除小横杆→拆除连墙杆→拆除大横杆→拆除立杆→拆除扫地杆→拆除垫板和底座。

提示：

划出工作区标志，禁止行人进入。

先搭设的后拆除。后搭设的先拆除。由上而下进行作业。

严禁直接向下随意抛落杆件，严禁采用推、拉法拆除；严禁先将连墙杆整层拆除后再拆除脚手架。

（2）保管：拆除后的各构配件应及时检查、整修与保养，并按品种、规格随时堆码存放，置于干燥通风处，防止锈蚀。

提示：

扣件及螺栓要用容器集中贮存，弯曲钢管调直后再堆存。

为防止钢管锈蚀，要及时涂刷防锈漆。

6.2.6 质量要求

同木竹脚手架内容。

6.2.7 安全操作

同木竹脚手架内容。

小 结

扣件式钢管脚手架的搭设法则、步骤、方法与木竹脚手架大体相同，不同之处仅仅是杆件、连接材料有所不同。其它参阅木竹脚手架内容。

习题

1．对扣件式钢管脚手架材料有哪些要求？

2．对扣件式钢管脚手架搭设垂直度有哪些要求？

3．叙述扣件式钢管脚手架搭设法则。

4．连墙杆与结构拉结有几种做法？

5．对扣件拧紧有哪些要求？对扣件开口朝向有哪些要求？叙述架子搭拆步骤方法。

6.3 内脚手架的搭设

内脚手架用于楼层内砌墙、内装饰和砌筑围墙等,常用的有:支柱式、凳式内脚手架。

6.3.1 支柱式内脚手架

(1)支柱式内脚手架一般用钢材制作,其构件由支柱、横杆、脚手板组成。

(2)支柱型式与构造:

1)钢管支柱:由套管、插管、支腿等部分组成。套、插管壁上均留有销孔,插管插入套管中,利用插销插入不同位置的销孔中可调整插管的高低。插杆顶部有"凵"形叉托,用以搁置横杆。支腿由钢筋、小垫板焊接而成(见图6-65)。

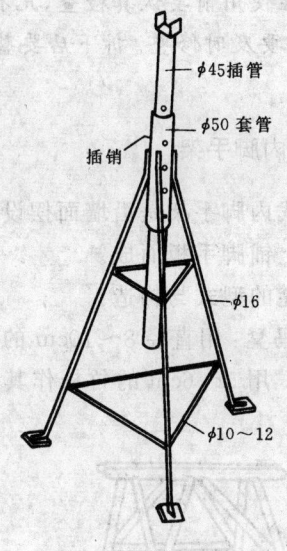

图 6-65 钢管之柱

2)双联式钢管支柱,将一对钢管支柱用钢筋托架连在一起,横杆与插管连在一起,支腿成八字形(见图6-66)。

3)角钢支柱:由角钢立柱与八字形钢筋支腿焊接而成。在角钢立柱内侧每隔40cm焊上一块支承钢板,在一对角钢立柱间装上钢筋托架,托架两端的弯钩卡在支承钢板上(见图6-67)。

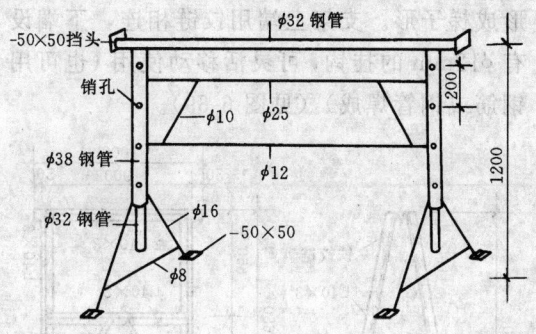

图 6-66 双联式钢管之柱

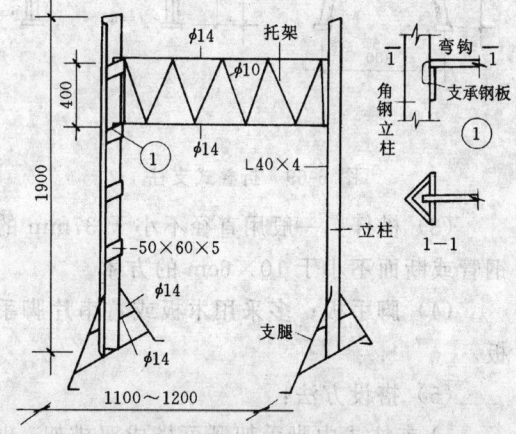

图 6-67 角钢支柱

4)钢筋支柱:与角钢支柱相似,只是将两根并列的钢筋代替角钢(见图6-68)。

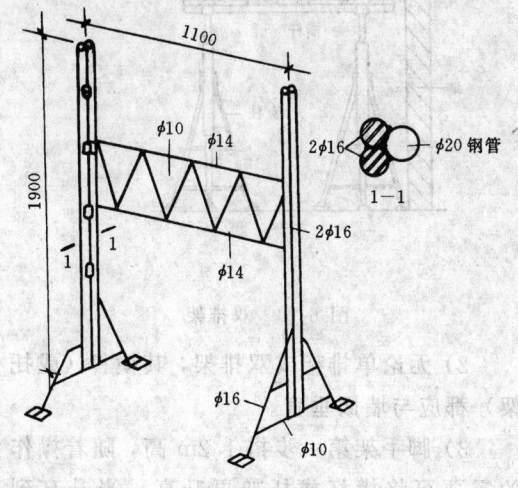

图 6-68 钢筋支柱

5)折叠式支柱架:用角钢焊成两榀支架

形成梯子形。支架上端用铰链相连，下端设有 $\phi12mm$ 的挂钩，可灵活移动使用（也可用钢筋或钢管焊成）（见图6-69）。

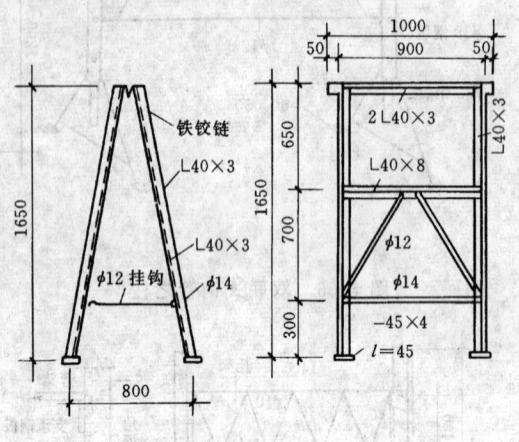

图 6-69 折叠式支柱

（3）横杆：一般用直径不小于 37mm 的钢管或断面不小于 $10\times6cm$ 的方木。

（4）脚手板：多采用木板或竹串片脚手板。

（5）搭设方法：

1）支柱式内脚手架既可搭成双排架；也可搭成单排架。脚手板铺于横杆或托架上，并与横杆绑牢（见图6-70、71）。

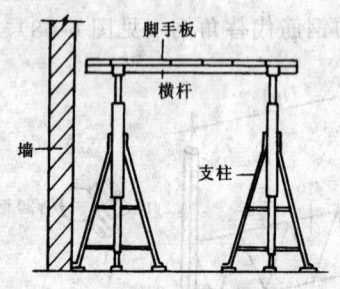

图 6-70 双排架

2）无论单排架或双排架，其横杆（或托架）都应与墙面垂直。

3）脚手架第一步搭 1.2m 高，随着操作的需要可将横杆或托架再升高，当升高到 1.6m 时，必须另加斜撑撑住，并用 8# 铁丝绑牢，以免脚手架晃动。

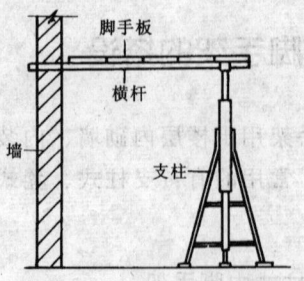

图 6-71 单排架

提示：

单排架支柱离墙不大于1.5m，横杆插入墙面不小于24cm。

双排架的纵向间距不大于1.8m，横向间距不大于1.5m。

砌墙时，脚手板应铺满；装饰时，脚手板可通长铺三块。

脚手架在使用前要认真检查，凡有开焊、变形、摔坏的要及时修整。拆下后要整理，分类堆放。

6.3.2 凳式内脚手架

（1）凳式内脚手架是沿墙面摆设若干马凳，在马凳上铺脚手板而成。

（2）马凳的型式与构造：

1）毛竹马凳：用直径 8～10cm 的竹杆作横杆及凳脚；用 5～6cm 的竹杆作其余构件（见图6-72）。

图 6-72 竹马凳

2）木马凳：用8～10cm的圆木或方木作凳脚；用厚5～6cm的木板作凳面（见图6-73）。

3）钢马凳：用角钢或钢管作横杆，用钢筋作支腿（见图6-74）。

提示：

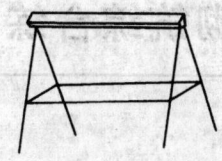

图 6-73　木马凳　　　图 6-74　钢马凳

三种马凳高度为 1.2～1.4m，长度为 1.2～1.5m。

（3）脚手板：多采用木板或竹串片脚手板。

（4）搭设方法：使凳脚靠紧墙面并与墙面垂直，脚手板铺在马凳上并与其垂直。

提示：

马凳间距（沿墙面）为 1.5～1.8m。

小　结

（1）内架子设在楼层内，可以随楼层建高而搬移，工人在室内操作安全可靠。架子构造简单，用料少，轻便，能多次重复使用。

（2）搭设内架子时，支柱或马凳、脚手板应放平稳，以使用时架子不晃动为宜。

（3）当架子高度达 1.6m 时，应用斜撑加固支柱或凳脚。

习题

1．支柱式内脚手架由哪些构件组成？

2．支柱有哪几种类型？

3．凳式内脚手架由哪些构件组成？

4．马凳有哪几种类型？

5．叙述内脚手架搭设时的步骤方法和注意事项。叙述其使用范围。

第7章 简易房屋砌筑综合练习

依据下列施工图（图1～7）进行砌筑综合练习。

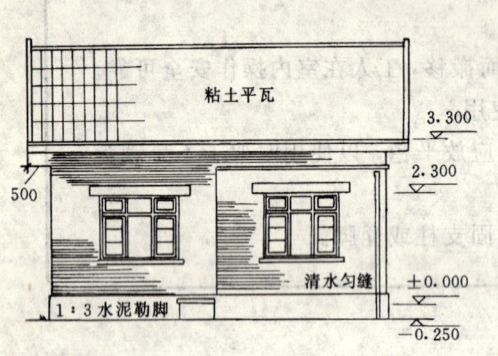

图 1 立面图

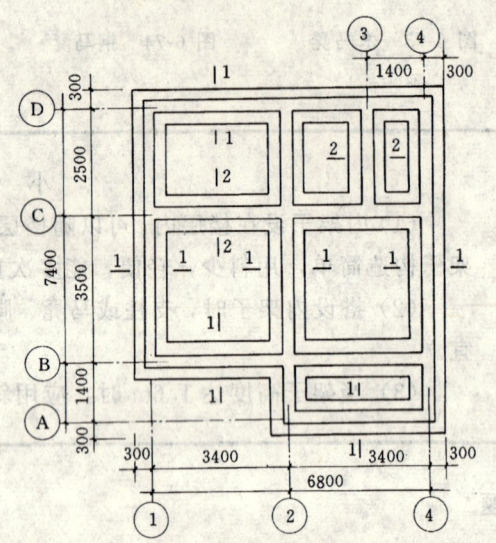

图 3 基础平面图 1：100

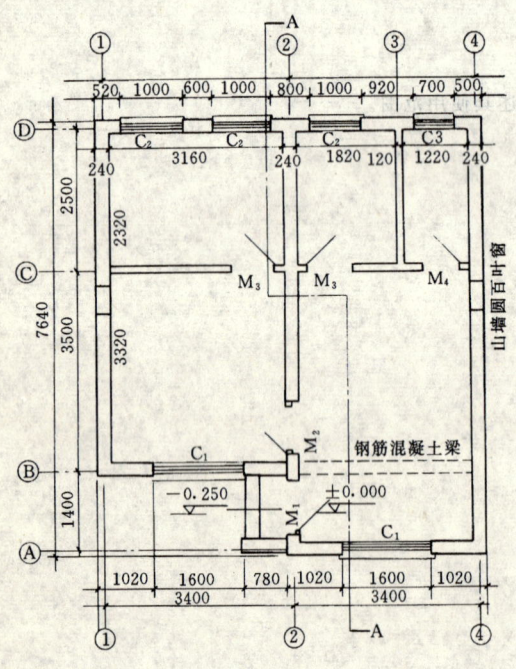

图 2 平面图

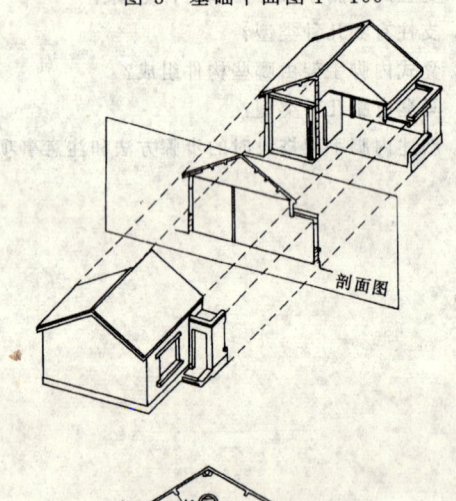
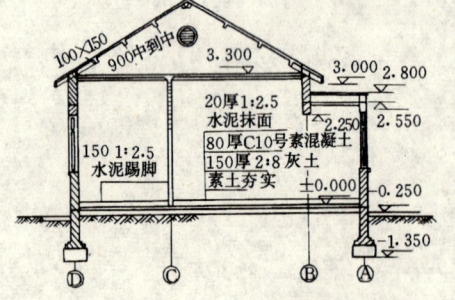

图 4 A-A 剖面图

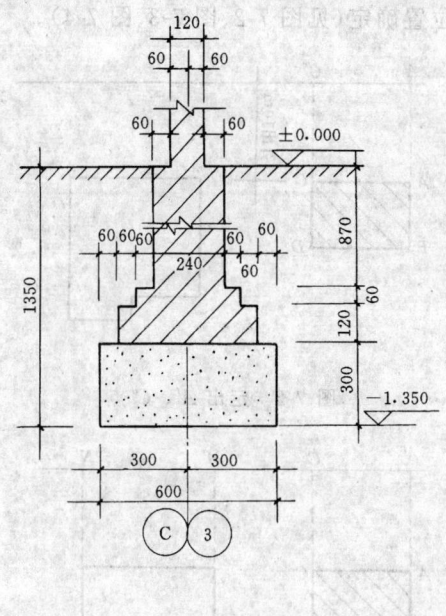

图 5   2-2 剖面图

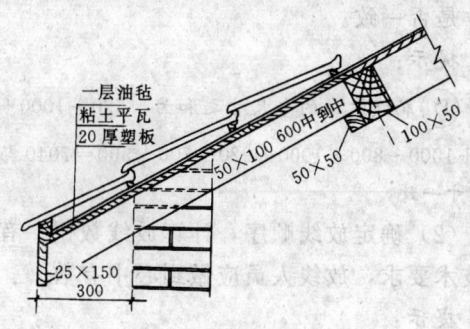

一层油毡
粘土平瓦
20 厚塑板
50×100 600 中到中
50×50
1 100×50
25×150
300

图 7   檐口详图

7.1.1   房屋施工的一般顺序

定位放线→挖土→验收地基→浇灌垫层→立皮数杆、弹墨线→检查质量→砌基础→做防潮层→弹墨线立皮数杆→质量检查→回填土→立门樘→砌墙→搭脚手架→门窗洞口砖过梁或安装过梁(或支过梁模板→绑钢筋→浇混凝土)→砌砖找平→支圈梁模板→绑扎钢筋→浇灌混凝土→抹圈梁面找平屋→砌山墙→屋面工程(搁檩条、搁椽条、屋面板、油毡、钉挂瓦条)→铺瓦→做屋脊→封山砌筑→室外粉刷抹灰→室内抹灰→室内地坪→室外散水→室内内扇安装→油漆和玻璃安装→插入电、水安装→清理及修补→工程预验收→室外化粪池下水管施工→报竣工→交工验收。

7.1.2   本课题砌筑练习顺序

定位放线→地基处理→砌基础→搭脚手架→砌墙身→砌山墙→屋面工程

7.2   定位放线

房屋的定位放线正确与否,直接影响到下步建筑施工,对此应予高度重视。

7.2.1   准备工作

(1)审核图纸:检查分尺寸之和与总尺寸是否一致;建筑图与结构图以及有关详图

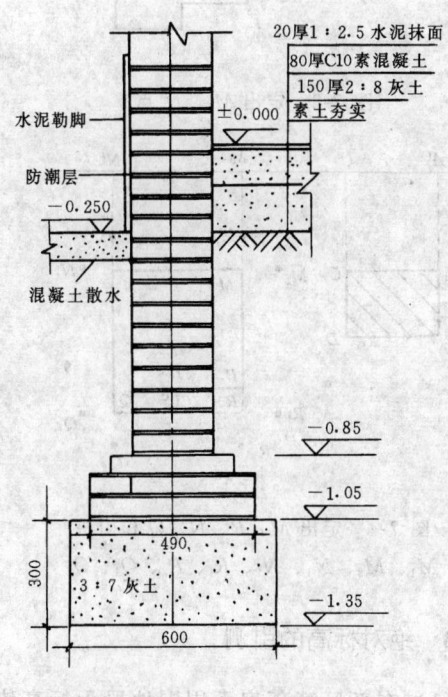

水泥勒脚
防潮层
−0.250
混凝土散水

20 厚 1:2.5 水泥抹面
80 厚 C10 素混凝土
150 厚 2:8 灰土
素土夯实
±0.000

−0.85
−1.05

490
3:7 灰土
−1.35
600
300

图 6   1-1 剖面图

7.1   房屋的施工顺序

了解房屋的施工顺序便于土建工人了解其与相关工序工种的关系,具有实际意义。

143

尺寸是否一致。

提示：

Ⓓ轴线方向的分尺寸之和为：520＋1000＋600＋1000＋800＋1000＋920＋700＋500＝7040 与总尺寸一致

（2）确定放线顺序，计算放线数据。有关技术要求，放线人员应做到心中有数。

提示：

放线顺序：先定Ⓓ、①轴线→其次定Ⓐ、④轴线→再定ⒷⒸ、②、③轴线。

（3）配备需使用的经纬仪、水准仪和木桩、标杆、测钎、龙门板、灰线挡板等测量工具。

提示：

对测量仪器、钢尺等进行必要的检验校核。

7.2.2 根据与原有建筑物的相互关系测设定位轴线

（1）现按旧建筑尺寸关系测设房屋Ⓐ、Ⓓ、①、④主轴线位置（见图7-1）。

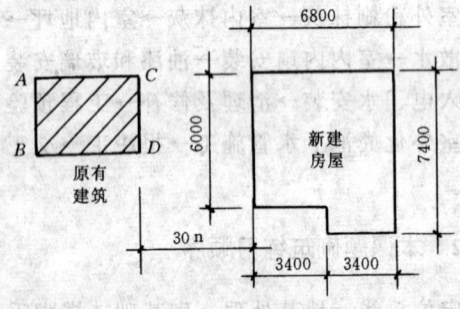

图 7-1 新、旧房屋尺寸关系

（2）测定方法与步骤：用小线顺 AB、CD 墙边延长到 A′、C′ 点（均引出 10m）→A′ 点插入标杆→C′ 点设置临时桩位→将经纬仪安置在 C′ 点→对中整平→将望远镜照准 A′ 点→倒镜并量尺定出 M′、N′ 点（设置临时桩位）→将经纬仪分别移至 M′、N′ 点→以下按"根据建筑红线测设定位轴线"的方法步骤定出 M、R、P、N、Q、T、S 点位置和引桩→新建房

屋位置确定（见图7-2、图7-3、图7-4）。

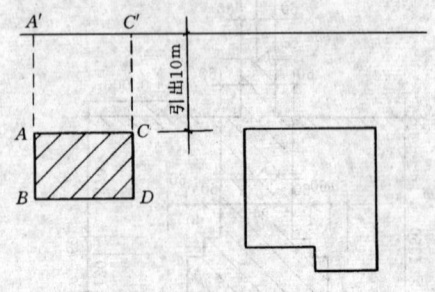

图 7-2 定出 A′、C′ 点

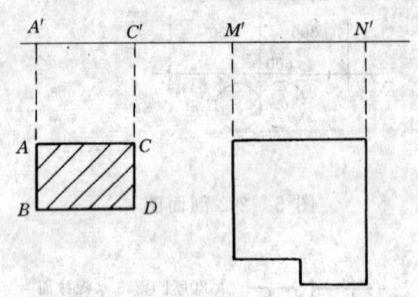

图 7-3 定出 M′、N′ 点

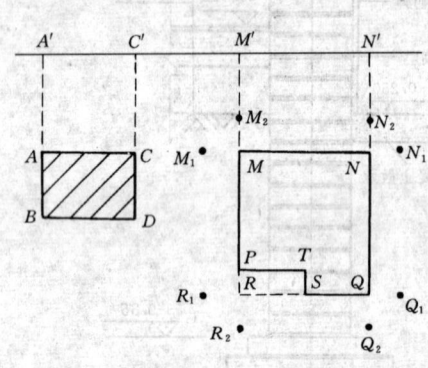

图 7-4 定出 M、R、N、Q 和引桩 M_1、M_2、N_1、N_2、R_1、R_2、Q_1、Q_2

7.2.3 绝对标高的引测

（1）在新区建新房而周围地段无标高依据可找时，应从远处水准基点引测新建房屋 ±0.000 的绝对标高值。

提示：

其引测方法与步骤，详见第1章实用建筑施工测量绝对标高的引测内容。

（2）在建筑群增建房屋时，其标高

±0.000所用的绝对标高值可参照原有建筑的±0.000标高来确定。

7.2.4 基础放线

（1）基础挖土前必须将每道墙的基槽外框线放出来，撒上白灰，使挖土工人有目标的进行施工。

（2）放线步骤：

1）先从控制桩 M_2（或中心桩 M）向 R_2 方向拉通小线，拉紧小线后将线挂在桩心小钉上，并将线在桩上绕几圈以防松脱（见图7-5）。

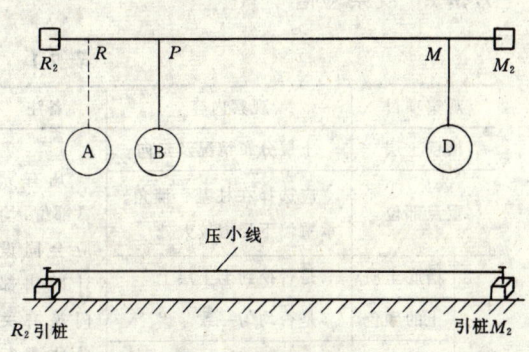

图 7-5 拉通小线

2）拉好通线后，由 M_2 点这个控制桩顺小线向 R_2 方向量尺寸，根据图上轴线的距离，定出各轴线的中心桩（见图7-6）。

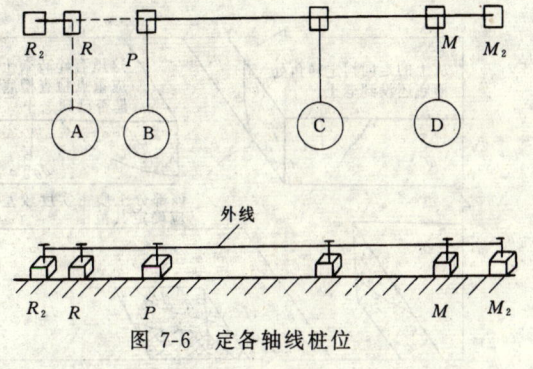

图 7-6 定各轴线桩位

3）定 Ⓒ、Ⓑ 轴线桩的方法，先从 M 点量第一个轴线间尺寸（2500）→将一个木桩在该处打下去→根据轴线间距拉钢尺量尺寸→在桩上划一铅笔痕→铅笔痕与小线相交点即为 Ⓒ 轴桩的中心→以此类推，根据轴线间距（3600）定出 Ⓑ 轴线桩的中心→至此，

定完①轴线上各横轴在这一端的桩位。

4）在完成①轴线上各道横向轴线一端的桩点之后，再用上述方法定出④轴线上各横轴另一端的桩点。

5）用上述方法，分别在 Ⓐ、Ⓓ 轴线上定出②、③轴线的中心桩位。

6）当各条轴线的中心桩定完后，按照基槽宽度，由桩中心向两边各量出每边应有的尺寸，然后拉通小线，并在小线的位置上撒上白灰（见图7-7）。

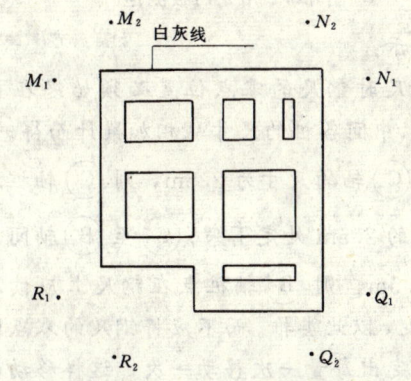

图 7-7 撒白灰线

7）在房屋四周和中间隔断墙的轴线两端基槽外约 2m 的安全处设置龙门板。并以龙门板的上边作为挖土深度的控制标高，龙门板上还应画出基础的中心线及基槽边线的位置（见图7-8、7-9）。

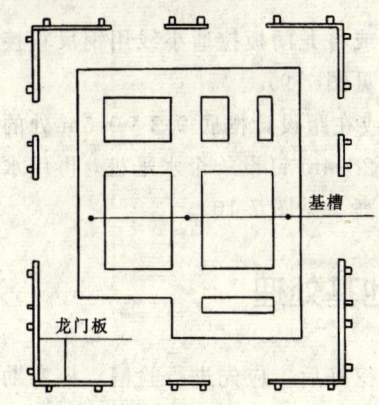

图 7-8 设置龙门板

145

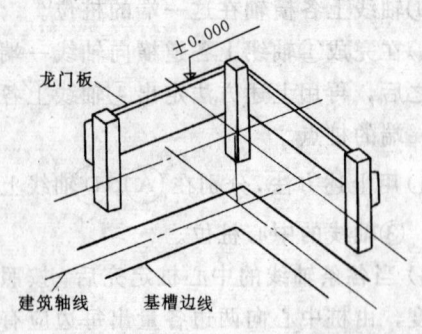

图 7-9　用龙门板测定

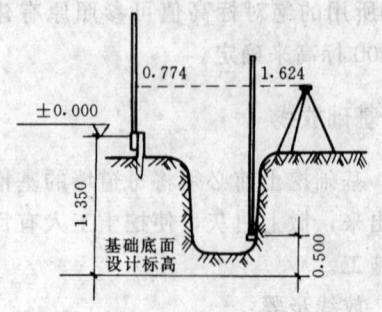

图 7-10　用水准仪测定

提示：

量尺时钢尺的零点位置必须始终在 M 点不动，中间各桩的尺寸从相加累计而得。如 Ⓓ 至 Ⓒ 轴的尺寸为 2.5m，则 Ⓒ 轴桩点在钢尺的 2.5m 处定下来；Ⓒ 至 Ⓑ 轴间尺寸为 3.5m，则 Ⓑ 轴桩点在钢尺上应读在 6.0m 处，以此类推。而不应将钢尺的零点随桩位的定出每量一次移动一次，这样移动的量取尺寸会造成误差增大，导致所量房屋的总尺寸增长或缩短。除了验线时可以只用一定尺寸验收两个桩间距离外，只有在钢尺全长已经量伸完了，而房屋总长还未量完时，才可移动一次钢尺的零点。这是应该切记的规定。

7.2.5　基槽开挖深度测定

（1）或将龙门板拉通小线用钢尺直接丈量测定（见图 7-9）。

（2）或在距设计槽底 0.3～0.5m 处的槽壁上，每 2～4m 钉设一个水平桩，再用水准仪测其标高（见图 7-10）。

7.3　地基处理

基槽挖好后，应先进行验槽，核实勘察资料是否与实际相符。如发现局部土质情况与设计不符（如松软、太硬、有坑、沟、穴等），则应针对它在建筑物的部位，作出恰当

的处理。

7.3.1　观察验槽

表 7-1

观察项目		观察内容	备注
槽壁土层		土层分布情况及走向	凡有异常部位，均应会同设计勘测部门等有关单位进行处理（见图 7-11）
重点部位		应选择在柱基、墙角、承重墙下受力较大处	
整个槽底	槽底土质	是否挖到老土层上	
	土的颜色	是否均匀一致	
	土的坚硬	是否坚硬一致，有否局部过松	
	土层行走	有没有局部含水量异常现象，行走是否有颤动	

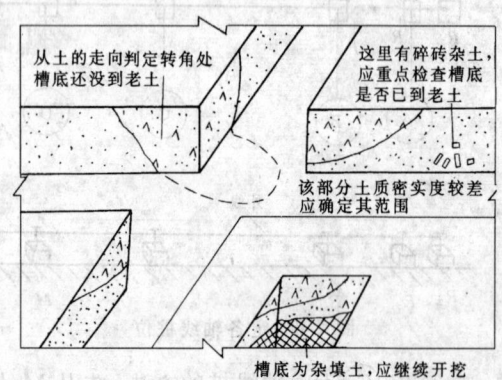

图 7-11　基槽土质变化情况示例

7.3.2　钎探

（1）钎探是查明基槽下有无软弱土层或孔穴，人工打钎是利用每打入一定深度的锤

146

击数来判断地下土质情况的一种简易方法（见图7-12）。

（2）当整栋建筑物钎探完成后，应对逐个探点进行分析研究，将锤击数显著过多或过少的钎孔进行检查。

（3）钢钎的规格和锤重（见表7-2）。

（4）钎孔布置和钎探深度（见表7-3）。

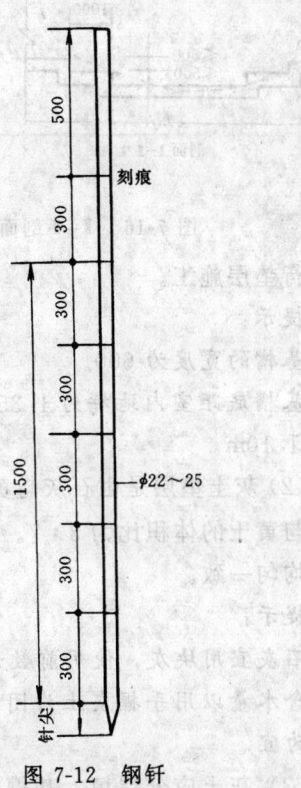

图 7-12 钢钎

表 7-2

钢钎的规格			锤重	备　注
直径 (mm)	长度 (m)	钎尖角度		1. 举锤离钎顶 50～70cm
			10 (kg)	2. 记录每打入土层30cm的锤击次数
22～25	1.8～2.0	60°		

表 7-3

槽宽	排列方式及图示		间距 (m)	钎探深度 (m)	备　注
小于80	中心一排	○ ○ ○ ○ ○	1.5	1.5	对于较软弱的新近沉积粘性土和人工杂填土的性质，钎探孔间距应不大于1.5m
80～200	两排错开	○○○○○○	1.5	1.5	
大于200	梅花形	○○○○○○	1.5	2.0	
柱基	梅花形	○○○○	1.5	≥1.5m 并不浅于短边宽度	

7.3.3 地基的局部处理

（1）松土坑的处理

1）坑的范围较小时，应将坑中虚土挖除至坑底和四周都见到老土为止，然后，用与老土压缩性相近的材料回填夯实（见图7-13、14）。

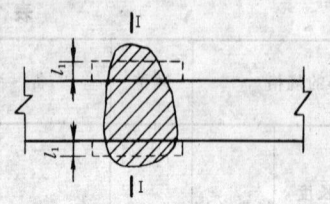

图 7-13 小松土坑的处理

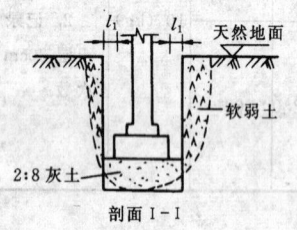

图 7-14 Ⅰ-Ⅰ剖面

2）坑在槽内所占的范围较大（长度在5m以上），且坑底土质与槽底相同时，可将坑范围的基础局部加深，用2∶8灰土做1∶2踏步与两端相接，踏步多少根据坑深而定（见图7-15、16）。

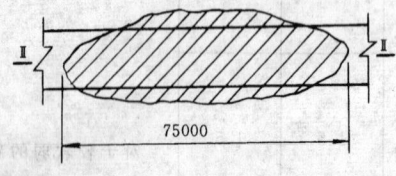

图 7-15 大松土坑的处理

（2）局部范围有硬土（或硬物）的处理：当基槽下发现有部分比其邻近地质坚硬得多的土质时，均应尽量挖除，以防止房屋产生较大的不均匀沉降，导致房屋开裂。

7.3.4 灰土垫层的施工

（1）土方挖完之后，应检查基槽挖土有无大小偏差，或与图纸不符之处。检查合格后才

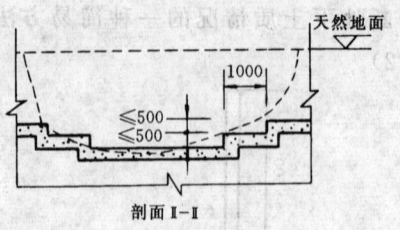

图 7-16 Ⅱ-Ⅱ剖面

能进行垫层施工。

提示：

基槽的宽度为600。

基槽底距室内地坪为1.35m；距室外地坪为1.10m。

（2）灰土垫层是由石灰与黄土拌和而成，石灰与黄土的体积比为3∶7。拌好的灰土颜色应均匀一致。

提示：

石灰宜用块灰，使用前数天浇水粉化含水量以用手握灰土为团，两手指轻捏即碎为宜。

（3）灰土应分层填入基槽，每层厚度以25cm左右为宜，每层填完后应及时用木夯或蛙式夯分层夯打，夯打遍数不少于4遍，直至灰土垫层厚度达300为止。人工打夯应一夯压半夯，夯夯相连，行行相连，纵横交叉。

提示：

夯打坚实的灰土声音清脆，并呈金属声。垫层夯打完后应找平，过高的应铲除，低的应补夯平整。

7.4 砌筑基础

基础砌筑工作是在垫层施工完毕前提下进行的。

7.4.1 准备工作

（1）清扫垫层表面，检查其是否符合质量要求，按龙门板的标志弹好基础中心线和基底边线。并在垫层转角处立好皮数杆（见图7-17）。

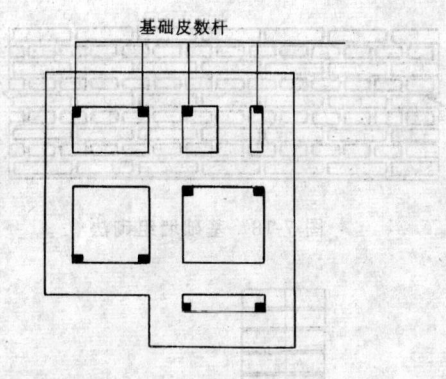

图 7-17　立基础皮数杆

（2）根据皮数杆最下面一层砖的标高，拉线检查基础垫层表面标高是否符合要求。如有偏差应对垫层进行找平，办好隐检手续。

提示：

水平灰缝≥20mm 时，应用细石混凝土找平；水平灰缝＜20mm 时，可通过逐层调整水平灰缝修正。

（3）熟悉基础平面图与基础剖面图，了解基础有关尺寸、具体做法以及其它设计要求。

提示：

查阅基础平面图以及 1-1 剖面图、2-2 剖面图。

（4）砖：采用强度等级为 MU 7.5 的粘土砖，砖的规格应一致，并有出厂证明或试验单。

（5）水泥：采用 325 号矿渣硅酸盐水泥或普通硅酸盐水泥。

（6）砂：中砂，并应过 5mm 孔径的筛。砂的含泥量不超过 10%，不得含有草根等杂物。

（7）水：使用自来水或清洁的天然水，如采用工业废水。矿泉水需经化验合格后才能使用。

（8）砂浆：采用由水泥、砂和水拌制的水泥砂浆。砂浆强度等级为 M 5.0。其配合比需经试验室确定。

（9）常温施工时，粘土砖必须在砌筑前一天浇水湿润，一般以水浸入四边 1.5cm 左右为宜。

（10）检查运输道路是否完好、畅通；基

槽土壁是否安全，上下有无踏步或梯子。槽内如有积水应及时排除。

（11）检查搅拌设备、计量器具是否完好；运输工具是否配备齐全、够用、完好。

（12）工日、材料需要量计划（见表 7-4）。

表 7-4

序号	材料名称	规格	需要量		备　注
			单位	数量	
1	粘土砖	240×115×53	块	6503	材料数量是预算定额数，下达限额用料时，需打 0.95 折扣。各地有所差异，视情况而定
2	水泥砂浆	M5	m³	3.02	
3	水泥	325 号	kg	586	
4	砂	中	kg	4681	
技工工日				5 工日	
普工工日				7 工日	

工料分析：

1. 工程量计算：

（1）外墙基础总长度为：

$(3.4+3.4+1.4+3.5+2.5) \times 2 = 28.4m$

（2）内墙基础总长度为：

$5.76+3.16+3.16+3.16+2.26 = 17.5m$

（3）宽度为 0.49m 两皮砖的工程量为：

$0.49 \times 0.12 \times (28.4+17.5) = 2.70$ （m³）

（4）宽度为 0.37m 一皮砖的工程量为：

$0.37 \times 0.06 \times (28.4+17.5) = 1.02$ （m³）

（5）宽度为 0.24m 高度为 0.8m 的工程量为：

$0.24 \times 0.8 \times (28.4+17.5) = 8.81$ （m³）

（6）基础总工程量为：

$2.7+1.02+8.81 = 12.53$ （m³）

2. 套定额计算用工用料

(1) 计算用工：套用 1985 年颁发的《全国建筑安装工程统一劳动定额》(江西省修订定额)，见附表 2。瓦工工日为：

12.53（m^3）×0.389 工日/m^3=4.87 工日

普工工日为：

12.53（m^3）×0.548 工日/m^3=6.87 工日

(2) 计算用料：套用《江西省建筑工程预算定额》，见附表 3。

用砖量为：

12.53（m^3）×519 块/m^3=6503（块）

用砂浆量为：

12.53（m^3）×0.241m^3/m^3=3.02（m^3）

7.4.2 作业条件

(1) 工具使用：砌筑前配备好各种常用工具和机具。

提示：

见第 2 章表 2-1 内容。

(2) 配制砂浆：

1) 砂浆的配合比采用重量比，并应经试验确定。水泥称量精确度控制在±2%以内，砂精确度控制在±5%以内。

提示：

M5 水泥砂浆每立方米材料用量为：水泥 194kg，砂 1550kg。

砌基础砂浆做一组试块（六块）即可。

2) 砂浆应采用机械拌合。先倒砂子、水泥、后倒水，拌合时间不得少于 1.5 分钟。

提示：

砂浆应随拌随用。水泥砂浆必须在拌成后 3 小时内使用完毕。

(3) 组砌形式：

1) 基础墙的组砌：采用满丁满条组砌法（一顺一丁组砌方式）(见图 7-18)。

2) 大放脚的组砌：采取间隔式大放脚，第一台阶两皮砖（宽 49cm），第二台阶一皮砖收进 60mm（宽 37cm），直至收到基础墙（见图 7-19）。

图 7-18　基础墙组砌法

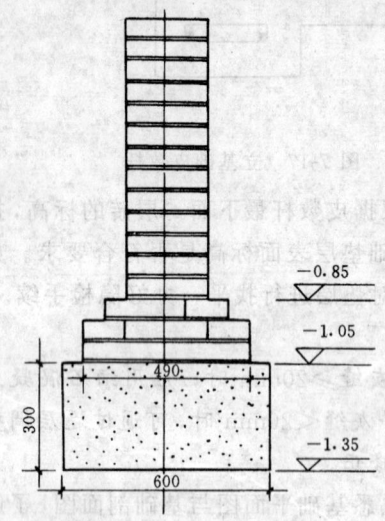

图 7-19　大放脚组砌法

(4) 摆砖撂底：

1) 基础大放脚采取一顺一丁组砌法摆砖。转角处应按规矩放七分头，使砖层错缝。收台尽量在丁砖层上面，即"退台压丁"(见图 7-20)。

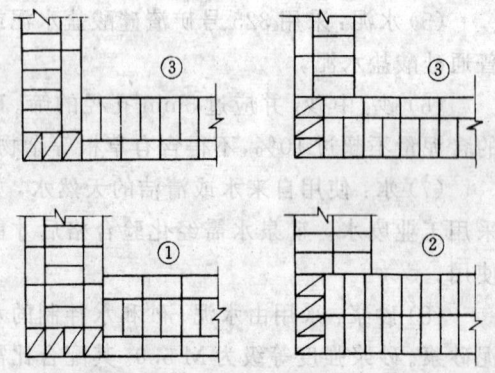

图 7-20　大放脚摆砖

2) 基础墙摆砖：先将角部七分头两块准确定位（跟顺砖走），然后按"山丁檐跑"的原则依次摆好砖（见图 7-21）。

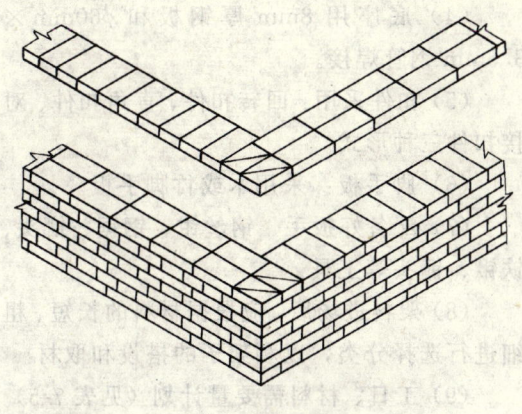

图 7-21 基础墙摆砖

7.4.3 基础砌筑

（1）大放脚砌筑：根据基础中心线和边线，在垫层转角处按组砌方法，选择较平直、方整的砖盘砌三皮大放脚。然后双面挂线将各道基础大放脚同时砌好。

提示：

收台阶时，必须用卷尺量准尺寸，不能用目测或砖块比量，以免出现偏差。

砌筑时，要对照皮数杆的砖层及标高大放脚的层数应与皮数杆相一致。

（2）基础墙砌筑：

1）基础大放脚砌毕后，要拉线检查轴线及边线，以保证基础墙身位置的正确（见图 7-22）。

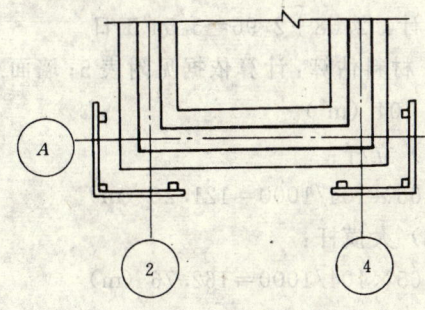

图 7-22 检查基础墙轴线

2）基础墙每次盘角不超过五皮砖，随盘随靠平吊直，以保证墙身横平竖直。然后拉准线砌中间墙。

提示：

先砌①、④、Ⓐ、Ⓓ 基础墙，后留斜槎砌②、③、Ⓑ、Ⓒ 轴线基础墙。

3）砌筑时，应随时检查盘角与皮数杆的相符情况，如与皮数杆有错位，可在灰缝中逐步调整（见图 7-23）。

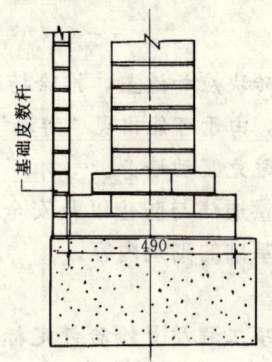

图 7-23 皮数杆检查

（3）做防潮层：

1）在基础墙全部砌到设计标高，回填土完成后应做基础防潮层。

提示：

基础墙砌到标高为 -0.06 时，做防潮层。

2）防潮层采用铺抹防水砂浆做法：抹前应将基础墙顶面清扫干净，浇水湿润，随即抹防水砂浆，厚度为 20mm。防水粉掺量约为水泥重量的 3%～5%。

提示：

铺抹防潮层时，先在基础墙顶侧面抄出水平标高线，用薄直木条夹在基础墙两侧（木条下边与水平标高线平齐），然后摊铺砂浆。表面做到平、实而不光滑。

（4）冬雨期施工措施：

1）冬期施工：砂浆宜采用普通硅酸性水泥拌制；砂中不得含有冰块和直径大于10mm 的冻结块；砖应清除冰霜，砖可以不浇水，但应增大砂浆的稠度。

提示：

砌砖如采用掺盐砂浆时，其掺盐量、材料加热温度等有关要求按掺盐砂浆法的规定执行。砂浆使用时温度不应低于 5℃。

每日砌筑后应在砌体表面覆盖保温材料。

2）雨期施工时，应防止基槽灌水和雨水冲刷砂浆，砂浆的稠度应适当减少，每日砌筑高度不宜超过 1.2m。收工时应覆盖砌体表面。

提示：

对进场砖块应加遮盖，排除场地积水。

砌筑时，由于可能出现"游墙"，应一次放砖到位，避免震动墙身。

（5）质量通病与防止以及安全操作内容见第五章砖基础的砌筑内容。

提示：

砌砖分项工程质量检验评定标准见附表1。

7.5 搭设脚手架

双排扣件式钢管脚手架在建筑工程中被得到广泛应用，因而本综合练习采用搭设该种脚手架，以强化训练。

7.5.1 准备工作

（1）清除搭设范围内的障碍物，平整场地、夯实基土，做好现场排水工作。

提示：

如土质不好，应在立杆下端加设垫板以防脚手架下沉。

（2）根据平房的平面尺寸、使用要求，确定脚手架的搭设形式及方案，并依照立杆距离，用石灰点出各根立杆的位置。

（3）立杆、大横杆、小横杆、剪刀撑等均采用外径 48mm，壁厚 3.5mm 的焊接钢管。

提示：

采用双排脚手架形式。立杆纵向间距为 1.5～2m，横向间距为 1.5m，里排立杆离墙面 0.5m。

大横杆的步距为 1.3m（最下一步为 1.8m）。

小横杆的间距为 1.0m。

（4）底座用 8mm 厚钢板和 ϕ60mm×3.5mm 钢管焊接。

（5）扣件采用：回转扣件、直角扣件、对接扣件三种形式。

（6）脚手板：采用木或竹脚手板。

（7）配备好扳手、钢丝钳、钢锯、锤头、铁锹、锄头等工具。

（8）架料进场后，应根据材料的长短、粗细进行选择分类，以利架子的搭设和取材。

（9）工日、材料需要量计划（见表 7-5）。

表 7-5

序号	材料名称	规　　格	需要量	
			单位	数量
1	立杆	采用外径 48mm 壁厚 3.5mm 的焊接钢管	m	121.3
2	大横杆		m	162.8
3	小横杆		m	93.3
4	剪刀撑		m	10.4
5	直角扣件		个	175
6	回转扣件		个	5
7	对接扣件		个	38
8	底座		个	11
技工工日			6 工日	

工日分析：

1. 计算用工：套用 1985 年颁发的《全国建筑安装工程统一劳动定额》（江西省修订定额）见附表 4。二步架：（9.54m＋10.94m）×0.126 工日/m＝2.58 工日三步架：（10.14m＋8.74m）×0.157 工日/m＝2.96 工日

总计：2.58＋2.96＝5.54 工日

2. 材料估算：计算依据见附表 5；墙面总面积为 104（m²）。

（1）立杆：

1166×104/1000＝121.26（m）

（2）大横杆：

1565×104/1000＝162.76（m）

（3）小横杆：

897×104/1000＝93.29（m）

（4）剪刀撑：

100×104/1000＝10.4（m）

（5）钢管合计：

121.26 ＋ 162.76 ＋ 93.29 ＋ 10.4 ＝

387.71（m）

（6）直角扣件：

1685×104/1000＝175（个）

（7）回转扣件：

40×104/1000＝5（个）

（8）对接扣件

361×104/1000＝38（个）

（9）底座：

106×104/1000＝11（个）

7.5.2 搭设法则、杆件连接

分别见第6章6.2.2搭设法则内容和6.2.3杆件连接内容。

提示：

不合格的架子构配件不能使用。

7.5.3 搭设方法

（1）定位和安铺垫板、底座：按脚手架的纵、横间距放线定位。垫板与底座安放时应平稳，不得悬空（见图7-24）。

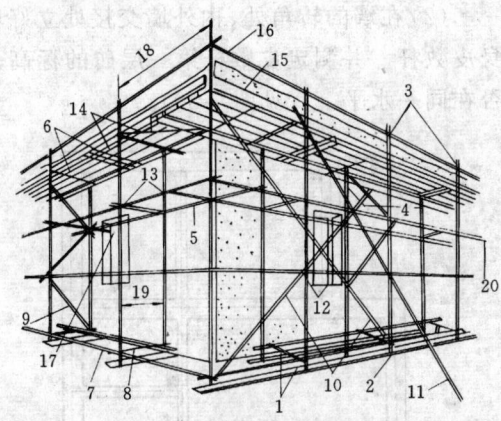

图 7-24 脚手架外形构造

1—垫板 2—底座 3—外立柱 4—内立柱
5—纵向水平杆 6—横向水平杆 7—纵向扫地杆
8—横向扫地杆 9—横向斜撑 10—剪刀撑
11—抛撑 12—旋转扣件 13—直角扣件
14—水平斜撑 15—挡脚板 16—防护栏杆
17—连墙固定件 18—柱距 19—排距
20—步距

（2）竖立杆和安放大小横杆，先竖墙两端立杆后竖中间立杆。竖立杆时，内外排的立杆同时竖起，并及时拿起大小横杆用直角扣件

与立杆连接扣住，绑上临时抛撑（见图7-25、26）。

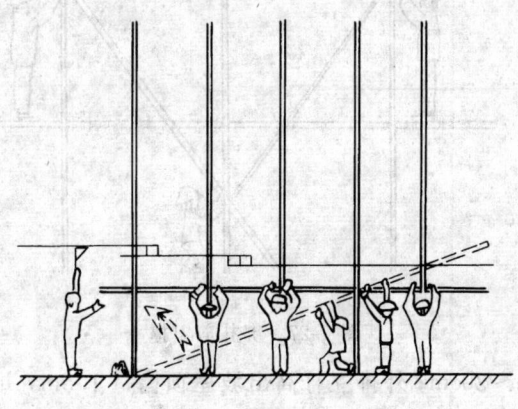

图 7-25 竖立杆搭大横杆

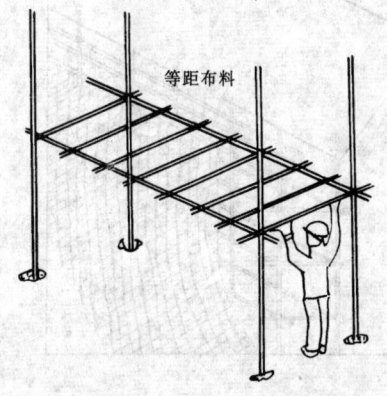

等距布料

图 7-26 搭设小横杆

提示：

需6～8人互相配合操作。

必须有一人负责校正立杆的垂直度和大横杆的平直度。

同一步大横杆必须四周交圈。

（3）绑扎剪刀撑：先将一钢管斜贴在架外侧立杆→用回转扣件分上中下分别与立杆连接→用另一根钢管交叉与小横杆扣紧→由下至上与脚手架同步绑扎（见图7-27）。

（4）铺脚手板：脚手板可直接铺在小横杆上并与杆件绑牢，搭接形式可采用对头铺或搭接铺。

提示：对头铺：板端下要有小横杆并离板端不大于15cm。搭接铺：搭接长度≥20cm。

（5）脚手架封顶：里排立杆低于檐口底15

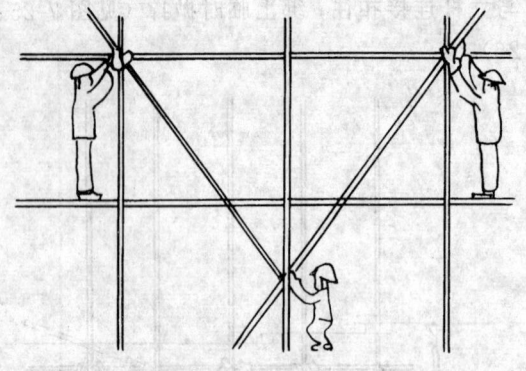

图 7-27　绑扎剪刀撑

~20cm；外排立杆高出坡屋顶檐口 1.5m，并绑扎两道护身栏杆、挡脚板（见图 7-28）。

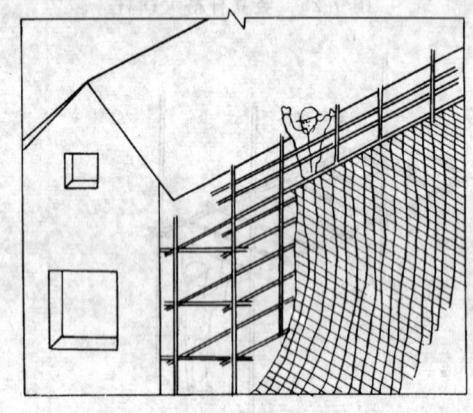

图 7-28　脚手架封顶

（6）马道搭设：采用"一"字形，宽度为 1.5m，坡度为 1：3.5（高：长）。马道两侧及拐弯平台的外围均应搭设栏杆与挡脚板。其它搭设方法同脚手架（见图 7-29）。

（7）Ⓒ、②、③轴线墙体砌筑时，搭设内脚手架。其方法见第 6 章 6.3 内脚手架的搭设内容。

7.5.4　拆除、质量要求与安全操作

内容见第 6 章相关内容。

7.6　砌筑墙体

墙体砌筑工作是在基础防潮层已做好且回填土完毕前提下进行的。

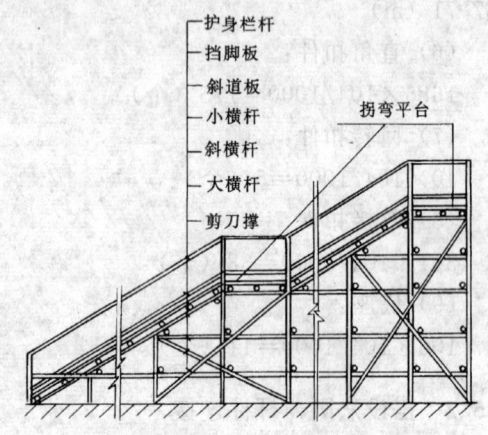

图 7-29　马道

7.6.1　准备工作

（1）复核基础中心线，弹好墙身轴线以及门窗洞口位置线。

提示：

弹线时还应检查基础防潮层有无损坏，如损坏应及时修补抹平。

（2）在墙的转角处、内外墙交接处立好墙身皮数杆。并测定皮数杆第一层砖的标高是否在同一水平上（见图 7-30）。

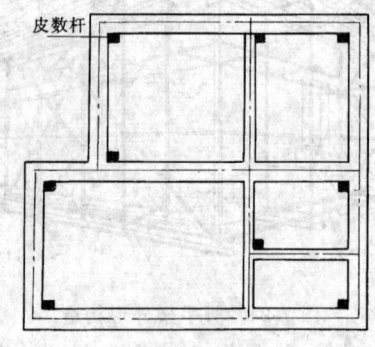

图 7-30　立皮数杆

（3）砖：采用强度等级为 MU7.5 的粘土砖，砖的规格应一致，颜色均匀，并有出厂合格证明或试验单。

（4）水泥：采用 325 号普通硅酸盐水泥或矿渣硅酸盐水泥。

（5）砂：中砂，并应过 5mm 孔径的筛。砂的含泥量不超过 10%，不得含有草根等杂物。

（6）掺合料：石灰膏熟化时间不少于 7 天。

（7）水：使用自来水或清洁的天然水，如采用工业废水、矿泉水需经化验合格后才能使用。

（8）砂浆：采用由水泥、石灰膏、砂和水拌制的水泥混合砂浆。砂浆标号为 M5，其配合比需经试验室确定。

（9）了解木、窗框的进场数量、规格。木砖应刷好防腐剂。

（10）常温施工时，粘土砖必须在砌筑前一天浇水湿润，一般以水浸入四边 1.5cm 左右为宜，含水率为 10%～15%。

（11）雨季不得使用含水率达到饱和状态的砖砌墙；冬期浇水有困难，则必须适当增大砂浆稠度。

（12）检查运输道路是否完好、畅通；了解脚手架安放架设情况。

（13）检查搅拌设备、计量器具是否完好；运输工具是否配备齐全、够用、完好。

（14）工日、材料需要量计划（见表 7-6）。

表 7-6

序号	材料名称	规格	需要量		备 注
			单位	数量	
1	粘土砖	240×115×53	块	16468	材料数量是预算定额数，下达限额用料时需打 0.95 折扣 各地有所差异，视情况而定
2	混合砂浆	M5	m³	7.23	
3	水泥	325 号	kg	1403	
4	石灰		kg	629	
5	砂	中	kg	11207	
	技工工日			21 工日	
	普工工日			23 工日	

工料分析：

1. 工程量计算：

（1）①轴线墙体：

$$(6 \times 3.3 + 6 \times 1.8 \times \frac{1}{2}) \times 0.24 = 6.05$$

(m^3)

（2）②轴线墙体：

$$5.76 \times 3.3 + 5.76 \times 1.8 \times \frac{1}{2} - 0.9 \times 2.1) \times 0.24 = 5.35 \ (m^2)$$

（3）③轴线墙体：

$$2.32 \times 3.49 \times 0.12 = 0.97 \ (m^3)$$

（4）④轴线墙体：

$$(6.0 \times 3.3 + 6.0 \times 1.8 \times \frac{1}{2}) \times 0.24 + 1.4 \times 2.8 \times 0.24 = 6.99 \ (m^3)$$

（5）Ⓐ轴线墙体：

$$(3.4 \times 2.5 - 1.6 \times 1.4) \times 0.24 = 1.50 \ (m^3)$$

（6）Ⓑ轴线墙体：

$$(3.4 \times 3.55 + 3.4 \times 1 - 1.6 \times 1.4) \times 0.24 = 3.18 \ (m^3)$$

（7）Ⓒ轴线墙体：

$$(3.16 \times 3.49 \times 2 - 0.9 \times 2.1 \times 3) \times 0.12 = 1.97 \ (m^3)$$

（8）Ⓓ轴线墙体：

$$(6.80 \times 3.55 - 1 \times 1.4 \times 3 - 0.7 \times 1.4) \times 0.24 = 4.55 \ (m^3)$$

（9）②轴线外墙体：

$$(1.4 \times 2.8 - 0.92 \times 2.55) \times 0.24 = 0.38 \ (m^3)$$

（10）墙体总工程量为：

$$6.05 + 5.35 + 0.97 + 6.99 + 1.5 + 3.18 + 1.97 + 4.55 + 0.38 = 30.94 \ (m^3)$$

2. 套定额计算用工用料：

（1）计算用工：套用 1985 年颁发的《全国建筑安装工程统一劳动定额》见附表 6.7 瓦工工日：22.65 (m^3) ×0.684 工日/m^3＋5.35 (m^3) ×0.483 工日/m^3＋2.94 (m^3) ×0.863 工日/m^3＝20.61 工日。普工工日：22.65 (m^3) ×0.75 工日/m^3＋5.35 (m^3) ×0.755 工日/m^3＋2.94 (m^3) ×0.726 工日/m^3＝23.172 工日。

（2）计算用料：套用《江西省建筑工程预

算定额》见附表3、6、8用砖量为：

22.65（m³）×530块/m³+5.35（m³）×528块/m³+2.94（m³）×554块/m³=16458（块）

用砂浆量为：

22.65（m³）×0.238m³/m³+5.35（m³）×0.234m³/m³+2.94（m³）×0.2m³/m³=7.23（m³）

7.6.2 作业条件

（1）工具使用：砌筑前配备好各种常用工具和机具。

提示：

见第2章表2-1内容。

（2）配制砂浆：

1）砂浆的配合比采用重量比，并应经试验确定。水泥称量精确度控制在±2%以内，砂、灰膏精确度控制在5%以内。

提示：

M5水泥混合砂浆每立方米材料用量为：水泥194kg，石灰87kg砂1550kg。

砌墙体砂浆每250m³砌体做一组试块（六块）即可。

2）砂浆应采用机械拌合。先倒砂子、水泥、石灰、后倒水，拌合时间不得少于1.5分钟。

提示：

砂浆应随拌随用水泥混合砂浆必须在拌成后4小时内使用完毕。如气温超过30℃，必须在拌成后3小时内使用完毕。

（3）供料：砖的摆放位置应准确，砖堆角部的砖要交叉摆放。其数量供应较准确，避免二次搬运。供灰时，力争做到适时、适湿、适量。

提示：

适时：供灰不能过早、过迟。

适湿：砂浆应有合格的流动性。

适量：放入灰槽的砂浆不能过多。

（4）布料：将浇好的砖与灰槽布置在距离所砌位置50cm为宜；灰槽间距以150cm为宜（见图7-31）。

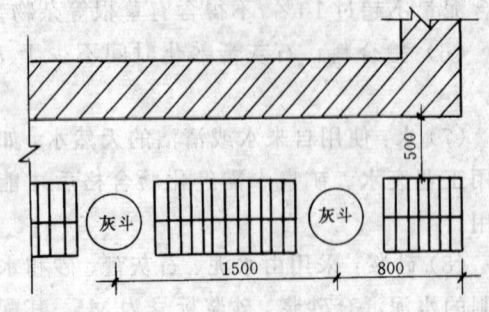

图 7-31 布料

7.6.3 组砌与摆砖摆底

（1）24cm厚实心墙的组砌、摆砖与接头：

1）采用一顺一丁组砌法：由一皮顺砖一皮丁砖间隔组砌而成。上下顺砖对齐，上下皮竖缝相互错开1/4砖长（见图7-32）。

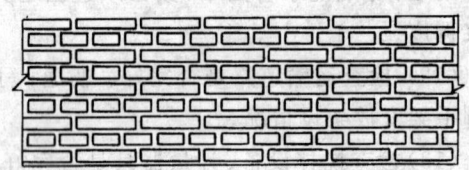

图 7-32 一顺一丁

2）摆砖：第一皮砖①、②、④轴线墙摆丁砖；Ⓐ、Ⓑ、Ⓓ轴线墙摆顺砖。顺砖层角部应用两块七分头准确定位，然后按"山丁檐跑"的原则依次摆好砖（见图7-33）。

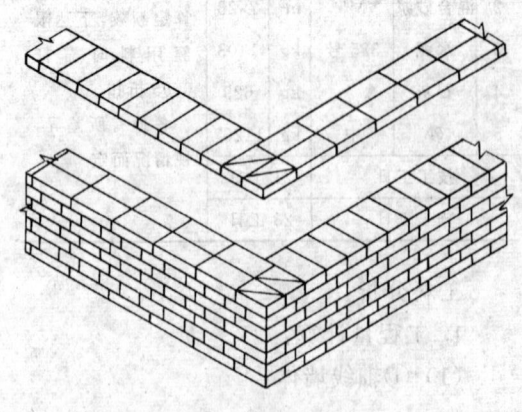

图 7-33 摆砖（24cm厚砖）

3) 丁字墙接头；顺砖层相交时，内角相交处竖缝应错开1/4砖长；丁砖层相交时，在横墙端头加砌七分头（见图7-34）。

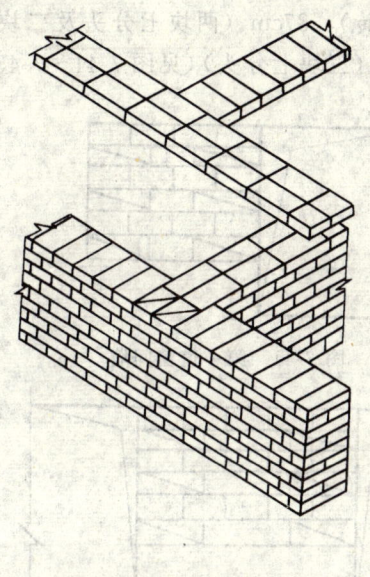

图7-34 丁字墙接头

（2）12cm厚实心墙的组砌、摆砖与接头：

1) 采用条砌法组砌：每皮砖全部用顺砖砌筑，上下皮竖缝相互错开1/2砖长（见图7-35）。

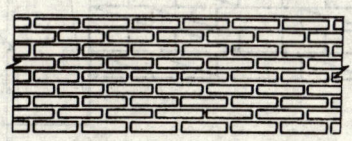

图7-35 条砌法组砌

2) 摆砖、角部用一整砖定位，然后依次把顺砖摆好（见图7-36）。

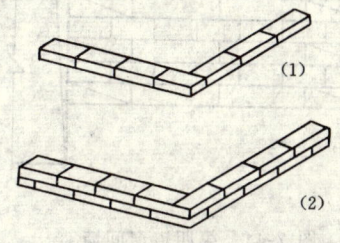

图7-36 摆砖（12cm厚砖）

3) 丁字墙接头；第一皮砖紧靠横墙砖中间接排，第二皮砖伸进横墙，且两边用两块七分头错缝，依此往上接摆砖（见图7-37）。

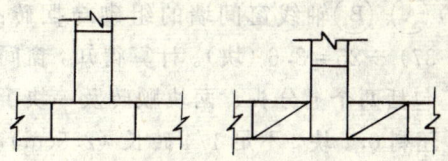

图7-37 12墙接12墙

（3）12墙接24墙：与顺砖层连接时，12墙中心线对准顺砖竖缝接排。与丁砖层连接时，12墙伸进24墙1/2砖长，顶头用一块半砖错缝，依次往上接摆砖（见图7-38）。

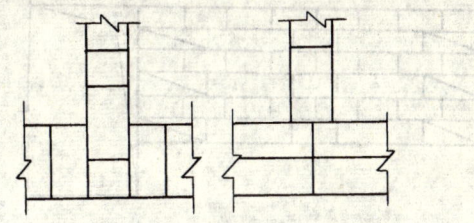

图7-38 12墙接24墙

（4）门窗间墙的组砌与摆砖：根据弹好的门窗洞口位置线，认真核对门窗间墙的长度尺寸是否符合砖的模数（砖的模数为6cm）。如不合模数时，可将门窗口的位置左右移动6cm以下。

1) 摆砖时必须有个全盘考虑，甩窗口后砌顺砖，窗角上是七分头是好活。

2) 顺砖层中不出现整砖和半砖（七分头除外）以外的非整砖时，丁砖层便恰好排开，只要将丁砖压在顺砖中间及对头处即可。故只需计算顺砖层。

提示：

门窗间墙符合摆砖尺寸的计算方法：

顺砖层（块）=（门窗垛长度－两个七分头长度）÷25cm

丁砖数（块）=（门窗垛长度－1cm）÷12.5cm

式中：12.5cm是丁砖宽度加上一个立缝；减去1cm是最后一块砖已砌到头，少一个立缝；25cm是顺砖长度加上一个立缝；两个七分头长度按37cm计算（加上了一个立缝）。

门窗口的尺寸是由设计部门确定的，是固定数值。所以不能随意加大、减少其尺寸。

3) Ⓐ、Ⓑ轴线窗间墙的组砌与摆砖：
(102−37)÷25＝2.6（块）。计算得知，窗间墙除了包括两个七分头、两块顺砖及一块丁砖外，还剩0.1块，不足1/4砖长（2.5cm），应将窗位置向左或右移2.5cm。即窗的一边尺寸为99.5cm（两块七分头、两块顺砖及一块丁砖），另一边尺寸为104.5cm（三块七分头、两块顺砖，其中一块七分头打短1.5cm不影响外观质量）（见图7-39、40）

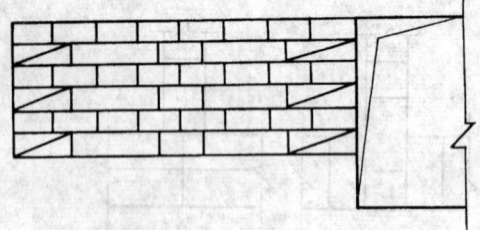

图7-39　窗间墙（99.5cm）摆砖

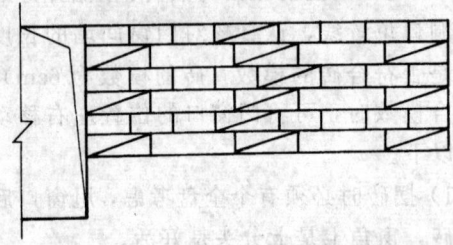

图7-40　窗间墙（104.5cm）摆砖

4) Ⓓ轴线窗间墙的组砌与摆砖：

第一道窗间墙计算：(52−37)÷25＝0.6（块）

第二道窗间墙计算：(60−37)÷25＝0.92（块）

第三道窗间墙计算：(80−37)÷25＝1.72（块）

第四道窗间墙计算：(92−37)÷25＝2.2（块）

第五道窗间墙计算：(50−37)÷25＝0.52（块）

根据计算结果，综合分析将第一扇窗位置左移2.5cm，第四扇窗位置左移5cm，即得

最佳组砌摆砖形式，窗间墙尺寸依次变为49.5cm（两块七分头及一块丁砖）、62.5cm（两块七分头及一块顺砖）、80cm（三块七分头及一块顺砖）、87cm（两块七分头及二块顺砖）、55cm（三块七分头）（见图7-41～7-45）。

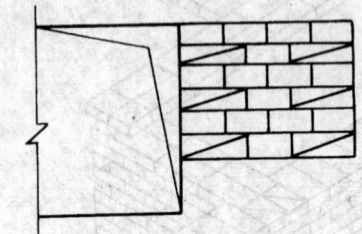

图7-41　第一道窗间墙

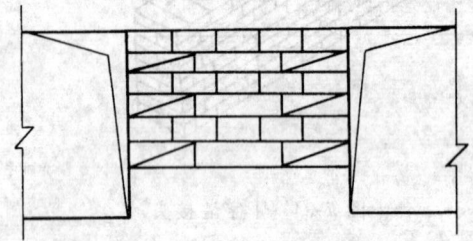

图7-42　第二道窗间墙

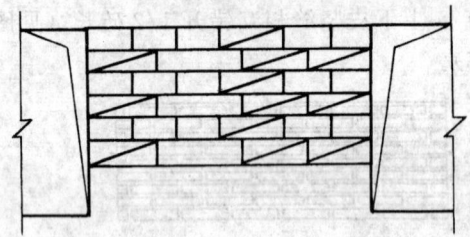

图7-43　第三道窗间墙

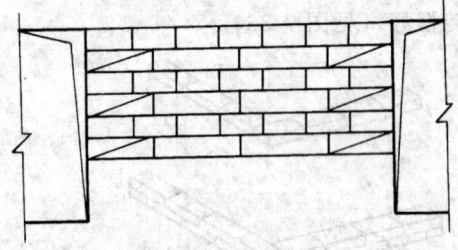

图7-44　第四道窗间墙

(5) 窗口下部位砖墙组砌与摆砖：

1) 窗口以下摆砖计算方法：

窗口下顺砖数（块）＝（窗宽度−13.5）÷25

158

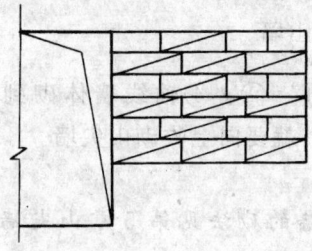

图 7-45　第五道窗间墙

提示：

式中 13.5cm 是两块 1/4 砖的长度。因窗口以上需打制七分头，窗口以下不打制七分头，但应将多余的 1/4 砖砌到窗下。

2) 160cm 宽窗口下组砌与摆砖：(160－13.5)÷25＝5.86（块），摆四块顺砖、一块七分头及两块丁砖，剩余的 0.75cm 均匀到窗下的 8 个立缝中（见图 7-46）。

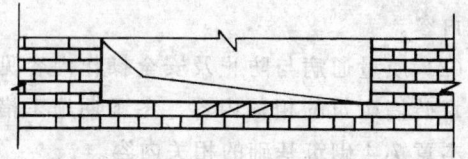

图 7-46　1.6m 宽窗口下摆砖

3) 100cm 宽窗口下组砌与摆砖：(100－13.5)÷25＝3.46（块），摆两块顺砖，两块七分头，其中一块七分头打短 1cm（见图 7-47）。

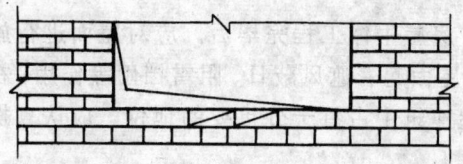

图 7-47　1m 宽窗口下摆砖

4) 70cm 宽窗口下组砌与摆砖：(70－13.5)÷25＝2.26（块），摆一块顺砖，一块七分头、一块丁砖（见图 7-48）。

7.6.4　砖墙砌筑

（1）盘角：

1) 盘角处 1m 范围内，按组砌方法挑选

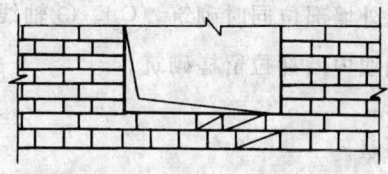

图 7-48　0.7cm 宽窗口下摆砖

平直、方整的砖（七分头一定要棱角方正，打制尺寸正确），先砌 3～5 皮砖。

提示：

盘角时要仔细对照皮数杆的砖层和标高，控制好灰缝大小，使水平灰缝均匀一致。有偏差应及时修整。

2) 随着盘角不断上砌，要不断用线锤、托线板检查其垂直度，用方尺检查其方正度。纵、横、竖直方向均应成直角、相互垂直。

提示：

五皮砖盘砌后，两端拉通线检查砖墙槎口处砖是否有抬头和低头的现象。再核对砖的皮数，不能出现错层。

（2）挂线：两端盘角砌毕后，挂准线砌中间墙。外墙朝室外挂准线；内墙根据需要另选一侧挂准线。

提示：

挂线的方法、要求见第 3 章挂准线内容。

（3）砌砖：

1) 砌顺砖时要依据"上跟线，下跟棱，左右相邻要对平"法则，将砖摆平。

2) 砌丁砖时，身体稍外探，用眼睛穿看墙面丁砖面的侧边，使其与下面已砌好的丁砖面对齐，避免"游丁走缝"。

提示：

上灰要准，铺（刷）灰要活。

砖要放平。里手高，墙面就要张；里手低，墙面就要背。

要认真进行自检，如出现有偏差，应随时纠正，严禁事后砸墙。

盘角、挂线、砌中间墙身三者循序向上砌筑。

（4）留槎：①、④、Ⓐ、Ⓑ、Ⓓ轴线墙体

及②轴线外墙部位同时砌筑,ⓒ、③轴线墙体及②轴线内墙部位留槎砌筑。

提示:

留斜槎。

留槎与接槎的有关要求、方法见第3章墙体之间的连接内容。

7.6.5　门窗洞口处的砌筑

(1)立门框:根据划线,在地坪面上将 M_1、M_2、M_3、M_4 门框立起,并用临时支撑撑住。立框时,应注意门扇的开关方向。

提示:

用线锤或靠尺板校正门框的垂直度;检查门框标高是否正确;用水平尺检查其冒头是否呈水平。

(2)砌门间墙:砌筑时,须将砖与框相距1cm左右,不要与门框挤得太近或太紧造成门框变形。

提示:

门间墙的砌筑程序与要领见第5章门间墙砌筑内容。

(3)砌清水窗台:当 C_1、C_2、C_3 处墙体砌到离室内地坪13皮砖时,应砌筑窗台(先砌窗台后砌窗间墙)。

提示:

清水窗台的尺寸要求,砌筑方法与要领见第5章窗台砌筑内容。

(4)砌窗间墙:窗台砌完后,先立窗 C_1、C_2、C_3 窗框(其方法同立门框),后按窗间墙组砌方法砌砖。

提示:

窗间墙砌筑的方法、要领见第5章窗间墙砌筑内容。

(5)砌拱碹:除 Ⓐ 轴线窗 C_1、门 M 外,其它门窗均采用钢筋砖过梁,其具体做法见第5章钢筋砖过梁砌筑内容。

提示:

Ⓐ 轴线窗 C_1、门 M_1 借助走廊现浇钢筋混凝土梁板做过梁。具体要求见房屋剖面图。

7.6.6　砌山墙

(1)①、②、④轴线墙体砌到标高为3.30m时,就要向上收砌山尖墙。

提示:

山尖墙的砌法见第5章山尖墙砌筑内容。

(2)待山尖墙砌毕、搁置桁条后,即可封山。采取平封山形式。

提示:

封山的砌法见第5章封山砌筑内容。

7.6.7　其它操作

(1)墙面勾缝:外墙砌完后应对墙面进行修整及勾缝。具体操作采用加浆勾凹缝。

提示:

外墙勾缝操作要求见第5章5.5.8墙面勾缝内容。

(2)质量通病与防止及安全操作内容见第5章砖墙砌筑的相关内容。冬雨期施工措施见本章7.4砌筑基础的相关内容。

提示:

砌砖分项工程质量检验评定标准见附表1。

7.7　坡屋面的铺瓦

房屋主体工程完毕后,应对屋面进行施工。屋面起着遮风蔽日、阻雪挡雨等作用,在房屋建筑中占有十分重要的地位,应认真操作。

7.7.1　准备工作

(1)平瓦:尺寸为(400mm×240mm)～(360mm×220mm),有四个瓦爪,表面应光滑平整,不得翘曲、变形和开裂(见图7-49)。

(2)脊瓦:用于铺盖坡顶屋面的屋背脊。尺寸为400mm×250mm,有三角形断面和半圆形断面两种形式。每米长约铺3～4张(见图7-50)。

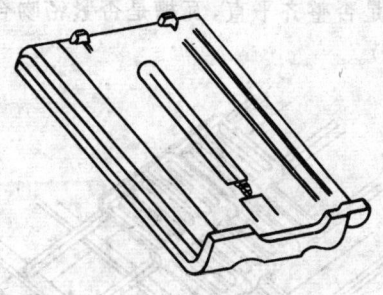

图 7-49 平瓦

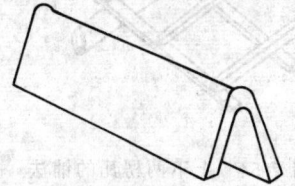

图 7-50 脊瓦

（3）检查基层：检查油毡防水层是否平整，有无破损、搭接长度是否符合要求，挂瓦条是否钉牢、间距是否正确。

提示：

瓦条间距应用平瓦试挂的方法检查。

檐口挂瓦条应满足檐瓦出檐 5～7cm 的要求。

（4）选瓦，凡缺边、掉角、裂缝、砂眼、翘曲不平和缺少瓦爪的瓦不得使用。

提示：

瓦的质量如不符合要求，房面易漏水，挂瓦前应认真选瓦。

（5）瓦的运输：利用垂直运输工具将瓦运至屋面标高，然后分散到檐口各处堆放在脚手架上。

提示：

向屋顶运瓦时，主要靠人力运输。其传递方法以每次传递两块平瓦为宜。

（6）瓦的堆放：两坡应同时堆放，不可单坡受重造成屋架变形。其方法有两种：

1）"一步九块瓦"法：将瓦一罗九块均匀的摆在屋面上，横方向每罗相隔两块瓦的宽度，竖方向每罗相隔两根瓦条，呈梅花状放置（见图 7-51）。

2）"一铺四"法：每四根瓦条堆一行，开

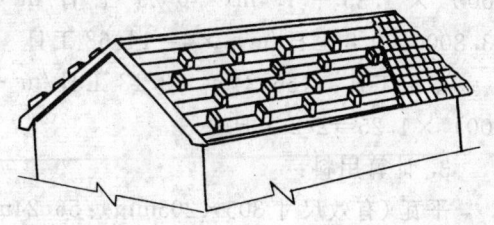

图 7-51 "一步九块瓦"法

始先平摆 5～6 张瓦作为靠山，以后侧摆。运至屋面时从右边叠至左边，到终端应留有操作余地（见图 7-52）。

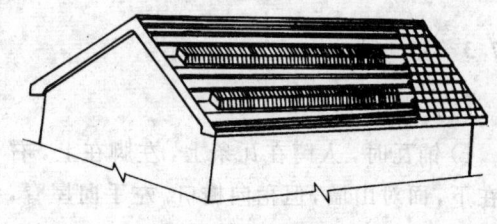

图 7-52 "一铺四"法

7.7.2 工日、材料需要量

（1）工日、材料需要量计划（见表 7-7）。

表 7-7

序号	材料名称	规 格	需要量	
			单位	数量
1	平瓦	有效尺寸 305mm ×205mm	块	922
2	脊瓦	有效尺寸 320mm	块	20
3	水泥砂浆	M 5.0	m³	0.05
技工工日				15
普工工日				2

（2）计算用工是套用 1985 年颁发的《全国建筑安装工程统一劳动定额》（江西省修订定额）。计算用料是套用《江西省建筑工程预算定额》。分见附表 9、10。

工料分析：

1. 工程量计算（铺瓦面积）：$3.8 \times 7.4 \times 2 = 56.24 \text{m}^2$

2. 计算用工：

技工工日：（$56.24 \text{m}^2 \times 0.952$ 工日/$\text{m}^2 \div$

161

100）×1.25＋7.4m×0.25 工日/m＋
（3.8000×0.8 工日/m）×4＝14.68 工日

　　普工工日：（56.24m²×3.13 工日/m²÷
100）×1.25＝2.2 工日

　　3．计算用料：

　　平瓦（有效尺寸 305×205mm）：56.24m²
×16.39 块/m²＝922 块

　　脊瓦（有效尺寸 320mm）；

　　56.24（m²）×0.3523 块/m²＝20 块

　　水泥砂浆：56.24m²×0.09/m³/m²÷100
＝0.05m³

7.7.3　屋面铺瓦

　　（1）铺瓦

　　1）铺瓦时，人蹲在瓦条上，左脚在上，右
脚在下，面对山墙，但稍向檐口。左手向屋脊，
右手朝檐口，从左边铺到右边，从檐口铺到屋
脊（见图 7-53）。

图 7-53　铺瓦姿式

　　2）操作时矩形屋面的瓦应与屋檐保持垂
直，可以间隔一定距离弹好垂直线加以控制。
檐口必须以第一块瓦出檐 6cm 拉道线操作。

　　提示：

　　檐口瓦宜用铁丝和檐口挂瓦条拴牢，瓦
与瓦之间应落槽挤紧，不能空搁，瓦爪必须勾
住挂瓦条，瓦头要平直整齐。

　　3）上下两楞瓦应错开半张，使上行瓦的
沟槽在下行瓦当中，以防漏水。铺完一段应检

查瓦口是否整齐平直，瓦槽是否紧密吻合（见
图 7-54）。

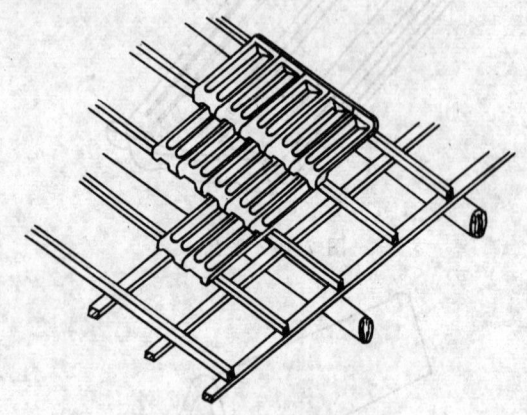

图 7-54　上下两楞瓦的铺法

　　4）一人铺出一段距离，给后续创造了工
作条件，接着后面就可向上向右铺开同时操
作（见图 7-55）。

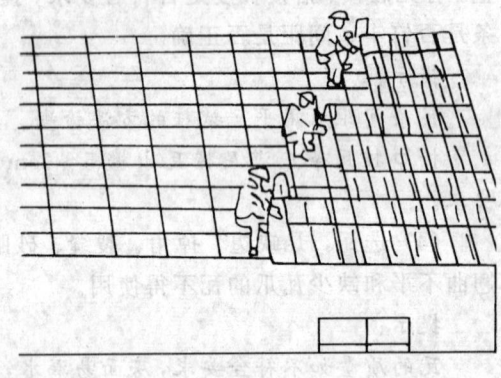

图 7-55　三人同时铺瓦

　　（2）做脊：铺瓦完成后，应在屋脊处铺盖
脊瓦。先在屋脊两端各稳上一块脊瓦，拉好通
线，然后在两坡屋面脊第一楞瓦口上铺上水
泥石灰砂浆，宽约 5～8cm，依次把脊瓦放上，
依照通线用手撖压窝平。

　　提示：

　　操作时一人铺灰一人盖瓦，每坡一人清
理，以一端铺至另一端。铺好后用水泥麻刀灰
将脊瓦之间缝及脊瓦与平瓦搭接缝嵌实。

　　脊瓦盖住平瓦的搭接边必须大于 4cm。

　　（3）山墙处泛水的做法：以封檩板为准拉
好通线，然后以一块整瓦隔一块半瓦依通线

相间铺设,最后在山墙边压一行条砖并用1：2.5水泥砂浆粉抹出披水线即可（见图7-56）。

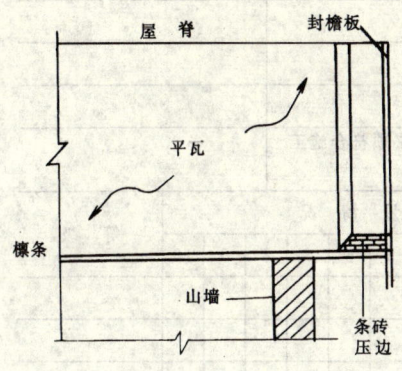

图 7-56 山墙处做法

7.7.4 质量标准

（1）保证项目（见表7-8）。

表 7-8

保证项目	规 定
1. 瓦的质量必须符合设计要求	按图纸要求
2. 大风和地震地区的平瓦屋面以及坡度超过30°的屋面、冷摊瓦屋面,必须用镀锌铁丝将瓦与挂瓦条拴牢	按图纸要求

（2）基本项目（见表7-9）。

表 7-9

优良要求	合格要求
1. 平瓦铺设时,挂瓦条分档均匀,钉钉平整、牢固、瓦面平整、行列整齐、搭接严密、檐口平直为优良	平瓦铺设时,挂瓦条分档均匀、铺钉牢固,瓦面基本整齐为合格
2. 铺屋脊和斜脊时,脊瓦搭盖正确、间距均匀、封固严密;屋脊和斜脊平直,无起伏现象为优良	铺屋脊和斜脊时,脊瓦搭盖正确、封固严密、屋脊和斜脊顺直为合格
3. 做天沟、斜沟、檐沟、泛水时,其做法符合施工规范规定、平直整齐、结合严密、无渗漏为优良	做天沟、斜沟、檐沟、泛水时,其做法基本符合施工规范规定,结合严密、无渗漏为合格

（3）允许偏差项目（见表7-10）。

表 7-10

1. 脊瓦和坡瓦的搭接长度≥40mm	3. 瓦头挑出檐口长度为50～70mm
2. 天沟、斜沟、檐沟铁皮伸入瓦片下长度≥150mm	4. 突出屋面的墙或烟囱的侧面瓦伸入泛水的长度≥50mm

7.7.5 质量通病与防止

质量通病与防止表 表 7-11

屋面渗漏原因:瓦片挑选不严,混进了有砂眼和裂缝的瓦片;铺瓦时挤得不紧密;瓦铺好后,在瓦面行走踩坏了瓦片	防止措施:要对瓦片严格挑选;不得以在瓦上行走时,一定要轻踩在瓦头上,不要踩在瓦中间
瓦面不平原因:混进了翘曲的瓦片;瓦与瓦之间没有挤紧	防止措施:一面铺一面检查,发现问题及时纠正

7.7.6 安全操作

（1）铺瓦时,檐口处必须搭设防护设施。顶层脚手面应在檐口下1.2～1.5m处,并满铺脚手板,外排立杆应绑设护身栏杆,并高出檐口1m。

提示：

护身栏杆设三道护栏并外挂安全网,第一道应高出脚手面50cm左右,以此往上再设二道。

（2）屋面材料必须均匀堆放,支垫平整,尤其两则坡屋面要对称布放。

提示：

屋架承重时,若不对称布放材料,可能引起因屋架受力不均而倒塌。

（3）在坡屋面上行走时应面向屋脊或斜向屋脊,以防滑倒。散碎瓦片及其它物品不得任意抛掷以免伤人。

提示：

冬期由于屋面和脚手架比较滑,应打扫霜雪,并增设防滑设施。

砌砖分项工程质量检验评定表

工程名称：　　　　　　　　　　　　　部位：

保证项目		项　　目	质量情况
	1	砖的品种、标号必须符合设计要求	
	2	砂浆品种符合设计要求，强度必须符合规定	
	3	实心砖砌体水平灰缝砂浆饱满度不小于80％	
	4	外墙转角处严禁留直槎，其他允许留置的临时间断处留槎的做法必须符合施工规范的规定	

基本项目		项　　目	质 量 情 况										等级
			1	2	3	4	5	6	7	8	9	10	
	1	砖砌体上下错缝											
	2	砖砌体接槎											
	3	预埋拉结筋											
	4	留置构造柱											
	5	清水墙面											

允许偏差项目		项　　目		允许偏差(mm)	实 测 值 （mm）									
					1	2	3	4	5	6	7	8	9	10
	1	轴线位置偏移		10										
	2	基础和墙砌体顶面标高		±15										
	3	垂直度	每层	5										
			全高 ≤10mm	10										
			全高 >10mm	20										
	4	表面平整度	清水墙、柱	5										
			混水墙、柱	8										
	5	水平灰缝平直度	清水墙	7										
			混水墙	10										
	6	水平灰缝厚度（10皮砖累计数）		±8										
	7	清水墙面游丁走缝		20										
	8	门窗洞口（后塞口）	宽　度	±5										
			门口高度	+15 −5										
	9	预留构造柱截面	宽　度	±10										
			深　度	±10										
	10	外墙上下窗口偏移		20										

检查结果	保证项目				
	基本项目	检查	项，其中优良	项，优良率	％
	允许偏差项目	实测	点，其中合格	点，合格率	％

评定等级	工程负责人： 工　　长： 班 组 长：	核定等级	质量检查员：

年　　月　　日

工作内容：包括清理地槽：砌垛、角，抹防潮层砂浆等

单位：mm³

项 目	厚 度			序号
	1 砖	1.5 砖	2 砖及 2 砖以处	
综 合	$\dfrac{0.935}{1.07}$	$\dfrac{0.901}{1.11}$	$\dfrac{0.877}{1.14}$	一
砌 砖	$\dfrac{0.389}{2.57}$	$\dfrac{0.353}{2.83}$	$\dfrac{0.325}{3.08}$	二
运 输	$\dfrac{0.45}{2.22}$	$\dfrac{0.45}{2.22}$	$\dfrac{0.45}{2.22}$	三
调制砂浆	$\dfrac{0.098}{10.2}$	$\dfrac{0.102}{9.79}$	$\dfrac{0.102}{9.79}$	四
编 号	1	2	3	

附注：1. 垫层以上防潮层以下为基础（无防潮层者按室内地坪区分），其厚度按防潮层处（或上口宽度）为准，围坪以自然地坪以下为基础。

2. 墙基无大放脚时，按相应混水内墙塔吊定额执行。

3. 基础地槽深度按室外地坪线以1.5m 以内为准，如超过者，按加工表加工。

工作内容：1. 调、运、铺砂浆，运、砌砖，基础包括清基槽。2. 砌窗台虎头砖、腰线、门窗套。

3. 砌拱或钢筋砖过梁。4. 立门、窗框，安放木砖、铁件。

单位：10m

定 额 编 号		单位	单位（元）	1	2	3	4	5	6
项 目				砖基础	内 墙				
					一砖以上	一砖	3/4 砖	1/2 砖	1/4 砖
基 价		元		508.02	$\dfrac{540.06}{531.83}$	$\dfrac{540.67}{532.18}$	$\dfrac{556.47}{543.78}$	$\dfrac{557.59}{545.15}$	$\dfrac{587.93}{570.65}$
其 中	人工费	元		28.54	$\dfrac{31.70}{35.23}$	$\dfrac{32.05}{35.64}$	$\dfrac{38.70}{42.05}$	$\dfrac{39.13}{42.73}$	$\dfrac{49.94}{54.74}$
	材料费	元		476.42	483.39	483.33	486.47	486.99	497.00
	机械使用费	元		3.06	$\dfrac{24.97}{13.21}$	$\dfrac{25.29}{13.21}$	$\dfrac{31.30}{15.26}$	$\dfrac{31.47}{15.43}$	$\dfrac{40.99}{18.91}$
人 工	砖瓦工	工日		9.31	$\dfrac{10.58}{12.05}$	$\dfrac{10.77}{12.27}$	$\dfrac{13.59}{14.99}$	$\dfrac{13.86}{15.36}$	$\dfrac{18.62}{20.69}$
	其他工	工日		3.78	$\dfrac{3.96}{4.11}$	$\dfrac{3.93}{4.08}$	$\dfrac{4.16}{4.30}$	$\dfrac{4.09}{4.24}$	$\dfrac{4.29}{4.42}$
	合 计	工日		13.09	$\dfrac{14.54}{16.16}$	$\dfrac{14.70}{16.35}$	$\dfrac{17.75}{19.29}$	$\dfrac{17.95}{19.60}$	$\dfrac{22.91}{25.11}$
	工资等级	级		3.2	3.2	3.2	3.2	3.2	3.2

定 额 编 号			1	2	3	4	5	6
项 目	单位	单位（元）	砖基础	内 墙				
				一砖以上	一砖	3/4 砖	1/2 砖	1/4 砖
材料 主体砂浆（混合砂浆 M2.5）	m³	37.67	2.41	2.36	2.24	2.10	2.00	1.24
附加砂浆（混合砂浆 M5）	m³	50.47	—	0.10	0.10	0.09	—	—
红（青）砖 240×115×53	千块	74.27	5.19	5.22	5.28	5.40	5.54	6.06
模板木材	m³	363.77	—	0.004	0.004	0.004	—	—
铁 钉	kg	1.88	—	0.06	0.06	0.06	—	—
水	m³	0.17	1.04	1.05	1.06	1.09	1.12	1.22
机械 砂浆搅拌机 200kg	台班	7.66	0.40	0.41	0.39	0.37	0.33	0.21
塔式起重机/卷扬机	台班	47.45 / 15.73	—	0.46 / 0.64	0.47 / 0.65	0.60 / 0.79	0.61 / 0.82	0.83 / 1.10

注：圆弧墙按相应项目每 10m² 砌体增加 3.9 级工 1.43 工日。

每 10 m 的 劳 动 定 额 附表 4

项 目	地 面 至 1 步					地 面 至 2 步					序号
	木		竹	金 属		木		竹	金 属		
	单排	双排	双排	单排	双排	单排	双排	双排	单排	双排	
综 合	0.477 / 2.1	0.719 / 1.39	0.781 / 1.28	0.699 / 1.43	0.979 / 1.02	0.643 / 1.56	0.937 / 1.07	1.28 / 0.779	0.917 / 1.09	1.26 / 0.794	一
绑 扎	0.267 / 4.84	0.393 / 2.54	0.513 / 1.95	0.373 / 2.68	0.588 / 1.7	0.244 / 4.09	0.461 / 2.17	0.781 / 1.28	0.441 / 2.27	0.699 / 1.43	二
铺翻板子	0.2 / 5		0.165 / 6.07	0.2 / 5		0.3 / 3.33		0.341 / 2.93	0.3 / 3.33		三
拆 除	0.07 / 14.3	0.126 / 7.93	0.103 / 9.69	0.126 / 7.94	0.189 / 5.29	0.098 / 10.2	0.176 / 5.68	0.156 / 6.39	0.176 / 5.68	0.264 / 3.79	四
编 号	1	2	3	4	5	6	7	8	9	10	

项 目	地 面 至 3 步					地 面 至 4 步					序号
	木		竹	金 属		木		竹	金 属		
	单排	双排	双排	单排	双排	单排	双排	双排	单排	双排	
综 合	0.817 / 1.22	1.18 / 0.847	2 / 0.5	1.15 / 0.87	1.57 / 0.637	1.09 / 0.917	1.6 / 0.625	2.5 / 0.4	1.56 / 0.641	2.15 / 0.465	一
绑 扎	0.29 / 3.45	0.552 / 1.81	1.29 / 0.773	0.521 / 1.92	0.825 / 1.21	0.4 / 2.5	0.758 / 1.32	1.6 / 0.625	0.719 / 1.39	1.14 / 0.877	二
铺翻板子	0.4 / 2.5		0.459 / 2.18	0.4 / 2.5		0.505 / 1.98		0.581 / 1.72	0.505 / 1.98		三
拆 除	0.127 / 7.89	0.289 / 4.37	0.251 / 3.99	0.229 / 4.37	0.344 / 2.91	0.185 / 5.41	0.333 / 3	0.318 / 3.14	0.333 / 3	0.5 / 2	四
编 号	11	12	13	14	15	16	17	18	19	20	

材料名称	单位	墙高 20m		墙高 10m	
		单排	双排	单排	双排
1. 钢管					
立杆	m	546	1092	583	1166
顺水杆	m	805	1560	834	1565
排木	m	924	882	998	897
剪刀撑	m	183	183	100	100
小计	m	2458	3717	2515	3728
钢管重量	t	9.44	14.27	9.66	14.32
2. 扣件					
直角扣件	个	908	1688	943	1685
回转扣件	个	75	75	40	40
对接扣件	个	206	404	189	361
底座	个	26	52	53	106
小计	个	1215	2219	1225	2193
扣件重量	t	1.63	2.98	1.65	2.97
3. 钢材用量	t	11.07	17.25	11.31	17.29

注：1. 脚手架构造：立杆纵向间距 2m，横向间距 1.5m（单排离墙面 1.4m），顺水杆间距 1.3m（最下一步 1.8m）。高 20m 者搭 15 步 25 跨，设剪刀撑 3 道，高 10m 者搭 7 步 52 跨，设剪刀撑 4 道。

2. 扣件每个重量：直角扣件为 1.25kg，回转扣件为 1.5kg，对接扣件为 1.6kg。

砖　墙　　　　　　　　　　　　　附表 6

工作内容：包括砌墙面艺术形式、墙垛、平碹及安装平碹模板，梁板头砌砖，梁板下塞砖，楼楞间砌砖，留楼梯踏步斜槽，留孔洞，砌各种凹进处，山墙汛水槽，安装木砖、铁件，安放 60kg 以内的预制混凝土门窗过梁，隔板、垫块以及调整立好后的门窗框等。

单位：1m³

项目		双面清水				单面清水					序号
		0.5 砖	1 砖	1.5 砖	2 砖及 2 砖以外	0.5 砖	0.75 砖	1 砖	1.5 砖	2 砖及 2 砖以外	
综合	塔吊	$\frac{1.59}{0.629}$	$\frac{1.29}{0.775}$	$\frac{1.22}{0.819}$	$\frac{1.14}{0.877}$	$\frac{1.54}{0.649}$	$\frac{1.5}{0.666}$	$\frac{1.25}{0.8}$	$\frac{1.16}{0.862}$	$\frac{1.09}{0.917}$	一
	机吊	$\frac{1.78}{0.562}$	$\frac{1.48}{0.676}$	$\frac{1.4}{0.714}$	$\frac{1.32}{0.758}$	$\frac{1.73}{0.578}$	$\frac{1.69}{0.592}$	$\frac{1.43}{0.699}$	$\frac{1.35}{0.741}$	$\frac{1.28}{0.781}$	二
砌砖		$\frac{1.05}{0.95}$	$\frac{0.725}{1.38}$	$\frac{0.649}{1.54}$	$\frac{0.568}{1.76}$	$\frac{1}{1}$	$\frac{0.952}{1.05}$	$\frac{0.684}{1.46}$	$\frac{0.592}{1.69}$	$\frac{0.521}{1.92}$	三
运输	塔吊	$\frac{0.457}{2.19}$	$\frac{0.465}{2.15}$	$\frac{0.465}{2.15}$	$\frac{0.465}{2.15}$	$\frac{0.457}{2.19}$	$\frac{0.461}{2.17}$	$\frac{0.465}{2.15}$	$\frac{0.465}{2.15}$	$\frac{0.465}{2.15}$	四
	机吊	$\frac{0.641}{1.56}$	$\frac{0.649}{1.54}$	$\frac{0.65}{1.54}$	$\frac{0.649}{1.54}$	$\frac{0.641}{1.56}$	$\frac{0.645}{1.55}$	$\frac{0.649}{1.54}$	$\frac{0.649}{1.54}$	$\frac{0.649}{1.54}$	五
调制砂浆		$\frac{0.085}{11.7}$	$\frac{0.101}{9.88}$	$\frac{0.106}{9.41}$	$\frac{0.107}{9.31}$	$\frac{0.085}{11.7}$	$\frac{0.089}{11.2}$	$\frac{0.101}{9.88}$	$\frac{0.106}{9.41}$	$\frac{0.107}{9.31}$	六
编　号		4	5	6	7	8	9	10	11	12	

项目		混水内墙 0.25砖	0.5砖	0.75砖	1砖	1.5砖及1.5砖以外	混水外墙 0.5砖	0.75砖	1砖	1.5砖	2砖及2砖以外	序号
综合	塔吊	2.19 / 0.457	1.4 / 0.714	1.37 / 0.735	1.05 / 0.952	1.02 / 0.98	1.52 / 0.658	1.46 / 0.685	1.11 / 0.9	1.06 / 0.943	1.03 / 0.971	一
	机吊	2.38 / 0.42	1.51 / 0.629	1.55 / 0.645	1.24 / 0.86	1.21 / 0.826	1.71 / 0.585	1.64 / 0.61	1.3 / 0.77	1.25 / 0.803	1.22 / 0.823	二
砌砖		1.62 / 0.618	0.863 / 1.16	0.813 / 1.23	0.483 / 2.07	0.448 / 2.23	0.98 / 1.02	0.917 / 1.09	0.549 / 1.82	0.49 / 2.04	0.457 / 2.19	三
运输	塔吊	0.481 / 2.08	0.457 / 2.19	0.461 / 2.17	0.465 / 2.15	0.465 / 2.15	0.457 / 2.19	0.461 / 2.17	0.465 / 2.15	0.465 / 2.15	0.465 / 2.15	四
	机吊	0.675 / 1.48	0.641 / 1.56	0.645 / 1.55	0.654 / 1.53	0.654 / 1.53	0.641 / 1.56	0.645 / 1.55	0.649 / 1.54	0.649 / 1.54	0.649 / 1.54	五
调制砂浆		0.085 / 11.7	0.085 / 11.7	0.089 / 11.2	0.106 / 9.88	0.106 / 9.41	0.085 / 11.7	0.085 / 11.7	0.106 / 9.88	0.106 / 9.41	0.107 / 9.31	六
编号		13	14	15	16	17	18	19	20	21	22	

工作内容：同前。　　　　　　　　　　　　　　　　　　　　　　单位：10m³

定额编号	单位	单价（元）	外墙 7 二砖及二砖以上	8 一砖半	9 一砖	10 3/4砖	11 1/2砖	柱 12 方形	13 圆形
基价	元		545.48 / 537.00	548.73 / 539.95	547.90 / 538.56	562.65 / 549.18	563.26 / 549.71	573.68 / 557.92	691.15 / 674.02
其中 人工费	元		32.46 / 36.06	33.75 / 37.37	35.27 / 38.80	41.22 / 44.58	41.79 / 45.24	45.55 / 49.33	47.63 / 51.47
材料费	元		487.90	488.98	486.32	488.71	488.50	490.50	603.22
机械使用费	元		25.12 / 13.04	26.00 / 13.60	26.31 / 13.44	32.72 / 15.89	32.97 / 15.97	37.63 / 18.09	40.30 / 19.33
人工 砖瓦工	工日		10.87 / 12.35	11.42 / 12.93	12.10 / 13.57	14.63 / 16.03	14.93 / 16.36	16.18 / 17.73	17.22 / 18.82
其他工	工日		4.02 / 4.19	4.06 / 4.21	4.08 / 4.23	4.28 / 4.42	4.24 / 4.39	4.43 / 4.59	4.63 / 4.79
合计	工日		14.89 / 16.54	15.48 / 17.14	16.18 / 17.80	18.91 / 20.45	19.17 / 20.75	20.61 / 22.32	21.85 / 23.61
工资等级	级		3.2	3.2	3.2	3.2	3.2	3.3	3.2
材料 主体砂浆（混合砂浆 M25）	m³	37.67	2.46	2.41	2.28	2.14	2.04	2.31	2.58
附加砂浆（混合砂浆 M5）	m³	50.47	0.10	0.10	0.10	0.09	—	—	—
红（青）砖 240×115×53	千块	74.27	5.23	5.27	5.30	5.41	5.54	5.43	6.81
模板木材	m³	363.77	0.004	0.004	0.004	0.004	—	—	—
铁钉	kg	1.88	0.06	0.06	0.06	0.06	—	—	—
水	米³	0.17	1.06	1.07	1.07	1.09	1.12	1.09	1.47
机械 砂浆搅拌机 200kg	台班	7.66	0.43	0.42	0.40	0.37	0.34	0.39	0.43
塔式起重机/卷扬机	台班	47.45 / 15.73	0.46 / 0.62	0.48 / 0.66	0.49 / 0.66	0.63 / 0.83	0.64 / 0.85	0.73 / 0.96	0.78 / 1.02

注：圆弧墙按相应项目每 10 米³ 砌体增加 3.9 级工 1.43 工日。

屋 面 挂 瓦

一、工作内容：包括解捆、选瓦、运瓦、铺瓦、烟囱根及墙头打瓦，调制红土和烟子及调运砂浆。

二、质量要求：铺瓦必须将瓦紧贴在瓦条或基层上，并要稳固好，各种均应与檐头或屋脊平行。

单位：100m²

项　　目	屋 面 挂 瓦		序　号
	有屋面板	无屋面板	
综　　合	$\dfrac{3.45}{0.29}$	$\dfrac{4.08}{0.245}$	一
挂　　瓦	$\dfrac{0.82}{1.22}$	$\dfrac{0.952}{1.05}$	二
调制砂浆、运输	$\dfrac{2.63}{0.38}$	$\dfrac{3.13}{0.319}$	三
编　　号	88	89	

附注　1. 挂瓦以陶土瓦、水泥瓦不穿铁丝、不钉钉子为准，如穿铁丝钉钉子者，每10m增加0.2工日。

2. 梢头抹灰每10m增加0.8工日（包括调制砂浆）。

3. 做脊、斜脊每10m增加0.25工日（包括调运砂浆）。

4. 斜脊、斜沟打瓦每10m增加0.35工日，锯瓦每10m增加0.5工日。

5. 屋面面积在200m²以内者，其时间定额乘以1.25。

瓦　屋　面

工作内容：1. 铺水泥瓦、粘土瓦或小青瓦（包括屋脊抹灰）。

2. 调制砂浆，安脊瓦或抹脊背。

3. 檩上铺钉石棉瓦，安脊瓦。

单位：100m²

定额编号					18	19	20
项　　目			单位	单价（元）	水泥瓦	粘土瓦	小青瓦
					在屋面板或椽子挂瓦条上铺设		椽子上铺设
基　　价			元		323.17	342.66	550.54
其中	人工费		元		10.70	10.70	23.70
	材料费		元		307.59	327.08	526.84
	机械使用费		元		4.88	4.88	—
人工	砖瓦工		工日		3.96	3.96	9.35
	其他工		工日		0.95	0.95	1.52
	合　计		工日		4.91	4.91	10.87
	工资等级		级		3.2	3.2	3.2
材料	水泥砂浆 1:2.5		m³	86.16	0.09	0.09	—
	石灰砂浆 1:2.5		m³	30.08	—	—	0.23
	水泥瓦有效尺寸 300×202mm		千块	173.65	1.691	—	—
	粘土瓦有效尺寸 305×205mm		千块	190.32	—	1.639	—
	小青瓦 175～190×165mm		千块	30.71	—	—	16.93
	水泥脊瓦有效长 400mm		块	0.22	28.20	—	—
	粘土脊瓦有效长 320mm		块	0.21	—	35.23	—
机械	卷扬机 1t 快速单筒（带塔）		台班	15.73	0.31	0.31	—

注：铺水泥瓦，粘土瓦需要穿铁丝钉钉子加固时，按每100块瓦增加20号镀锌铁丝0.141kg、铁钉0.1kg、人工3.2级0.21工日。

第 8 章　抹灰的基本操作

如何把抹灰材料（水泥、砂子、灰膏、纤维灰浆等），通过操作过程变成产品，必须学会掌握抹灰的基本操作技能。

8.1　抹灰工具的使用方法

8.1.1　抹子

铁抹子使用时，右手食指和中指夹住抹子桩，并用四指和大拇指紧握抹子把，但不能握的太死，使用时转腕改变角度，自然灵活。具体握法，如图 8-1 所示。

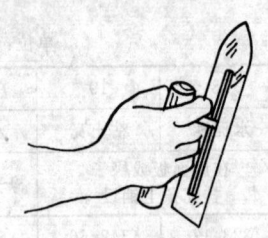

图 8-1　手握抹子

另外，由于抹子把安装位置不同有食指顶在抹子桩上的握抹子方法。

8.1.2　托灰板

左手大拇指和四指握把，手腕转动配合右手抹子，使用方便给人一种灵活感，托砂浆时灰板自然放平。具体握法，如图 8-2 所示。

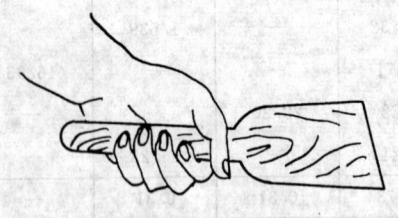

图 8-2　手握灰板

当托灰板上砂浆没有被抹子取完时，灰板把可顶撑在左腹部做瞬间休息。

8.1.3　靠尺板

用于作灰饼或检测灰饼和墙面的垂直度。

将线锤上的细线挂在靠尺板顶端的锯口缝里并使其夹紧，线锤一端正好对准靠尺板下端开口处。使用时将靠尺板轻贴在灰饼上，注意不要使线锤的线贴靠在靠尺板上，要让线锤自由摆动。这时检查摆动的线锤最后停摆的位置是否与靠尺板上的竖直墨线重合，重合表示墙上灰饼垂直；当线锤向外离开灰饼偏离墨线，表示墙上边灰饼厚或下边的灰饼薄；相反，当线锤向里接近灰饼偏离墨线，表示墙上边灰饼薄或下边的灰饼厚。如图 8-3 所示。

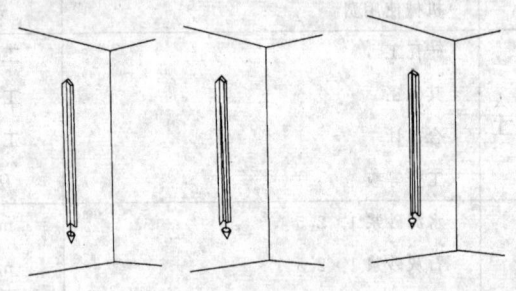

图 8-3　靠尺板的使用

提示：

靠尺板使有前必须检查是否变形。灰饼厚度应取决于整个墙面和墙面用料等情况。新做软灰饼测量垂直时靠尺板只能轻贴在饼面上，不可用力挤靠灰饼。

8.1.4 刮尺

主要是找平用，使用时，两腿马步分开，两手分开平衡正握或反握刮尺，刮尺与砂浆面稍有角度，用力均匀，转腕灵活。如图8-4所示。

图8-4　刮尺使用

提示：

刮尺水平使用时（竖筋）施工高度超过胸部应正握持用刮尺，从上向下刮。胸部以下应反握持用刮尺，从下向上刮。注意刮时越接近冲筋面越要轻刮柔刮不可伤筋。第一遍未刮到的地方再补抹砂浆刮平。

8.1.5 木抹子

四指和大拇指握紧木抹子把，将抹层刮平后的砂眼，柔挤搓平压实。用力均匀，手腕转动灵活，动作轻熟。如图8-5所示。

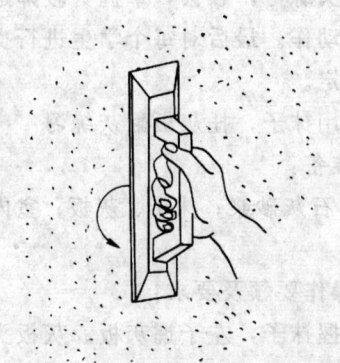

图8-5　木抹使用

提示：

木抹子主要作用是逆时针旋转搓平压实砂眼、提浆，掌握不好会影响抹灰面的平整度。使用木抹子时，抹子板面必须先用水湿润。搓平压实时应掌握好抹灰层的干湿程度。

8.1.6 斜口尺杆

一般用来抹灰时成活棱角。根据抹灰棱角的长度尺寸截配合适长度的尺杆。先抹灰的一面根据抹层厚度反向固定尺杆，抹灰完成后退下尺杆。另一个面抹灰根据抹层厚度正向固定尺杆，完成全部棱角抹灰。如图8-6所示。

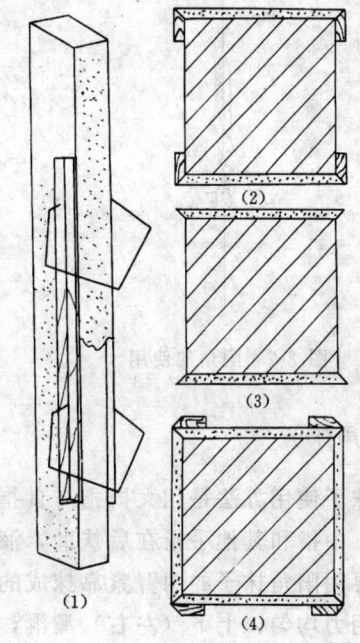

(2)

(3)

(1)

(4)

图8-6　尺杆的使用

提示：

尺杆的固定方法常有灰浆粘贴；钢卡子固定；竹条撑；重物顶或压等多种形式。施工时，根据情况选用。尺杆固定后，垂直及平直通顺的检查方法常有线锤吊直；靠尺板靠直尺子量直；拉通线绳符合；水平尺取直等多种方法。

尺杆使用时必须先清口，刷水湿润。在抹完一边取下时先用抹子轻叩尺杆口认定已与抹灰脱离后才能取下尺杆。

尺杆棱角处抹灰时分二次抹成不可一次

抹成。

尺杆在卡、顶、压等固定过程中，必须注意安全，防止弹、滑、翻等不安全事故的发生。

8.1.7 阴角抹子

阴角抹子的使用方法是右手握紧抹子把，抹子角对准抹灰阴角，大拇指扶在抹把上，灵活的在阴角处上下（或左右）平稳溜滑，用力要均匀，不得用前尖挖进，免得阴角不滑直、平整、清晰。如图8-7所示。

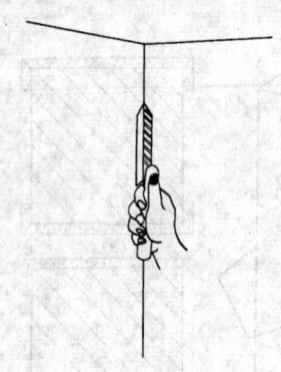

图 8-7 阴角的使用

8.1.8 阳角抹子

阳角抹子使用方法是用大拇指与食指握住阳角把，中指和其他手指在后扶助，溜滑阳角时，要用阳角抹子的两臂紧靠抹成的阳角两侧，用力均匀，上下（左右）溜滑，不能用阳角抹子的前头或后头立起溜滑。成活的阳角要对称均匀，棱角顺直、清晰。如图8-8所示。

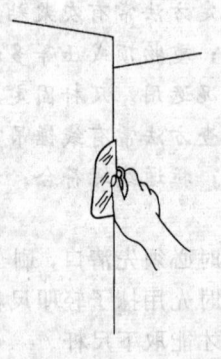

图 8-8 阳角的使用

提示：

阴阳角溜滑时要掌握好抹灰的干湿程度，先慢后快，先直后光，出角清晰。

8.1.9 方尺

方尺是测量检验抹灰阴阳角方正的工具。使用时将方尺置于测验位置，并水平或竖直放置，不能倾斜，此时距方尺角20cm处的误差数据为方正的测量检验数据。如图8-9所示。

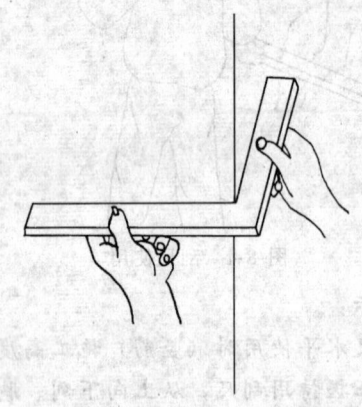

图 8-9 方尺的使用

8.1.10 实习训练

对每种抹灰工具的使用进行单一训练，通过练习，达到熟练掌握，使用起来得心应手。训练时统一组织先由教师作示范，并讲授操作要领，注意事项，容易出现的问题。然后学生分头练习，领会，掌握，教师巡回指导，纠正动作。最后对每个学生进行操作技能成绩评定。

（1）用抹子，托灰板翻灰练习

1）准备：

1:3石灰砂浆；抹子、灰板；室内教学场地。

2）操作要领及要求：

右手握抹子，左手握灰板。灰板头置于砂浆里，用抹子将砂浆耙上灰板，水平托起灰板。翻灰时灰板稍向上翘起，抹子贴灰板向上前推，随即翻腕，动作连贯自然，将砂浆打在抹子上。再将抹子上砂浆推放在托灰板上，反复练习，达到熟练。最终达到需要多少砂浆抹子能在灰板上取多少砂浆。

3）考核评分：

抹子、托灰板翻灰考核评分表

表 8-1

序	考核项目	单项配分	要求	考核记录	得分
1	把灰板上灰打到抹子上	30	观察		
2	把灰板上的一部分灰打到抹子上	40	观察		
3	综合印象	30			

班级：　　姓名：　　指导教师：

（2）墙面抹灰基本练习

1）准备：

1：3石灰砂浆；灰板、抹子、水壶、灰斗；砖砌墙面0.5m²。

2）操作要领及要求：

操作人正对墙面，将墙面浇水湿润。用抹子和灰板在灰斗里取砂浆，涂抹砂浆上墙。抹时，两脚叉开正对墙面，从下向上，抹子与墙面成一合适角度，提抹翻腕，用力均匀，把抹子上的砂浆全部抹到墙上。反复练习，达到出手利索，抹纹能拉长，抹面薄厚均匀。

3）考核评分

墙面抹灰基本练习考核评分表

表 8-2

序	考核项目	单项配分	要求	考核记录	得分
1	取灰翻灰熟练	10	观察		
2	抹灰出手利索	15	观察		
3	抹灰厚度均匀	20	观察		

续表

序	考核项目	单项配分	要求	考核记录	得分
4	抹灰长度	30	长30cm以内得10分；30~50cm得20分；50cm以上得满分		
5	落地灰	10	超过取灰1/2不得分		
6	安全及工完场清	5			
7	综合印象	10			

班级：　　姓名：　　指导教师：

4）操作注意：

a）墙面不能浇水过湿或过干，即浇水适量，提前一天浇水为佳。

b）取灰上到灰板和抹子上后，稍加整理，便上墙抹灰，不要反复翻灰整理，影响速度。

（3）顶棚抹灰练习

1）准备：

混合砂浆：抹子、灰板、灰斗；脚手架已搭设就绪，基层已处理并浇水湿润。

2）操作要领及要求：

此项练习的目的使每个学生能把砂浆正确且较熟练的抹在天棚上，抹灰多，掉灰少。

学生在脚手板上站稳，两脚自然叉开，一前一后，身体重心略为偏侧，灰板取灰不能太满，抹灰时两膝稍弯，身体后仰，抹子带灰贴紧顶棚，成一定角度，慢慢地向后拉，直至抹子上的灰出吐完。

抹灰一般是由前往后退，抹纹方向与基层缝垂直。砂浆比例与干湿，基层的条件对抹灰影响较大，必须引起重视。

3）考核评分

顶棚抹灰基本练习考核评分表

表 8-3

序	考核项目	单项配分	要求	考核记录	得分
1	取灰翻灰熟练	10	观察		
2	抹灰出手利索	10	观察		
3	抹灰厚度均匀	20	观察、目测		
4	抹灰长度	30	长度10cm以内得10分；10～25cm得20分；25cm以上得满分		
5	落地灰	10	超过取灰1/2不得分		
6	安全及工完场清	10			
7	综合印象	5			

班级：　　姓名：　　指导教师：

(4) 靠尺板作饼练习

1) 准备：

砂浆少许；靠尺板、线锤、尺子、抹子、灰板；墙面。

2) 操作要领及要求：

a) 目的：通过练习能掌握靠尺板的使用方法，正确判断灰饼的薄厚误差。

b) 要求：在墙面离楼地面＋20cm 和＋220cm 的地方分别作四组灰饼，其中第一组灰饼厚度平均为 2cm；第二组灰饼上下垂直；第三组上高下低误差为 4mm；第四组上低下高误差为 4mm。

c) 操作要领：作饼的地方浇水湿润，分两次抹成，且面平整，大小5cm见方为宜，上下两饼对直，便于靠尺板检测。

3) 考核评分

靠尺板作饼测量基本练习考核评分表

表 8-4

序	考核项目		单项配分	要求	考核记录	得分
1	作饼位置		20	厚度平均2cm		
2	灰饼垂直度	第一组	10	上、下饼垂直		
		第二组	10	上、下误差＋4mm		
		第三组	10	上、下误差－4mm		
		第四组	10			
3	工效		20	1小时内完成得满分；超过1.5小时完成不得分		
4	安全、工完场清		10			
5	综合印象		10			

班级：　　姓名：　　指导教师：

(5) 刮尺使用练习

1) 准备：

石灰砂浆；刮尺、抹子、灰板；教学墙面。

2) 操作要领及要求：

使用刮尺可以把点（灰饼）变成线（冲筋）把线变成面（刮墙面）。有平刮和竖刮两种主要方式。刮时两手均匀用力，刮尺与墙面角度合适（以不刮伤灰饼和灰筋为宜）。

在 1m 左右见方的墙面上先作饼，练习用刮尺冲筋和装档后用刮尺刮平,反复练习,掌握刮尺使用技巧。

3) 考核评分：

刮尺使用基本练习考核评分表

表 8-5

序	考核项目	单项配分	要求	考核记录	得分
1	刮尺冲筋	20			
2	刮尺刮墙	30			
3	综合印象	30			
4	安全生产	10			
5	文明施工	10	工完场清		

班级：　　姓名：　　指导教师：

(6) 打木抹子练习

1）准备：

抹好刮平的抹灰墙面 1m² 左右；木抹子、扫帚、小水桶。

2）操作要领及要求：

在干湿适宜时把已刮平的墙面用木抹子搓实，表面无明显抹纹。在基层稍干时能左手用扫帚洒水，右手紧跟着搓平搓实，同时进行。

3）考核评分：

木抹子使用基本练习考核评分表

表 8-6

序	考核项目	单项配分	要求	考核记录	得分
1	打木抹子	40			
2	洒水,同时能打木抹	30			
3	文明施工	10	工完场清		
4	综合印象	20			

班级：　　　　姓名：　　　　指导教师：

（7）斜口尺杆的使用练习

1）准备：

斜口尺杆、抹子、灰板、钢卡、灰斗；带垛砖墙（如图 8-10 所示）；1：3 石灰砂浆。

2）操作要领及要求：

先作两墙面的抹灰，放线使两墙面垂直。反口固定尺杆，如图 8-11（a）所示，抹一个柱垛。退下尺杆正口固定如图 8-11（b）所示，抹完另一个柱垛。固定尺杆时必须吊直、找方，才能符合质量要求。

3）考核评分：

斜口尺杆使用基本练习考核评分表

表 8-7

序	考核项目	单项配分	要求	考核记录	得分
1	固定方法正确、牢靠	50			
2	阳角接搓整齐	20			

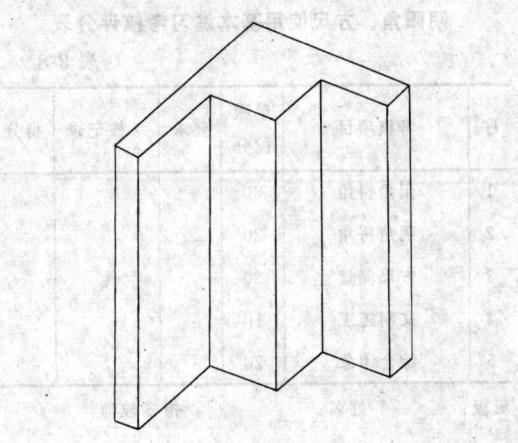

图 8-10

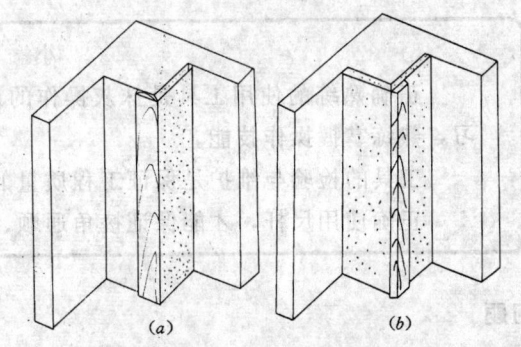

（a）　　　　　　　（b）

图 8-11

续表

序	考核项目	单项配分	要求	考核记录	得分
3	文明施工	10			
4	综合印象	20			

班级：　　　　姓名：　　　　指导教师：

（8）阴阳角、方尺使用练习

1）准备：

阴阳角、方尺、灰板；已抹成的墙体及柱垛。如图 8-12 所示。

2）操作要领及要求：

在已抹成的墙、柱阴阳角上用阴阳角抹子加浆捋角，并用方尺检测方正。

3）考核评分：

阴阳角、方尺使用基本练习考核评分表

表 8-8

序	考核项目	单项配分	要求	考核记录	得分
1	阳角捋角	30			
2	阴角捋角	20			
3	方尺测量	20			
4	文明施工	10			
5	综合印象	20			

班级：　　　姓名：　　　　　指导教师：

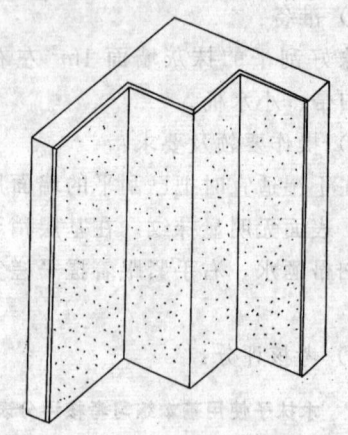

图 8-12

小　　结

正确熟练的使用工具是抹灰操作的最基本要求，每个实训练习都要反复练习，熟练掌握操作技能。

工具的检验与维护是保证工程质量的前提。

正确使用尺杆，才能保证棱角通顺、清晰，固定时尚需注意安全。

习题

1. 抹灰常用哪些工具？如何使用这些工具？
2. 靠尺板不但可以检测垂直平整度，同时也可以冲筋刮墙面的说法对吗？为什么？
3. 方尺只能够方正阳角对吗？为什么？
4. 刮尺和木抹子的作用有何不同？
5. 靠尺板、方尺使用前如何进行检查？

8.2 抹灰材料的拌合

抹灰材料品种、比例是根据设计要求确定的，施工时应按比例进行有序的拌合。

8.2.1 机械拌合

砂浆机是抹灰材料拌合的主要机械，拌合灰浆前按要求把砂浆机安放就位，水电源接好，符合安全要求，试运转正常候用。

操作方法先接通砂浆机电源，待运转正常，加注部分拌合水，再逐步交替加入砂子、胶结材料（水泥、灰膏等）、水。全部拌合材料加至砂浆机的允许容量（一般为砂浆机筒体容量的 2/3）。再均匀搅拌 90s 出机使用，

至此机械搅拌完成。

提示：

砂浆机要有可靠的接地接零防漏电安全措施。

用完砂浆机后要及时进行清洗，定期对机械保养，保证机械各部位始终保持完好。

注意提高机械的利用程度，使其充分发挥作用。

机拌灰浆前，使用的砂子先进行过筛，不得含有杂物，运备到砂浆机后盘。加注洁净拌合水可采用小水桶或胶水管，砂浆机旁应备盛水设施。水泥不能整袋倒入砂浆机里，应随砂子、水逐步加入。

8.2.2 人工拌合

（1）石灰砂浆的拌合

先将石灰膏或石灰粉和过筛砂子按比例堆放在一起，加入适量水用灰镐、灰耙、铁锨等工具将其翻耙均匀使灰膏充分分散开。再加够水拌合成砂浆。

（2）水泥混合砂浆的拌合

先将水泥和砂子按要求比例干拌均匀，加入灰膏同时加少许水用灰镐、灰耙、铁锨翻耙均匀使灰膏充分分散开，再加够水拌合成砂浆。

（3）水泥砂浆的拌合

先将水泥和砂子按要求比例干拌均匀，颜色一致，再加适量水拌合成砂浆。

（4）水泥素浆的拌合

水泥素浆多用人工拌合。拌合时，先将水泥自然堆放在灰斗中基本耙平，徐徐加入拌合水使其浸盖水泥，静停 15min 再进行搅拌均匀后使用。

（5）纤维灰浆的拌合

1）纸筋灰的拌合：纸筋在使用时先撕碎，除净尘土，然后用清水浸透捣烂、用淋制好的石灰膏按 2.75：100 的配合比（重量比）制成纸筋灰，抹面使用时再用小磨机碾磨细。

2）麻刀灰的拌合：麻刀应均匀、坚韧、干燥、不含杂质，使用时将麻丝剪成不大于 30mm 长的麻刀，随用随敲打松散，人工拌合，拌时只能翻不可搅。常用的麻刀灰配比为 1：100（重量比）。

提示：

人工拌合灰浆以能拌合均匀为操作次序，如灰膏拌合时不能先多加水。

拌合灰要设专用拌合灰盘。

电石膏可以代替石灰膏。在石灰膏淋制困难地区（如城市），磨细生石灰粉可以代替石灰膏使用，其细度应通过 4900 孔/cm² 筛。

拌合砂浆数量满足当天用量要求，水泥、水泥混合砂浆不能隔天使用，为施工方便石灰砂浆可隔天使用。

纤维浆、水泥素浆随加工随拌合随使用。纤维浆不能混入其他杂质。

8.2.3 实训练习

（1）机械拌合石灰砂浆练习

1）准备：

石灰膏、过筛砂子；铁锨、安好砂浆机、水桶；

2）操作要领及要求：

空载起动砂浆机正常运转后加入少许水和少许砂子，按比例一次加够一盘石灰膏用量，在较干的情况下使灰膏和砂子拌合在一起，最后交替加水、砂子直至盘满拌合均匀为止。

3）考核评分：

机械拌合石灰砂浆考核评分表

表 8-9

序	考核项目	单项配分	要求	考核记录	得分
1	比例正确	20			
2	操作顺序	30			
3	搅拌均匀	15			
4	文明施工	15			
5	综合印象	20			

班级：　　　　姓名：　　　　指导教师：

（2）人工拌合石灰砂浆练习

1）准备：

石灰膏、过筛砂子；灰盘、铁锨、灰镐、灰耙、水桶、水。

2）操作要领及要求：

把砂子、灰膏按比例堆在灰盘上，用铁锨灰镐、灰耙，在少加水的情况把灰膏拌开，再加水拌合均匀，稠度符合要求。

3）考核评分：

人工拌合石灰砂浆考核评分表

表 8-10

序	考核项目	单项配分	要求	考核记录	得分
1	比例正确	20			
2	操作顺序	30			
3	搅拌均匀	15			
4	文明施工	15			
5	综合印象	20			

班级：　　　　姓名：　　　　指导教师：

习题

1. 如何使用砂浆机拌合砂浆？
2. 叙述人工拌合水泥砂浆、水泥混合砂浆的步骤。

8.3 常用抹灰分层厚度、砂浆配合比及配合比用料

8.3.1 石灰砂浆抹灰厚度及配合比

石灰砂浆抹灰厚度及配合比参考表（单位：mm）　　　表 8-11

项　目		基层表面处理	底层		中层		面层	
			砂浆	厚度	砂浆	厚度	砂浆	厚度
天棚	混凝土面	水泥浆一道	1：1：5水泥混合砂浆	5	1：2.5石灰砂浆	8	纤维灰浆	2
	木板条面	——	1：0.5：4水泥混合砂浆	5	1：2.5石灰砂浆	8	纤维灰浆	2
墙面	简易石灰砂浆	——	1：3石灰砂浆	15	——		纤维灰浆	2
	混凝土面	水泥浆一道	1：3：9水泥砂浆	7	1：3石灰砂浆	11	纤维灰浆	2
	砖墙砌块面	——	1：3石灰砂浆	6	1：3石灰砂浆	12	纤维灰浆	2
	石墙面	——	1：3石灰砂浆	16	1：3石灰砂浆	17	纤维灰浆	2
	木板条面	——	1：3石灰砂浆	7	1：3石灰砂浆	11	纤维灰浆	2

注：基层处理方法很多，在此只列了一种。

8.3.2 水泥、水泥混合砂浆抹灰厚度及配合比

水泥、混合砂浆抹灰厚度及配合比参考表（单位：mm）　　　表 8-12

项　目		基层表面处理	水泥砂浆				水泥混合砂浆			
			底层		面层		底层		面层	
			砂浆	厚度	砂浆	厚度	砂浆	厚度	砂浆	厚度
顶棚	混凝土	水泥浆一道	1：3	7	1：2	8	1：3：9	7	1：1：6	8
墙面	砖、砌块内墙	水泥浆一道	1：3	12	1：2.5	8	1：3：9	12	1：1：6	8
	混凝土内墙		1：3	12	1：2.5	8	1：3：9	12	1：1：6	8
	石墙		1：3	18	1：2.5	17	1：3：9	18	1：1：6	17
	木板条墙						1：1：5 水泥石灰麻刀	10	1：1：6	10

8.3.3 常用砂浆配合比用料表

常用砂浆配合比用料参考表（每立方砂浆材料用量）　　　表 8-13

砂浆配合比		325 号水泥 (kg)	石灰膏 (m³)	石灰 (kg)	电石渣 (m³)	净砂 (m³)	纸筋 (kg)	麻刀 (kg)	麦草 (kg)
石灰砂浆	1：2		(0.46)	332		0.92			
	1：2.5		(0.4)	288		1.02			
	1：3		(0.36)	260		1.02			
水泥砂浆	1：2	550				0.93			
	1：2.5	485				1.02			
	1：3	404				1.02			
水泥混合砂浆	1：0.5：4	303	(0.13)	94		1.02			
	1：1：4	276	(0.23)	166		0.93			
	1：1：5	241	(0.2)	144		1.02			
	1：1：6	203	(0.17)	123		1.02			
	1：3：9	129	(0.32)	231		0.98			
电石渣混合砂浆	1：1：4	267			0.23	1.1			
	1：1：6	196			0.17	1.24			
电石渣砂浆	1：2.5				0.36	1.1			
	1：3				0.32	1.16			
其他	水泥石灰麻刀砂浆 1：1：5	241	0.2	(728)		1.02	38	16.6	20
	纸筋石灰浆		1.01						
	麻刀石灰浆		1.01					12.12	
	草灰浆		1.02						

小　结

合理的分层抹灰及控制抹灰厚度能使抹灰质量达到规范要求。

抹灰总厚度符合要求可以减少材料的超用浪费。

习题

普通、中级、高级要求的抹灰工序是否一样？抹灰厚度是否相同？

8.4 综合实训练习

8.4.1 墙面作饼练习

（1）准备

作饼砂浆；抹子、灰板、靠尺板、线锤、线绳、圆钉；2.5m×4m 大小的墙面。

（2）操作要点及要求

抹灰前对基墙面浇水湿润，用靠尺板全面检查墙面的平整度和垂直度，找出抹灰的最薄点（墙面的最高点）根据规范要求厚度，并保证最薄处有 7mm 厚的抹灰，确定作饼厚度。作饼位置在墙面的两尽端距阴（阳）角 15～20mm 并距地（楼）面 2.1m 处。各按已确定的抹灰厚度抹上部两灰饼，并依此两灰饼为依据用靠尺板作垂直正下方的灰饼，中心在踢脚线上口 3～4cm 处。灰饼的大小以 5cm 见方为宜。墙面四角灰饼确定好后水平拉好准线补作中间灰饼，间距 1.5m 左右，并保证上下对应，同时复检中间灰饼的垂直度。如图 8-13 所示。

图 8-13 墙面作饼

当墙面高度超高 2.8m 时，可用两块相同缺口板条与线锤做垂直方向灰饼，如图 8-14 所示。

图 8-14 高墙作饼

提示：

作饼材料采用底子灰或混合砂浆。

灰饼分二遍抹成把第二遍抹层用抹子切成 5cm 见方。

饼面必须平整，用抹子轻压柔实。

高级抹灰要求的作饼方法另有要求。

（3）考核评分

墙面作饼考核评分表　　表 8-14

序	考核项目	单项配分	要　求	考核记录	得分
1	灰饼位置	15	位置合适		
2	灰饼粘接牢靠	15	与基层粘牢		
3	饼面大小平整	15	5cm 见方、平整		
4	灰饼垂直度	25	允许误差 2mm		
5	文明施工	10	工完场清		
6	综合印象	20			

班级：　　　姓名：　　　指导教师：

8.4.2 墙面冲筋练习

（1）准备

冲筋砂浆；抹子、灰板、刮尺；已作好的灰饼。

（2）操作要点及要求

灰饼的砂浆收水后，即可做冲筋。做冲筋时以上下垂直方向的灰饼为依据，分两遍抹一条 7～8cm 宽的梯形灰带，并略高于灰饼，然后以灰饼为准用刮尺将灰带刮到与灰饼面平，即成冲筋。最后将冲筋的两边用刮尺切修成斜面，使其能与抹灰层较好地吻合。如图 8-15 所示。

图 8-15　墙面冲筋

提示：

冲筋材料与墙面抹灰层材料相同。

冲筋完成后，随即开始装档抹灰，不可隔夜。

冲筋前检查灰饼的垂直度符合要求。

（3）考核评分

墙面冲筋考核评分表　　表 8-15

序	考核项目	单项配分	要　求	考核记录	得分
1	冲筋粘接牢靠	15	与基层粘牢		
2	冲筋平整	25	允许误差 3mm		
3	冲筋垂直	25	允许误差 3mm		
4	文明施工	10	工完场清		
5	综合印象	25			

班级：　　　姓名：　　　指导教师：

8.4.3　墙面装档练习

（1）准备

石灰砂浆：抹子灰板、刮尺、木抹子；已冲筋墙面 8～10m²。

（2）操作要点及要求

左手握灰板，右手握铁抹子，将灰板头靠近墙面，底层灰铁抹子竖向走向将砂浆抹到墙面上；中层灰铁抹子横向稍右上将砂浆抹到墙面上，前后抹上去的砂浆衔接平顺，抹子不宜来回多溜，用目测控制其平整度，满而不多，刮尺刮平，木抹搓实、搓平。如图 8-16。

图 8-16　墙面装档

（3）考核评分

墙面装档考核评分表　　表 8-16

序	考核项目	单项配分	要　求	考核记录	得分
1	粘接牢固	10			
2	表面平整	30	允许 4mm 偏差（中级抹灰）		
3	立面垂直	30	允许 5mm 偏差（中级抹灰）		
4	文明施工	10	工完场清		
5	综合印象	20			

班级：　　　姓名：　　　指导教师：

8.4.4　纤维灰浆罩面练习

（1）准备

纤维灰浆；钢抹子、灰板、灰斗；装档

好墙面 8～10m²。

（2）操作要点及要求

应掌握在底子灰五至六成干时进行罩面，如底子灰过干，先洒水润湿。用钢抹子将纤维灰浆抹于墙面。一般从阴角或阳角处开始，自左向右进行，两人配合操作效果较好，一人先竖向薄薄地抹一层，抹子拉紧使纤维灰浆与中层紧密结合，另一人在横向抹第二层，抹子抹长压平溜光，两层的总厚度以不超过 2 毫米为宜。最后用塑料抹子横向再压一遍交活。如图 8-17 所示。

图 8-17　墙面罩面

（3）考核评分

纤维灰浆罩面考核评分表　　表 8-17

序	考核项目	单项配分	要　　求	考核记录	得分
1	表面颜色一致、光滑	20			
2	表面平整	25	允许 4mm 偏差（中级抹灰）		
3	立面垂直	25	允许 5mm 偏差（中级抹灰）		
4	文明施工	10	工完场清		
5	综合印象	20			

班级：　　姓名：　　指导教师：

8.4.5　顶棚抹灰练习

（1）准备

顶棚抹灰砂浆、罩面灰浆；抹子、灰板、灰斗、木抹子、刮尺、扫帚；8～10m² 结构顶棚。

（2）操作要点及要求

在基层表面处理完后可进行顶棚抹灰。操作时，人站在脚手板上，两脚自然前后分开，重心偏侧，一手握钢抹子，一手握灰板，两膝稍微前弯站稳，身稍后仰，抹子贴紧顶棚，慢慢地向后拉，抹时抹子稍立一点，使底子灰表面带毛，待第一遍稍收水，用同样方法抹中层砂浆，方向与第一遍垂直，并特别留意，掌握好厚薄，随后用刮尺通角刮平，刮不到的地方再补抹一次中层砂浆，刮完后用木抹子搓平。待二遍灰有六、七成干时（用手指捺没有指印）即可罩面。罩面方法与墙面基本相同，纵横二道，总厚度 2mm 为宜。如图 8-18 所示。

图 8-18　顶棚抹灰

（3）考核评分

顶棚抹灰考核评分表　　表 8-18

序	考核项目	单项配分	要求	考核记录	得分
1	表面平整、颜色光滑、一致	30			
2	粘接牢固	20	无空鼓		
3	阴角通顺清晰	20			
4	文明施工	10	工完场清		
5	综合印象	20			

班级：　　姓名：　　指导教师：

习题

1. 如何确定墙面的作饼厚度？
2. 作饼操作要点有哪些？
3. 如何进行纤维浆罩面？

第 9 章　室内的一般抹灰

9.1　基本知识

9.1.1　分类及组成

室内一般抹灰是装饰工程的一个分项，包括顶棚、墙面、楼地面以及细部的抹灰作法。

一般抹灰按操作工序和质量要求可分为普通抹灰、中级抹灰、高级抹灰三级。

普通抹灰是由底层、面层组成的。适合临设仓库、锅炉房等简单、次要房间。

中级抹灰是由底层、中层、面层组成的。适合住宅、教学楼、办公楼等建筑。

高级抹灰是由底层、多遍中层、面层组成的。适合高级住宅、宾馆、大型公共建筑等。

我们主要学习中级要求的室内一般抹灰。

9.1.2　抹灰各层的作用

(1) 底层起粘结和初步找平作用。
(2) 中层起找平作用。
(3) 面层主要起装饰作用。
抹灰分层如图 9-1 所示。

9.1.3　抹灰层的厚度

(1) 平均总厚度

顶棚：板条、空心砖、现浇混凝土不大于 15mm，预制混凝土不大于 18mm，金属网不大于 20mm；

内墙面不大于 20mm；

(2) 涂抹水泥砂浆每遍厚度为 5～7mm。

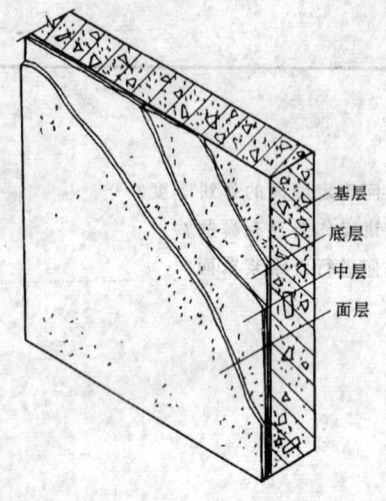

图 9-1　抹灰分层

涂抹石灰砂浆和水泥混合砂浆每遍厚度宜为 7～9mm。

(3) 面层抹灰的厚度，麻刀石灰不得大于 3mm；纸筋石灰不得大于 2mm。

9.1.4　抹灰砂浆的选用

一般按设计要求选用砂浆种类，如设计无要求，应符合下列规定：

(1) 湿度较大的房间和车间的抹灰——水泥砂浆或水泥混合砂浆；

(2) 混凝土梁、板和墙、柱的底层抹灰——水泥混合砂浆、水泥砂浆或聚合物水泥砂浆；

(3) 硅酸盐砌块、加气混凝土块和板的底层抹灰——水泥混合砂浆或聚合物水泥砂浆；

(4) 板条、金属网顶棚和墙的底层和中层抹灰——麻刀石灰砂浆或纸筋石灰砂浆。

习题

1. 室内抹灰按操作工序和质量要求分几级？
2. 各抹灰层的作用是什么？操作时怎样满足各抹灰层的要求？
3. 如何选取抹灰砂浆的种类？

9.2　施工准备

9.2.1　材料

（1）水泥——325 号普通硅酸盐水泥。有出厂合格证明。

（2）砂子——中砂，使用前过 5mm 孔径筛子，不得有杂物。

（3）石灰膏——过 3mm×3mm 筛淋制陈伏时间常温下一般不少于 15d；用于罩面时，不少于 30d。

（4）生石灰粉——过 4900 孔/cm² 的方孔筛，累计筛余量不大于 13%。筛后的生石灰粉用前应用水浸泡 7d 以上使其充分熟化。

（5）纸筋、麻刀、稻草和麦秸——纸筋使用前应用水浸透、捣烂、洁净；罩面纸筋宜用机碾磨细。麻刀要求柔软干燥，使用前敲打松散，不含杂质，长度 10～30mm，用前四五天用石灰膏调好。稻草和麦秸应坚韧、干燥，不含杂质，长度小于 30mm。稻草麦秸应经石灰浆浸泡处理。

提示：

材料准备应根据设计材料品种要求；材料消耗数量定额；工程量大小；施工进度要求等一次或分批提前计划准备。

9.2.2　机具

按常用的抹灰工具准备每种工具的数量，以满足使用要求。

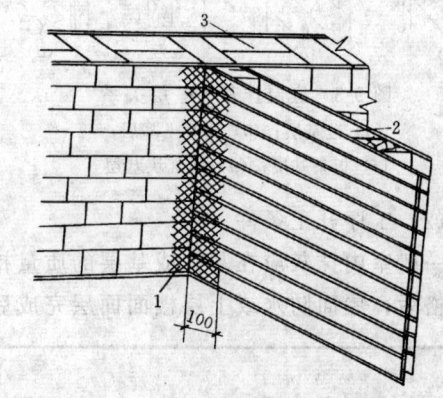

图 9-2　基层处理
1—金属网；2—木结构；3—砖石结构

提示：

主要机械——砂浆搅拌机、粉碎淋灰机、碾磨纸筋机等。

主要工具——抹子、灰板、木抹子、阴阳角抹子、灰斗、灰浆车、尺杆、刮尺、靠尺板、线锤、方尺等。

9.2.3　施工作业条件

（1）基层表面处理

处理的目的在于抹灰砂浆与基层表面能牢固粘结，防止抹灰层空鼓、裂缝、脱落现象的产生。

抹灰前，木结构与砖石结构、混凝土结构等两种不同材料相接处基体表面的抹灰，铺钉金属网并绷紧牢固。金属网与各基体的搭接宽度不应小于100mm。如图9-2所示；抹灰前，平整光滑的混凝土表面进行凿毛、刮涂聚合水泥砂浆、喷涂聚合水泥浆、刷粘接剂等毛化处理；抹灰前，砖石、混凝土等基体不平处用1：3水泥砂浆补抹平整，脚手架眼过墙洞填嵌密实。凸出部位用錾子剔平。表面的灰尘、污垢和油渍等，应清除干净，并洒水润湿。底层抹灰与基层的关系，如图9-3所示。

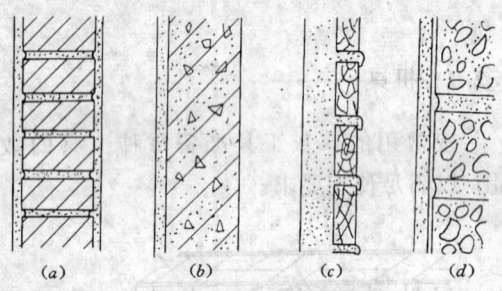

图 9-3 底层抹灰与基层关系

(*a*) 砖基层；(*b*) 混凝土基层；

(*c*) 板条基层；(*d*) 加气块基层

（2）工序开工条件

一般室内抹灰应在基体或基层的质量检验合格后；屋面防水或上层楼面面层完成后方可进行。另外，门窗、墙体及楼层预埋件与嵌入墙体内部的各种管道安装完毕，并经检查合格；门窗框与墙体间，天棚与墙体间的缝隙经清理后用1：3水泥砂浆或1：1：6水泥混合砂浆堵塞严密。

（3）室温要求

施工环境温度应在0℃以上。冬期施工门窗洞口封堵完毕，并有可靠的保温措施。

（4）脚手架子

3.6m以上抹灰用的脚手架不得靠墙，架杆离墙面的距离应不少于200mm。

9.2.4 劳动力

根据工程量、工程进度要求，由施工定额确定劳动力的投入数量和时间。

提示：

劳动力的投入标志着室内抹灰的开始，劳动力进场时，材料、机具、工作面必须全部准备就绪。生产班组要合理的进行技工、普工组合。

9.2.5 技术准备

（1）制定好施工方案。

（2）识图领会图纸的要求。

（3）进行施工交底，班组分工。

小 结

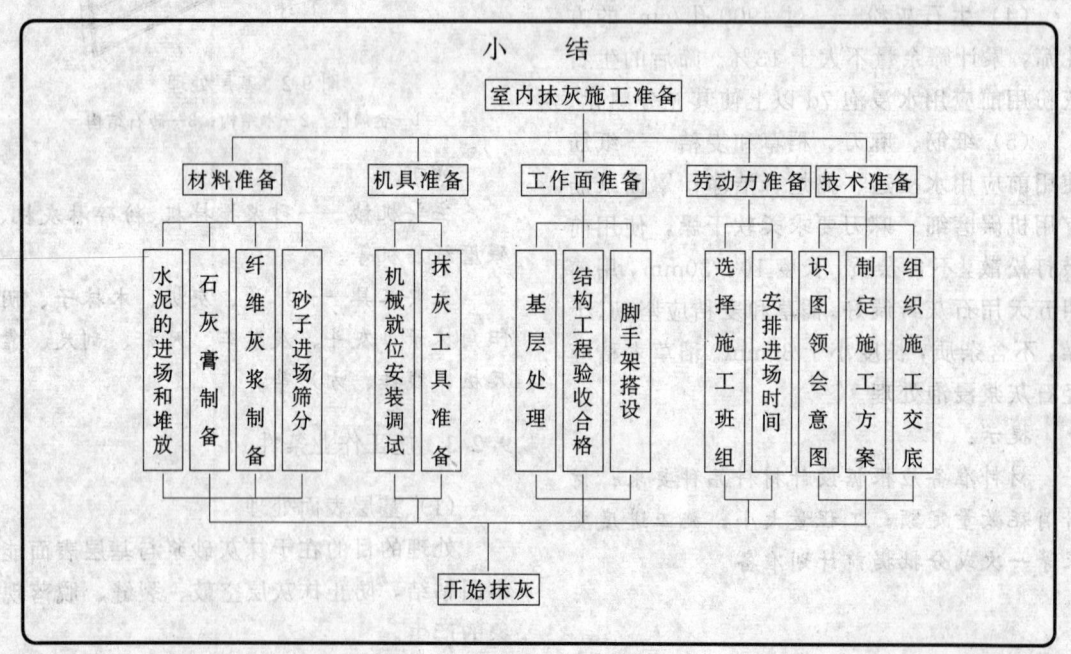

习题

1. 室内抹灰材料有哪些品种？如何准备一般抹灰的施工材料？
2. 怎样配备一般抹灰的劳动力？
3. 抹灰基层的处理方法有哪些？
4. 怎样配备施工工具和施工机械？
5. 一般抹灰需要什么样的作业条件？
6. 冬期施工采用什么措施？

9.3 室内抹灰工艺

9.3.1 主要项目工艺流程

（1）单位工程内抹灰

先上后下；先房间，再走道，最后楼梯间。

（2）房间内抹灰

顶棚抹灰——梁抹灰——墙面抹灰——柱、柱垛抹灰——楼（地）面抹灰——细部抹灰（台度、踢脚、窗台）。

（3）顶棚抹灰

弹水平线——洒水湿润——基层处理——抹底层灰——抹中层灰——抹面层灰。

（4）墙面抹灰

基层处理——浇水湿润——找规矩、做灰饼——设置标筋——阳角做护角——抹底层灰——抹中层灰——抹罩面灰——抹窗台板、踢脚线（或墙裙）——清理。

（5）水泥楼（地）面抹灰

基层清理——洒水润湿——刷素水泥浆结合层——做灰饼、冲筋——铺水泥砂浆压头遍——第二遍压光——第三遍压光——养护——交活。

9.3.2 实习训练

（1）水泥混合砂浆顶棚抹灰

1）准备：1:3:9 水泥混合砂浆打底灰、1:1:6 水泥混合砂浆罩面灰；抹灰工具；8~10m² 结构顶棚。

2）操作要求：二人一组在顶棚四周墙面

上弹水平线（距顶棚 10cm 左右。根据水平线作饼并抹底子灰。第二天进行罩面。

架子搭设稳固，符合使用要求。如图9-4所示。

3）考核评分。

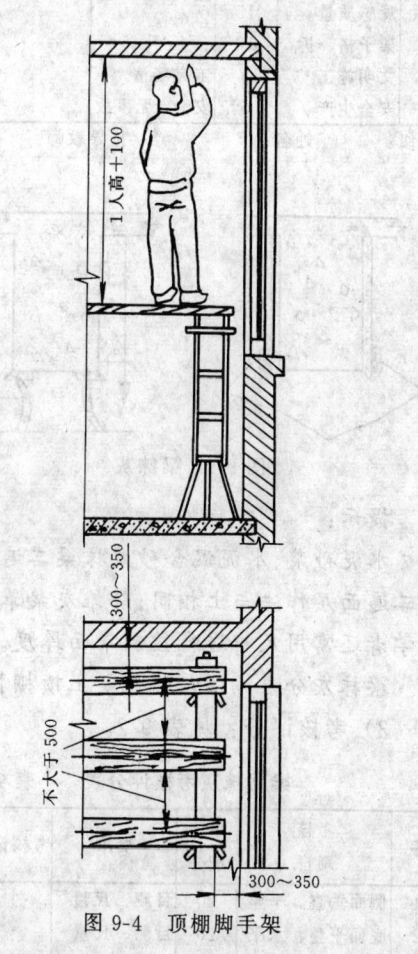

图 9-4 顶棚脚手架

（2）梁抹灰练习

1）准备：水泥、砂、石灰膏；抹子、灰板、木抹子、尺杆、卡子、刮尺、方尺、线绳等；结构单梁一根。

2）操作要求：在梁底顺长方向弹出梁中

187

线，找规矩，控制梁侧面抹灰厚度。梁底两端头拉水平线（由梁底往下 5～10cm），决定梁底抹灰厚度。抹灰时，反撑尺杆，作梁侧面抹灰。梁侧面抹灰完成后在梁侧面下口正卡固定尺杆，抹梁底面。最后用阳角抹子把阳角捋光。如图 9-5 所示。

水泥混合砂浆天棚抹灰考核评分表　表 9-1

序	考核项目	单项配分	要求	考核记录	得分
1	弹水平线	10			
2	作饼	10			
3	打底刮平整	20	目测、靠尺板		
4	面层压光	25	目测		
5	观感质量	15			
6	架子搭、拆	10			
7	文明施工	5	工完场清		
8	安全生产	5	安全、无事故		

班级：　　姓名：　　指导教师：

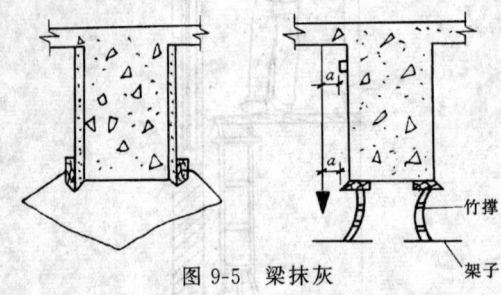

图 9-5　梁抹灰

提示：

水泥砂浆、水泥混合砂浆抹梁二遍完成，第二遍面层作法与上相同；纤维灰浆罩面时，初学者还需用尺杆进行控制罩面厚度。

梁抹灰分层方法与抹混凝土顶棚相同。

3）考核评分：见表 9-2。

梁面抹灰考核评分表　表 9-2

序	考核项目	单项配分	要求	考核记录	得分
1	侧面垂直、平整	20	目测、尺量		
2	底面平整、水平	20	目测、尺量		
3	阴阳角清晰	20	目测		
4	阳角方正	20	方尺测量		
5	观感质量	10			
6	文明施工	5	工完场清		
7	安全生产	5	安全、无事故		

班级：　　姓名：　　指导教师：

（3）墙面抹灰练习

1）准备：墙面抹灰砂浆；抹灰机具；15m² 大小墙面。

2）操作要求：对上章单项基本功训练的综合提高。抹灰砂浆选用水泥或水泥混合砂浆。一人为一组两天完成。

浇水湿润墙面，并进行基层处理。找规矩、做灰饼、装档刮糙完成底层、中层抹灰。次日，作硬饼、冲软筋完成面层抹灰。

提示：

每面墙两端头和中间的上、下半部分六处用靠尺板靠核墙面垂直度确定抹灰厚度。

墙面高于 2.8m 时应上、中、下做三排灰饼。在墙面的门窗洞口边，无论面积大小，均要增补灰饼。

抹面砂浆不能当日进行，次日进行时，注意干湿，洒水适量。压光罩面宜用原浆压光，二遍成活。

3）考核评分：见表 9-3。

墙面抹灰（中级）考核评分表　表 9-3

序	考核项目	单项配分	要求	考核记录	得分
1	粘结牢固、无空鼓、裂缝	20	小锤敲击		
2	表面光滑、无抹纹、清晰美观	15	目测		
3	表面平整度	15	允许偏差 4mm		
4	阴阳角垂直度	15	允许偏差 4mm		
5	立面垂直度	15	允许偏差 5mm		
6	文明施工	5	工完场清		
7	安全生产	5	安全、无事故		
8	综合印象	10			

班级：　　姓名：　　指导教师：

（4）石灰砂浆柱抹灰练习

1）准备：1：3：9 水泥混合打底砂浆，1：3 石灰中层砂浆，纸筋面层灰浆；抹灰机具；一根结构方形柱。

2）操作要点：复核柱 600×600×2000mm 的平面结构位置和几何尺寸，在楼地面上弹出垂直两个方向基准线并依此确定柱根抹灰厚度作饼（阳角用方尺规方）。用线锤检查柱子各面的垂直平整度。如不超差，在柱四角上部作饼。如果柱面超差，应进行处理。

抹底层灰时，先在两侧面卡固斜口尺杆，抹正、反面；再把斜口尺杆卡固在正、反面，抹两侧面。如图9-6所示。抹中层石灰砂浆的方法同底层灰一样，但在柱高2m以下要用1：2水泥砂浆作护角。如图9-7所示。当中层抹灰较干时进行纸筋罩面全部成活。

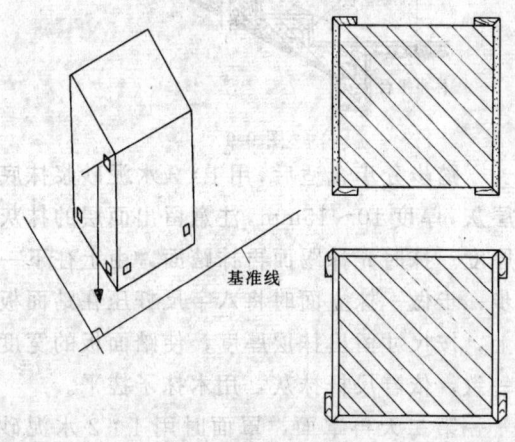

图9-6　柱抹灰示意

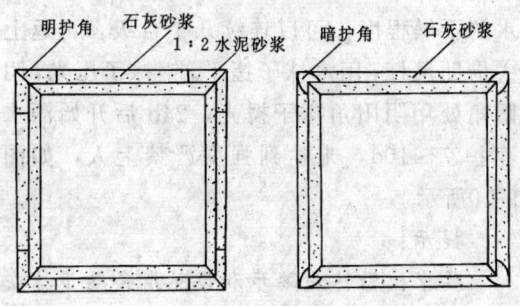

明护角　石灰砂浆　1：2水泥砂浆　暗护角　石灰砂浆

图9-7　柱子护角

提示：

柱子抹灰时要随时检查柱面上下垂直平整，阳角方正，踢脚线高度一致。

3）考核评分：见表9-4。

（5）水泥楼地面抹灰练习

1）准备：1：2.5水泥砂浆、水泥；抹灰机具；8～12m² 楼（地）面。

2）操作要求：基体表面上的浮灰、油渍、

石灰砂浆柱面抹灰中级考核评分表　表9-4

序	考核项目	单项配分	要　　求	考核记录	得分
1	粘结牢固、无空鼓、裂缝	20	小锤敲击		
2	表面光滑、无抹纹、清晰美观	15	目测		
3	阳角方正	20	允许4mm偏差		
4	阳角垂直	20	允许4mm偏差		
5	立面垂直、平整	10	允许5mm偏差		
6	文明施工	5	工完场清		
7	安全生产	5	安全、无事故		
8	综合印象	10			

班级：　　　姓名：　　　指导教师：

杂质都要用铲子或钢丝刷清除干净，清水冲洗，保持基体干净、潮湿，至少1d，对管道穿越的板洞分层填嵌密实，再进行地面抹灰。

作地面前，先用水平仪找出水平基准线，并弹在四周墙上。根据基准线，每1.5～2m作一个灰饼，抹出冲筋以控制面层的厚度与平整度，如图9-8所示。

水泥砂浆面层用1：2～2.5水泥砂浆，其稠度不大于35mm（手握成团，落地开花）。施工时，先在基层上刷一遍素水泥浆作结合层，以利粘结；再在两筋中间铺砂浆，用刮尺根据两边软筋刮平，用木抹子搓平压实，并抹压第一遍，随后掌握好时间再压抹二遍成活。头一遍要压得轻一些，无大的抹纹。第二遍是关键，要求把死坑、砂眼全部压平，不得漏压。第三遍用劲稍大，压实压光，颜色一致。24h后开始浇水养护5～7d，养护期内严禁在上面工作。

提示：

基层凹凸不平的地方提前进行处理。带有泛水坡度的楼地面要按坡度要求作饼控制地面坡向正确。

3）考核评分：见表9-5。

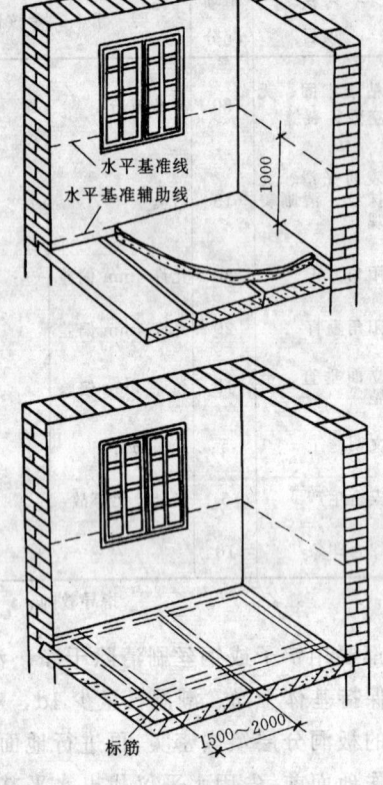

图 9-8　水泥楼地面抹灰

水泥砂浆楼地面抹灰考核评分表　　表 9-5

序	考核项目	单项配分	要　求	考核记录	得分
1	粘结牢固、无空鼓	20	小锤敲击		
2	表面洁净、光滑颜色一致	20	目测		
3	表面无裂纹、脱皮麻面和起砂现象	20	目测		
4	表面平整度	20	允许 4mm 偏差		
5	文明施工	5	工完场清		
6	安全生产	5	安全、无事故		
7	综合印象	10			

班级：　　姓名：　　指导教师：

（6）楼梯踏步抹灰练习

1）准备：1：3 水泥打底砂浆，1：2 水泥抹面砂浆；抹灰机具，粉线袋；4～6 步楼

梯踏步结构。

2）操作要求：基层表面清理干净，浇水湿润。根据上、下休息平台的抹面厚度和上下两头踏步踢面抹面厚度弹一斜线作为分步的标准。抹灰时各步阳角碰在斜线上，如图 9-9 所示。

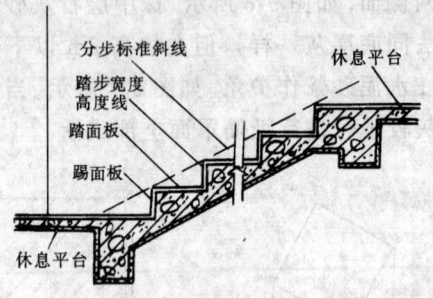

图 9-9

踏步分步合适后，用 1：3 水泥砂浆抹底层灰，厚度 10～15mm，注意留出面层的抹灰厚度。抹时先抹踢面再抹踏面，由上往下一步一步做。抹立面时将八字尺杆压在踏面板上，按尺寸留出抹层厚度，使踏面板的宽度一致，依着尺杆抹灰，用木抹子搓平。

第二天再罩面，罩面时用 1：2 水泥砂浆，厚度 8～10mm，压好尺杆，根据砂浆收水的干燥程度，可以连续几个台级，再返上去借助尺杆，用木抹子搓平，钢抹子压光，阴阳角处用阴阳角抹子捋光，24h 后开始洒水养护 7～10d，未达到强度严禁上人，如图 9-10 所示。

提示：

要求出沿抹灰踏步和设防滑条踏步抹灰时使用专用工具完成。

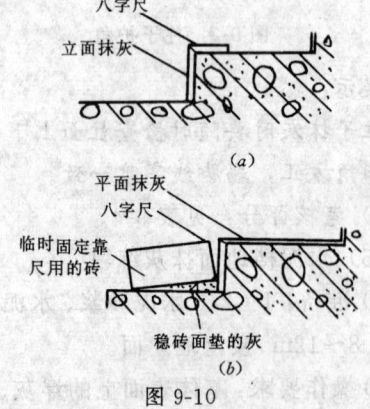

图 9-10

3）考核评分：见表 9-6。

楼梯踏步抹灰考核评分表　表 9-6

序	考核项目	单项配分	要求	考核记录	得分
1	粘结牢固，无空鼓	20	小锤敲击		
2	齿角整齐	15	拉线		
3	踏面宽度一致	10	尺量		
4	踢面高差	20	允许偏差 10mm		
5	文明施工	5	工完场清		
6	安全生产	5	安全、无事故		
7	综合印象	15			

班级：　　姓名：　　指导教师：

（7）踢脚线抹灰练习

1）准备：1:3 水泥打底砂浆、1:2～2.5 水泥抹面砂浆；抹灰工具；10 延长米可抹踢脚线的墙面。

2）操作要求：用清水将墙根部位湿润并清理干净，按上部墙面抹灰层厚度抹灰打底，表面用刮尺刮平，第二天抹面层砂浆，掌握好干湿，一般比墙面抹灰层凸出 5～7mm，适时根据要求高度按水平线用粉线袋弹出实际高度，把尺杆靠在线上用铁抹子切齐，再用小阳角抹子捋光上口，最后用钢抹子压光成活，如图 9-11 所示。

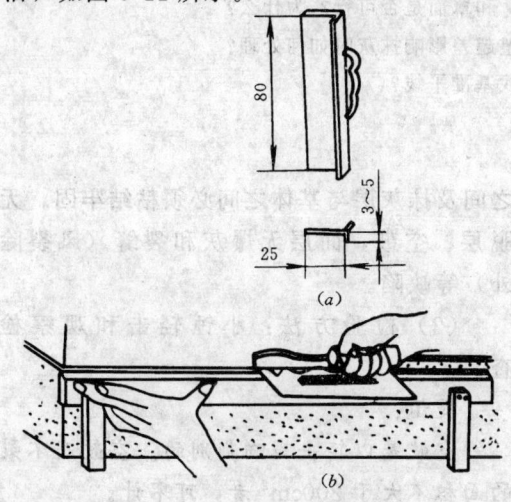

图 9-11　踢脚线抹灰
(a) 整边小抹子；(b) 踢脚线切齐

3）考核评分：见表 9-7。

水泥踢脚线抹灰考核评分表　表 9-7

序	考核项目	单项配分	要求	考核记录	得分
1	粘结牢固，无空鼓	20	小锤敲击		
2	收口整齐、平直	20	5m 拉线允许偏差 4mm		
3	出墙厚度均匀	15	目测		
4	与地面阴角方正	20			
5	文明施工	5	工完场清		
6	安全生产	5	安全、无事故		
7	综合印象	15			

班级：　　姓名：　　指导教师：

（8）水泥砂浆不出沿窗台抹灰练习

1）准备：1:3 水泥打底砂浆、1:2 水泥抹面砂浆；抹灰工具；一个已安窗框的窗台。

2）操作要求：抹窗台前，先将窗台基层清理干净，松动的砖要重新砌筑。砖缝划深，用水浇透，然后用 1:3 水泥砂浆抹底子灰，若厚度大时可用豆石混凝土铺抹密实。次日，用 1:2 水泥砂浆抹面层，先抹立面后抹平面。抹完后下口用尺杆裁齐并清口，上口阳角用阳角抹子捋直，如图 9-12 所示。

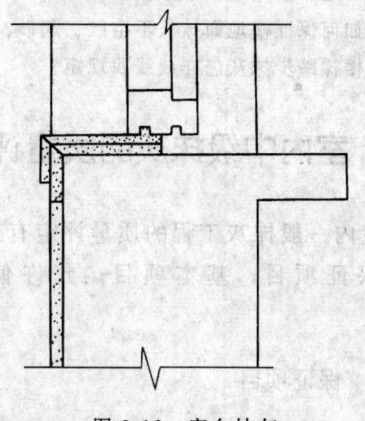

图 9-12　窗台抹灰

3）考核评分：见表 9-8。

序	考 核 项 目	单项配分	要　　求	考核记录	得分
1	粘结牢固、无空鼓	20	小锤敲击		
2	收口整齐、平直	20	目测		
3	出墙厚度均匀	20	目测		
4	文明施工	10	工完场清		
5	安全生产	10	安全、无事故		
6	综合印象	20			

班级：　　　　　　　　　姓名：　　　　　　　　　指导教师：

小　　结

　　室内抹灰的主要项目有顶棚、墙柱梁墙、楼地面和细部（楼梯、踢脚线、窗台、台度等）抹灰时有一定的流程顺序以保证施工方便，易于产品保护。

　　各种抹灰的主要问题是解决好与基体（层）的粘结和面层的装饰美观两个方面。

习题

1. 室内房间的抹灰工序流程如何？
2. 水泥楼地面抹灰工序流程如何？各工序的操作要点？
3. 梁面抹灰怎样找规矩？
4. 护角的作用？怎样做水泥明、暗护角？
5. 砖基体墙面抹水泥砂浆在一天内完成打底、中层、和罩面是否可行？为什么？
6. 多根独立柱一起抹灰怎样找规矩？柱面垂直、平整超差影响抹灰时如何处理？
7. 工地作楼地面无水平仪抄平时，还有别的方法找基准平线？
8. 如何保证楼地面抹灰不空鼓、起砂？
9. 楼梯踏步抹灰怎样放线找规矩？

9.4　室内中级抹灰的质量评定

　　室内一般抹灰工程的质量评定有三项内容：保证项目；基本项目；允许偏差项目。

9.4.1　保证项目

　　（1）评定内容：材料的品种、质量必须符合设计要求和材料标准的规定；各抹灰层之间及抹灰层与基体之间必须粘结牢固，无脱层、空鼓，面层无爆灰和裂缝（风裂除外）等缺陷。

　　（2）检验方法：小锤轻击和观察检查。

　　提示：

　　空鼓是以轻击声响判别的。空鼓而不裂的面积不大于 $200 cm^2$ 者，可不计。

　　分清收缩裂缝和风裂。

9.4.2 基本项目

（1）一般中级抹灰表面应符合下列规定：

合格：表面光滑、接槎平整、线角顺直。

优良：表面光滑、洁净，接槎平整，线角顺直清晰。

（2）孔洞、槽、盒和管道后面的抹灰表面应符合下列规定：

合格：尺寸正确，边缘整齐；管道后面平顺。

优良：尺寸正确，边缘整齐、光滑；管道后面平整。

（3）护角和门窗框与墙体间缝隙的填塞质量应符合下列规定：

合格：护角材料、高度符合施工规范规定；门窗框与墙体间缝隙填塞密实。

优良：护角符合施工规范规定、表面光滑平顺；门窗框与墙体间缝隙填塞密实，表面平整。

（4）分格条（缝）的质量应符合下列规定：

合格：宽度、深度基本均匀，楞角整齐，横平竖直。

优良：宽度、深度均匀，平整光滑，楞角整齐，横平竖直、通顺。

（5）滴水线和滴水槽的质量应符合下列规定：

合格：滴水线顺直；滴水槽深度、宽度均不小于 10mm。

优良：流水坡向正确；滴水线顺直；滴水槽深度、宽度均不小于 10mm，整齐一致。

9.4.3 允许偏差项目（表 9-9）

一般中级抹灰的允许偏差 　表 9-9

项次	项　　目	允许偏差 (mm)	检验方法
1	表面平整	4	用 2m 靠尺和楔形塞尺检查
2	阴阳角垂直	4	
3	立面垂直	5	用 2m 托线板检查
4	阳角方正	4	用方尺和楔形塞尺检查
5	分格条（缝）平直	3	拉 5m 线和尺量检查

9.5　安全技术要求

操作前应检查脚手架或高凳是否牢固平稳，脚手板不得少于两块，三点支承，无探头板。灰桶应分散并平稳地布置在脚手板上。

禁止在脚手架上放木凳、木梯进行施工。

立体交叉作业时，上下层之间应有可靠的隔层防护措施。

在井架内推车时，必须拉安全闸。

9.6　产品保护

在施工过程中，门框 350～650mm 高处钉设铁皮或木板保护门框碰坏。

及时清擦干净残留在门窗框上的灰浆。

严禁蹬踩窗台，防止损坏其棱角。

拆除脚手架时要轻拆轻放，拆除后材料码放整齐，不要撞坏门窗，墙面和棱角。

抹灰层凝结硬化前应防止快干、水冲、撞击、振动和挤压。

不得直接在楼地面成活面上拌放灰浆。

小　　结

一般抹灰工程的质量评定有三项内容：保证项目；基本项目；允许偏差项目。

产品保护能减少费用，做到文明施工。

习题

1. 一般抹灰评定质量的主要内容有哪些？若产品不合格时如何处理？

2. 内抹灰应注意哪些安全事项？

9.7 室内抹灰综合练习

9.7.1 练习题目

按图 9-13 所示房间（已砌完结构）进行天棚、梁面、砖挑出沿、墙面、柱垛、窗台、踢脚线、护角线、地面的综合抹灰。

各分项用料说明：

顶棚——素水泥浆一道；5 厚 1：1：5 水泥混合砂浆底层；8 厚 1：2.5 石灰砂浆中层；2 厚纸筋灰浆面层。

梁面、砖挑出沿、柱垛——10 厚 1：3 水泥砂浆底层；10 厚 1：2.5 水泥砂浆面层。

墙面——6 厚 1：3 石灰砂浆底层；12 厚 1：3 石灰砂浆中层；2 厚纸筋灰浆面层。

窗台——17 厚 1：3 水泥砂浆底层；8 厚 1：2.5 水泥砂浆面层。

踢脚线——15 厚水泥砂浆底层；13 厚水泥砂浆面层。

地面——13 厚 1：3 水泥砂浆底层；12 厚 1：2.5 水泥砂浆面层。

9.7.2 施工准备

（1）工程量计算

1）相关计算方法、规定及说明

a. 内墙面、天棚等抹灰均按实抹面积计算。但内墙的踢脚线面积不扣，洞口侧边不展开。

b. 室内地面面积在 8m² 以内。定额工日按各种抹灰的综合时间定额乘以 1.25。

c. 抹水泥护角线，每 10m 增加 0.13 工日。

2）天棚工程量

$(3-2\times0.12)\times(2.1-2\times0.12)-(2.1-2\times0.12)\times0.15=4.85m^2$

3）梁面工程量

$(2.1-0.12\times2)\times(0.2\times2+0.15)=1.02m^2$

4）砖出挑沿工程量（1-1 剖面）

$3\times(0.18+3\times0.06)=1.08m^2$

5）墙面工程量

$2\times（长+宽）\times高-门窗洞面积$
$=2\times[(3-0.12\times2)+(2.1-0.12\times2)]\times2.5-(0.9\times2.1+1.2\times1)$
$=20.01m^2$

6）柱垛工程量

$[2\times(0.12+0.12)+(0.24+2\times0.12)]\times2.5=2.40m^2$

7）窗台工程量

$1.2+0.04\times2=1.28$ 延长米；$1.28\times0.18=0.33m^2$

8）踢脚线工程量

$(3+2.1)\times2-0.9=9.3$ 延长米；$9.3\times0.15=1.40m^2$

9）护角线工程量

$(2.1+1)\times2=6.2$ 延长米；$6.2\times0.1=0.62m^2$

10）地面工程量

$(3-2\times0.12)\times(2.1-0.12)=5.46m^2$

（2）计算定额工日

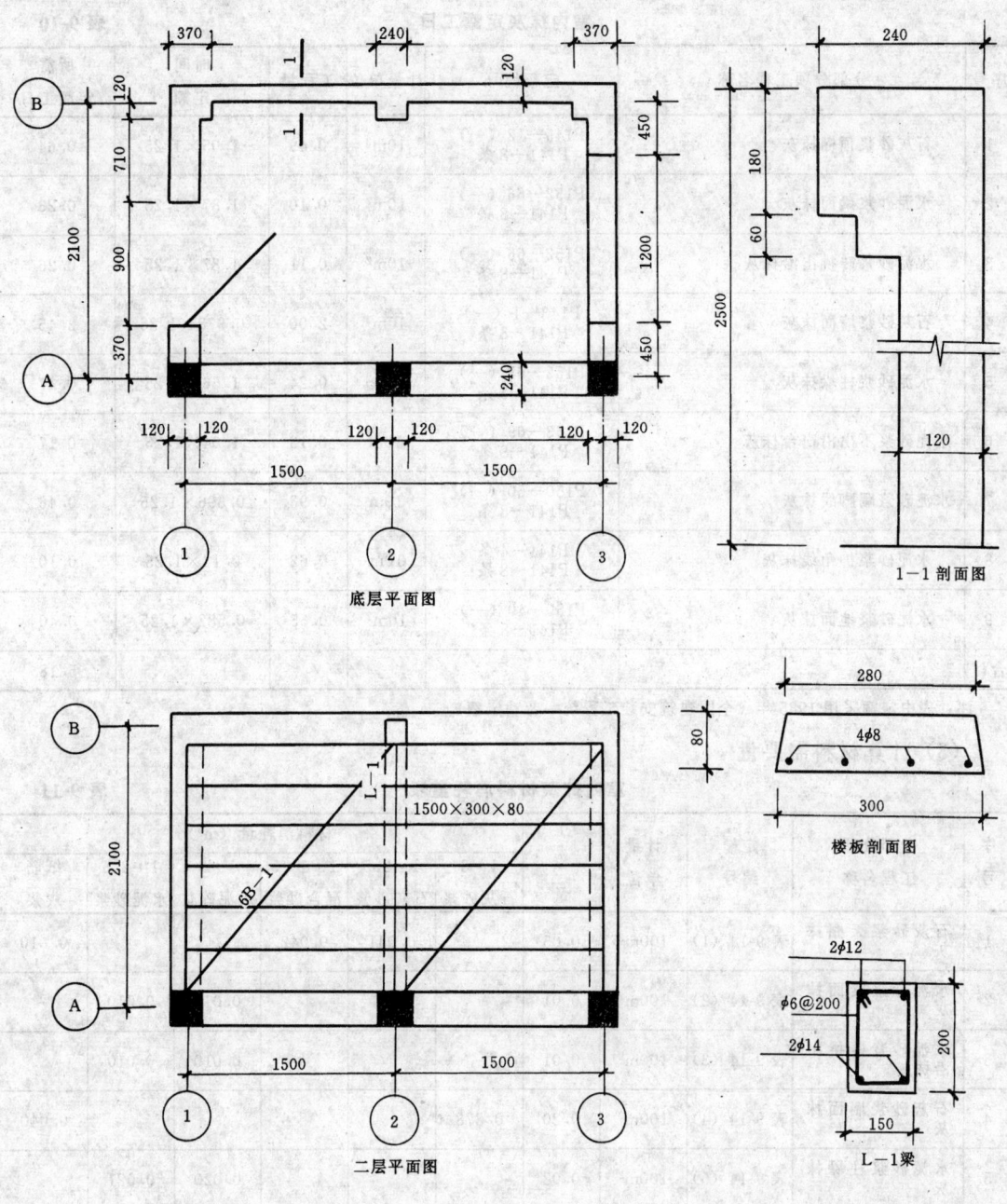

图 9-13　某房间平面图及节点图

说明：1. 本工程用 MU5.0 标准砖。

2. 石灰砂浆砌筑。

3. 构件混凝土强度等级 C25。

序号	分部分项工程名称	定额编号	计量单位	工程量	时间定额	所需定额工日
1	石灰砂浆顶棚抹灰	P145—12（一） P141—8 条	10m²	0.49	1.05×1.25	0.64
2	水泥砂浆梁面抹灰	P152—66（一） P141—8 条	10m²	0.10	1.87×1.25	0.23
3	水泥砂浆砖挑出沿抹灰	P152—66（一） P141—8 条	10m²	0.11	1.87×1.25	0.26
4	石灰砂浆墙面抹灰	P143—1（一） P141—8 条	10m²	2.00	0.978×1.25	2.45
5	水泥砂浆柱垛抹灰	P152—63（一） P141—8 条	10m²	0.24	1.56×1.25	0.47
6	水泥砂浆不出沿窗台抹灰	P153—69（一） P141—8 条	10m	0.13	1.04×1.25	0.17
7	水泥砂浆踢脚线抹灰	P150—50（一） P141—8 条	10m	0.93	0.396×1.25	0.46
8	水泥砂浆护角线抹灰	P141—4 条 P141—8 条	10m	0.62	0.13×1.25	0.10
9	水泥砂浆地面抹灰	P150—40（一） P141—8 条	10m²	0.55	0.582×1.25	0.40
合计						5.18

注：表中定额采用 1985 年《全国建筑安装工程统一劳动定额》。

（3）计算材料需要量

序号	分部分项工程名称	定额编号	计量单位	工程量	材料消耗量（m³）					
					1：3 石灰砂浆	1：2.5 石灰砂浆	1：1.5 混合砂浆	1：3 水泥砂浆	1：2.5 水泥砂浆	纸筋灰浆
1	石灰砂浆天棚抹灰	表 9-14（1）	100m²	0.05		0.041	0.042			0.010
2	水泥砂浆梁面抹灰	表 9-14（2）	100m²	0.01				0.010	0.010	
3	水泥砂浆砖挑出沿抹灰	表 9-14（3）	100m²	0.01				0.010	0.010	
4	石灰砂浆墙面抹灰	表 9-14（4）	100m²	0.20	0.378					0.040
5	水泥砂浆柱垛抹灰	表 9-14（5）	100m²	0.02				0.020	0.021	
6	水泥砂浆窗台抹灰		100m²	—						
7	水泥砂浆踢脚线抹灰	表 9-14（7）	100m²	0.01				0.015	0.014	
8	水泥砂浆护角线抹灰	表 9-14（8）	100m²	0.01				—		
9	水泥砂浆地面抹灰	表 9-14（9）	100m²	0.06				0.082	0.075	
	合计				0.378	0.041	0.042	0.137	0.13	0.050

注：1. 材料消耗定额见表 9-13。
　　2. 例如，墙面抹灰的材料消耗为：石灰砂浆 0.20×1.89＝0.378；纸筋灰浆 0.20×0.202＝0.040。

序号	砂浆种类	计量单位	数量	材料需用量			
				水泥 (kg)	石灰 (kg)	净砂 m³	纸筋 kg
1	1:3石灰砂浆	m³	0.378		98.28	0.39	
2	1:2.5石灰砂浆	m³	0.041		11.81	0.04	
3	1:1:5水泥混合砂浆	m³	0.042	10.12	6.05	0.04	
4	1:3水泥砂浆	m³	0.137	55.35		0.14	
5	1:2.5水泥砂浆	m³	0.13	63.05		0.13	
6	纸筋灰浆	m³	0.05		36.4		1.9
合　　计				128.52	152.54	0.74	1.9

注：1. 材料需要量定额见表 9-12。

2. 例中 1:3 石灰砂浆，查表 8-13 知每立方米需石灰 260kg；需净砂 1.02m³，计算可得出 0.378m³ 石灰砂浆的材料需用量。

即　0.378×260＝98.28；0.378×1.02＝0.39

内抹灰材料消耗定额　　　　　　　　　　　表 9-13

序号	项目	计量单位	材料 (m³)				备注
			石灰砂浆	混合砂浆	水泥砂浆	纸筋灰浆	
1	石灰砂浆顶棚	100m³	0.819	0.838		0.202	
2	梁面水泥砂浆	10m²			2.04		
3	水泥砂浆砖出沿	10m²			2.04		
4	石灰砂浆墙面	10m²	1.89			0.202	
5	水泥砂浆柱垛	100m²			2.04		
6	水泥砂浆窗台	100m²			2.56		
7	水泥砂浆踢脚线	100m²			2.86		
8	水泥砂浆护角线	100m²			0.019		
9	水泥砂浆地面	100m²			2.62		

（4）工具准备

1）机械设备——砂浆搅拌机、粉碎淋灰机、碾磨纸筋机等。

2）主要工具——钢抹子、木抹子、阴阳角抹子、钢皮抹子、刮尺、托灰板、靠尺板、斜口尺杆、粉线袋、卷尺、毛刷、钢丝刷、扫帚、锄头、线锤、錾子、水壶、灰斗、水桶、筛子、铁锹、小浆车等。

9.7.3 确定工序流程

天棚——梁、砖挑沿——墙面——柱面——地面——窗台、踢脚线。

9.7.4 考核评分

室内抹灰综合练习考核评分表   表 9-14

序	考核项目	单项配分	要　　求	考核记录	得分
1	天棚抹灰	15	平整、光滑		
2	梁面抹灰	10	棱直、平整		
3	线条抹灰	10	棱直、清晰		
4	柱垛抹灰	10	楞角方正、垂直		
5	墙面抹灰	20	表整、垂直、光滑		
6	门窗护角	5	作法正确		
7	窗台抹灰	10	楞角清晰		
8	踢脚抹灰	10	上口顺直、表面平整		
9	文明施工	5	工完场清		
10	安全	5	无事故		

班级：　　　　　　　　　姓名：　　　　　　　　指导老师：

198

第 10 章　室内釉面砖镶贴

10.1　基本知识

10.1.1　室内釉面砖分类、规格、特点

室内釉面砖也称瓷砖、釉面瓷砖，是以石膏为主要原料，表面上挂釉面烧制而成。

(1) 分类及规格

釉面砖常有正方形、长方形及配件砖等各种类型具体规格见表 10-1 及图 10-1。

(2) 特点

室内釉面砖有白色釉面砖、装饰釉面砖、瓷砖画及色釉陶瓷字等品种。其表面光滑易于清洗防火耐酸卫生，色泽美观多样。但强度和耐候性较差。

10.1.2　釉面砖用途

根据砖的特点，用在室内厨房、卫生间、浴池、理发室内墙裙等装饰作为贴墙面或浴室、厨房、厕所、池槽等饰面工程。

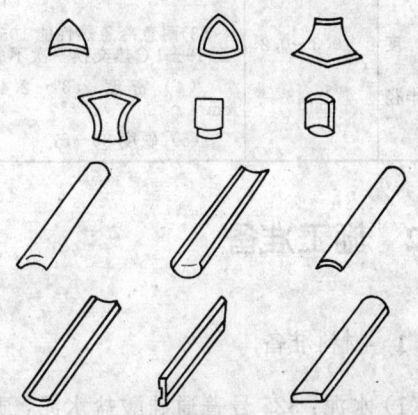

图 10-1　白色釉面砖配件图

白色釉面砖分类及规格　　　　　　　　　　　　　　　　　　　　　　表 10-1

分类	名称	编号	规格（mm）				分类	名称	编号	规格（mm）			
			长	宽	厚	圆弧半径				长	宽	厚	圆弧半径
正方形	平边	F1	152	152	5	—	长方形	平边	J1	152	75	5	—
		F2	152	152	5	—			J2	152	75	6	—
	平边一边圆	F3	152	152	5	8		长边圆	J3	152	75	5	8
		F4	152	152	6	12			J4	152	75	6	12
	平边两边圆	F5	152	152	5	8		短边圆	J5	152	75	5	8
		F6	152	152	6	12			J6	152	75	6	12
	小圆边	F7	152	152	5	5		左二边圆	J7	152	75	5	8
		F8	152	152	6	7			J8	152	75	6	12
		F9	108	108	5	5		右二边圆	J9	152	75	5	8
	小圆边一边圆	F10	152	152	5	5 8			J10	152	75	6	12
		F11	152	152	6	7 12	配件砖	压顶条	P1	152	38	6	— 9
		F12	108	108	5	5 8		压顶阳角	P2	—	38	6	22 9
	小圆边两边圆	F13	152	152	5	5 8		压顶阴角	P3	—	38	6	22 9
		F14	152	152	6	7 12		阳角条	P4	152	—	6	22
		F15	108	108	5	5 8		阴角座	P9	50	—	6	22
配件砖	阴角条	P5	152	—	6	22		阳三角	P10	—	—	6	22
	阳角一端圆	P6	152	—	6	22 12		阴三角	P11	—	—	6	22
	阴角一端圆	P7	152	—	6	22 12		腰线砖	P12	152	25	6	—
	阳角座	P8	50	—	6	22							

10.1.3 釉面砖技术要求

釉面砖的表面应光洁、色泽一致,不得有暗痕和裂缝,无夹心和缺轴现象,无缺棱掉角,并要求其吸水率不大于10%。允许公差及主要技术要求,见表10-2。

白色釉面砖标定尺寸的
允许公差及技术要求　表10-2

项目	公值差（mm）	主要技术要求
长　度	±0.5	(1) 白度不低于78度
宽　度	±0.5	(2) 吸水率不大于10%
厚　度	±0.3~0.2	(3)耐急冷急热性能105℃至19±1℃热交换一次不裂
圆弧半径	±0.5	(4) 密度2.3~2.4g/cm³
		(5) 硬度85~87

10.2 施工准备

10.2.1 材料准备

(1) 水泥:325号普通硅酸盐水泥,质量合格;325号白水泥,质量合格。

(2) 砂子:中砂,过筛洁净。

(3) 釉面砖:规格、品种、图案、颜色均匀性必须符合设计规定,数量根据工程量大小一次准备够用。

(4) 107胶:新出厂合格产品。

(5) 石灰膏:淋制石灰膏。

提示:

水泥必须进行安定性检验。

尚好的石灰膏应"陈伏"一个月以上时间,无未熟化颗粒及杂质。

10.2.2 主要机具准备

(1) 常用机具:与一般瓦、抹作业所用机具同。

(2) 专用机具:裁刀、钳子、灰铲、排笔或刷子、擦布或棉纱等。

10.2.3 劳动力准备

一个工人可以单独操作,二人组合工效较显著。总劳动力由进度要求和劳动定额用工与工程数量计算确定。

10.2.4 作业条件

(1) 已安装好水、暖、电等管、线、盒及门窗框,作业面以外及相邻的墙面、顶棚等抹灰和地坪防水层、垫层已施工完毕。

(2) 脸盆架、镜框、管卡、背水箱、盒洞等埋件设好,位置准确。

(3)贴砖用的脚手架已搭好并符合要求。施工环境温度不应低于5℃。

(4) 大面积施工前应先做样板墙或样板间,并经有关部门检查合格后再正式镶贴。

小　　结

镶贴釉面砖的规格、品种、颜色必须符合设计规定。

镶贴釉面砖是一项不易修补和二次操作的项目,因此要在一定的作业条件下尽可能一次完成。

釉面砖镶贴前准备时,浸水湿润,潮而无明水。

习题

1. 釉面砖的产品质量要求有哪些?

2. 镶贴釉面砖应作哪些准备工作?

3. 冬期施工期间镶贴釉面砖应采取什么措施?

4. 釉面砖能否用于室外工程上?为什么?

5. 对"107胶"产品质量如何把关?

10.3 操作基本功

10.3.1 抄平放线

（1）根据室内水平控制点弹 50 线在施工房间的刮糙墙面上，并使其交圈闭合，作为贴釉面砖的水平控制依据。

（2）根据顶棚标高；室内楼地面最低点（地漏处）标高；窗台标高确定最下一皮釉面砖的上口标高控制线，并弹线交圈闭合。

（3）根据贴砖需要弹放墙面竖向垂直线，以控制贴砖立缝。

提示：

抄平放线的主要工具有水准仪、透明胶水管、水平尺等。

满贴墙面应从顶棚向下排砖，保证最上一皮为整砖层。

贴墙裙瓷砖在有坡度要求的楼地面放线时，保证最低点处为整砖，水平弹出交圈线，同时还应考虑水平缝与窗台相平。

10.3.2 瓷砖的排列方法

（1）直缝排列

釉面砖的竖缝和横缝都在同一直线上的排列方法，如图 10-2 所示。

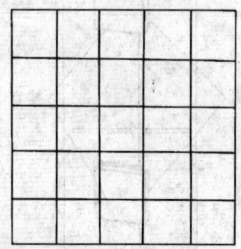

图 10-2　直缝排列

（2）错缝排列

釉面砖的错缝排列也叫"骑马缝"排列。即横缝在同一直线排列而竖缝错过半砖排列的方法，如图 10-3 所示。

（3）底层釉面砖排列的一般法则

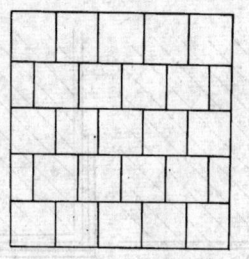

图 10-3　错缝排列

从阳角开始向阴角排列，把不成整块的瓷砖排在阴角；在有脸盆镜箱墙面，应从脸盆下水管中心向两边排砖，肥皂盒等洞、槽可按预定尺寸和砖数排砖；设计有配件釉面砖时（阴、阳角条等）应留好配件砖的位置。

（4）细部釉面砖的排列处理

细部釉面砖的排列处理如图 10-4 所示。

10.3.3 作贴釉面砖标志块

先用废釉面砖块在墙面两端贴釉面砖标志块，上下用靠尺板挂垂直，横向每隔 1.5m 左右拉线补做标志块，如图 10-5 所示。

有阳角的墙、柱面作标志块时，靠阳角的侧棱面也要挂直，即要两面挂直，如图10-6所示。

10.3.4 釉面砖打粘贴灰

打灰就是把粘贴砂浆刮涂在要贴的釉面砖背面。

打灰方法即左手拿砖，背面水平朝上，右手握灰铲在灰斗里掏出粘贴砂浆，涂刮在釉面砖背面，用灰铲将灰平压向四边展开，薄厚适宜，四边余灰用灰铲收刮，使其形状为"台形"即打灰完成，如图 10-7 所示。

10.3.5 贴釉面砖

在所要镶贴的釉面砖打满灰后，随即进行贴砖，根据控制标志（拉线、标志块、墙上控制线、下皮砖的上棱等）将釉面砖的下棱平移接近下皮砖的上棱时，随即将釉面砖翻起，显竖向位置；用力按压灰铲木柄轻轻

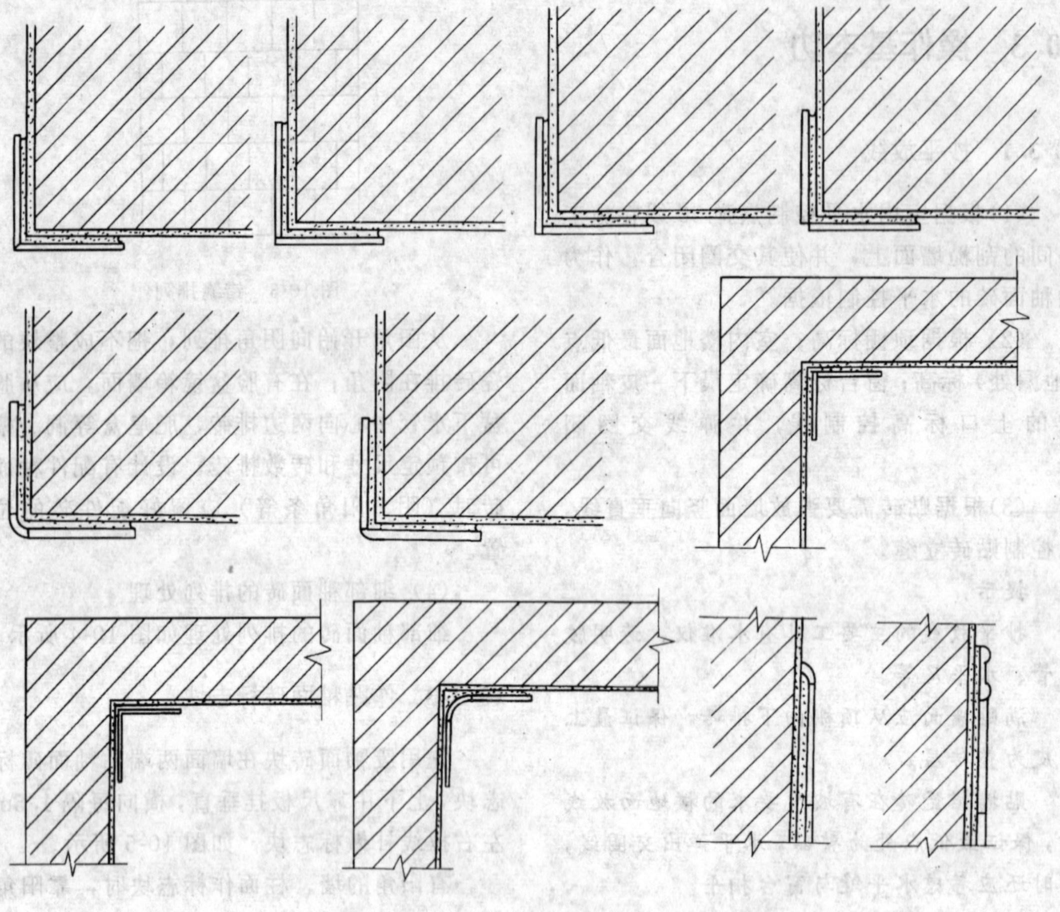

图 10-4　细部排列

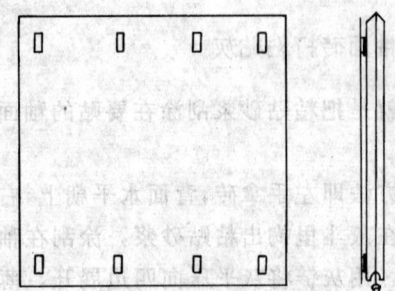

图 10-5　贴标志块

敲击,使釉面砖紧密粘于墙面刮糙基层上,再检查校核平直度合格,如图 10-8 所示。

提示:

镶贴釉面砖时根据粘接层实际厚度,试贴几块掌握感觉打灰数量的多少,力争贴砖一次就位(粘接砂浆正好合适)。

对高于标志块的釉面砖应轻轻敲击,

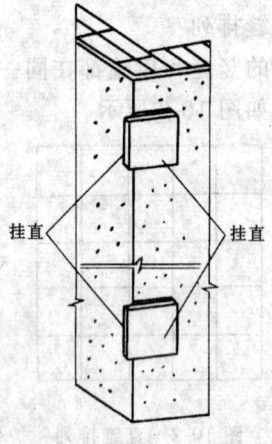

图 10-6　双面挂直

使其平齐,若低于标志块的欠灰釉面砖,应取下重新加灰再铺贴,不得在釉面砖上口塞灰,否则会产生空鼓。

10.3.6 擦缝

先用清水将砖面擦洗干净，用灰铲把缝子挤出的残浆清铲掉，并用棉纱擦干净。把白水泥拌成水泥浆，然后用刮板将水泥浆往缝子里刮满、刮实刮严，均匀不遗漏，再用棉纱将缝隙擦平实，缝线粗细均匀，最后用干净绵纱把砖面上的水泥浆粒擦干净，显出砖面的本色，如图10-9所示。

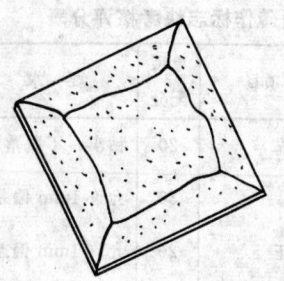

图 10-7　釉面砖打灰

10.3.7 基本功实习训练

（1）抄平、放线练习

1）准备

水准仪、水准尺或水平尺、塑料透明胶管、粉线袋、卷尺；一个房间。

2）操作要领及要求

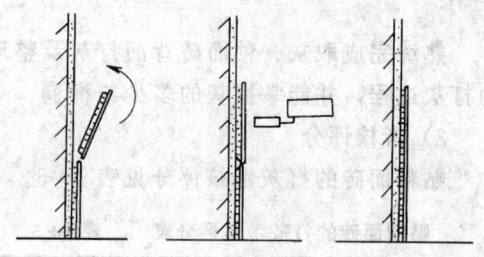

图 10-8　贴釉面砖

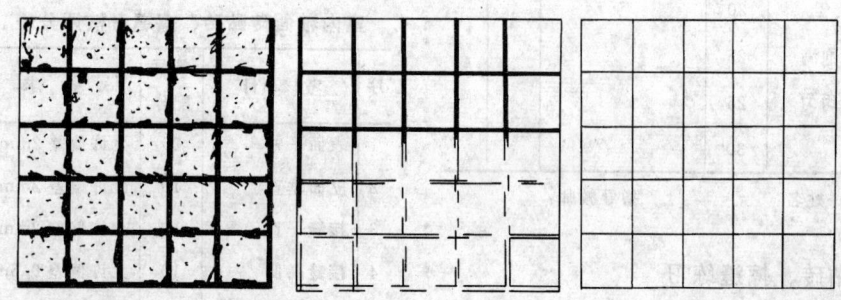

图 10-9　釉面砖擦缝

用抄平工具将门口的 50 线点抄放到房间的四个墙面上，并出 50 线。

3）考核评分

抄、弹水平线考核见表10-3。

<table>
<tr><th colspan="6">抄、弹水平线考核评分表　　　表 10-3</th></tr>
<tr><th>序</th><th>考核项目</th><th>单项配分</th><th>要　求</th><th>考核记录</th><th>得分</th></tr>
<tr><td>1</td><td>标高准确</td><td>20</td><td></td><td></td><td></td></tr>
<tr><td>2</td><td>能交圈闭合</td><td>40</td><td></td><td></td><td></td></tr>
<tr><td>3</td><td>弹线平直、清楚</td><td>10</td><td></td><td></td><td></td></tr>
<tr><td>4</td><td>综合印象</td><td>30</td><td></td><td></td><td></td></tr>
</table>

班级：　　姓名：　　　　指导教师：

（2）贴釉面砖标志块练习

1）准备

靠尺板、线锤、卷尺、抹子、碎釉面砖块、细线、粘贴砂浆、墙面。

2）操作要领及要求

在墙面端头用釉面砖贴标志块，贴砖灰口薄厚合适，阴阳角方正，横向 1.5m 左右拉线补做标志块。

3）考核评分

墙面釉面砖作标志块考核评分见表10-4。

（3）贴釉面砖砖的打灰练习

1）准备

釉面砖一块、粘接灰浆；灰斗、灰铲。

2）操作要领及要求

墙面釉面砖作标志块考核评分表　　表 10-4

序	考核项目	单项配分	要 求	考核记录	得分
1	粘接牢靠	20	粘牢、不脱落		
2	垂直度	30	允许 1mm 偏差		
3	阳角方正	20	允许 1mm 偏差		
4	综合印象	30			

班级：　　　姓名：　　　指导教师：

熟练完成取灰、釉面砖背面打灰及整理的打灰过程，并能掌握灰的多少与稀稠。

3) 考核评分

贴釉面砖的打灰考核评分见表 10-5。

贴釉面砖的打灰考核评分表　　表 10-5

序	考核项目	单项配分	要 求	考核记录	得分
1	动作熟练	20			
2	四角灰浆饱满	25			
3	灰浆薄厚均匀	25			
4	综合印象	30			

班级：　　　姓名：　　　指导教师：

(4) 贴砖、擦缝练习

1) 准备

16 块 152×152×5（mm）白色釉面砖，直木楞一根，木楔四个；灰铲等工具；刮成糙的墙面 1.2m²。

2) 操作要领及要求

在刮糙墙面上作标志、放水平线、垫好直尺作第一皮的基准，逐皮向上贴完四皮、16 块砖。清理砖面，用白水泥浆擦缝，干净交活，如图 10-10 所示。

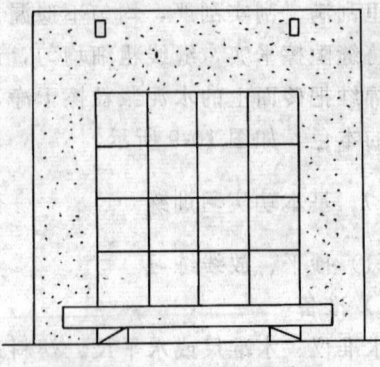

图 10-10　贴砖、擦缝练习

3) 考核评分

室内釉面砖贴砖、擦缝考核见表 10-6。

室内釉面砖贴砖、擦缝考核评分表　　表 10-6

序	考核项目	单项配分	要 求	考核记录	得分
1	表面平整	20	允许偏差 2mm		
2	立面垂直	10	允许偏差 2mm		
3	接缝平直	10	允许偏差 2mm		
4	接缝高低	10	允许偏差 0.5mm		
5	墙裙上口平直	10	允许偏差 2mm		
6	擦缝清晰密实	20	缝线粗细均匀		
7	综合印象	20			

班级：　　　姓名：　　　指导教师：

小　结

抄平、放线是贴砖的主要参照依据，必须正确、水平要交圈，并符合整个单位工程的标高要求。

作标志要考虑粘接层的薄厚，和阴阳角的尺寸控制。

釉面砖的排列直接影响最终的装饰效果，在排列时特别注意细部、半砖位置的构造处理，使排砖组合合理，美观大方。

釉面砖用前要浸水湿润，阴干备用。粘贴灰浆比例合适，贴砖方法正确，减少空鼓发生。

习题

1. 釉面砖的排列形式有哪几种?
2. 如何作贴釉面砖的标志块?
3. 怎样进行抄平、放线?此项和贴釉面砖有什么关系?
4. 贴砖的操作要点如何?当粘贴灰浆打少了如何处理?

10.4 室内墙面贴釉面砖操作工艺

10.4.1 贴砖工序流程

基层处理——抹底子灰(刮糙)——抄平弹线——贴标准点——垫尺排贴底砖——镶贴釉面砖——边角收口——擦缝。

10.4.2 操作工艺

(1) 基层处理

釉面砖镶贴的基层主要有混凝土基层;砖砌体基层;加气混凝土砌块基层;轻质板条和钢板网基层,为了保证底子灰的粘接质量,对基层需要专门处理。

混凝土基层处理时,凸出墙面的混凝土要剔平,凹的地方用砂浆分层抹平,混凝土表面凿毛后清理干净,浇水湿润。基层很光滑时还要进行"毛化处理"(即将1:1水泥掺胶细砂浆甩喷到混凝土基体上或涂刷表面处理剂)。

砖砌体基层处理时检查堵砌好脚手眼,錾凸补凹,清理残存废余砂浆、灰尘、污垢、油渍,并提前一天浇水湿润。

加气砌块基层处理时清扫基层废余砂浆、灰尘、污垢、油渍等清除干净,用水将基层洇适(水浸深10mm为宜),先刷一道聚合物水泥浆再用1:3:9混合砂浆分层补平。

板条、钢板网等轻质隔墙采用麻刀混合砂浆或纸筋混合砂浆作挂底抹灰。

(2) 抹底子灰

在基层处理完并凝固的基体面上按室内一般抹灰的要求(不作罩面层)进行刮糙,使表面平整,垂直而粗糙,为贴釉面砖做好准备。

加气砌块砌体在基层处理完后,隔天刷聚合物水泥砂浆,并用1:1:6混合砂浆打底,木抹子搓平、隔天浇水养护。

(3) 抄平和放线

设计要求满墙贴砖时,先在顶棚与墙交接墙面上弹水平控制线,再进行皮数设计。水平皮数从顶向下排列设计皮数;竖直皮数从阳角、设施(镜、台、盒等)中心、门窗边角等向阴角、次要位置方向排列设计皮数。

设计要求只贴墙裙时,水平皮数从窗台向上、下或从楼地面最低处向上排列,高度满足设计要求。竖直皮数同满墙贴砖排列方法一样。

根据已定好的放线排砖方案,弹出第一皮砖的上口交圈线,并画出控制皮数杆。

提示:

抄平采用透明塑料胶管($\phi 15$)较方便,用时一端接在水源上(龙头)使其充满水(管内气泡排净),用时两端管口与大气自然相通,根据二端水管的水凹面相平原理找到需要位置的水平点,弹线连通各水平点,使其交圈闭合,弹线时线绳要拉紧、绷直。

在釉面砖的二种排缝方法中,直排缝比骑马缝对釉面砖的规格质量要求严格。

使用配件釉面砖时,水平、竖直皮数位置要预留出配件所占的尺寸。无配件釉面砖设计时要分清房间每个细部的主次位置,确定次面先贴,主面后贴。

每个施工单元均有最佳的排砖方案,这需要根据实际情况做出正确的选择。

(4) 贴标准点

用灰浆把废釉面砖粘贴在刮好糙的基层上，贴时将砖的棱角翘起，以棱角做为镶贴面砖表面平整的标准，如图10-11所示。贴灰厚度根据粘贴灰浆不同而不同。采用素浆贴砖时厚3～5mm；采用砂浆贴砖时厚5～7mm。

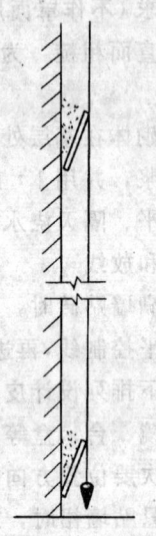

图 10-11　瓷砖标志块

提示：

贴砖灰浆参考比例：见表10-7。

室内釉面砖贴砖灰浆比例参考表　表 10-7

序	材料名称及比例 （水泥：石灰膏：砂）	粘接层厚度 （mm）
1	1：0.1～0.15：2	6～10
2	1：0.1：2.5	5～7
3	1：0：1　加 10%～20%胶	3～5
4	素水泥浆	3～5

注：也有用胶粘剂粘贴釉面砖的新方法，如SG8407瓷砖粘结剂。

（5）垫尺排底砖

当楼（地）面面层后做时，应按最下一皮瓷砖的上口交圈线反量标高垫好底尺板，作为最下一皮砖的下口标准和支托。底尺板面须水平垫实摆稳，垫点间距应在400mm左右，使底尺板不致弯曲变形为准。当楼（地）面面层已先做好时，可不垫底尺板、釉面砖直接在楼（地）面面层上支托镶贴，上口同最下一皮釉面砖上口交圈弹线吻合。

底砖排完后，检查无误，再进行大面积的镶贴，如图10-12所示。

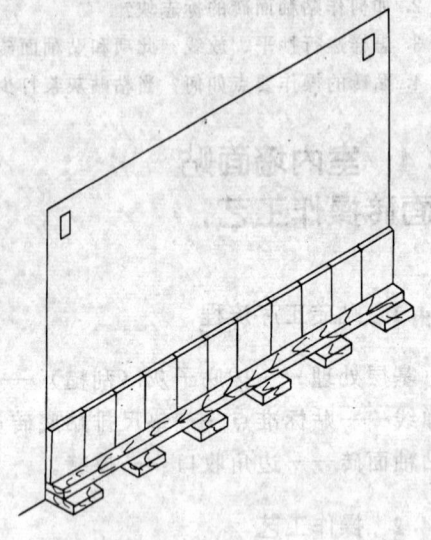

图 10-12　排底砖

提示：

排底砖检查的主要内容有：排法合理；上口平直；阳角方正；与标志块吻合（共面）；立缝均匀等。

（6）镶贴釉面砖

先把挑选出一致规格的釉面砖清理干净，放入净水中浸泡2h以上，取出阴干无明水，用粘贴灰浆由下往上从阳角开始镶贴，左手平托釉面砖（商标方位一致）、右手拿灰铲，把粘贴砂浆取打在釉面砖背面厚度由标志块决定，以水平和垂直控制线为准贴于墙面上，用力按紧，用灰铲柄轻击釉面砖（一两次）使其吻合于控制标志，每贴完一皮后；用靠尺套一下上口和釉面砖大面，不合格的地方及时修理合格。第一皮完后贴第二皮，用同样贴法直至一面墙全部完成。自检、划缝清理干净。

提示：

为保证立缝垂直可在基层适当位置弹上几道垂直控制线。

釉面砖水平和立缝不能超过1.5mm。

突出的管线、支架和灯具座等处应用整

砖套割吻合，不能用非整砖拼凑镶贴。

切割非整釉面砖用合金钢錾子（刀头），根据所需的尺寸划痕，有"撕拉"声音，划痕向外折断，在砂轮上磨边后镶贴。

釉面砖开孔时，将砖面按孔洞的尺寸与位置将其画好，放在一块平整的硬物体上用小锤和合金钢尖錾子从面层孔中心轻轻敲凿透，逐步向外发展，到符合要求为止。

（7）边角收口

上口如没有压条，应采用一面圆的釉面砖。阳角的大面一侧用圆的釉面砖，这一排的最上面一块应用二面圆的釉面砖，如图10-13所示。

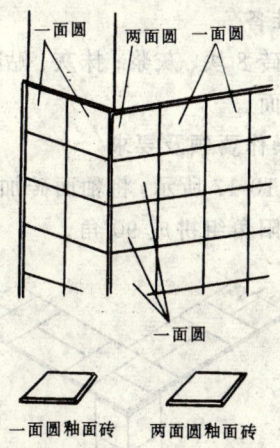

图 10-13 边角收口

大面贴完后再镶贴阴阳角、凹槽等配件收口砖，最后全面清理干净。

（8）擦缝

釉面转贴好隔一天，先用清水将砖面全面湿润，用棉纱抹擦干，然后用白水泥加水调成稠粥状水泥浆，然后用刮板将水泥浆往缝子里刮满、刮实、刮严，粗细均匀，溢出砖面者随手揩抹干净，换干净棉纱，擦出釉面砖的原有本色。

10.4.3 实习训练

（1）釉面砖开孔练习

1）准备

釉面砖3块、合金钻、钳子、卷尺等；墙面上有三个φ20水管出口。

2）操作要领及要求

在三个出头管下方放一根水平线，在左侧放一根垂直线，控制釉面砖位置后，量测出头管在所贴釉面砖上的相对位置，画线成孔、镶贴，如图10-14所示。

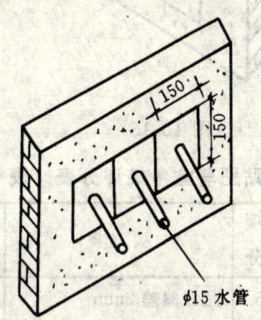

图 10-14 开孔练习

3）考核评分

釉面砖贴砖开孔考核见表10-8。

釉面砖贴砖开孔考核评分表 表 10-8

序	考核项目	单项配分	要求	考核记录	得分
1	上口平直	15	拉线尺量1mm内		
2	接缝高低	15	0.5mm内		
3	开孔大小	30	均匀一致，缝隙小于2mm		
4	文明施工	10	工完场清		
5	综合印象	30			

班级：　　　姓名：　　　指导教师：

（2）釉面砖镶贴肥皂盒练习

1）准备

釉面砖13块、灰浆；贴砖工具；带有肥皂盒的刮糙墙面。

2）操作要领及要求

根据皂盒位置进行釉面砖镶贴放线，并按图10-15的要求完成13块釉面砖的镶贴工作。

肥皂盒洞的底砖向外稍有流水坡度。

3）考核评分

釉面砖镶贴肥皂盒考核见表10-9。

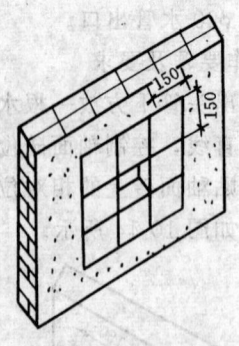

图 10-15

釉面砖镶贴肥皂盒考核评分表　　表 10-9

序	考核项目	单项配分	要　　求	考核记录	得分
1	上口平直	15	允许偏差 2mm		
2	接缝高低	15	允许偏差 0.5mm		
3	开洞情况	40	大小及细部合理缝隙均匀，坡度正确		
4	文明施工	10			
5	综合印象	20			

班级：　　　姓名：　　　指导教师：

（3）台面贴釉面砖练习

1）准备

400×400×35（mm）钢筋混凝土预制板一块，安置在 240×240（mm）高 200m 的砖墩上；抹灰、贴砖工具；釉面砖 13 块（规格 150×150×50（mm））。

2）操作要领及要求

台面如图 10-16 所示。完成后尺寸为 450×450×55（mm）台面水平，阳角方正，拼缝均匀整齐，无空鼓现象。

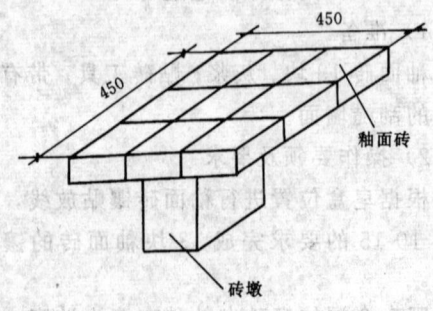

图 10-16　台面贴砖

3）考核评分

台面贴釉面砖考核见表 10-10。

台面贴釉面砖考核评分表　　表 10-10

序	考核项目	单项配分	要　　求	考核记录	得分
1	外形尺寸	20	符合要求		
2	台面水平度	15	允许 2mm 偏差		
3	阳角方正度	20	允许 2mm 偏差		
4	缝子均匀整齐	15	擦缝密实		
5	无空鼓	10	有空砖不得分		
6	文明施工	10	工完场清		
7	综合印象	10			

班级：　　　姓名：　　　指导教师：

（4）45°割角拼贴阳角练习

1）准备

釉面砖 8 块、灰浆；抹灰、贴砖工具；阳角刮糙墙面。

2）操作要领及要求

如图 10-17 所示，将釉面砖加工成 45°割角，再贴阳角组拼成 90°角。

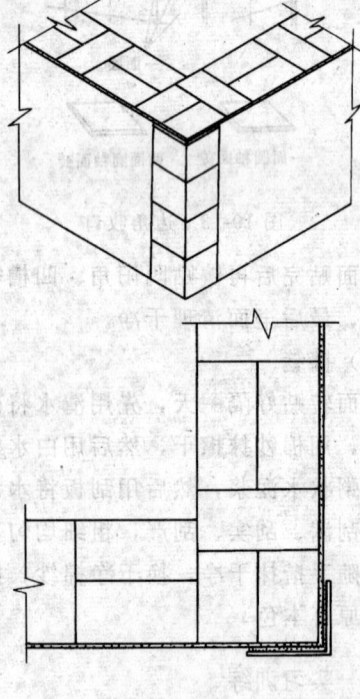

图 10-17　割角拼缝

3）考核评分

釉面砖 45°割角拼贴阳角考核见表

10-11。

釉面砖 45°割角拼贴阳角考核评分表

表 10-11

序	考核项目	单项配分	要 求	考核记录	得分
1	阳角方正	20	允许 2mm 偏差		
2	阳角垂直	20			
3	阳角接缝均匀	20			
4	文明施工	10	工完场清		
5	综合印象	30			

班级：　　姓名：　　　　　指导教师：

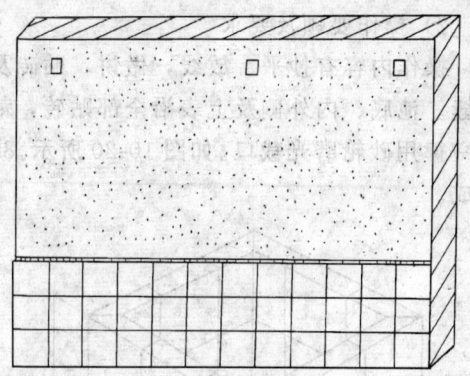

图 10-18

（5）釉面砖墙面镶贴练习

1）准备

釉面砖 50 块、贴砖灰浆；抹灰及贴砖工具；已刮好糙墙面长 2m，高 1m。

2）操作要领及要求

在墙面上弹线、抄平，作饼找规矩，贴砖擦缝完成 50 块釉面砖的镶贴工作。并在 4h 内完成，如图 10-18 所示。

3）考核评分

釉面砖镶贴墙面考核见表 10-12。

釉面砖镶贴墙面考核评分表　　表 10-12

序	考核项目	单项配分	要 求	考核记录	得分
1	表面平整	15	允许偏差 2mm		
2	立面垂直	15	允许偏差 2mm		
3	接缝平直	10	允许偏差 2mm		
4	上口平直	10	允许偏差 2mm		
5	接缝高低	10	允许偏差 0.5mm		
6	擦缝	10	清洁		
7	工效	15	超过 4h 扣分		
8	文明施工	5	工完场清		
9	综合印象	10			

班级：　　姓名：　　　　　指导教师：

（6）阴阳拐角墙面贴釉面砖练习

1）准备

釉面砖 40 块、贴砖灰浆；抹灰及贴砖工具；已完成刮糙的拐角墙面。见图 10-19。

2）操作要领及要求

用 4h 完成。操作内容有抄平、放线、作饼、贴砖及擦缝。细部阳角压法正确。无空鼓贴砖。

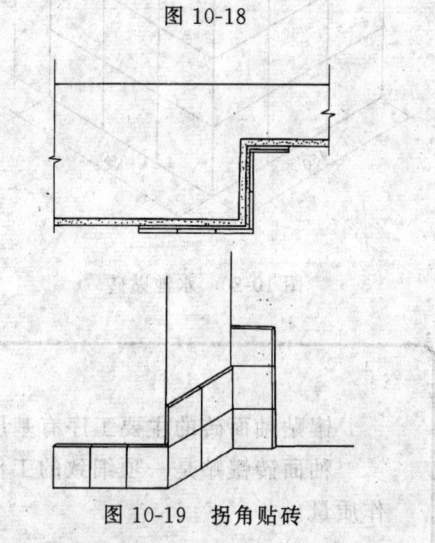

图 10-19　拐角贴砖

3）考核评分

阴阳拐角墙面贴釉面砖考核见表10-13。

阴阳拐角墙面贴釉面砖考核评定表　　表 10-13

序	考核项目	单项配分	要 求	考核记录	得分
1	表面平整	15	允许偏差 2mm		
2	立面垂直	15	允许偏差 2mm		
3	阳角方正	15	允许偏差 2mm		
4	接缝高低	15	允许偏差 0.5mm		
5	压角正确	10	符合图示要求		
6	无空鼓	10	有空鼓扣分		
7	工效	15	超过 4h 扣分		
8	文明施工	5	工完场清		

班级：　　姓名：　　　　　指导教师：

（7）水池镶贴瓷砖练习

1）准备

400mm×400mm 钢筋混凝土水池一个、贴砖灰浆，85 块釉面砖，抹灰、贴砖工具。

2) 操作要领及要求

操作内容有抄平、放线，做饼，贴砖及擦缝。池底、内外侧及上表沿全部贴砖，裁砖一律用砂轮磨光裁口。如图 10-20 所示。8h 完成。

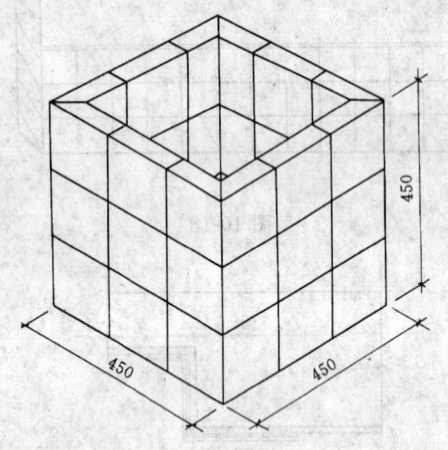

图 10-20　水池贴砖

3) 考核评分

水池镶贴釉面砖考核见表 10-14。

水池镶贴釉面砖考核评分表　表 10-14

序	考核项目	单项配分	要　求	考核记录	得分
1	阳角方正	20	允许偏差 2mm		
2	拼缝均匀	15	宽窄一致		
3	池底冷水正确	15	无积水		
4	工效	20	超过 8h 扣分		
5	综合印象	30			

班级：　　姓名：　　　　　指导教师：

小　结

镶贴釉面砖的主要工序有基层处理；刮糙；抄平找规矩；镶贴釉面砖等。

釉面砖镶贴是一项细致的工作，必须认真作好各个工序的工作，才能保证工作质量。

习题

1. 釉面砖镶贴的工艺流程？
2. 镶贴釉面砖对基层的要求？
3. 如何进行釉面砖的擦缝？
4. 贴砖放线的操作要点是什么？
5. 分析釉面砖空鼓的原因有哪些？

10.5　质量评定标准

10.5.1　保证项目

（1）釉面砖的品种、规格、颜色和图案必须符合设计要求和现行标准规定。

（2）釉面砖镶贴必须牢固、无空鼓、歪斜、缺楞掉角和裂缝等缺陷。

（3）检查方法：观察和用小锤轻击。

10.5.2　基本项目

（1）釉面砖表面质量应符合下列规定：

合格：表面基本平整、洁净。

优良：表面平整、洁净、色泽协调一致。

（2）釉面砖接缝应符合下列规定：

合格：接缝填嵌密实、平直、宽窄均匀，阴阳角处的砖压向正确。

优良：接缝填嵌密实、平直、宽窄一致，颜色一致，阴阳角处的砖压向正确，非整砖的使用部位适宜。

（3）突出物周围的釉面砖套割质量应符合下列规定：

合格：整砖套割缝隙不超过 5mm；墙裙、贴脸等上口平顺。

优良：用整砖套割吻合、边缘整齐；墙裙、贴脸等上口平顺突出墙面的厚度一致。

（4）滴水线应符合下列要求：

合格：滴水线顺直。

优良：滴水线顺直，流水坡向正确。

（5）检查方法：

观察和尺量。

10.5.3 允许偏差项目

10.6 成品保护和安全要求

10.6.1 成品保护

（1）禁止在已镶贴完的釉面砖上凿洞。

（2）室内其他工程施工时（如涂料、电

室内釉面砖镶贴允许偏差和检验方法

表 10-15

项次	项　目	允许偏差 （mm）	检验方法
1	表面平整	2	用 2m 靠尺和楔形塞尺检查
2	立面垂直	2	用 2m 托线板检查
3	阳角方正	2	用方尺和楔形塞尺检查
4	接缝平直	2	拉 5m 线检查，不足 5m 拉通线和尺量检查
5	墙裙上口平直	2	
6	接缝高低	0.5	用直尺和楔形塞尺检查

焊等）应对会产生污染的釉面砖进行覆盖遮挡。

10.6.2 安全要求

（1）使用机械必须按操作程序进行操作。

（2）上下架子必须注意安全。

小　　结

　　施工作业队要对所镶贴釉面砖的质量作全数三项检查，不合格的地方，在质检部门检查前修理完毕。

　　施工过程要在可靠的安全条件下进行。

　　釉面砖修补很困难，必须保护好成品，避免二次修补。

习题

1. 如何进行釉面砖的质量检查验收？

2. 釉面砖接缝高低的检验方法？

第 11 章　模板的支设与拆除

11.1　基本知识

11.1.1　模板支、拆使用的工具与机械

（1）量具

有钢卷尺和木折尺。

（2）角尺与三角尺

角尺又称曲尺、拐尺、有木制和钢制两种。三角尺又称斜尺、塔尺、长度均为 15～20cm，尺翼与尺柄的交角一个为 90°，一个为 45°。如图 11-1 所示。

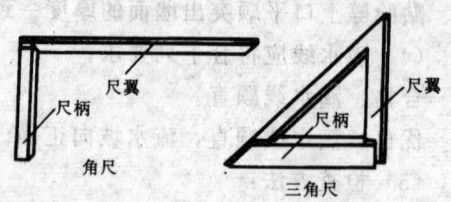

图 11-1　角尺与三角尺

（3）水平尺

有木制和钢制两种。

（4）线锤

是用钢制成的正圆锥体，在其上端中央设有带孔螺栓盖，可系一条线绳。

（5）划线笔

划线笔有木工铅笔、竹笔等。如图 11-2 所示。

图 11-2　竹笔

（6）墨斗

墨斗由圆筒、摇把、线轮和定针等组成。如图 11-3 所示。

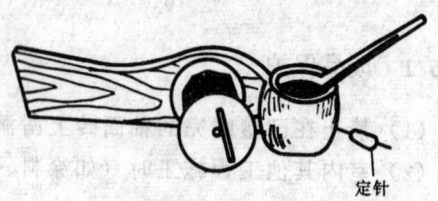

图 11-3　墨斗

（7）斧和锛

是模板制做中的砍削工具。斧有单刃斧和双刃斧。如图 11-4 所示。

（8）框锯

又名架锯。它是由工字形木架和锯条等组成。如图 11-5 所示。

（9）羊角锤

敲钉和起钉用，也可敲击其他物品，如模板就位等。如图 11-6 所示。

奶子锤　组合模板或拆除模板用。

（10）撬棍

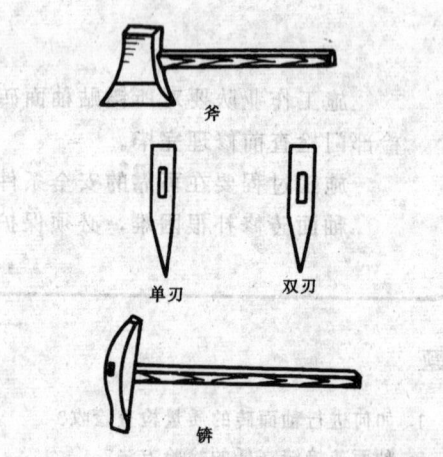

图 11-4　斧和锛

用于模板拆除。常用 ϕ18～25 钢筋制成，长度 500～1500mm。带羊角时可起钉子。如图 11-7 所示。

（11）活扳手

紧固、拆除模板支承体系架子用。如图

11-8所示。

（12）圆锯机

主要用于纵向锯割木材，是建筑工地常用的一种木工机械。如图11-9所示。

11.1.2 模板的种类与要求

（1）模板的种类

模板按其型式不同分为组合钢模板、钢框覆面胶合板模板、早拆模板、大模板、滑升滑板、飞模、爬模等。

模板按所用材料不同分为木模板、钢模板、钢木模板、铸铝模板、竹胶模板等。

目前以应用木模板、组合钢模板、钢框覆面胶合板模板为多。

选哪种模板及其支撑体系要因地制宜，就地取材，同时考虑周转次数要多，损耗要少，成本要低。

（2）模板系统及支撑系统支设要求

1）保证结构和构件各部分形状尺寸和相互位置的正确性；符合图纸设计要求。

2）模板材质应有出厂证明，并应符合国家有关标准和进行复验。

3）具有足够的稳定性、刚度和强度，能可靠地承受所浇捣混凝土的重量和测压力，以及在施工过程中所产生的荷载。

4）支撑及其他附属配件应考虑便于装拆。

5）模板的接缝均应严密，不得漏浆。

11.1.3 木模板的配制准备及注意事项

根据不同项目模板摊销次数（经验定值）按施工方案确定的计划周转次数，计算木模的施工投入量，进场堆放。

配制模板时，根据木工翻样图或结构图，考虑模板拼装接合的需要，适当加长或缩短某一部分长度。

提示：

一般厚20～30mm的木板用做结构构件的侧模；厚40～50mm的木板用做结构构件的底模；中方或厚木做支撑；小方做木档或搭头木。

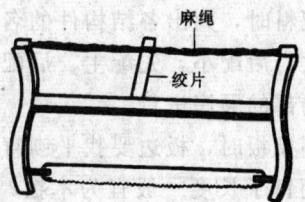

图 11-5　框锯

图 11-6　羊角锤

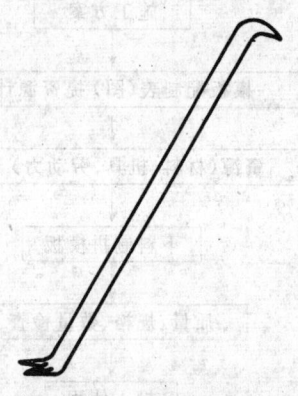

图 11-7　撬棍

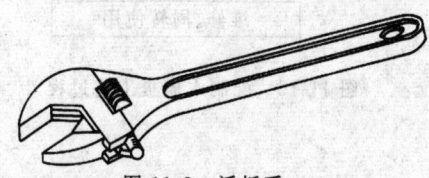

图 11-8　活扳手

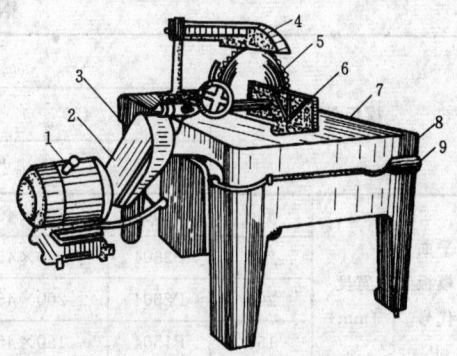

图 11-9　MJ109 型手动进料圆锯机

1—电动机；2—开关盒；3—皮带罩；
4—防护罩；5—锯片；6—锯比；7—
台面；8—机架；9—双联按钮

下配料时，列出各结构件的名称，然后按先配大、后配小，先配主、后配辅，先主体、后局部的顺序进行。

拼制模板时，板边要找平刨直，接缝严密。使用钉子长度一般宜为木板厚度的 1.5～2 倍。

清水模板（混凝土面不做抹灰）一般要刨光。工艺见图 11-10。

配制完成后，进行编号，写明用途，并使其他施工人员能看懂、能现场安装。木模板和钢模板的配制见表 11-1～11-3。

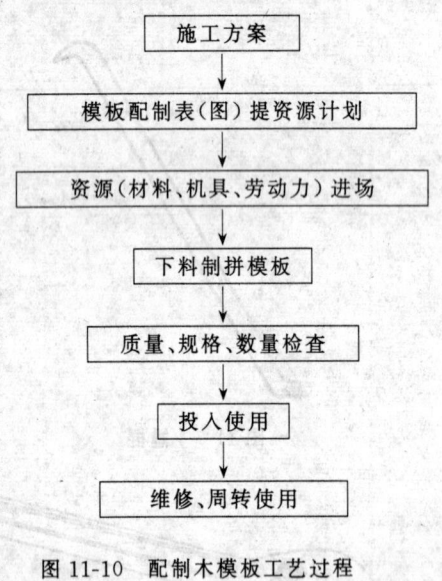

图 11-10　配制木模板工艺过程

结构构件木模板配制一览表

表 11-1

序	构件名称（代号）	模板形式与规格	第一次投入部位	配制数量	用料数量	周转部位及次数	备注
1							
2							
3							
4							
5							
6							
⋮							

钢　模　板　规　格

表 11-2

模板名称			模板长度（mm）					
			450		600		750	
			代号	尺寸	代号	尺寸	代号	尺寸
平面模板代号（P）	宽度（mm）	300	P3004	300×450	P3006	300×600	P3007	300×750
		250	P2504	250×450	P2506	250×600	P2507	250×750
		200	P2004	200×450	P2006	200×600	P2007	200×750
		150	P1504	150×450	P1506	150×600	P1507	150×750
		100	P1004	100×450	P1006	100×600	P1007	100×750
阴角模板（代号E）			E1504	150×150×450	E1506	150×150×600	E1507	150×150×750
			E1004	100×150×450	E1006	100×150×600	E1007	100×150×750

214

模板名称	模板长度 (mm)					
	450		600		750	
	代号	尺寸	代号	尺寸	代号	尺寸
阳角模板	Y1004	100×100×450	Y1006	50×50×600	Y1007	100×100×750
（代号 Y）	Y0504	50×50×450	Y0506	50×50×600	Y0507	50×50×750
联接角模 （代号 J）	J0004	50×50×450	J0006	50×50×600	J0007	50×50×750
倒棱模板 角棱模板	JL1704	17×450	JL1706	17×600	JL1707	17×750
（代号 JL）	JL4504	45×450	JL4506	45×600	JL4507	45×750
圆棱模板	YL2004	20×450	YL2006	20×600	YL2007	20×750
（代号 YL）	YL3504	35×450	YL3506	35×600	YL3507	35×750
梁腋模板	IY1004	100×50×450	IY1006	100×50×600	IY1007	100×50×750
（代号 IY）	IY1504	150×50×450	IY1506	150×50×600	IY1507	150×50×750
柔性模板（代号 Z）	Z1004	100×450	Z1006	100×600	Z1007	100×750
搭接模板（代号 D）	D7504	75×450	D7506	75×600	D7507	75×750
双曲可调模板			T3006	300×600		
（代号 T）			T2006	200×600		
变角可调模板			B2006	200×600		
（代号 B）			B1606	160×600		

模板名称	模板长度 (mm)					
	900		1200		1500	
	代号	尺寸	代号	尺寸	代号	尺寸
平面模板代号（P） 宽度(mm) 300	P3009	300×900	P3012	300×1200	P3015	300×1500
250	P2509	250×900	P2512	250×1200	P2515	250×1500
200	P2009	200×900	P2012	200×1200	P2015	200×1500
150	P1509	150×900	P1512	150×1200	P1515	150×1500
100	P1009	100×900	P1012	100×1200	P1015	100×1500
阴角模板	E1509	150×150×900	E1512	150×150×1200	E1515	150×150×1500
（代号 E）	E1009	100×150×900	E1012	100×150×1200	E1015	100×150×1500
阳角模板	Y1009	100×100×900	Y1012	100×100×1200	Y1015	100×100×1500
（代号 Y）	Y0509	50×50×900	Y0512	50×50×1200	Y0515	50×50×1500
联接角模 （代号 J）	J0009	50×50×900	J0012	50×50×1200	J0015	50×50×1500
倒棱模板 角棱模板	JL1709	17×900	JL1712	17×1200	JL1715	17×1500
（代号 JL）	JL4509	45×900	JL4512	45×1200	JL4515	45×1500
圆棱模板	YL2009	20×900	YL2012	20×1200	YL2015	20×1500
（代号 YL）	YL3509	35×900	YL3512	35×1200	YL3515	35×1500
梁腋模板	IY1009	100×50×900	IY1012	100×50×1200	IY1015	100×50×1500
（代号 IY）	IY1509	150×50×900	IY1512	150×50×1200	IY1515	150×50×1500
柔性模板（代号 Z）	Z1009	100×900	Z1012	100×1200	Z1015	100×1500
搭接模板（代号 D）	D7509	75×900	D7512	75×1200	D7515	75×1500
双曲可调模板	T3009	300×900			T3015	300×1500
（代号 T）	T2009	200×900			T2015	200×1500
变角可调模板	B2009	200×900			T2015	200×1500
（代号 B）	B1609	160×900			B1615	160×1500

注：本表选自国家标准《组合钢模板技术规范》（GBJ214—89）。

结构构件组合钢模板配制一览表

表 11-3

序	构件名称 （代号）	投入钢模板 型号及数量	重量 （t）	备注
1				
2				
3				
⋮				

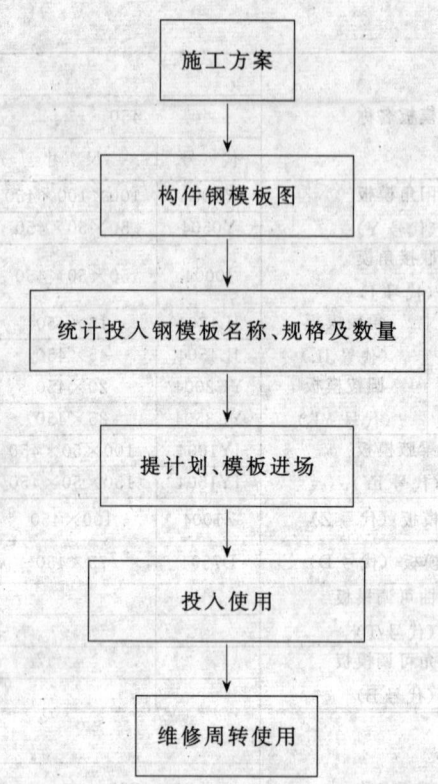

图 11-11　配制钢模板工艺过程

流程图内容：
施工方案 → 构件钢模板图 → 统计投入钢模板名称、规格及数量 → 提计划、模板进场 → 投入使用 → 维修周转使用

11.1.4　定型模板配制制备及注意事项

定型模板一般为木定型模板、钢木定型模板、钢定型模板及竹木定型模板。常用钢定型模板。

采用钢定型模板施工时，根据模板翻样图和施工方案，提出各个构件的模板安装图（方案），所需数量，提出模板的投入量计划。

钢模板的规格较多（见表 11-2），提计划时以主规格为主，辅助规格为辅，合理匹配。零数尺寸，可用木模板等其他模板补充。

模板的拼接均用回形销，相邻模板每块用 3 只回形销，上下模板每块用 1 只回形销。施工工艺见图 11-11。

11.1.5　模板支承体系

通长使用两大系列：钢管结构支承体系；木结构支承体系。

钢管结构支承体系主要由钢楞、柱箍、钢管、钢支柱、斜撑、桁架、门式支架等组成。木结构支承体系主要由顶撑（琵琶撑）；

牵扛；搁栅等组成。

提示：

根据工程数量大小、支承体系施工方案对支承体系材料进行准备，满足支模需要。

11.1.6　模板的紧固体系

如何把各类模板结构的模板系统（与混凝土接触部分）和支承系统，可靠的连系在一块并满足模板的需要。这要靠模板的紧固体系来完成。

提示：

根据工程数量大小、紧固体系施工方案对紧固体系材料进行准备、满足支模需要。

模板紧固系统主要有扣件、U 形卡，L 形插销、钩头螺栓、紧固螺栓、对拉螺栓、铁丝、搭头木、夹木、木楔、圆钉、拉撑杆。

1. 模板必须有足够的刚度，强度和稳定性。保证构件的截面尺寸和相对位置正确。便于安、拆，不漏浆。

2. 正确的使用工具是提高工效和保证质量的前题。

3. 模板工程要进行统筹计划，合理搭配，才能做到加快周转，减少投入。

习题

1. 模板的种类有哪些？

2. 模板的作用？

3. 配设模板的步骤？

4. 模板支拆的常用工具及使用注意的问题？

11·2　手工工具及常用机械的基本操作

模板制作及安装要求操作者有熟练的基本操作技能，必须加强手工工具和常用机械的使用实训练习。

11·2·1　量具操作练习

操作中常用量具有以下几种：

钢卷尺、木折尺、角尺、三角尺、水平尺、线锤等。

（1）钢卷尺、木折尺使用方法

将钢卷尺尺头挂或按在起量处，拉开卷尺在终量处即可读出毫米精度尺寸数。

折尺在使用时要展开拉直，紧贴被量物面，零端与起量处符合，在终量端即可读出尺寸数。

提示：

使用木折尺时先进行校验。因为折铰处的空芯铆钉易松动而产生误差。

练习：

用钢卷尺、木折尺实测各种已有材料的尺寸，点线距离，并反复练习，达到掌握钢卷尺、木折尺使用的方法。长度测量练习见表11-4。

长度测量练习		表 11-4
被测材料名称	测量尺寸	评定

班级：　　　　　姓名：　　　　　指导老师：

（2）角尺与三角尺使用方法

1）使用方法

角尺：角尺尺柄在一块木板的一条直棱上滑行，尺翼一边可画出直棱边的垂直线。

提示：

角尺可以检查物面的平整及相邻面是否成直角。

三角尺：三角尺尺柄在一块木板的一条直棱上滑行，尺翼直边可画出直棱边的垂直线，尺翼斜边可画出直棱边的45°斜角线。

2）角尺方正的校正方法：

在一条标准直线上正反两面翻转画出垂直线校对角尺方正。如图11-12所示。正反画出垂直线重合为正确，否则不正确。不正确的角尺不能使用。

3）练习

角尺过线练习

题目：木板及方木过线

时间：20min

要求：木板、方木四面画出方正闭合线，如图 11-13 所示。

（3）水平尺使用方法

1）使用方法：将水平尺平置于物面上，如中部水准管内气泡居中，表示物面水平；将水平尺一边紧靠物体的立面，如端部水准管内气泡居中，表示该面垂直。

提示：

水平尺精度的检验方法。

水平尺平置物面气泡居中，在相同位置水平尺端头对调后气泡仍居中时水平尺精度合格。

2）水平尺使用练习

题目：对墙面、地面两点找垂直和水平。

时间：20min。

要求：如图 11-14 所示。

考查评定表　　　表 11-5

项目	配分	评分准备	得分
水平度	30	偏差 2mm 以内满分；4mm 以内扣 15 分；4mm 以上不得分	
垂直度	30	同上	
参 照 尺 寸 水平 6mm 垂直 30mm	20	水平、垂直各 10 分偏差 4mm 以内满分 4mm 以上不得分	
工效	20	20 分钟以内完成得满分，超过 20min 不得分	

班级：　姓名：　　指导老师：

（4）线锤

1）使用方法

使用时手持线的上端，锤体自由下垂，并尽量靠近物面，低头冲线校验物面是否垂直，如果线绳到物面的距离上下都一致，则表示物面呈垂直。

2）练习要求

两人一组互相配合在墙面 1.5m 高处任画一点，在墙面 0.3m 用线锤找出垂直点，偏

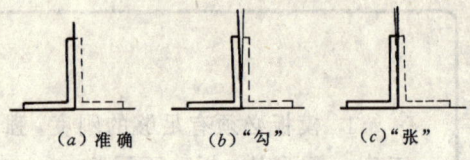

（a）准确　　　（b）"勾"　　　（c）"张"

图 11-12　角尺的校正

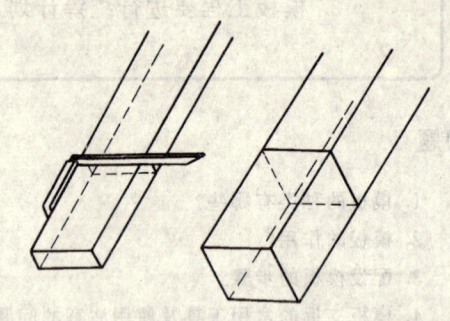

图 11-13　方尺过线

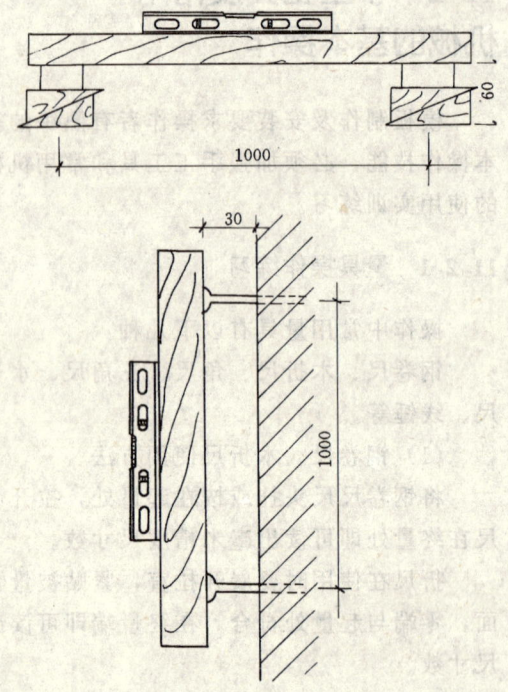

图 11-14　水平尺使用

差 2mm 以内为合格。

11.2.2　画线操作练习

模板配制中画线主要内容有：弹下料墨线，画刨料线，画长度截断线等。

（1）弹下料墨线

弹线时，左手握住墨斗，右手先将线绳拉出一些，将定针扎在木料一端的划分点上，随后用竹笔挤压丝棉，使丝绳饱含墨汁，将墨斗拉到另一端，用左手食将线绳压在划分点上，同时拉紧线绳，用右手食指和拇指把线绳的中点提起，放手回弹，线绳就在木料面上弹出一条墨线。如图 11-15 所示。

提示：

提起线绳要保持垂直。

弹完线后，要查看所弹墨线是否顺直。

练习

在一块木板端头取两点做弹墨线练习，掌握操作要领。

（2）画刨料线

画线时，左手拿住折尺，中指抵住所需尺寸，紧靠木料侧面，右手拿笔，使笔尖紧贴尺端，两手同时平行地移动，即可画出线来。如图 11-16 所示。

画线时，中指不要松动，尺与木料边棱始终要保持垂直。

注意：

画线时要根据锯割和刨光的需要留出消耗量。

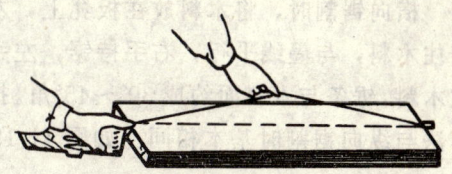

图 11-15　用墨斗弹线

图 11-16　画线

整好（一般与木架平面成 45°角），并用绞片将麻绳绞紧（或旋紧蝶形螺母）使锯条绷直拉紧。

提示：

框锯按用途不同，分为顺锯和截锯。

框据按其锯条长度及齿距不同。分为大锯、中锯、细锯等。

纵向锯割时，将木料放在板凳上，右脚踏住木料，并与墨线成直角，左脚站直，与墨线成 60°角，右手与右膝盖垂直，身体与墨线约成 45°角，上身略俯，上下弯动，但不要左右摆动。下锯时，右手紧握锯把，左手按在墨线起始处，大拇指紧靠墨线，先使锯齿紧挨大拇指，轻轻推拉几下（注意：锯条跳动时锯伤手指），待出现锯路后，左手立即移开，随即帮助右手继续推拉。推拉时，锯条与木料面的夹角约 80°左右。送锯时要重，紧跟墨线，不要左右扭歪，开始用力小一些，以后逐渐加大，节奏要均匀。提锯时要轻，并可稍微抬高锯把，使锯齿离开上端锯口。如图 12-17 所示。木料快锯开时，要将锯开的部分用手拿稳，锯割速度放慢，一直把木料全部锯开，不要使其折断或用手去掰开，这样容易损坏锯条，并且也会沿木纹撕裂，影响质量。

锯缝、刨光消耗量参考表 表 11-6

种类		消耗量（mm）	备　注
锯	大锯	4	
	中锯	2～3	
	细锯	1.5～2	
刨	单面	1～1.5	料长 2m 以上应加大 1mm
	双面	2～3	

练习：

在一块木板上画出刨料线，掌握操作要领。

12.2.3　锯割工具操作

（1）框锯的使用

使用框锯前，应先将旋钮把锯条角度调

横向锯割时，将木料放在板凳上，左脚踏住木料，与墨线平行，右手持锯，左手按住木料，锯条与木料面约成30°～45°角。拉锯方法与纵向锯割时基本相同。如图11-18所示。

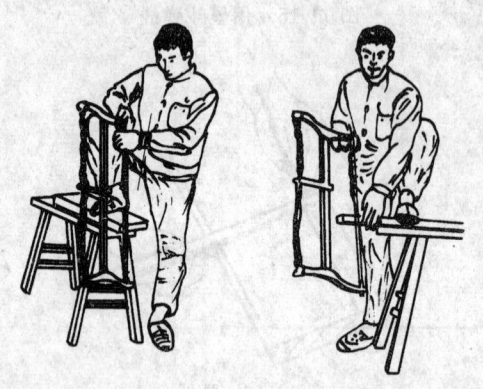

图 11-17　纵向锯姿势　图 11-18　横向锯姿势

注意：

框锯使用完毕，即把锯条放松，将锯挂起来，不要靠在墙上。锯齿上的木屑要清除干净，擦油保养，待用。

练习

木板弹线，进行纵向、横向锯割练习。

（2）板锯的使用

右手紧握锯把，左手按住木料。纵向锯开时，锯条与木料间夹角约60°～75°；横向锯断时，锯条与木料面夹角约30°角，操作方法与框锯基本相同。如图11-19所示。

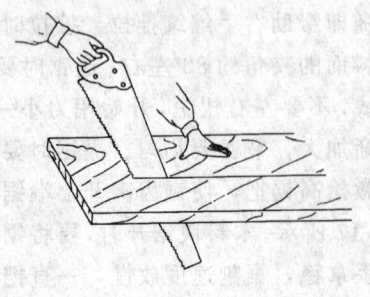

图 11-19　板锯的操作

11.2.4　钉钉子操作

钉钉子是施工中经常遇到的最普遍的一道工序，看起来十分简单，但也有其自身的规律。

钉长选择要能使钉进构件至少有1/3的厚度。

钉子要按一定的斜度钉入木板内。如图11-20（a）所示。

钉坚硬的木材，钉子不容易钉进去，钉时可用钳子夹住钉子中部。如图11-20（b）所示。以减少钉子自由长度，保证钉子不会弯曲。

宽度为100～120mm的薄木板，宜用一个钉子固定。宽度大于130mm的，应用两个以上的钉子固定。钉木板尤其是钉又宽又厚的木板，发生翘曲时，应考虑从哪一边钉更合适。

容易开裂的木板，钉子尺寸最好不超过板厚的1/4。

在薄板上钉钉子时可事先用钳子把钉尖剪掉，而不会使木板开裂，如图11-20（c）所示。

如果在靠近木板端部或侧边钉钉时，应预先钻孔（孔直径约为钉子直径的0.8倍）。在硬质木板上钉钉子时，也可采用先钻孔的方法。当拼接木板需要钉较多钉子时，为了防止组装开裂，钉子应错开排列成两行或三行。如图11-20（d）所示。

如果钉点下部是悬空的，应用手锤或其他工具垫在木板下面，然后再钉钉子。如图11-20（e）所示。这样木板反弹力小，钉子容易吃进去。

使用0.5kg重的手锤钉钉子最方便。开始钉钉子时要手腕用力轻轻敲打，如图11-20（f）所示。等钉子准确就位，吃进木板立稳后，再以小臂运动使劲敲击，如图11-20（e）所示。以减少木板开裂。

练习：

在各种情况下，练习钉钉子。

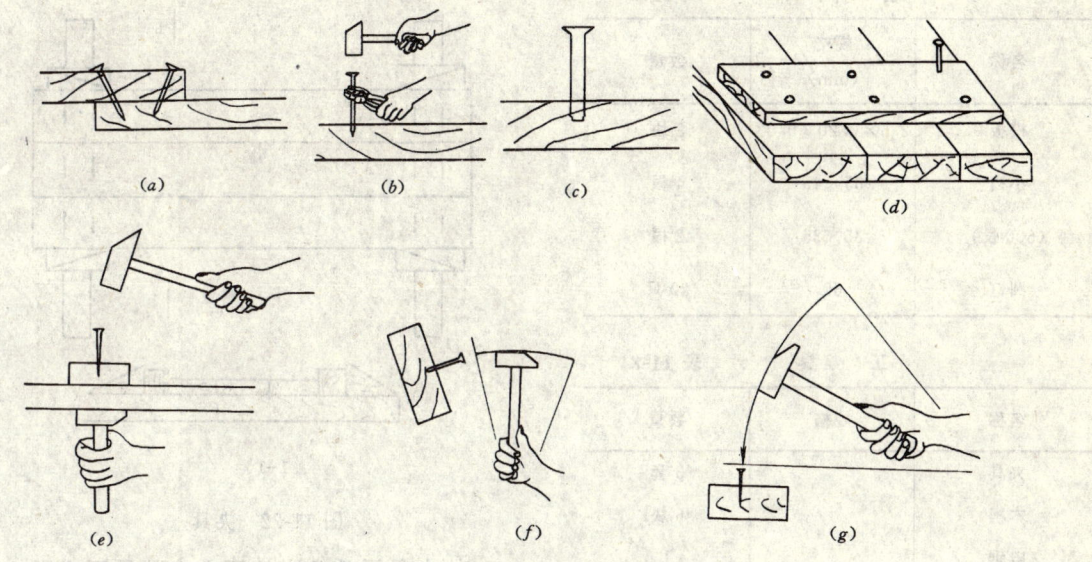

(a)　　　　　(b)　　　　　(c)　　　　　(d)

(e)　　　　　　　(f)　　　　　　　(g)

图 11-20　钉钉子操作示意图

11.2.5　圆锯机操作

操作时，要两人同时配合进行，上手推料入锯，下手接拉锯尽。上手掌握木料一端，紧靠锯片，目视前方，水平地稳推入锯，步子走正、走直，照直线送料；下手等料锯出台面后，接拉后退锯尽木料。两人步调一致，紧密配合。上手推料，距锯片 30cm 以外就要撒手，人站在锯片的侧面。下手回送木料时，要防止木料碰撞锯片，以免弹射伤人。

进料速度要按木料软硬程度、节子情况等灵活掌握，推料不要用力过猛、锯遇节子处速度要放慢。

安全事项：

操作前，应检查锯片是否有断齿或裂缝现象，然后安装锯片。锯片应与主轴同心。锯片安装牢靠，并装好防护罩及保险装置。

木料夹锯时应立即关掉电机，在锯口处加楔扩大锯路后再锯。

锯割短料时，必须用推杆送料。

停锯后让锯片自行停转。

锯台、锯片周围要保持清洁。

练习：

在老师指导下进行锯料练习，掌握锯料方法。

11.2.6　清水木模板拼板练习

（1）目的

掌握模板拼制的操作程序和方法。

（2）要求

用 3cm 厚松板拼制一块长×宽＝2.4m×0.46m 工具式清水模板。如图 11-21 所示。

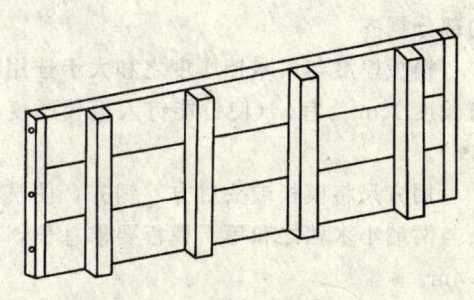

图 11-21　清水模板

模板的长、宽尺寸应当正确；接触混凝土面一侧板面光滑、平整；拼缝紧密；连接木档的用料规格和间距合适，四角组合方正。

（3）备料单及工具

备 料 单		表 11-7
名称	规格 (mm)	数量
松板	$2.5 \times 0.20 \times 0.03$	3块
小档	35×45	4根
(500长)	35×35	2根
圆钉	60	20只

工 具		表 11-8
名称	规格	数量
夹具		3套
木楔		6块
电锯		1
电刨		1
其他		自带

（4）练习步骤及注意事项

1）选配料

将备料模板两个大面刨平、刨光。用于混凝土接触面一侧，要进行净刨。按各小块模板情况排布大块模板，做好标记，下线锯掉小块模板边棱，刨平刨直进行合缝。

二根小木档，厚度刨至与模板同厚为合适，四根大木档净刨尺寸一致，二种木档的长度略大于模板宽度。模板钉组合完成将长的部分锯齐。

模板厚度与大木档厚度之和大于选用圆钉长度1cm为宜。（使钉能钉入模板厚度的2/3）。

用方尺将模板端头过方、锯齐，使模板长与两端小木档之和等于模板要求总长，即2.4m。

2）上夹具组合模板

将模板放在专用夹具上，用木楔夹紧、夹平尺寸符合要求，端头平齐，用圆钉连接木档和模板，如图11-22所示。

3）注意问题

a. 模板拼位要考虑是过心板还是边心板。

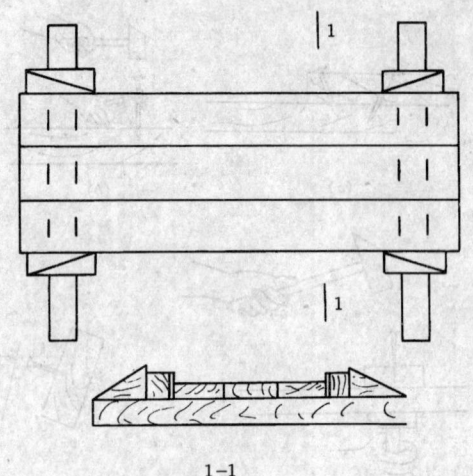

1—1

图 11-22 夹具

b. 夹具平整放在地面上，数量不少于2套。

c. 夹具退掉后将木档头与模板锯平，刨子修光。

d. 细部不合适地方用净刨修光。

e. 木档与模板钉连接时外边钉子稍带角度。如图11-23所示。

f. 刷隔离剂，编号砝堆待用。

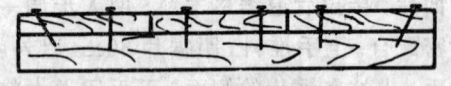

图 11-23 木档钉法

（5）考查评定表

表 11-9

序	考核项目	单项配分	要求	考核记录	得分
1	用料搭配合理	10	无不合理搭配		
2	外形尺寸	10	长、宽、对角5mm		
3	板面平整	15	光滑、无翘曲刨痕		
4	拼缝紧密	15	缝隙1mm		
5	接缝高低	15	1mm		
6	牢固	15	拼钉紧密、无松动		
7	工效	10	自定		
8	安全	5	无事故		
9	工完场清	5	文明，干净		
	合计	100			

班级：　　　　姓名：　　　指导老师：

习题

1. 怎样检查木质方尺的垂直度误差?
2. 怎样使用水平尺?
3. 如保选择圆钉的长度?
4. 圆锯机操作时应注意哪些事项?
5. 拼制清水模板的施工操作要点如何?

11.3 现浇基础模板

基础与墙、柱等垂直承重构件紧密相连,墙下常形成连续条形基础,柱下形成块状单独基础。

11.3.1 条形基础模板

条形基础又称带形基础,常见形成及组装方法如图 11-24 所示。

(1) 条形基础模板支设方法

根据结构外形尺寸,拼配侧板宽度不小于基础高度,长度满足施工段的数量要求,木档断面及最大间距,由基础高度和侧板厚度等因素确定。参考尺寸,见表 11-10。

基础模板用料尺寸(mm)

表 11-10

基础高度	木档最大间距(侧板厚25mm)	木档断面	木档钉法
300	700	50×30	平摆(钉宽面)
400	600	50×30	平摆(钉宽面)
500	600	50×50	
600	500	50×50	
700	500	50×70	立摆(钉窄面)

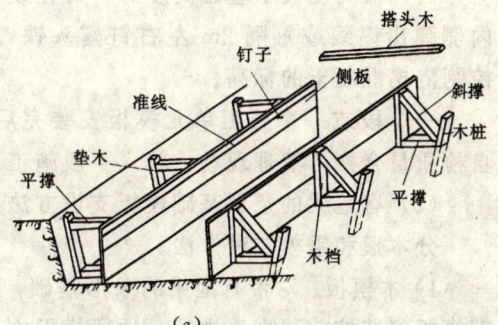

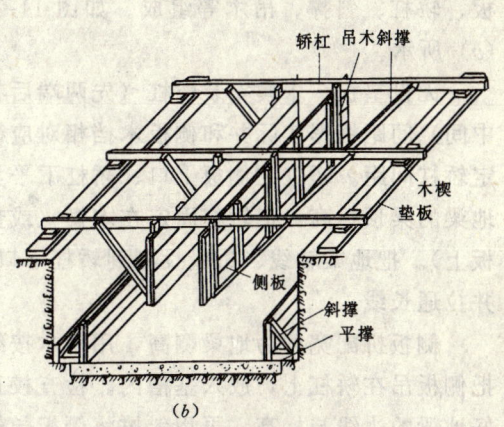

图 11-24 条形基础模板
(a) 天地梁;(b) 有地梁

223

竹胶板等其他竹、木质模板，同样可以用作侧板。

模板的支撑及紧固材料，根据确定的支撑加固方法，做好准备。

模板安装时，先将龙门板上基础轴线投测到垫层上，并弹出基础边框和侧板外皮线。后将侧板对准外皮线垂直竖立，标高校正后，可用斜撑和平撑固定牢。斜撑和平撑钉一端钉在木桩（或垫木）上，另一端钉在模侧板的立档上。如图 11-24 (a) 所示。

如基础较长，可先立两端侧板，校正后，拉长线（上口），然后依此线再安装中间侧板，钉好斜撑和平撑。

为了防止浇捣混凝土时模板变形，保证基础宽度的准确，应每隔 1.2m 左右在侧板上口钉搭头木。

当侧板高度大于基础高度时，可在模板内侧弹出墨线或每隔 2m 左右钉露头铁钉，控制浇捣混凝土的标高。

一个段或一个施工单元模板安装完后，自检质量合格，清理现场，转入下段施工。

（2）有地梁的条形基础模板支设方法

分木模和钢模二种方法。

1）木模板：对带有地梁的条形基础，下部模板安装按前述方法进行。地梁模板由侧板、轿杠、斜撑、吊木等组成。如图 11-24 (b) 所示。

无设垫板、木楔安装轿杠（先两端后补中间）间距根据实际并和侧板木档相对应确定轿杠间距。轿杠在侧板上口，轿杠下平为地梁的梁顶标高，把轿杠固定在木楔（或垫板上）。把地梁轴线、边线投测到轿杠下口，并拉通长线。

侧板拼配宽度为地梁侧高，用吊木按线把侧板吊在轿杠上，放入基槽内。检查校正好地梁的边线与标高，再用斜撑将侧板与轿杠连接固定好。

一个段或一个施工单元模板安装完后，自检质量合格，清理现场，转入下段施工。

2）钢模板

A．支设步骤：检查、核对轴线及标高——搭设模板架子——轴线、标高测设到架子上——支立模板——加固模板——检查交活。

B．操作：检查核对轴线及标高时用现场的龙门板（桩）把控制轴线及高程重新引测到基础垫层上与原来放线、抄平成果符合，检查原有成果质量的可信性。

a．搭设模板架子：在基础宽度外 100～150mm 设立杆搭门架，平杆高度高于基础地梁顶，门架间距根据地梁高度取 1000～1500mm，纵向用长钢管连成整体。

b．测设轴线、标高：将轴线用线垂或经纬仪测到架子平杆上，标高用水平仪测到架子立杆上（地梁底和顶标高）。

c．支立模板：根据标高和轴线在平杆上竖设返吊立杆，把座在铁马凳上的模板立靠在吊立杆上。

d．加固模板：用斜撑杆加固返吊立杆，固定牢靠。

检查交活：检查模板的标高及轴线、外形尺寸，模板的稳固、牢靠程度，清理现场交活。

11.3.2 有地梁条形基础模板支设练习

（1）目的

掌握基础模板支设方法。

（2）要求

用组合钢模板、钢管扣件支架支设如图 11-25 有梁条形基础模板（3m 长）。

由两人一组完成。

（3）时间

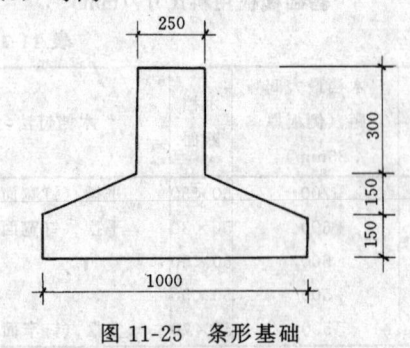

图 11-25 条形基础

4h，不得延长。

（4）考查评定表

表 11-11

序	考核项目	单项配分	要求	考核记录	得分
1	轴线位移	15	允许 5mm 偏差		
2	标高	15	允许±5mm 偏差		
3	截面尺寸	15	允许±10mm 偏差		
4	模板整体、强度、刚度及稳定	15	观察检查		
5	支撑体系牢靠、稳定	10	观察检查		
6	模板拼缝	10	不大于 2mm		
7	工效	10	按时完成		
8	安全	5	无事故		
9	工完场清	5	观察检查		
	合计	100			

班级：   姓名：   指导老师：

11.3.3 阶梯形基础模板

阶梯形基础是独立基础的一种。模板常有木模和钢模两种方式。

（1）木模板支阶梯形基础

木模板支阶梯形基础如图 11-26。

1）支设步骤

抄平、放线——拼支下阶模板——扎放钢筋——拼支上阶模板——自检质量——工完场清交活。

2）操作

抄平放线　先校核基础四周的定位桩，将其轴线投测到混凝土垫层上，后弹出基础中心线，柱框线、边框线。校核垫层标高。

拼支下阶模板　根据下阶高、长尺寸拼制四周侧板，按支撑的位置钉上木档。支设时根据边框线，将侧板拼装成方框上口四角钉三角拉条，四周用斜撑和平撑钉牢。斜撑和平撑一端钉在木档上，另一端顶紧在木桩上或加垫板的土壁上。

扎放钢筋——按要求扎放钢筋网片和柱插筋。

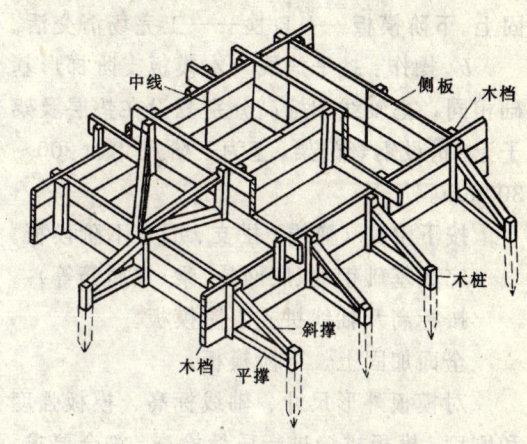

图 11-26　阶梯形基础模板

拼支上阶模板　侧模拼制方法与下阶模板相似，但其中两侧板要加一对轿杠或用加长的横木，以便搁置在下阶模板上。上阶模板的四周也要用斜撑或水平撑撑住，其一端钉在上阶模板的木档上，另一端钉在下阶模板的木档顶上。

提示：

若土质坚硬，可不装下阶模板，原槽浇捣混凝土，既省工又省料。

自检　上下模板支设完后，检查轴线、中线尺寸，标高尺寸是否满足图纸要求。结构外形尺寸正确。模板加固稳固满足要求。

工完场清交活转入下一个工序。

（2）钢模板支阶梯形基础

钢模板支阶梯形基础如图 11-27 所示。

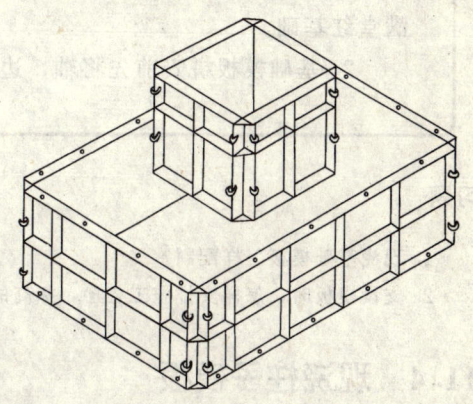

图 11-27　阶梯形基础模板

a. 支设步骤：抄平、放线——拼支下阶模板——扎放钢筋——拼支上阶模板——加固上、下阶模板——自检——工完场清交活。

  b. 操作：抄平放线与木模板支阶梯形基础相同，把轴线和标高分别测设在垫层及架子上。搭设钢管门架，宽为下阶尺寸加 200～300mm。

  按下阶宽（弹线）拼支、固定下阶模板。

  完成基础钢筋（底网片、梁、柱插筋等）。

  按标高及轴线拼支上阶模板。

  全面加固上、下阶模板。

  对模板外形尺寸、轴线标高、模板强度和刚度、模板拼缝进行质量检查，符合要求。

11.3.4 阶梯形基础模板支设练习

  （1）目的

  掌握基础模板支设方法。

  （2）要求

  用木模板支设如图 11-28 所示阶梯形基础模板。

  由两人一组完成。

  （3）时间

  4h，不得延长。

  （4）考查评定表

  考查评定见表 11-12。

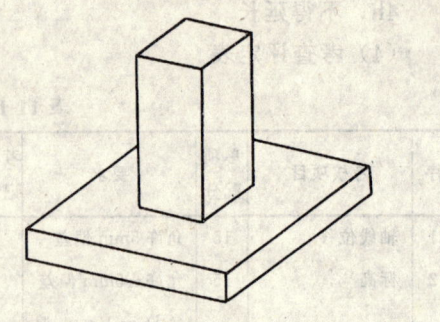

图 11-28　阶梯基础

表 11-12

序	考核项目	单项配分	要　　求	考核记录	得分
1	轴线位移	15	允许 5mm 偏差		
2	标高	15	允许 ±5mm 偏差		
3	截面尺寸	15	允许 ±10mm 偏差		
4	模板整体、强度、刚度及稳定	15	观察检查		
5	支撑体系牢靠、稳定	10	观察检查		
6	模板拼缝	10	不大于 2mm		
7	工效	10	按时完成		
8	安全	5	无事故		
9	工完场清	5	观察检查		
	合计	100			

班级：　　　　姓名：　　　　指导老师：

小　　结

  1. 如果建筑物荷载很大，地基土层又不好，墙或柱下的基础常连在一起形成满堂红基础。

  2. 基础模板拼安前先将轴、边线、标高测设完，满足模板拼安要求。

习题

  1. 现浇基础模板怎样配制？

  2. 支设模板时，怎样安排施工程序，标高的控制方法？

11.4　现浇柱子模板

  柱子是竖向承重构件，也是其他构件放线定位的主要参照构件，它的施工质量直接影响建筑物结构质量，模板质量是柱子质量的重要环节。常见柱子平面形式有矩形柱和圆形柱。常用柱子模板有木模板和钢模板现通过构造柱和矩形柱模板的支拆进行练习。

11.4.1 构造柱模板支设

构造柱常用于砖混结构的建筑物上。一般是先砌墙体,后浇构造柱,常见平面形式,如图 11-29 所示。

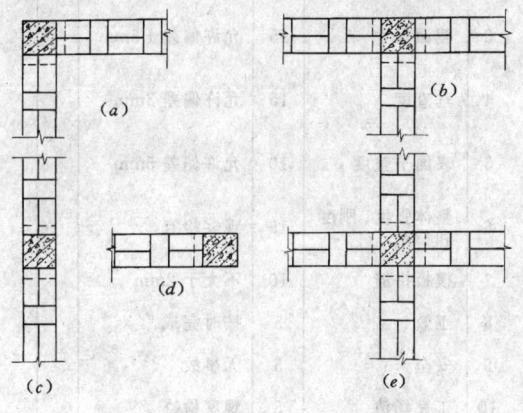

图 11-29 构造柱形式

在施工中为了使后浇柱混凝土能和砌体有很好的连接,砌体常砌成马牙槎形式。

支设方法:

砌体时在适当位置予留穿墙洞,以便随后加固模板。

采用木模、钢模等模板做构造柱模板,直立附在砌体墙上,拼板宽度符合结构最大面要求。

从楼地面 300mm 高起每隔 800~1000mm 设水平模板箍卡具一道。

加固时应保证砌体的结构稳定和不因加固而变形。

检查验收合格。

提示:当砌体特殊地方不能留穿墙洞时,模板采用其他加固方法。如撑、顶方法。

合封模板前必须将柱心窝处的砌体残落砂浆清理干净。

各构造柱之间可用木条或长管纵横相连加强模板的整体性。

11.4.2 矩形柱模板支设

常有两种模板系列,即木模板、钢模板。

(1) 木质模板系列的支设方法

1) 施工步骤:放线、抄平——拼制柱模板——安装、加固模板——检查符合要求。

2) 操作过程:如图 11-30 所示,根据平面轴线控制点在基础面或楼面弹出柱轴线同一列柱先标出两端轴线控制点,然后拉通线弹出此列柱的轴线,直至弹完全部轴线。逐一复查轴线间距符合要求。

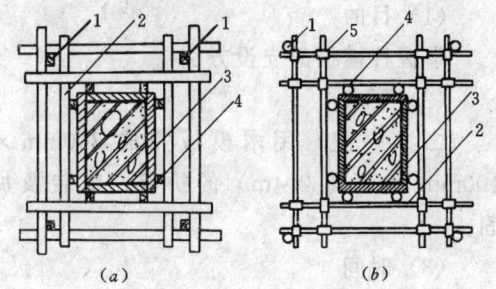

图 11-30 柱模板
(a) 木制井架;(b) 钢管井架
1—立柱;2—横杆;3—柱侧模;
4—轧条(管);5—扣件

根据轴线与各柱的相对位置关系,先弹放出各列端头柱框边线,并延长出框 150mm 以上长。再拉通线各中间柱框边线,逐一复查柱框位置、大小、方正符合要求。

柱用木模板往往由自制板条或定型模板组装成。

板条模板分内外板,内板宽度等于柱子尺寸,外板宽度应比柱子尺寸大出两个模板厚。

为了抵抗混凝土的侧压力并保持模板形状,柱模板外边应设木带和柱箍。设置间距按柱断面大小和模板厚度决定。由于柱子底部混凝土侧压力较大,设置间距要密一些。

(2) 钢模板系列的支设方法

1) 施工步骤:放线、拼制柱模板——钢管井格架、安装加固模板——检查符合要求。

2) 操作过程:根据平面轴线控制点,弹放出柱框线和模板支设框线。在框线外约100~150mm 的四角搭设钢管井格架。根据柱边长选择合适模数的钢模板拼装柱模板。

将各片拼装好的模板用连接角模安装在一起，并用钢管和木楔进行加固，各行、列拉通线检查校验符合要求。

提示：

一次组装好后可采用塔吊分两件拆除与安装周转使用。

11.4.3 柱模板支设练习

（1）目的

掌握柱模板的支设方法

（2）要求

二人一组，用木模板完成 300mm × 400mm 柱（高 2.4m）的拼板、组装及加固。

（3）时间

4h，不得延长。

（4）考查评定表

表 11-13

序	考核项目	单项配分	要　　求	考核记录	得分
1	轴线位移	10	允许偏差 5mm		
2	标高	10	允许偏差 ±5mm		
3	截面尺寸	15	允许偏差 ±5mm		
4	垂直度	15	允许偏差 3mm		
5	表面平整度	10	允许偏差 5mm		
6	整体强度、刚度和稳定	15	观察检查		
7	模板拼缝	10	不大于 2mm		
8	工效	5	按时完成		
9	安全	5	无事故		
10	工完场清	5	观察检查		
	合计	100			

小　　结

柱子模板根部的平面位置，取决于楼地面的放线位置。而顶部的位置，取决于安装时的加固校验垂直。

柱子和上部水平结构的梁板分开浇灌混凝土时，柱模板的高度可高于结构层高，模板施工方便。柱子和上部结构同时浇灌混凝土时，柱模板的上标高应符合板底和梁底标高的要求。

习题

1. 如何拼制柱子模板？
2. 柱子模板的加固方法？
3. 木质柱模板的施工操作工艺如何？

11.5　现浇梁模板

钢筋混凝土梁是建筑结构水平荷载的主要承力构件，也是楼层层高传递定位的主要参照件。现浇梁模板主要由模板体系（钢、木）、支承体系（钢管、顶撑）和紧固体系（夹木、钢管、拉杆、梁箍等）组成。

11.5.1　木模板现浇梁的支设

梁模板主要由侧板、底板、夹木等组成。侧模板一般用厚 2.5～3cm 的可钉长条板加木档拼制，底模板一般用厚 4～5cm 的可钉长条板加木档拼制。

梁截面较小时可用整块板做梁的底、侧模板。

梁模板的用料尺寸可参考表 11-14。

梁模板用料尺寸（mm）　　　表 11-14

梁高	梁侧板 (厚不小于 25)		梁底板 (厚 40~50)	
	木档间距	木档断面	支承点间距	支承琵琶头断面
300	550	50×50	1250	50×100
400	500	50×50	1150	50×100
500	500	50×50	1050	50×100
600	450	50×50	1000	50×100
800	450	50×70（立摆）	900	50×100
1000	400	50×70（立摆）	800	50×100
1200	400	50×70（立摆）	800	50×100

有主次梁时，在主梁侧板上留缺口，根据次梁底板厚度在缺口处钉支座木（衬口档），连接拼钉次梁的侧板和底板。

梁模组合图如图 11-31 所示。

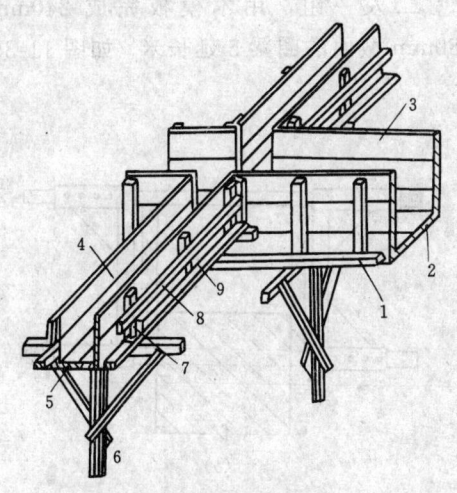

图 11-31　梁模板
1—夹木；2—主梁底板；3—主梁侧板；
4—次梁侧板；5—次梁底板；6—顶撑；
7—垫块；8—托木；9—夹木

顶撑又称琵琶撑，有木制与钢制之分如图 11-32 所示。钢顶撑可拔节调整标高。小范围的标高调整应在支承模板时，在顶撑下面加一对木楔进行调整。

顶撑应支承在坚实的地面或楼板上，如

支在弱地上，为避免顶撑压入土中木楔底部应铺垫板 5cm×20cm×(60~100)cm。

顶撑间距根据梁的高宽取 40~100cm。

为保证模板尺寸，整体的稳定性，采用夹木斜撑、拉杆、梁箍等紧固件将模板体系和支撑体系连成整体，保证模板质量。

支设操作过程：首先在相对两端柱模的缺口下面钉支座木（支座木上口的高度等于梁底高度减去梁底模厚度），将梁底板搁置在支座木上。此时应复核轴线和标高正确。然后立顶撑、铺垫板、放入木楔。再安装梁侧板、夹木及斜撑等，把侧板固定好。如图 11-33 所示。

也可以把梁底板拼装好，先立少许顶撑，然后把梁底板搁置在顶撑上，使底板两端与柱模插口连接，再安装侧板与补设顶撑。次梁模板的安装要待主梁模板安装并校正后才能进行。

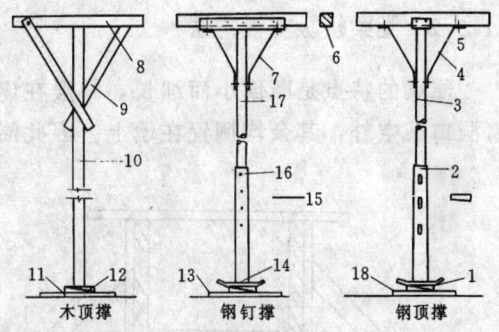

图 11-32　顶撑
1—木楔；2—钢楔；3、16—ϕ63 钢管；4、17—ϕ50 钢管；5、7—ϕ12 钢筋；6—100×100 方木；8—帽木 50~100×100 方木；9—斜撑 50×75 方木；10—100×100 方木或 ϕ120 原木；11、13、18—垫板；12—木楔；14—滴水孔；15—ϕ12 销子

梁模板安装后，再全面检查轴线与标高，正确后将木楔钉牢于垫板上，各顶撑之间要拉上水平撑或剪刀撑。

跨度等于或大于 4m 的梁，支模时应将跨中升起一些，称为起拱。其大小为梁跨的 0.2%~0.3%，以抵消因浇捣混凝土后跨中梁模下垂的挠度。

主梁起拱后，次梁在起拱时，应采取措

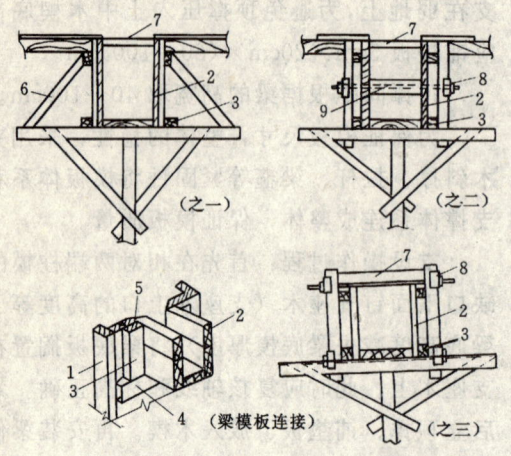

图 11-33 梁的支模方法
1—柱或大梁侧板；2—梁侧板；3—夹木；
4—支座木；5—斜口小木条；6—斜撑；7—
顶棍；8—梁箍；9—混凝土顶块

施保证楼面标高不超过规定值，且梁内主筋平直，断面高度不减小。

11.5.2 圈梁模板支设方法

圈梁的特点是断面小而细长，一般在门窗洞口架空外，其余均搁置在墙上。因此圈

梁模板主要由侧板和相应的卡具所组成。如门窗洞口较大，可适当增加顶撑。如图 11-34 为圈梁支模的几种方法。

支模过程：一般开始支模时，先在内墙面弹出统一标高线（此线依据习惯，有的在地面以上 50cm 处，有的则在圈梁下方 20～30cm 处）然后依此线决定圈梁的高度。标高决定后，按照支模方法的不同，可以装横楞、夹具或者钉铁脚，然后装侧板、拉通线用夹木、搭头木或者卡具固定好圈梁模板。

圈梁侧板可用木板加横木条拼制而成，也可以用定型模板组装，后者比较简单，省工省料。

11.5.3 圈梁模板支设练习

（1）目的
掌握一种圈梁模板支设方法。
（2）要求
二人一组，用木模板完成 240mm × 180mm 截面的圈梁 5 延长米。如图 11-35 所示。

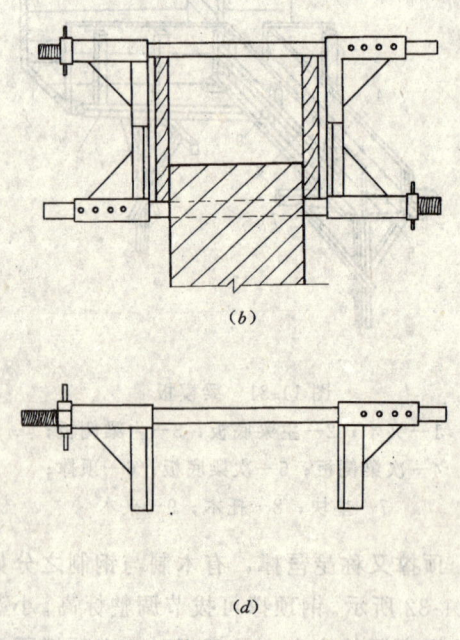

图 11-34 圈梁支模方法

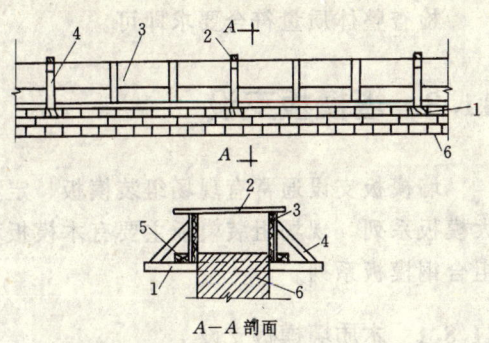

图 11-35　圈梁模板
1—横楞；2—搭头木；3—侧板；
4—斜撑；5—夹木；6—墙

（3）考查评定表

表 11-15

序	考核项目	单项配分	要　　求	考核记录	得分
1	标高	15	允许偏差±5mm		
2	稳定性	15	观察		
3	模板拼缝	15	不大于 2mm		
4	轴线位移	15	允许偏差 5mm		
5	截面尺寸	15	允许偏差±5mm		
6	安全	10	无事故		
7	工完场清	15	观察		

小　　结

1. 梁侧模板的拼制不一定是梁的设计高度，要考虑好梁底板模板的厚度。现浇梁板结构还需考虑板的结构厚度的减少。

2. 梁模板的长度是跨度减去支承长度。

3. 梁模板的受力传递有一定规律，外力传递给模板体系，模板体系传给支承和紧固体系，施工安装时必须简单明确。

习题

1. 如何考虑梁模板的实际配料尺寸？
2. 列举几种梁的支承与加固方法。

11·6　木模支现浇平板模板

平板底板一般用厚 9mm 的竹、木胶合板或 20～25mm 厚的木板、定型模板拼制而成，铺设于搁栅上。搁栅一般用断面 50mm×60mm 的方木，间距 30～50cm，并符合模板的规格模数。

搁栅两头搁置于梁侧模板上设置的托木上。当搁栅跨度较大时，应在搁栅中间设通长牵杠，间距 100～150cm，牵杠一般用 60～70mm×100～120mm 的方木。

牵杠用牵杆撑或琵琶撑支顶，并纵横用拉条拉稳。

平板模板安装时，先在梁模板的两侧板外侧弹水平线，水平线的标高应当为平板底标高减去平板底板厚度及搁栅高度。然后按水平线钉上托木，托木上口与水平线相齐。再把靠梁模旁的搁栅先摆上，再根据模板规格摆中间部分的搁栅。最后在搁栅上铺钉平板底，只在底板端部或接头处钉牢，中间尽量少钉，以便拆模。如用定型模板则铺在搁栅上即可。如有牵杠撑及牵杠，应在搁栅摆放前先将牵杠撑立起牵杠铺平整。

平板模板铺好后，清扫干净进行模板面标高的检查，如有不符之处，应打紧或松动顶撑下的木楔来进行调整。如图 11-36 所示。

11·7　钢模支设梁板模板

11·7·1　施工步骤

施工步骤：搭支承架──→绑梁底平杆──→梁模板──→绑板底平杆──→板模板。

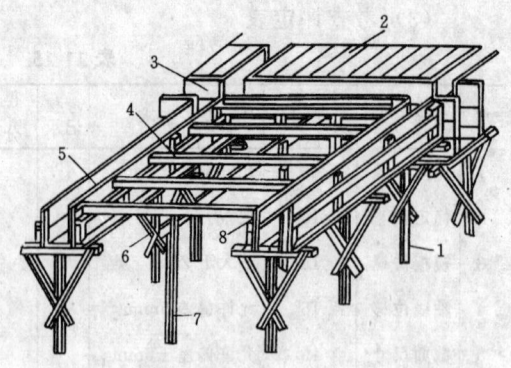

图 11-36　平板模板
1—顶撑；2—平板底板；3—主梁侧板；
4—搁栅；5—次梁侧板；6—牵杠；
7—牵杠撑；8—托木

11.7.2　操作方法

钢管扣件搭支承架时立杆选择合适的高度，沿梁方向搭双排架，宽为支承柱宽＋300～400mm，架中对梁中，步距 1.5m 左右，间距 800～1200mm。

提示：

架子立杆可在一步架的平杆上接成倒接杆，以调正立杆的上头标高符合模板要求。

支承板立杆纵横间取 1200mm 左右，高度合适，一步架与梁支承架连在一起。

梁底平杆上平高度为层高减（梁高＋梁底模板厚）先绑梁两个端头的平杆，拉双线再绑中间平杆（按 0.2%～0.3%）起拱，最后补齐梁底平杆。

在架上组合梁底钢模板，并进行对中、两端头用扣件固定在平杆上。当底模支放正确后可做梁侧模板的拼装，拼装卡环的间距不大于 300mm；同时模板的端头加卡环连接。

提示：

梁组合钢模板可进行预制配合吊车就位。

板底平杆高度以梁侧模板标高确定，也就是平杆上的搁栅加上板模板厚度恰为板底标高。

板平杆上的搁栅用铁丝加以固定，再铺钢模板，模板之间要有二个以上的卡扣连接。

检查整体质量符合要求即可。

11·8　墙模板支设

墙模板支设通常有现场组装模板、定型大模板系列。现场组装模板主要有木模板和组合钢模板系列。

11.8.1　木质墙模板支设

混凝土墙模板主要由侧板、立档牵杠、斜撑、平撑等组成。如图 1-37 所示，侧板可采用胶合板、竹胶板和长条木板。

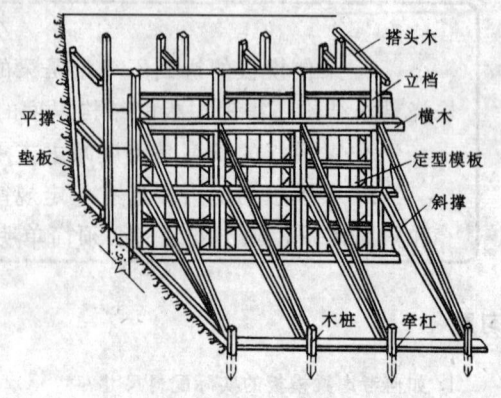

图 11-37　木模板拼装墙模板

安装时应沿基础底盘线进行，或在楼地面上预先划出墙的边线，模板的边线。

安装时根据边线，预先将侧板与立档钉成大块板，牵杠钉于立档外侧，从底开始每隔 70～100cm 设一道，斜撑和平撑撑于牵杠与木桩之间。如木桩间距大于斜撑间距时，应在木桩边沿设通长的落地牵杠，斜撑与平撑紧顶于落地牵杠上。当坑壁较近时，可在坑壁上立垫木，用平撑撑于牵杠与垫木之间，一侧模板安装完后校正检查模板的平整、垂直度即可钉牢固定。待绑完钢筋后，按同样方法安装另一面模板。

为了保证墙混凝土厚度正确，在两模板上口钉搭头木，或中间设 $\phi12～16mm$ 穿杆螺栓固定，螺栓要纵横排列，并在浇捣混凝土时应经常转动，适时抽出。也可用 8～10 号铅丝，将两侧模板拉结，以上间距不大于 1m。

比较高的墙板，浇捣混凝土时，应先立好一面模板，另一面随浇捣混凝土的进度配合支模。

模板用料尺寸参照表 11-16。

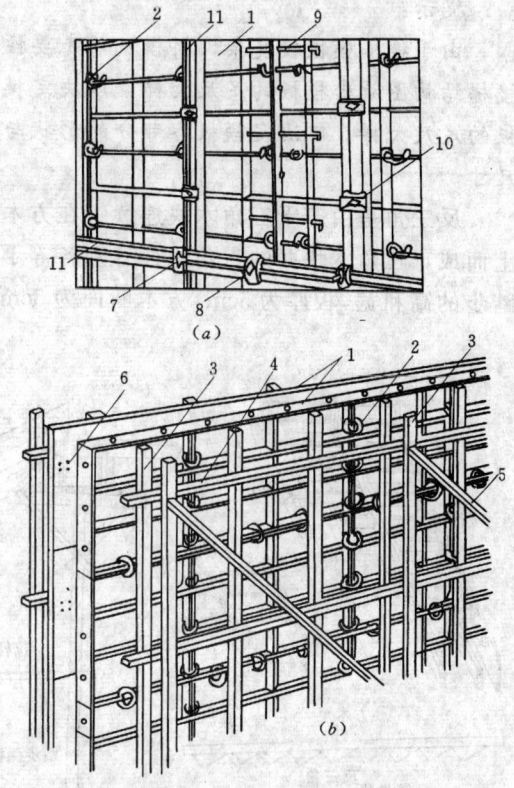

模板用料尺寸（mm） 表 11-16

墙厚	侧板厚	立档间距	立档断面	牵杠间距	牵杠断面
200 以下	25	500	50×100	1000	100×100
200 以上	25	500	50×100	700	100×100

11·8·2　组合钢模支设墙模板

用组合钢模板组拼成的混凝土墙板，由平面模板、阴角模板、阳角模板、连接模板、可调模板等组合钢模板和钢楞、立档、横档、U 形卡、钩头、螺栓、紧固螺栓、扣件等连接件组合而成，如图 11-38 所示。

操作时，按线用 U 形卡先把钢模拼装到一定高度 1.5m 左右，再用钢丝或卡具进行加固、校正符合要求。继续拼装、加固、校正，直至全面完成。

图 11-38　钢模板组装的墙板
1—定型钢模板；2—回形销卡具；3—立档；4—横档；5—斜撑；6—钉孔；7—扣件；8—紧固螺栓；9—插销；10—扣件；11—纵横连杆

小　　结
支设墙体模板要清楚荷载的传递状况，明确简单，安拆方便。

习题

墙内若有门窗或设备留洞时如何固定留洞模板？

11.9　楼梯模板支设

现浇钢筋混凝土楼梯有梁式，板式和螺旋式几种结构形式，梁式楼梯段的两侧有边梁，板式楼梯则没有。

现以双跑板式楼梯为例，说明其模板构造及支设步骤。

11.9.1　模板构造

双跑板式楼梯包括楼梯段（踏步和梯板）梯基梁、平台梁、平台板等。平台梁及平台板的模板是由梁底板、梁侧板、板底板、搁栅、夹木、牵杆顶撑等组成；楼梯段模板是由外帮板、底模板、搁栅、牵杠及牵杠撑、踏步踢板（也称踏步侧板）、反三角木等组成。

提示：

由于楼梯模板较复杂，拼模板前先要按楼梯结构图放出模板的足尺大样，以决定模板的足尺大样，以决定模板各部分的形状与尺寸。

反三角是由若干三角木块连续钉在方木上而成，三角木块两的直角边长分别各等于踏步的高和宽，板厚为5cm，方木断面为5cm×10cm，每一梯段反三角至少配一块。梯段较宽者要多配反三角木用横楞及立木支吊。外帮板的宽度至少等于梯段总厚（包括踏步及板厚），厚为5cm，长度依梯段长而定，在外帮板内面划出各踏步形状及尺寸，并在踏步高度线一侧留出踏步侧板厚钉上木档，以便钉踏步侧板用。

如图11-39（a）、（b）所示。

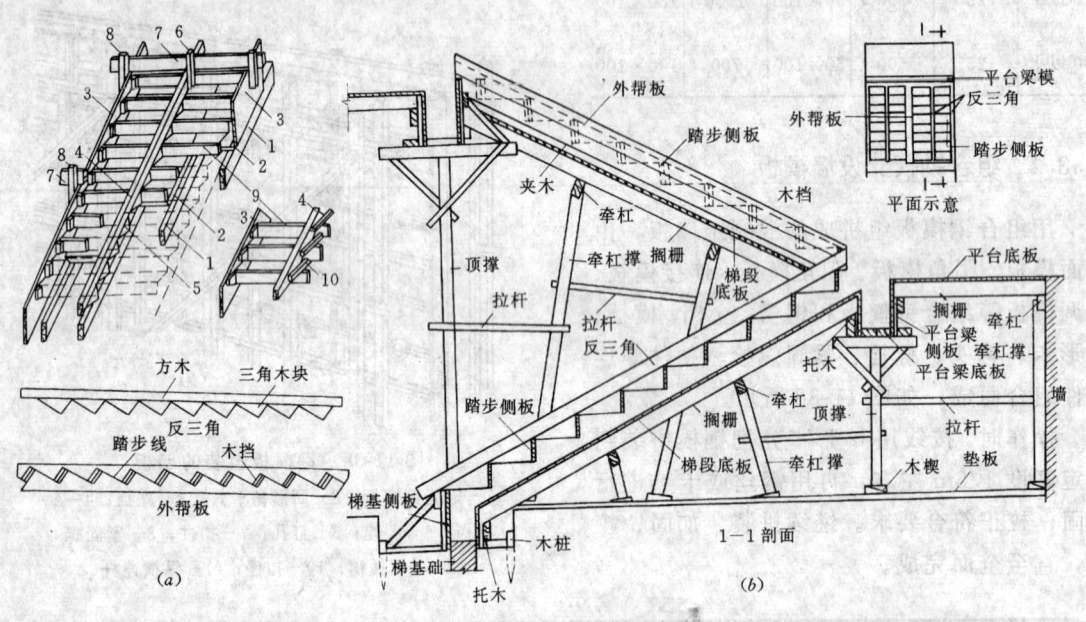

图11-39 楼梯模板构造

1—楞木；2—底模；3—外帮板；4—反三角木；5—三角板；
6—吊木；7—横楞；8—立木；9—踏步侧板；10—顶木

11.9.2 安装步骤：现以先砌墙后浇楼梯的施工方法介绍楼梯模板的安装步骤。

先支设好平台梁、平台板模板以及梯基侧板。在平台梁和梯基侧板上钉托木，将搁栅支于托木上，搁栅间距为40～50mm，断面为5cm×10cm。在搁栅下立牵杠及牵杠撑，牵杠断面为5×15cm，牵杠撑间距1～1.2m，其底下垫单木楔及通长垫板。牵杠应与搁栅相垂直。牵杠撑之间用拉杆相互拉结，在搁栅上铺梯段底板，底板厚为2.5～3cm，底板纵向应与搁栅相垂直。在底板上弹划出梯段宽度线，依线立起外帮板，外帮板可用夹木或斜撑固

定。再在靠墙的一面把反三角木立起，反三角的两端可钉牢于平台梁和梯基的侧板上。然后在反三角木与外帮板之间逐块钉踏步侧板，踏步侧板一头钉在外帮板的木档上，另一头钉在反三角木的三角木块侧面上。如果梯段较宽，应在梯段中间再加设反三角，以免发生踏步踢板凸肚现象。为确保梯板符合要求厚度，在踏步侧板下面可垫以若干小木块，这些小木块在浇捣混凝土时随手取出。

提示：

此处小木块混凝土施工时一定要随时取出，否则影响梯板混凝土质量。

对于先浇楼梯后砌墙体的情况，则梯段

两侧都应设外帮板,梯段中间加设反三角木,其余安装步骤与先砌墙体做法相同。

11.10 现浇结构模板的拆除

现浇结构的模板拆除时混凝土强度应符合设计要求,如设计无具体要求时,应符合《混凝土结构工程施工及验收规范》(GB50204—92)的有关规定,见表11-17。

现浇结构拆模时所需混凝土强度

表 11-17

结构类型	结构跨度(m)	按设计的混凝土强度标准值的百分率计(%)
板	≤2	50
	>2,≤8	75
	>8	100
梁、拱、壳	≤8	75
	>8	100
悬臂构件	≤2	75
	>2	100

注:本表中"设计的混凝土强度标准值"系指与设计混凝土强度等级相应的混凝土立方体抗压强度标准值。

11.10.1 侧模

在混凝土强度能保证其表面及棱角不因拆除模板而受损坏时(大于 $1N/mm^2$)方可拆除。

一般承重模板的拆除,必须在混凝土强度达到设计强度要求方可进行,重要结构拆模时间更要慎重对待。具体拆模时间可参照表11-18进行。不承重侧模拆模时间可参照表11-19进行。

11.10.2 底模

在现浇混凝土强度符合表11-17规定后,方可拆除。

拆模操作要点:

拆模时应根据混凝土结构情况,考虑拆除的部位及先后次序,方便拆模,又能保证安全施工,尽量安排原支模人员来拆除模板。

拆模一般按先支的后拆,后支的先拆,先非承重部位和后承重部位以及自上而下的原则,有步骤地进行。

在高空拆除模板要注意安全,带好安全帽,不要站在正拆除的模板上,也不要站在拆模的下方,拆下的模板不能从高空扔下。

拆除模板时,要讲究技巧,不要用力过猛,严禁用大锤和撬棍硬砸硬撬。

拆模时,操作人员应站在安全处以免发生安全事故。待该片段模板全部拆除后,要及时清理,分类堆放;钢模板应及时清除水泥浆,整理配件,刷隔离剂保护,以备待用。

拆除承重模板时间参考表

表 11-18

结 构 类 型	混凝土拆模需要强度(以设计强度的%计)	水 泥		硬化时昼夜的平均温度(℃)					
		品种	标号	5	10	15	20	25	30
				模板拆除期限(天数)					
跨度在2m及2m以下的板及拱的模板	50	普通水泥	325	12	8	6	4	3	3
			425	10	7	6	4	3	3
		火山灰质及矿碴水泥	325	22	14	10	8	7	6
			425	16	11	9	8	7	6
跨度为2~8m的板及拱;跨度在8m及8m以下的梁底模;跨度在2m及2m以下的悬臂梁板	70	普通水泥	325	28	20	19	10	8	7
			425	20	14	11	8	7	6
		火山灰质及矿碴水泥	325	32	25	17	14	12	10
			425	30	20	15	13	12	10

结 构 类 型	混凝土拆模需要强度（以设计强度的%计）	水泥品种	标号	硬化时昼夜的平均温度（℃）					
				5	10	15	20	25	30
				模板拆除期限（天数）					
跨度在8m以上的承重结构模板，跨度在2m以上的悬臂梁和板	100	普通水泥	325	55	45	35	28	21	18
			425	50	40	30	28	20	18
		火山灰质及矿渣水泥	325	60	50	40	28	24	20
			425	60	50	40	28	24	20

注：1. 本表系指在20±3℃的温度下经过28d的硬化后达到设计强度的混凝土。

2. 拆模时间应根据施工中预留试块的试压结果确定。较重大复杂的模板拆除工作，拆模前应拟订拆模方案，按承重情况确定拆模顺序，并应采取措施保证安全操作。

拆除侧模时间参考表 表 11-19

水泥品种	水泥标号	混凝土强度等级	混凝土的平均硬化温度（℃）					
			5	10	15	20	25	30
			混凝土强度达2.45MPa所需天数					
普通水泥	≥225	C10	5	4	3	2	1.5	1
	≥275	C15	4.5	3	2.5	2	1.5	1
	≥325	≥C20	3	2.5	2	1.5	1	1
矿渣水泥	≥225	C10	8	6	4.5	3.5	2.5	2
火山灰质水泥	≥275	C15	6	4.5	3.5	2.5	2	1.5

11.11 现浇模板的配制和安装质量要求

11.11.1 模板的配制

按规范 GBJ214—89 要求进行配板设计，绘制配板图对特殊构造包括留洞等应加以标明，并注明孔洞固定方法。接缝错开，支撑合理，要注意安拆方便，周转快。

11.11.2 模板安装质量要求

现浇组合钢模板安装完毕后，应按《混凝土结构工程施工及验收规范》(GB50204—92)和《组合钢模板技术规范》(GBJ214—89)等有关规定进行检查，验收合格后方能进行下一道工序。

1）组装的模板必须符合施工设计的要求。

2）各种连接件、支承件、加固配件必须安装牢固，无松动现象。模板拼缝要严密。各种预埋件，预留孔洞位置要准确，固定要牢固。

3）组拼的模板必须符合表 11-20 的要求。

4）安装允许偏差

a. 现浇结构模板安装允许偏差见表 11-21。

b. 预埋件和预留孔洞允许偏差见表 11-22。

表 11-20

项　　　目	允　许　偏　差 (mm)
两块模板之间拼接缝隙	≤2.0
相邻模板面的高低差	≤2.0
组装模板板面平整度	≤4.0（用 2m 平尺检查）
组装模板板面的长宽尺寸	+4 -5
组装模板对角线长度差值	≤7.0（≤对角线长度的 1/1000）

表 11-21

序　　号	项　　　目		允许偏差 (mm)
1	轴线位置		5
2	底模上表面标高		±5
3	截面内部尺寸	基　　础	±10
		柱、墙、梁	+4 -5
4	层高垂直	全高≤5m	6
		全高>5m	8
5	相邻两板表面高低差		2
6	表面平整（2m 长度上）		5

表 11-22

序　　号	项　　　目		允许偏差 (mm)
1	预埋钢板中心线位置		3
2	预留管、预留孔中心线位置		3
3	预埋螺栓	中心线位置	2
		外露长度	+10 0
4	预留洞	中心线位置	10
		截面内部尺寸	+10 0

第 12 章　钢筋的加工与绑扎

12.1　基本知识

12.1.1　钢筋的分类

在结构施工中，经常可以听到多种多样的钢筋叫法，在这些钢筋的叫法当中有按钢筋在结构中的作用来称呼的；有按化学成分来称呼的；还有按钢筋外形或钢筋强度来称呼的。

因此，对结构工来说，必须掌握钢筋的分类，才能比较清楚地了解钢筋的性能和在结构中所起的作用，在钢筋施工过程中不致发生差错。

（1）按钢筋在结构中的作用分类

1）受拉钢筋：配置在结构受拉区的钢筋叫受拉钢筋。由于构件的受力条件不同，受拉钢筋在构件中的位置也不一样。

工程结构中常见的简支梁、简支板，例如过梁、矩形梁、十字梁、花篮梁、T形梁和平板、槽形板、空心板等构件的受拉区都在构件的下部，因此受拉钢筋也就配置在构件的下部。

而另一类构件，情况刚好相反，例如挑檐梁、雨篷等，受拉区则在构件的上部，受拉钢筋也就配置在构件的上部。

还有一类构件，例如钢筋混凝土屋架，是由受拉、受拉和压弯等杆件组成，因此受拉钢筋就在屋架的下弦、受拉腹杆和上弦的受拉压内设置。

受拉钢筋在构件中的位置，如图12-1所示。

2）弯起钢筋：俗称弓铁、元宝铁、起梁，是受拉钢筋的一种变化形式。在一根简支梁、

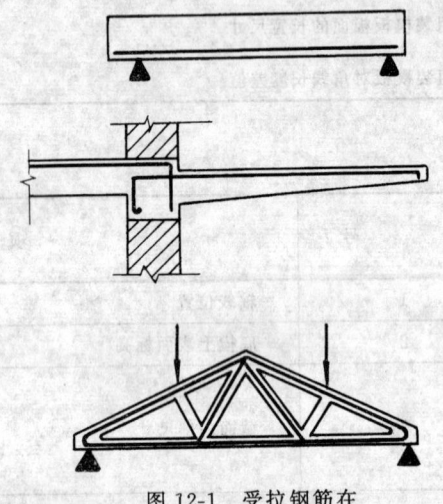

图 12-1　受拉钢筋在
构件中的位置

为抵抗支座附近由于受弯和受剪而产生的斜向拉力，就要将受拉钢筋的两端弯起来，来承受这部分斜拉力，称为弯起钢筋。至于在

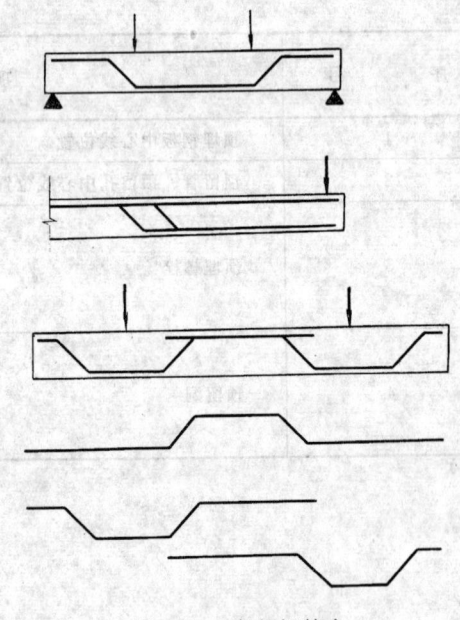

图 12-2　弯起钢筋在
构件中的位置

连续梁和连续板中，受拉区是变化的，跨中受拉区在连续梁、板的下部，到接近支座的部位，受拉区便移到梁、板的上部。为了适应这个变化,受拉钢筋到一定位置也须弯起。

弯起钢筋在构件中的位置如图 12-2 所示。

3）受压钢筋：在钢筋混凝土结构中压应力主要由混凝土承担，但为了减轻构件的自重而减小构件断面。配设受压钢筋后在缩小的断面上承载能力不会降低。

受压钢筋在构件中位置，如图 12-3 所示。

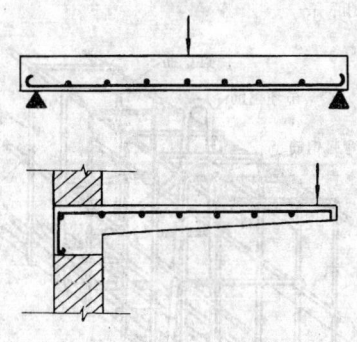

图 12-4 分布钢筋在
构件中的位置

肢箍等，如图 12-5 所示。

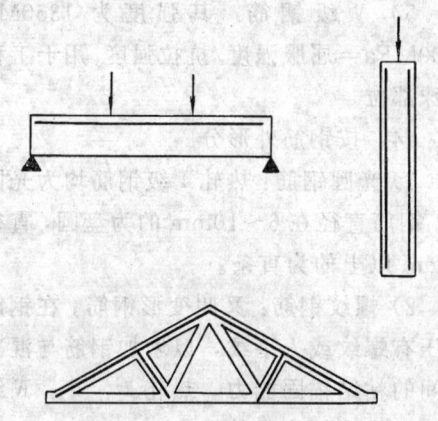

图 12-3 受压钢筋在
构件中的位置

4）分布钢筋：一般用在墙、板或环形构件中。分布钢筋的作用是将集中荷载均匀的分布给受力钢筋，固定受力钢筋的位置。同时还有抵抗混凝土凝固时收缩及板面温度变化时产生的拉力作用。

分布钢筋在构件中的位置，如图 12-4 所示。

5）箍筋：在梁、柱、屋架等大部分构件中都配置有箍筋。箍筋主要是固定受力钢筋的位置，使钢筋形成坚固的骨架，浇捣混凝土时，使受力钢筋不致位移。箍筋还可以承担部分拉力和剪力等。

箍筋的构造主要可分开口式和闭口式两种。如何选用一般根据设计图纸要求有三角形箍、圆形箍、双肢箍、四肢箍、螺旋箍、单

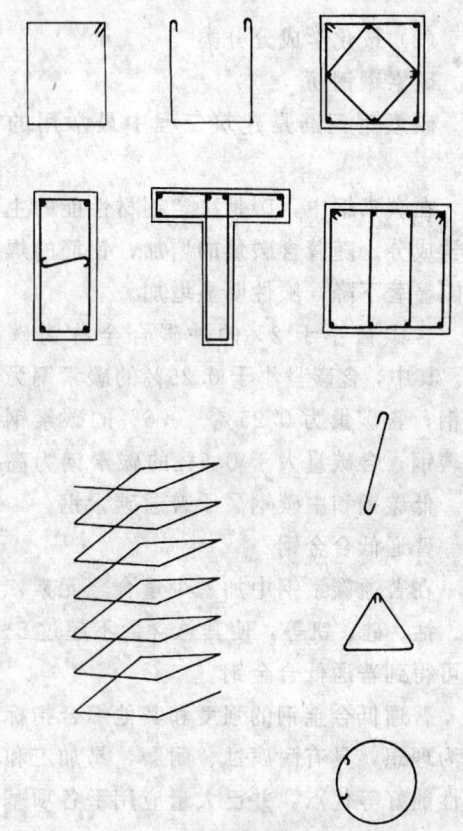

图 12-5 箍筋的构造形式

6）架立钢筋 一般配置在简支梁上面的两根角筋，作用是使下面的受力钢筋和箍筋保证正确位置,使之形成一个整体钢筋骨架，所以叫做架立钢筋，如图 12-6 所示。

除此之外还有腰筋、拉筋、吊环钢筋等分别在钢筋混凝土结构中起不同的作用，如

图 12-6 所示。

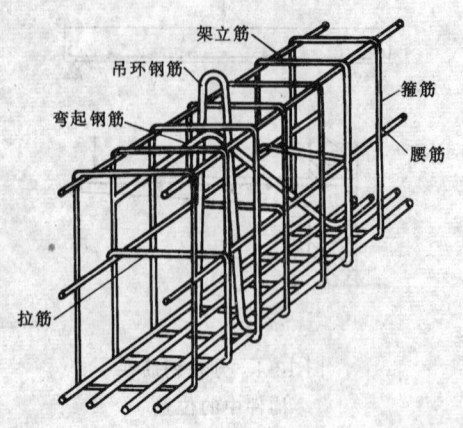

图 12-6 腰筋等在钢筋骨架中的位置

（2）按化学成分分类

碳素钢钢筋

碳素钢钢筋是建筑工程中最常用的钢筋。

在碳素钢中，碳是决定钢材性能的主要化学成分。随着含碳量的增加，钢筋的焊接性能显著下降，脆性明显增加。

含碳量小于 2％的铁碳合金称为碳素钢。其中，含碳量小于 0.25％的碳素钢为低碳钢；含碳量为 0.25％～0.6％的碳素钢为中碳钢；含碳量大于 0.6％的碳素钢为高碳钢。低碳钢和中碳钢属于普通碳素钢。

普通低合金钢

在普通碳素钢中加入少量合金元素，如钛、锰、硅、钒等，使其总含量不超过 5％，就可得到普通低合金钢。

普通低合金钢的强度和其他综合指标都较为理想，具有耐腐蚀、耐磨、易加工和焊接性能好等优点，并已大量应用于各项基本建设工程中。

建筑上所用的主要是普通碳素结构钢的低碳钢和属普通钢一类的低合金结构钢。

（3）按钢筋强度分

在建筑工程中用量最大的是经过热轧制成的光面或变形钢筋。热轧钢筋种类很多，为便于区分，按其屈服点和抗拉强度可分为五级：

1）Ⅰ级钢筋：其强度为 240MPa/380MPa＝屈服强度/抗拉强度。主要用于普通钢筋混凝土结构。

2）Ⅱ级钢筋：其强度为 340MPa/520MPa＝屈服强度/抗拉强度。主要用于普通钢筋混凝土结构。

3）Ⅲ级钢筋：其强度为 380MPa/580MPa＝屈服强度/抗拉强度。经冷拉宜用于预应力混凝土结构。

4）Ⅳ级钢筋：其强度为 550MPa/850MPa＝屈服强度/抗拉强度。经冷拉用于预应力混凝土结构。

5）Ⅴ级钢筋：其强度为 1350MPa/1500MPa＝屈服强度/抗拉强度。用于工程的特殊部位。

（4）按钢筋外形分

1）光圆钢筋：热轧Ⅰ级钢筋均为光圆钢筋。钢筋直径在 6～10mm 的为盘圆，直径在 12mm 以上的为直条。

2）螺纹钢筋：又叫变形钢筋。在钢筋表面压有螺纹或人字纹，以增加钢筋与混凝土之间的粘结锚固能力。热轧Ⅱ、Ⅲ、Ⅳ级钢筋一般均为螺纹钢筋。

3）钢丝：有冷拔低碳钢丝和碳素钢丝两种。

冷拔低碳钢丝是利用Ⅰ级钢筋中直径为 6～8mm 的盘圆冷拔而成。碳素钢丝又称高强钢丝，矫直回火经刻痕后称为刻痕钢丝。钢丝的直径有 3、4、5mm 三种规格。

4）钢绞线：一般由多根 2.5～5mm 直径碳素钢丝编绞而成，仅用于预应力钢筋混凝土构件中。

12.1.2 钢筋检验和保管

（1）钢筋检验

钢筋是钢筋混凝土构件中的主要组成部分，因此，钢筋是否符合标准，直接影响着建筑物的安全和寿命，在钢筋使用时必须加强对钢筋原材料进行检验。

钢筋运进现场，应有出厂质量证明或试

验报告单。每捆（盘）钢筋应有标牌。要按炉号及直径分批验收、堆放。验收内容包括：外观检查、查对标牌，并按有关标准规定抽取试样做机械性能试验。检验合格后，方可使用。如在加工过程中发现脆断，焊接性能不良或机械性能显著不正常等现象时，应进行化学分析检验或其他专项的检验。

热轧钢筋取样：

有出厂证明书或试验报告单，每 60t 作为一个取样单位。在每一个取样单位中，任抽取两根钢筋，在距钢筋端部 50cm 处各取一套试样（2 根）。每套试样中取一根试样作拉力试验测定屈服点、抗拉强度、伸长率、另一根试样作冷弯试验。

试件长度：

直径 28mm 以下钢筋抗拉试件长 300mm；抗弯试件长 250mm。

直径 28mm 以上钢筋抗拉试件长 360mm；抗弯试件长 300mm。

碳素钢丝和刻痕钢丝取样以 3t 为一个取样单位。

冷拔低碳钢丝以 5t 为一个取样单位。

（2）钢筋保管

对工程量较大、工期较长的单位工程，钢筋应堆放在仓库或简易料棚内，保持室内干燥，防止锈蚀。

对工程量较小、工期较短的单位工程，选择地势较高、土质坚实、较为平坦的场地堆放。

钢筋应按不同等级、牌号、直径、长度等，分别挂牌堆放，并标明数量，做到账、物、牌三相符。

钢筋不能和酸、碱、盐、油类等物品一起存放，以防钢筋被污染和锈蚀。

小　　结

在钢筋施工中，经常可以听到多种多样的钢筋名称，这些名称有的是按钢筋在构件中的作用来分类的；有的是按化学成分来分类的；还有的是按钢筋外形或钢筋强度来分类的。通过钢筋的分类可以了解钢筋的各种作用和性质。

钢筋使用前，按标准规定抽取试样做机械性能试验，检验合格后，才可使用。

钢筋保管要保持室内干燥，防止锈蚀。不同等级、牌号、直径的钢筋分别堆放。

习题

1. 钢筋如何分类？
2. 如何抽样，对钢筋进行机械性能试验？
3. 钢筋保管应注意的事项有哪些？

12.2　钢筋的配料和代换

钢筋配料是依据设计构件配筋图；规范要求；施工方案等，先绘出各种形状和规格的单根钢筋简图并加以编号，然后分别计算钢筋下料长度和根数，填写配料单，申请加工。

12.2.1　配料的一般知识

（1）混凝土保护层

为了保护钢筋在混凝土中不致锈蚀而降低承载力，在受力钢筋外边缘至构件的外表面有一定厚度混凝土来保护钢筋，称为混凝土保护层。

注意：

保护层太大会使钢筋混凝土构件的受力性能降低，保护层太小会使钢筋外露锈蚀。因此配料计算严格按要求控制保护层大小。

设计图中没有注明保护层的厚度时，应符合表12-1的规定。

钢筋混凝土保护层厚度（mm）

表 12-1

项次	结构类型及部位	厚度
1	墙、板厚度≤100时	10
2	墙、板厚度＞100时	15
3	墙、板中的分布钢筋	10
4	梁、柱中的主筋	25
5	梁、柱中的箍筋	15
6	轻质混凝土墙和板	15
7	基础下层钢筋有垫层时	35
8	基础下层钢筋无垫层时	70

注：表中项次1～6为室内正常环境下的保护层厚度。

在确定钢筋的下料长度时，应扣除两端保护层的厚度。

（2）钢筋的接头

当构件长度大于钢筋供应定尺长度时产生钢筋的接头。

在工程中钢筋接头常有绑扎和电弧搭接接头（即焊接）两种形式。此外还有多种新型常用钢筋连接方法。如闪光对焊、挤压套筒连接、锥螺纹连接、竖直方向钢筋电渣焊、气压焊等。

钢筋接头位置宜设置在受力较小处。

各受力钢筋之间的绑扎接头位置应相互错开，在一个截面内，绑扎接头受力钢筋截面面积占受力钢筋总截面面积百分率应符合受拉区不得超过25％，受压区不得超过50％的规定。

注意：

配料时根据构件用料情况及规范、设计要求统筹考虑确定各规格钢筋的接头位置和增加接头长度，最大限度的满足在保证质量

的情况下，施工方便，节省钢筋。

（3）钢筋的弯钩

为了增加钢筋在混凝土中的锚固作用，使结构受力后，有较大的握裹力，在构件的钢筋加工中设锚固弯钩。

那些钢筋要设弯钩：

重要、特殊节点的弯钩设置及形式要符合设计图纸要求。

绑扎网片和绑扎骨架中的受拉光圆钢筋，以及偏心受压、受拉构件中直径大于12mm的受压光圆钢的末端、梁中箍筋的末端等均应设弯钩。螺纹钢筋在一些节点设锚固直弯钩。

Ⅰ级钢筋末端做180°的弯钩，90°直弯钩，135°斜弯钩。Ⅱ、Ⅲ级钢筋末端做90°或135°的弯钩。钢筋的弯钩形式，如图12-7所示。

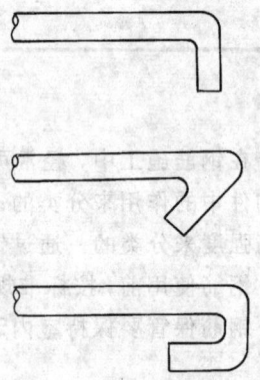

图 12-7　钢筋弯钩形式

在钢筋配料计算时应按规定增加弯钩的长度并减除因弯钩而生产的弯曲调整值

弯曲调整值：即量度差值。钢筋弯曲后，外边缘伸长，内边缘缩短，而中心线既不伸长也不缩短。而钢筋长度的度量方法系指外包尺寸，因此钢筋弯曲以后，存在一个量度差值，在计算下料长度时必须扣除。

（4）钢筋的弯折

梁类构件有时需要配置弯起钢筋。弯起钢筋的长度计算除了考虑弯钩外，还要考虑弯折处的伸长和斜长的计算问题。

弯折角度根据设计一般为30°、45°、60°。

弯起钢筋的斜长可从三角函数关系求得尺寸。

在钢筋配料计算时，应减去弯折处的伸长值，并考虑斜长和直长的关系影响。钢筋弯钩增加长度表，钢筋弯曲调整值，钢筋增加长度表，见表12-2、表12-3、表12-4。

钢筋弯钩增加长度表

表 12-2

弯曲角度 45°	弯曲角度 90°	弯曲角度 180°
增加长度 4.9d	增加长度 2.25d	增加长度 6.25d

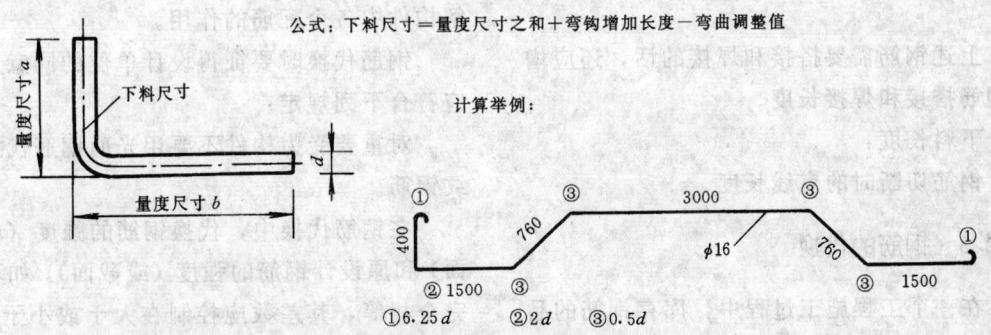

注：钢筋弯钩增加长度已扣减了钢筋弯曲时所增加的长度。

钢筋弯曲调整值

表 12-3

钢筋弯曲角度	30°	45°	60°	90°	135°
钢筋弯曲调整值	0.35d	0.5d	0.85d	2d	2.5d

公式：下料尺寸＝量度尺寸之和＋弯钩增加长度－弯曲调整值

计算举例：

量度尺寸之和＝0.4＋1.5＋0.76＋3＋0.76＋1.5＝7.92m

弯钩增加长度＝2×6.25d＝2×6.25×0.016＝0.2m

弯曲调整值＝2d＋4×0.5d＝2×0.016＋4×0.5×0.016＝0.064m

下料长度＝7.92＋0.2－0.064＝8.056m

箍 筋 量 度 方 法	箍筋直径（mm）			
	4～5	6	8	10～12
量外包尺寸	40	50	60	70
量内皮尺寸	80	100	120	150～170

12.2.2　下料长度的尺寸组合

钢筋在制作过程中因搭接、焊接、弯曲伸长、弯钩锚固、保护层等因素使其长度变化，在配料中不能直接根据图纸中尺寸下料，必须全面考虑各种因素组合计算出下料长度。

各种下料长度尺寸组合如下：

直钢筋下料长度＝构件长度－保护层厚度＋弯钩增加长度

弯起钢筋下料长度＝直段长度＋斜段长度－弯曲调整值＋弯钩增加长度

箍筋下料长度＝箍筋周长＋箍筋调整值。

上述钢筋需要搭接和焊接的话，还应增加钢筋搭接和焊接长度。

下料长度：

钢筋切断时的直线长度。

12.2.3　钢筋的代换

在一个工程施工过程中，库存钢筋的品种、规格和设计要求不符，这种情况时有发生。为了确保工程进度，同时又保证工程质量，合理的使用原材料，就需提出钢筋的配料代换。

（1）钢筋代换的方法

1）等截面代换

当有相同的钢筋品种，但没有设计所需的钢筋规格时，只要代换钢筋的总截面积和原设计钢筋的总截面面积相等，就可代换。

2）等强度代换

不同等级品种的钢筋，只要代换钢筋的承载能力值和原设计钢筋的承载能力值相等，就可以代换。

注意：

钢筋代换必须由设计人员确定，现场施工人员不能按代换原则随意进行钢筋代换。

（2）钢筋代换的注意事项

在钢筋代换前，要了解设计意图，并了解构件中各个配筋的作用。

钢筋代换时要征得设计单位的同意，并应符合下列规定：

对重要受力构件不要用光面钢筋代换螺纹钢筋。

在钢筋代换中，代换钢筋的强度（或截面）和原设计钢筋的强度（或截面），如不能完全相等，其差数应控制在大于或小于 5% 的范围内，当属于偏小的情况时，应征得设计部门同意。

钢筋代换后，应满足混凝土结构设计规范中所规定的钢筋间距，锚固长度，最小钢筋直径、根数等要求。

预制构件的吊环，必须采用未经冷拉的Ⅰ级热轧钢筋制作严禁以其他钢筋代换。

对有抗震要求的框架，代换钢筋必须符合 GB50204—92 第 3.1.3 条的要求。

12.2.4 钢筋配料的程序

（1）配料程序

熟悉图纸及规范要求──→列出构件名称（件数）──→简录钢筋编号、钢号、直径──→绘出钢筋制作形状简图──→计算钢筋下料长度──→简录单位、根数和总根──→计算规格、重量、出配料单，提材料计划。

（2）各程序的操作要点

配料过程就是把钢筋图演变成配料单提出各种钢筋的规格、数量的全部过程，是钢筋加工和制作的准备工作。

熟悉图纸要搞清钢筋的规格、品种尺寸大小，搭接锚固等规范要求。

列出构件的名称数量、安装位置、标高、使从配料开始到加工最后绑扎统一有序。

有一个构件的钢筋编号（从小到大）排列正确，钢号、规格直径无误。

列出和确定钢筋制作形状简图，并检查与其他编号的钢筋组成构件骨架是否合理正确。

按保护层厚度，搭焊接长度，弯曲伸长率弯钩锚固长度，以及构件长度等参数计算各编号钢筋的下料长度。

按钢筋规格的重量参数、设计分布间距、构件的数量计算列出各种规格钢筋的需用量计划，加上损耗后提材料需要量计划。

12.2.5 配料计算实例练习

已知在 8 级抗震设防地区某教学楼钢筋混凝土简支伸臂梁 L 的配筋，如图 12-8。求各种规格钢筋下料长度。

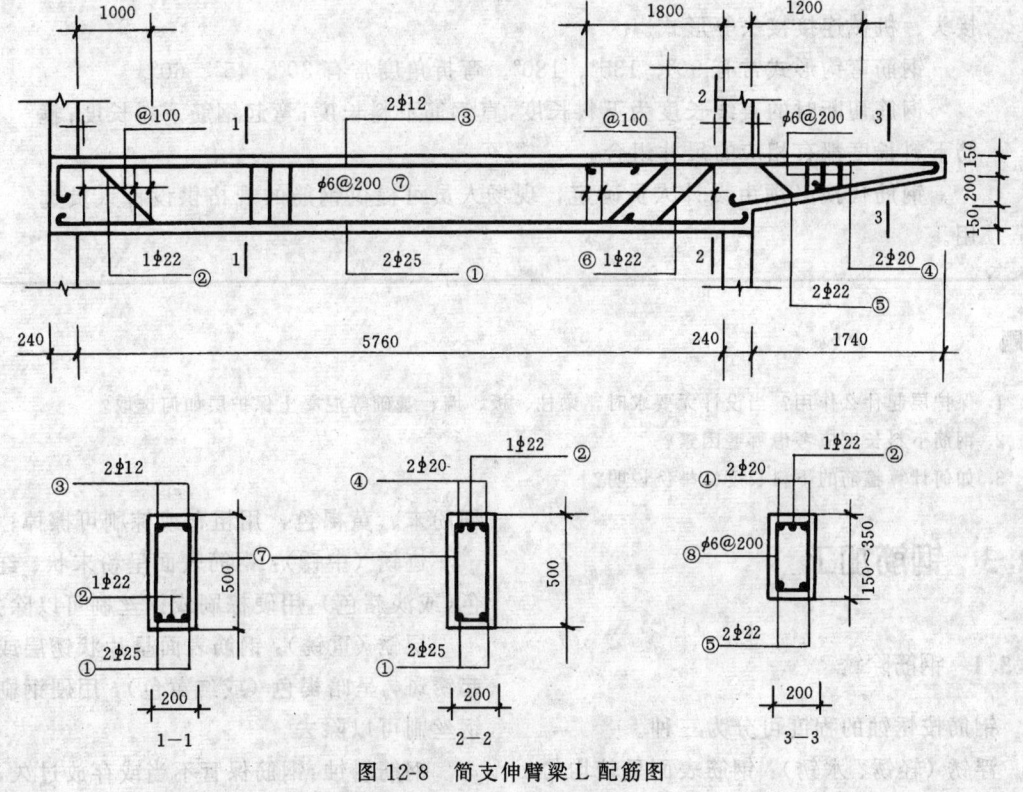

图 12-8 简支伸臂梁 L 配筋图

解：绘出各种钢筋简图

由于配筋图上，钢筋锚固长度与搭接长度未注要求，因此按一般构造要求处理：

①号受力筋伸入支座锚固长度 $l_m = 15d = 15 \times 25 = 375mm$，因此要向上弯。为满足操作需要，至少弯150mm。

$5\ 760 + (240 \times 2) + (150 \times 2) - 50 = 6\ 490mm$

②号弯起钢筋左边弯终点外的锚固长度 l_m（受拉区）$= 20d = 20 \times 22 = 440mm$，因此需要向下弯 $440 - 265 = 175mm$。

③号钢筋左端锚固长度 l_m（作构造负筋）$= 25d = 25 \times 12 = 300 > 215$，需要向下弯150mm。其右端与④号受力钢筋搭接，长度为150mm。

$5\ 760 - 1\ 800 + 150 = 4\ 110mm$

④号受力钢筋

$1\ 740 + 240 + 1\ 800 - 25 = 3\ 820mm$。

⑤号架立钢筋

$240 + 1\ 740 - 25 = 1\ 955mm$

⑥号鸭筋

$440 + 566 + 340 + 348 + 220 = 2\ 020mm$

⑦ $(5\ 760 - 2\ 000) \div 200 = 20$ 个

⑧号箍筋首先要算出它的高差是多少。

$350 - 150 = 200mm$

共有 9 个套箍每个高度差。

$200 \div 9 = 22mm$

第一个箍高度得出下料长

$312 \times 162 + 60 = 1\ 080mm$

第二个箍下料长

$1\ 080 - 2 \times 22 = 1\ 038mm$

以此类推

小　结

钢筋必须设置保护层，保护层的大小与钢筋所处在混凝土的位置有关，一般为 10~25mm，特殊情况可达到 70mm。

构件长度大于钢筋供应长度时产生钢筋接头，钢筋接头的形式有绑扎、焊接接头、机械连接接头等形式。

钢筋弯钩形式常有 90°、135°、180°。弯折角度常有 30°、45°、60°。

钢筋切断时的直线长度为下料长度，直钢筋下料长度；弯起钢筋下料长度；箍筋下料长度都有相应的尺寸组合。

钢筋代换必须由设计人员确定，现场人员可提供钢筋的规格供设计人员选用。

习题

1. 保护层起什么作用？当设计无要求时，梁柱、板、墙、基础等混凝土保护层如何选取？
2. 钢筋下料长度应考虑哪些因素？
3. 如何计算箍筋的下料长度？举例说明？

12.3　钢筋加工

12.3.1　钢筋除锈

钢筋按锈蚀的程度可分为三种。

浮锈（轻锈、水锈）：钢筋表面呈较均匀细粉末、黄褐色，用粗布或棕刷可擦掉；

迹锈（中锈）：钢筋表面呈粉末状、红褐色（或淡赭色），用硬棕刷或钢丝刷可以除去；

层锈（重锈）：钢筋表面呈片状锈层或凸起锈斑，呈暗褐色（或红黄色），用硬钢刷或钢丝刷可以除去。

钢筋锈蚀：钢筋保管不当或存放过久，就

会与空气中的氧气化合，在钢筋表面结成一层氧化铁，这就是铁锈。

带有铁锈的钢筋叫锈蚀钢筋。锈蚀钢筋在工程上使用应要符合 GB50204—92 的规定。

提示：

准备三种不同锈蚀的钢筋请同学观察认识。

钢筋除锈后的外观效果，浮锈清除后钢筋表面仅轻微损伤氧化膜（蓝皮）；迹锈清除后钢筋表面部分氧化膜脱落，表层稍有粗糙痕迹；层锈清除后钢筋表面片状锈层除掉，呈现麻坑。

有锈钢筋不除锈对钢筋混凝土构件的影响：

钢筋与混凝土不能很好粘结；锈层将继续发展，锈皮增厚，截面面积减少，承载能力下降；锈层体积膨胀从构件内部胀裂混凝土保护层，缩短构件的寿命；如预应力筋带有锈层，将使预应力损失加大。

钢筋除锈使用，对于浮锈，除于冷拔前须以机械法和酸洗法加以清除，或于焊接前在焊点处用钢丝刷清除外，一般可不必处理。但出现锈皮，即用硬物撞击钢筋有锈屑剥落时，则应进行干净除锈后才可使用。

钢筋除锈方法很多，目前钢筋除锈一般采用两种方法进行。一是通过钢筋加工的其他工序同时解决钢筋除锈，如在钢筋的冷拉调直过程中除锈。二是通过机械方法进行除锈，如组合式钢筋除锈机除锈，如图 12-9 所示。此外还有人工钢刷除锈，酸洗除锈等方法。

机械除锈的操作要点：

检查钢丝刷的固定螺丝有无松动，传动部分的润滑情况是否良好，检查封闭式防护罩装置及排尘设备的完好情况，并按规定清扫防护罩中的铁锈、铁屑等。

检查电气设备的绝缘及接地是否良好。操作人员要将袖口扎紧，并戴好口罩、手套等防护用品，特别是要戴好防护眼镜，防止

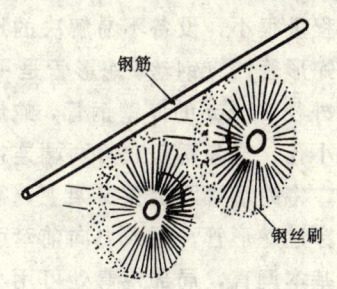

图 12-9　组合式钢筋除锈机工作原理

圆盘钢丝刷上的钢丝甩出伤人。

操作人员必须侧身送料，禁止在除锈机的正前方站人，在整根长的钢筋除锈时，一般要由两人进行操作，操作人员要紧密配合，互相呼应。

严禁将两头已弯钩成型的钢筋在除锈机中操作。弯度太大的钢筋宜在基本调直后再进行除锈。

在除锈过程中发现钢筋锈皮鳞落现象严重，并已损伤钢筋断面者，或在钢筋除锈后，其表面有严重的麻坑、斑点伤蚀断面时，应及时向有关人员提出，研究是否剔除不用。

12.3.2　钢筋调直

直径在 10mm 以下的钢筋是以盘圆钢筋供应的，使用前，必须经过一道放圈，调直工序。

为什么钢筋要调直：

曲折钢筋在钢筋混凝土中，不同程度影响构件受力性能。

曲折钢筋，断料钢筋的长度不可能控制准确，影响钢筋弯曲成型、绑扎安装的质量。

直径在 10mm 以上钢筋是以 9m 左右定尺直条供应的，下料前由于各种原因，使直条状钢筋造成局部曲折，使用前也要进行一次调直处理。

目前，钢筋调直方法有人工调直、卷扬机拉直和机械调直等。

（1）人工调直

钢丝的调直，钢丝硬度较大，一般人工平直较为困难，多采用机械调直的方法进行。

但在工程量很小，设备不易解决的地方，可以采用蛇形管调直钢丝。蛇形管是用长 40～50cm，外径 20mm 的厚壁钢管，蛇形管壁四周打上小孔，排漏锈粉，管两端连接喇叭状进出口，将蛇形管固定在支架上，需要调直的钢丝穿过蛇形管，用人力向前牵引，即可将钢丝基本调直，局部慢弯处可用小锤加以平直，如图 12-10 所示。

实训要求：

参观或演示用蛇形管架调直钢筋。

1) 细钢筋人工调直

细钢筋：10mm 以下的盘圆钢筋。

在工程很小，又无设备的情况下，可以在工作台上用小锤敲直。

在工程量较小的零星钢筋加工中，用绞磨拉直细钢筋还是可行的。

操作：首先将盘圆钢筋搁在放圈架上，人工将钢筋拉到一定长度切断，分别将钢筋两端夹在地锚和绞磨端的夹具上，推动绞磨，即可将钢筋基本拉直。用绞磨拉直细钢筋只要有绞磨，钢丝绳，地锚和夹具即可，设备比较简单。

代替绞磨作为动力的还有手摇绞车，倒链等。

实训练习：

人工回直钢筋，倒链拉调钢筋。

2) 粗钢筋人工调直

粗钢筋：直径在 10mm 以上的钢筋是直条状的。

粗钢筋的曲折是在运输和堆放过程中造成的，一般仅在直条上出现一些慢弯，调直比较简单。

操作：首先将钢筋弯折处放在卡盘上扳柱间，用平头横口扳子将钢筋弯曲处基本扳直，如图 12-11 所示。也可以手持直段钢筋处作为力臂，直接将钢筋弯曲处在扳柱间扳直，然后将基本扳直的钢筋放在工作台上，用大锤将钢筋慢弯处打平，直至钢筋在工作台上可以滚动，即可认为钢筋调直合格。

实训练习：

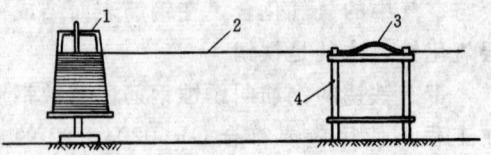

图 12-10 蛇形管调直架
1—放盘架；2—钢丝；3—蛇形管；4—固定支架

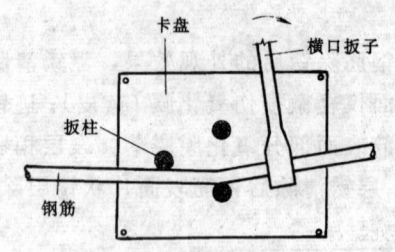

图 12-11 粗钢筋人工调直

人工调直粗钢筋。

（2）机械调直

钢筋调直机是调直细钢筋和冷拔低碳钢丝的，也是目前定型的钢筋调直机械。它具有钢筋除锈、调直和切断三项功能，这三项工序能在操作中一次完成。

目前定型的钢筋调直机主要有 TQ4-14 和 TQ4-8 两种型号、分别调直的最大直径是 14mm 和 8mm。这两种调直机械的工作原理是完全一样的。工作原理如图 12-12 所示。在原理图中可以看出电动机端部有两个皮带轮，一个大皮带轮带动调直筒，调直筒内有 5 个不在一条线上的调直模，由于调直模在高速旋转，穿过调直筒的弯曲钢筋被调直，而且钢筋表面的锈迹、锈皮均被调直模清除了。

电动机端另一个小皮带轮，通过一个皮带轮减速后，带动一对减速、转向的锥形齿轮，锥形齿轮又通过两对减速齿轮、带动一对同速反向回转的齿轮，以传动两个上下传送压辊转动牵引钢筋向前运动。

通过锥形齿轮的轴端，带动一个曲柄轮，轮上的连杆使一个锤头不停的上下运动。一个安装有切钢筋装置的滑动刀台在锤头的一侧，如图 12-13（a）所示，当钢筋调直到预定长度，钢筋端头就触到和滑动刀台相连结的定尺板，定尺拉杆就将滑动刀台拉到锤头下方，锤头锤击上刀架，则将钢筋切断，如图 12-13（b）所示。切断的钢筋落入受料架内，在这一瞬间，由于压缩弹簧的作用，就将滑动刀台和上刀架顶回到原来的位置。钢筋除锈、调直、切断工作就这样连续不停的进行着。

实训要求：

参观或操作调直机械的调直过程，必须注意安全。

钢筋调直机的调整和使用，以 TQ4-8 型调直机为例。调直冷拔低碳钢丝和细钢筋时，要根据钢筋的直径选用调直模和传送压辊，并要正确掌握调直模的偏移量和压辊的压紧程度。

调直模的偏移量如图 12-14 所示，根据其磨耗程度及钢筋品种通过试验确定；调直筒两端的调直模一定要在调直前后导孔的轴心线上，这是钢筋能否调直的一个关键。如果发现钢筋调得不直就要从以上两方面检查原因，并及时调整调直模的偏移量。

压辊的槽宽，一般在钢筋穿入压辊之后，保证上下压辊间有 3mm 之内的间隙，才是适宜的。压辊的压紧程度要做到既保证钢筋能顺利的被牵引前进，看不出钢筋有明显的转动，而在被切断的一瞬钢筋和压辊间又能允许发生打滑。

安全操作：

机械必须按操作规程进行操作。

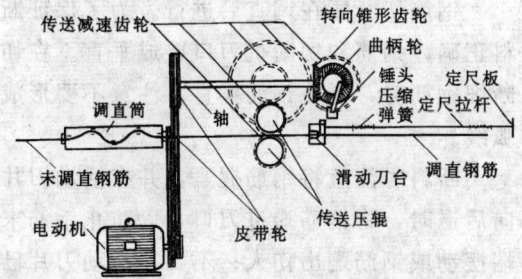

图 12-12　钢筋调直机工作原理图

不要随意抬起传送压辊，这样钢筋不能

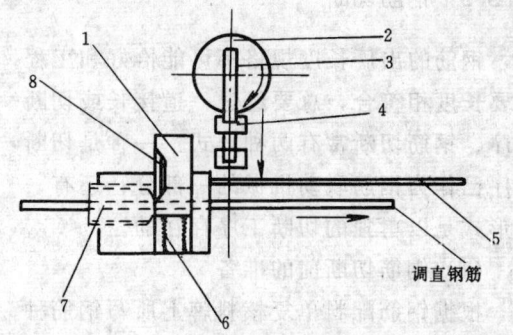

（a）滑动刀台位于锤头前方

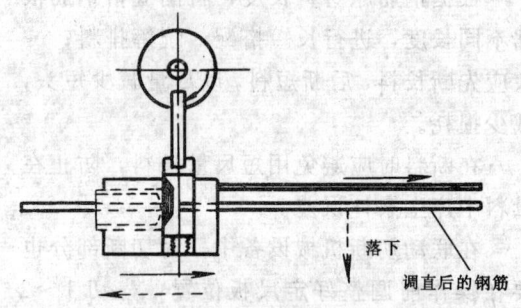

（b）滑动刀台被拉到锤头下方互相作用切断钢筋

图 12-13　钢筋调直切断工作原理

1—上刀架；2—曲柄轮；3—连杆；4—锤头；
5—定尺拉杆；6—回位弹簧；7—固定刀片
（下切刀）；8—活动刀片（上切刀）

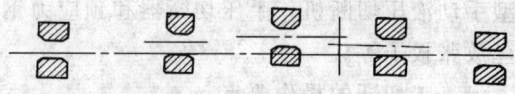

图 12-14　调直模的安装

向前移动，调直筒内钢筋容易搅断。

盘圆钢筋放入放圈架上要平稳，如有乱丝或钢筋脱架时，必须停车处理。

机械各部位经常检查保证安全完好。

已调直的钢筋，必须按规格、根数分成小捆堆放整齐，不要乱丢；地面上散乱钢筋也要随时清理，以防绊挂伤人。

（3）卷扬机拉直

直径 10mm 以下的 I 级盘圆钢筋，可采用卷扬机拉直，它能完成除锈、拉伸、调直三道工序。

12.3.3 钢筋切断

钢筋的出厂长度规格不可能恰好和工程需要长度相符合，总要经过一道接长或切断工序、钢筋切断常有两种形式：一种是切断工序已作为钢筋联动机械的一部分；还有一种形式是以单独的切断工序存在的。

（1）钢筋切断前的准备

根据钢筋配料单复核料牌上所写钢筋种类、直径、尺寸、根数是否正确。

根据钢筋原材料长度，将同规格钢筋根据不同长度，进行长短搭配，统筹排料；一般应先断长料，后断短料，以尽量减少短头，减少损耗。

在断料时应避免用短尺量长料，防止在量料中产生累计误差。

在联动切断机械设备中，对切断部分也要在操作前调整好定尺板位置，先切1～2根，核对好尺寸，再成批生产。

（2）人工切断

人工切断钢筋是一种劳动强度大，且工效很低的方法，只在切断量小或缺少动力设备的情况下才予以采用。

人工切断主要工具有断线钳，GJ5Y-16型手动液压切断机，手压切断器和预应力钢丝放张扳子等。

人工切断的操作要点：

人工切断工具一般都没有固定基础，在操作过程中，往往只采取一些临时固定措施，经常可能发生位移。当采用卡板作为控制切断尺寸的标志而大量切断钢筋时，就必须经常复核断料尺寸是否正确，特别是一种规格的钢筋切断量很大，更应在操作过程中经常检查，避免刀口和卡板间距离发生移动，引起断料尺寸错误。

（3）机械切断

钢筋切断机是钢筋切断的专用机械，产品型号主要有 GJ5-40 和 QJ40-1 型两种，如图 12-15 所示。

钢筋切断机是由电动机通过皮带轮及齿

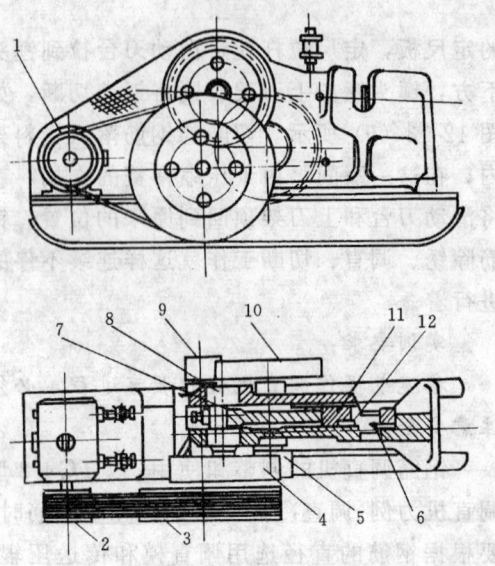

图 12-15　GJ5-40 型钢筋切断机

1—电动机；2、3—三角带轮；4、5、9、10—减速齿轮；6—固定刀片；7—连杆；8—偏心轴；11—滑块；12—活动刀片

轮组变速，带动偏心轴，偏心轴推动连杆，连杆端装有冲切刀片（活动刀片），冲切刀片作往复水平动作，即和固定刀片切断钢筋，这就是钢筋切断机整个工作原理。

操作要点：

在使用钢筋切断机时，首先要检查切断机刀口安装是否准确、牢固，润滑油是否充足，并且要空车运转正常后，再进行操作。

在钢筋切断机进行操作过程中，要注意刀片的水平、垂直间隙位置，如有变化应及时停车调整。

钢筋切断要在调直后进行。为了保证断料正确，钢筋和切断机刀口要成垂直。在切断细钢筋时，要将钢筋摆直，注意不要形成弧线。

断料时注意将钢筋握紧，并在活动刀片向后退时，将钢筋送进刀口，以防止钢筋末端摆动或钢筋蹦出伤人；不要在活动刀片已开始向前推进时，向刀口送料这样常因措手不及，不能切断准确尺寸，往往还会发生机械或人身安全事故。

长度在 30cm 以下的钢筋，不能直接用手送料切断。

禁止切断超过机械性能规定范围外的钢材（如型钢）以及超过刀片硬度或烧红的钢筋。

切断钢筋后，机身上的铁末、铁屑不得用手直接抹除或用嘴吹，而应用毛刷清扫。

在切断配料过程中，如发现钢筋有劈裂、缩颈或严重的弯头等必须切除。切断钢筋的长度应力求准确，其允许偏差应根据钢筋具体情况，符合有关规定。

每次可切断的根数，是根据钢筋直径来确定的，GJ5-40 型钢筋切断机每次可切断钢筋根数可参考表 12-5。

GJ5-40 型钢筋切断机
每次切断根数　　　　表 12-5

钢筋直径 (mm)	6	8	10	12	14～16	18～20	22～40	备注
每次切断根数	15	10	7	5	3	2	1	I 级钢筋

12.3.4　钢筋弯曲成型

将断、配好的钢筋，弯曲成所需要的形状尺寸，是一道技术性较强的工序。如果操作技术熟练，不但钢筋弯曲操作速度快，而且加工的钢筋形状正确，平面上没有翘曲不平的现象，便于绑扎安装。必须在实际操作中不断地实践，摸索操作规律、积累操作经验，加深对钢筋弯曲成型操作规律的认识，熟练弯曲操作技术。

（1）手工弯曲成型

工具和设备：

工作台：有钢制和木制，外型尺寸长×宽×高＝4.0～8.0m×0.8m×0.9～1m 台面根据需要采用厚木板。方木或槽钢拼制而成。工作台要求稳固牢靠，避免在操作时发生晃动。

特点：

设备简单，成型正确，但劳动强度大、效率低。

手摇扳：是弯曲细钢筋的主要工具。它

是由一块钢板底盘和扳柱（钢筋柱）、扳手（摇手）组成，如图 12-16。(a) 是一个弯单钢筋的手摇扳，可以弯曲 12mm 以下的钢筋；(b) 是可以弯曲多根钢筋的手摇扳每次可以弯曲 4 根直径 8mm 的钢筋，主要适宜弯制箍筋。底盘钢板厚 4～6mm，扳柱直径为 16～18mm，扳手用 14～18mm 钢筋制成。

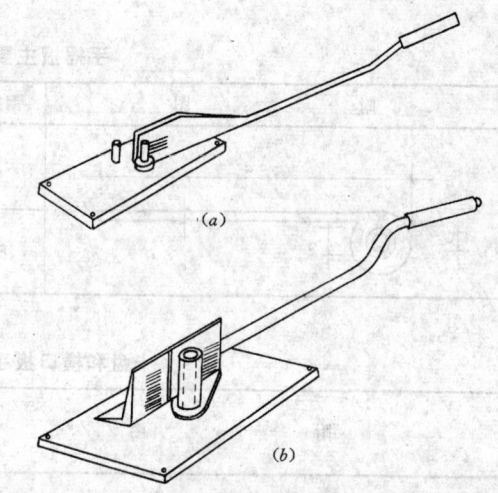

图 12-16　手摇扳

卡盘（底盘）：是弯粗钢筋的主要工具之一，由一块厚钢板和扳柱（φ20～25 钢筋柱）组成，底盘固定在工作台上。有两种形式：一种是由一块钢板上焊四个扳柱。另一种是在钢板上焊三个扳柱，如图12-17。

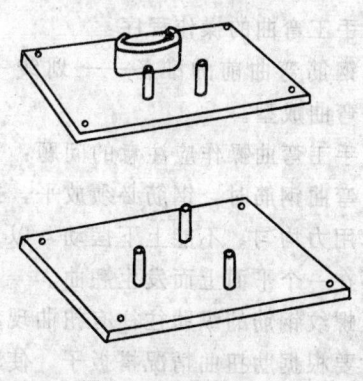

图 12-17　卡盘

钢筋扳子：主要和卡盘配合使用，钢筋扳子有横口扳子和顺口扳子两种，如图12-18。

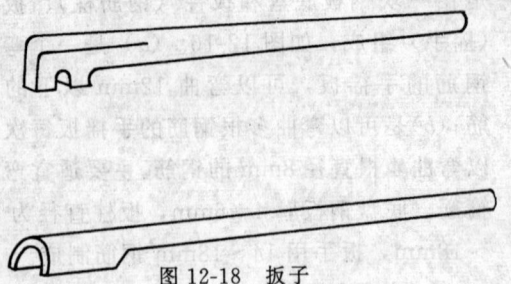

图 12-18　扳子

钢筋扳子的扳口尺寸要比弯制的钢筋大2mm 较为合适，过大会影响弯制形状的正确，所以在准备钢筋弯曲工具时，应配备有各种规格扳口的扳子。

手摇扳主要尺寸参见表 12-6。

卡盘和横口扳手主要尺寸参见表 12-7。

手摇扳主要尺寸参考表（mm）　　　　　　　　　　表 12-6

附　　　图	钢筋直径	a	b	c	d
	6	500	18	16	16
	8～10	600	22	18	20

卡盘和横口扳手主要尺寸参考表（mm）　　　　　　　表 12-7

附　　　图	钢筋直径	卡盘			横口扳手			
		a	b	c	d	e	h	l
	12～16	50	80	20	22	18	40	1 200
	18～22	65	90	25	28	24	50	1 350
	25～32	80	100	30	38	34	76	2 100

手工弯曲的操作程序：

钢筋弯曲前的准备 → 划线 → 试弯 → 弯曲成型。

手工弯曲操作应注意的问题：

弯曲钢筋时，钢筋必须放平，扳子要托平，用力均匀，不能上下摆动，以免弯出钢筋不在一个平面上而发生翘曲。

螺纹钢筋的纵肋往往有扭曲现象，在弯曲时要根据肋扭曲情况搭扳子，使弯曲成型后不产生翘曲现象。

用横口扳子弯曲粗钢筋时，首先要将钢筋的弯曲点线放在扳柱的规定处；操作人员要站稳，两腿站成弓步，搭好扳子，注意扳距，扳口卡牢钢筋。起弯时用力要慢，不要用力过猛，防止扳子扳脱，人被甩倒。弯曲时要借一般甩劲，结束时要稳，要掌握好弯曲位置，以免把钢筋弯过头或没弯到要求角度。

不允许在高空或脚手板上弯粗钢筋，避免因操作时脱板造成高空坠落。

（2）机械弯曲成型

特点：

劳动强度较轻，工效高、质量好。

钢筋弯曲机的工作原理。

它是由电动机通过三角皮带轮、齿轮组、蜗杆、蜗轮等减速装置带动弯曲盘进行工作的。由于蜗轮、蜗杆传动具有减速比大、工作平稳而缓慢的特点，并借助磁力起动器可以使电动机换向转动，因而很适用于直条钢筋的弯曲工作，如图 12-19 所示。

由于齿轮组有快、中、慢三组调速，钢筋愈粗速愈慢。弯曲工作盘上可根据不同弯曲直径插不同规格的扳柱。

在弯曲钢筋时，接通电源，弯曲工作盘绕心轴转动。此时，心轴和工作轴（扳柱）都在转动，但心轴在圆盘中心，位置并没移动，而工作轴却围绕着心轴作弧形运动，将钢筋弯曲成型。

提示：

弯曲机工作盘上的心轴和成型轴可以更换。一方面要考虑弯曲钢筋的内圆弧，即心轴直径应是钢筋直径的 2.5～3 倍。另一方面，钢筋在心轴和成型轴之间的空隙不要超过 2mm。

钢筋弯曲机的传动变速齿轮是可以更换的。当齿轮更换后，工作盘的转速也就变了，转速快，可以弯曲的直径就小，转速慢，可弯曲的直径就粗。

钢筋弯曲机操作方法：

弯曲前的准备——→试弯——→弯曲成型。

将钢筋需要弯曲的部位放到心轴与成型轴（工作轴）之间，开动弯曲机。当工作盘旋转 90°时，成型轴也转动 90°。由于钢筋被挡铁轴阻止不能运动，成型轴就将钢筋绕着心轴弯成 90°的弯钩。如果工作盘继续旋转到 180°，成型轴也就把钢筋弯成 180°的弯钩。用倒顺开关使工作盘反转，成型轴就回到原来位置，即弯曲结束。如图 12-20 所示。

弯曲机操作注意事项：

弯曲机使用前，应检查起动和制动装置是否正常，变速箱的润滑油是否充足。

操作前应先试运转，待运转正常后，方可正式操作。

弯曲钢筋放置方向要和挡轴、工作盘旋转方向一致，不得放反。在变换工作盘旋转方向时，应按正（倒）转 ——→ 停 ——→ 倒

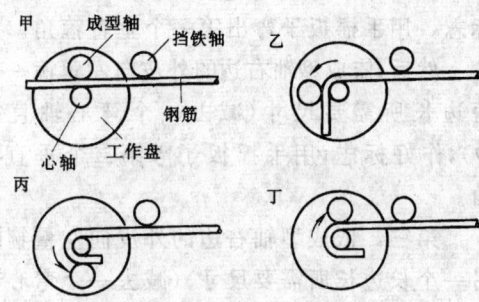

图 12-19　弯曲机工作示意图

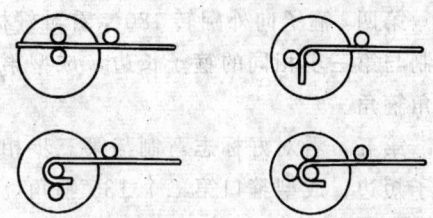

图 12-20　钢筋弯曲机成型钢筋

（正）转的步骤进行操作，不得直接从正——→倒或倒——→正。

成型轴和心轴是同时转动的，会带动钢筋向前滑动。这是与人工弯曲的一个最大区别。因此，弯曲点线在工作盘的位置与手工弯曲时在扳柱铁板的位置正好相反。

一般弯曲点线与心轴距离如图 12-21 所示。

（3）典型形状钢筋弯曲成型方法

箍筋的弯曲步骤：

首先把按下料长度切好的钢筋的 1/2 位置对在底盘成型轴靠右手（弯曲侧）的外皮上，并在手摇扳子的左侧工作台上设立 1/2

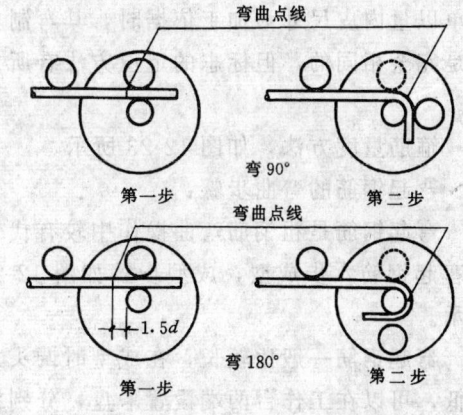

弯曲点线

弯 90°

第一步　　　　第二步

弯曲点线

1.5d

弯 180°

第一步　　　　第二步

图 12-21　弯曲点线和心轴关系

标志,用手摇扳子弯出第一个垂直箍角。

然后,依成型轴右边的外皮向左量箍一个短边长所需要尺寸(减去一个弯心轴直径D),作好标志,用手摇扳子弯第二个垂直箍角。

第三,依成型轴右边的外皮向左量箍的另一个长边长所需要尺寸(减去一个弯心轴直径D),作好标志,用手摇扳子弯箍口第一个135°箍角。

第四,箍子向外翻转180°,看对好标志,弯制与第三步相同的箍子长边,成型第三个直角箍角。

第五,看对好标志弯制与第三步相同的箍子短边,成型箍口第二个135°箍角。到此箍筋弯制完成,如图12-22所示。

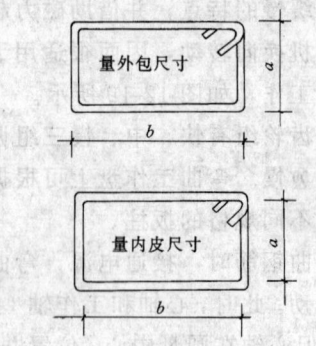

图12-23 箍筋量度方法

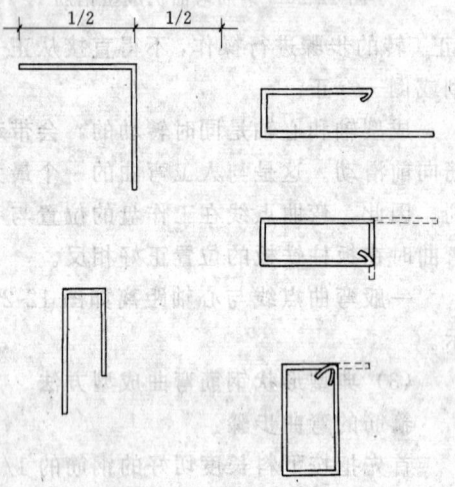

图12-22 箍筋制作步骤

以上为量外包尺寸时的弯制方法。当配料单以量内皮尺寸为加工依据时,其弯制步骤是完全相同的,但标志的定位方法有所差别。

箍筋量度方法,如图12-23所示。

弯起钢筋的弯曲步骤:

弯起钢筋是粗钢筋弯曲操作中较有代表性弯起钢筋六步成型,成型步骤如图12-24所示。

弯起钢筋一般比较长,在成型时调头工效低,可以在工作台两端设置卡盘,分别在工作台两端完成成型工序。

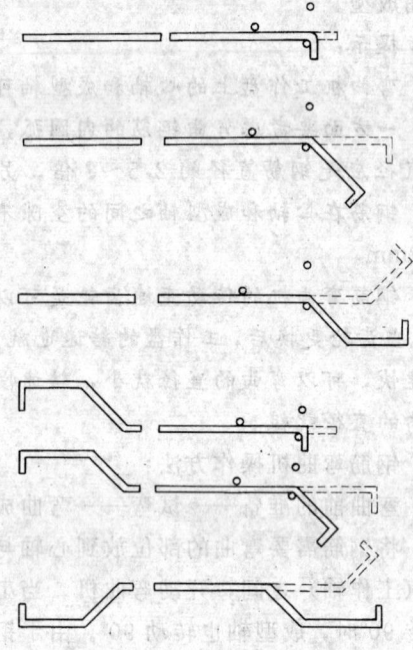

图12-24 弯起钢筋成型步骤

在钢筋弯曲成型时,注意最后一个弯曲程序的安排(如末端弯钩)这样可以将配料、断料中的某些误差留在弯钩内,不致影响成型钢筋的外形尺寸。

(4)箍筋制作练习

1)题目:用 $\phi 6$ 钢筋制作 400mm × 250mm(内皮尺寸)箍筋5只,箍口平直部分长 10d。

2)要求:各人独立完成下料和制作。

3)考核评分

序	考核内容	单项配分	要 求	考核记录	得分
1	外形尺寸	25			
2	方正度	15			
3	箍口	20	135°弯折		
4	文明施工	10			
5	综合印象	30			

班级： 姓名： 指导教师：

小 结

钢筋加工的主要工序有除锈、调直、切断、和弯曲成型几个工序。

除锈的方法有人工除锈、机械除锈、酸洗除锈等，钢筋锈蚀对结构影响较大。

钢筋调直有除锈、提高强度、节约钢筋等多项作用。

钢筋切断要合理的搭配材料，减少料头损失，节约钢材。

钢筋弯曲成型是制作钢筋的关键，并直接影响钢筋的绑扎质量。

习题

1. 钢筋加工有哪些主要工序？
2. 钢筋为什么要除锈？除锈方法常有哪些？
3. 钢筋调直的作用？
4. 手工弯曲钢筋的操作要点有哪些？

12.4 钢筋绑扎和安装

钢筋绑扎安装是钢筋施工的最后工序。通长是采用在钢筋车间弯曲成型后，运到现场模内组合绑扎或把成型钢筋预制成钢筋网、架运到现场进行安装的方法来完成钢筋工程的施工任务。

12.4.1 钢筋安装前的准备

在钢筋混凝土工程中，模板安装、钢筋安装、混凝土浇捣，常是在同一个工作面上交叉进行的。往往给钢筋安装留的工期（时间）很短，这样就必须认真做好钢筋安装前的准备工作，主要有以下几项：

熟悉施工图纸核对钢筋配料单和料牌。根据施工进度，明确该处各结构部位的钢筋安装位置、标高、形状、细部尺寸安装的特殊要求，是否都在配料单上反映全面了，同时按配料单的顺序找到已加工好的各种钢筋堆查对料牌，钢筋规格、数量、外形尺寸全部符合，做好钢筋的安装准备工作。

提示：

图纸要求，钢筋配料单，料场挂料牌的各种钢筋规格、外形尺寸、总数量等三部分相符合，才算做好备料工作。避免安装时因缺料、短料影响工期。

确定施工顺序，明确进度要求，在设计中各构件是相互连接在一体的，施工前要仔细研究钢筋安装的步骤，特别是在比较复杂的钢筋安装工程中，钢筋安装的步骤是否明确，往往是钢筋安装能否顺利进行的关键。有时整个钢筋已基本安装完了，但漏掉一个或几个编号钢筋却安装不进去，只能将已安装好的部分拆掉，再把这几个编号钢筋安装进去，即延误了工期，又浪费了劳动力。

提示：

在按统筹法组织施工中，钢筋安装往往是一个关键工序，工期若有延误，将影响整个工程的进展，因此在进行关键工序以前必须明确,哪些部分的钢筋是可以预先绑扎好，然后到工地安装入模；哪些钢筋到工地模内绑扎；钢筋、半成品需要什么时候运进工地，什么时候开始安装，用什么方法；劳动力如何组织；什么时候完成。

这些计划要具体可行，切合实际。

钢筋工程不是一个独立的工程，要和模板、混凝土等工序密切联系，如钢筋网、架表面不能走人，或搁置重物，钢筋成型位置一定要准确。

12.4.2 钢筋网、架的预先绑扎制作

钢筋网、架绑扎所用的工具是比较简单的，主要有铅丝钩，带板口的小撬杠和绑扎架等，如图 12-25 所示。

提示：

预先绑扎制作有缩短工期，减少高空作业，能改善劳动条件，因此在运输，起重条

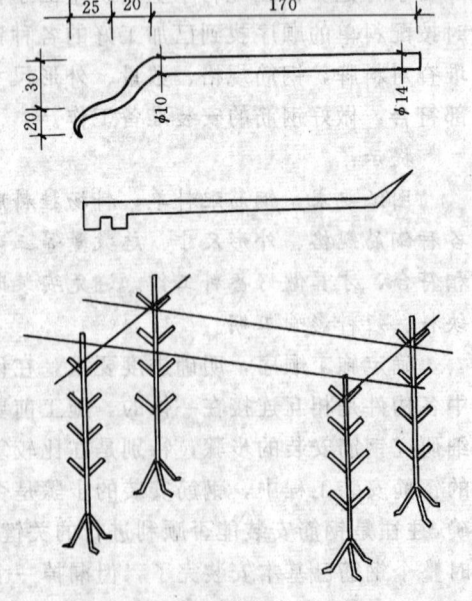

图 12-25　钢筋绑扎常用工具

件允许的情况下优先采用。

绑扎的操作方法：

如何把钢筋用绑扎铅丝绑在一起，最为通用的是一面顺扣操作法，这种方法具有操作简单，方便、绑扎效率高，适应钢筋网、架各个部位的绑扎，扎点也比较牢靠。除此之外还有：十字花扣、反十字扣、兜扣、缠扣、兜扣加缠、套扣等各种绑扎方法，这些方法主要根据绑扎部位进行选用。钢筋的绑扎方法，如图 12-26 所示。

一面顺扣操作步骤是：首先根据被绑扎钢筋的直径切断合适长度的绑扎铅丝，在中间折合成 180° 弯，并理顺整齐，使每根铅丝在操作时很容易抽出，绑扎时，执在左手的铅丝靠近钢筋绑扎点的底部，右手拿铅丝钩，食指压在钩前部，用钩尖端钩着铅丝底扣处，并紧靠铅丝开口端，绕铅丝拧转 2 到 2 圈半，松手取钩，完成一绑点绑扎。

提示：

在绑扎时铅丝扣伸出钢筋底部要短，并用钩头将铅丝扣锤紧拉直，这样可使铅丝扎得紧，而且绑扎速度也快。

提高工效的关键在于，铅丝抽出快，拧扣点位合适，铅丝钩拧转速度快，初学者通地反复练习，达到要求。每分钟应绑扎板筋 20～30 扣。

当采用一面顺扣绑扎钢筋网、架时，每个绑扎点进铅丝扣方向要求变换 90°，这样绑出的钢筋网、架整体性好，不易发生歪斜变形，如图 12-27 所示。

提示：

铅丝长了毫无好处，既浪费了铅丝，有时还因外露在混凝土表面而影响构件质量。

铅丝供应是成盘的，习惯按每盘铅丝的周长几分之一来切断，所以铅丝的切断长度，只需与表中数值相近即可。

绑扎钢筋铅丝要求，主要使用的规格是 20～22 号镀锌铅丝或绑扎钢筋专用的火烧丝。当绑扎直径 12mm 以下钢筋时，宜用 22 号铅丝；绑扎直径 12mm 以上钢筋宜用 20 号

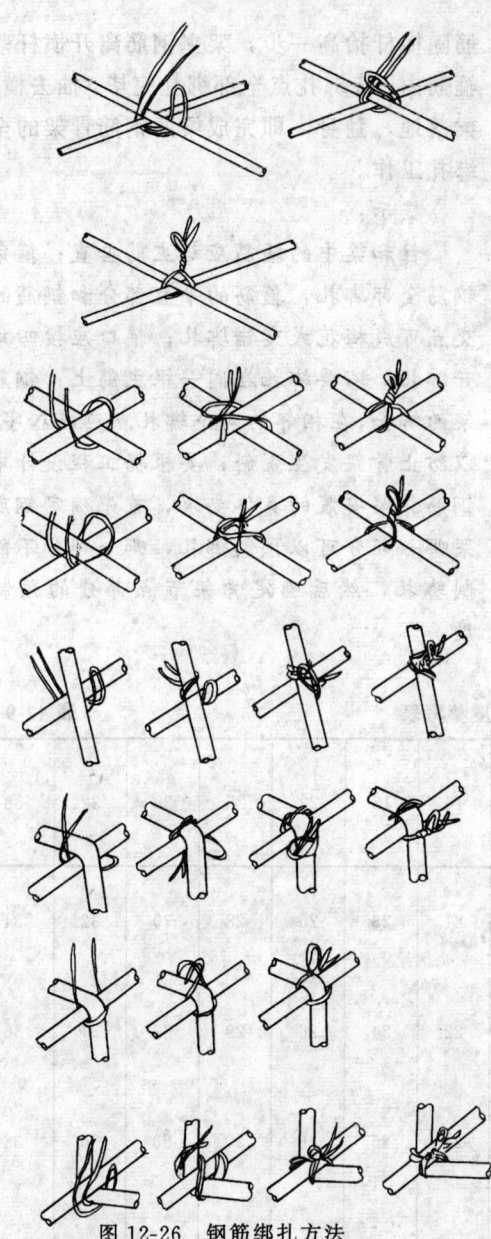

图 12-26　钢筋绑扎方法

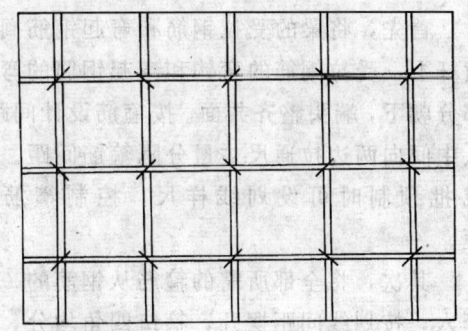

图 12-27　钢筋网一面顺扣绑扎法

力钢筋的位置正确。双向受力的钢筋，相交点必须全部扎牢。

提示：

在预制面积较大的钢筋网片时，为防止在运输、安装过程中发生歪斜、变形、在网片中另加细钢筋斜向拉结。

（2）预制钢筋骨架的绑扎

在钢筋预制场地上设置三角形钢筋绑扎架注意要使横杆的长度大于骨架密度，横杆间距依骨架配筋情况确定，一般不超过 4m，横杆的高度以适合操作为准。

现以一根简支梁的钢筋骨架为例，说明其绑扎步骤和方法，如图 12-28 所示。

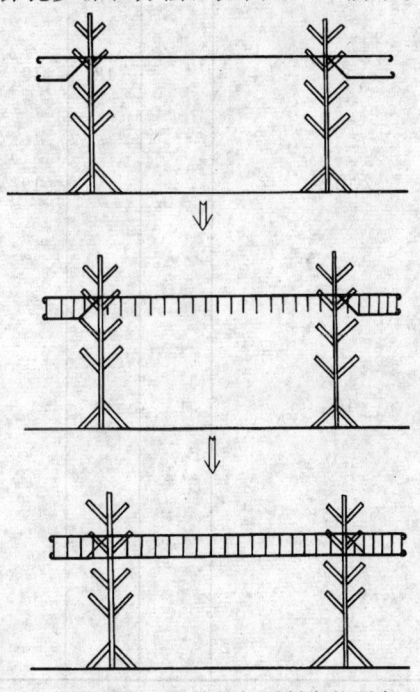

图 12-28　钢筋骨架预制绑扎顺序

铅丝。绑扎铅丝长度合适，一般是以用铅丝钩拧 2～3 圈后，铅丝出头长度留 20mm 左右为好。采用一面顺扣的操作方法，钢筋绑扎所需要铅丝长度可参考表 12-9。

（1）预制钢筋网的绑扎

按设计钢筋间距进行纵横划线，分清上下（或前后）钢筋位置，进行排筋绑扎预制。当钢筋网用在单向主筋的楼板、墙中时，将外围两行的交叉点每点绑扎，其中间部分可每隔一根相互成梅花式绑扎，但必须确保受

257

首先，将梁的受拉钢筋和弯起钢筋搁在横杆上，受拉钢筋的弯钩和弯起钢筋的弯起部分朝下，端头整齐共面。按箍筋设计间距，从中间向两边拉通尺丈量分隔箍筋间距。当成批预制时可设划线样尺，控制箍筋间距。

其次，将全部所需的箍筋从钢筋的一端套入，按划线间距摆开，箍口四角均分，将受拉钢筋、弯起钢筋和箍筋这一面全部绑扎完毕。

第三，绑扎架立钢筋。为了有一个合适的操作高度，可将钢筋骨架随横杆向上抬高一步，而后穿入架立钢筋，并进行与箍筋的绑扎。架立钢筋也可在开始时一次和受拉钢筋等搁上横杆，第三步时仅将受拉和弯起钢筋随横杆抬高一步，架立钢筋离开横杆落入箍筋内。待绑扎点全部绑扎完毕，抽去横杆，梁落地，翻身，即完成梁的钢筋骨架的全部绑扎工作。

提示：

柱和梁中的箍筋应与主筋垂直；箍角与钢筋全部绑扎，箍筋的平直部分和钢筋的相交点可成梅花式交错绑扎；箍口应按四角错开绑扎，不要绑扎在同一根主筋上；钢筋骨架的绑扣，在相邻的两个绑扎点应成八字形，以防止骨架发生歪斜；要根据工程设计中对钢筋骨架安装的具体要求，首先确定钢筋骨架哪一部分可以预制绑扎，哪一部分不能预制绑扎，然后确定骨架节点部分的预制程度。

绑扎铅丝长度参考表　　　　　表 12-9

铅丝长度(cm) ／ 钢筋直径 mm 钢筋直径（mm）	6	8	10	12	16	18	22	25	28	32	38
6	14	15	16	18	21	23	25	28	30	32	34
8		18	19	20	22	24	26	29	32	34	36
10			19	21	23	25	28	30	33	35	38
12				22	24	27	29	31	34	36	
16					27	29	31	33	35		
18						30	32	34			
22							34				

注：上表系指两根钢筋相绑所需铅丝长度，如10mm与22mm各一根相绑，铅丝长为28cm。

258

12.4.3 预制钢筋网、架的安装

预制钢筋架的安装要注意结构平面图中构件的代号和构件图中钢筋骨架的型号，要"对号入座"，按号入模。由于构件的外形规格大多相同，而配筋往往因部位而异，极易造成错号安装，以致造成无法挽救的损失。

由于要求绑扎好的网架是不允许变形的，这就需要在运输、吊装过程中采取保证措施，如使用专用钢筋运料车，增加骨架吊点等等。

钢筋网片、骨架的预制件各自相连处的位置，接头数量，搭焊接长度以及现场补增的分布筋、箍筋间距、规格数量要满足设计及施工规范要求。

12.4.4 钢筋现场绑扎

钢筋混凝土现浇结构的钢筋绑扎，通常是在现场进行的。在绑扎前，一定要仔细研究绑扎程序，确定绑扎方法这样才能提高工效，保证绑扎质量。

现场绑扎的规律：

绑扎钢筋架，先把长（主）钢筋就位，再套上箍筋，初步绑成骨架，最后完成各个绑扎点；现浇整体式结构中，先竖向构件，后水平构件，即一般先绑柱、墙筋，次绑主梁、次梁、最后绑板；结构复杂、种类繁多、形状复杂的钢筋，应结合具体情况，按编号研究的顺序进行绑扎，以防错绑、漏绑或因钢筋穿不进或下不进去手而造成返工。

（1）基础钢筋绑扎

1）独立柱基

独立柱基础钢筋由钢筋网片和柱子插筋组成。施工程序是先绑网片钢筋，后绑柱子插筋。在绑扎基础钢筋前，应找出基础底和柱子中心线。基础网筋划线从基础中线开始，按钢筋间距要求往两边分，把线划在基础垫层上。放摆钢筋时，注意纵横钢筋的上下位置符合设计要求，对线摆筋，先固定几点定位，然后再逐点交叉绑扎，若绑扎，Ⅰ级钢筋时，要注意将弯钩朝上，不要倒向一边。

在绑扎柱子插筋时，先将插筋绑扎成短骨架，按柱中心线或边框线位置，立在网筋上，插筋下端90°弯钩与网筋绑牢。找正位置后，固定牢靠，以防止在浇捣混凝土时发生偏移，如图12-29所示。

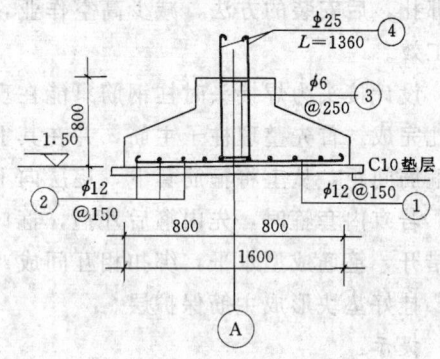

图 12-29　现浇独立柱基础

2）条形基础

条形基础钢筋，一般由底板钢筋网片和基础梁钢筋骨架组成，如图12-30所示。也有只配钢筋网片的。底板钢筋网片的绑扎与独

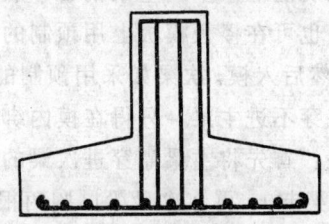

图 12-30　条形基础钢筋骨架

立柱基网片绑扎基本相同。基础梁钢筋骨架，可就地绑扎，或先绑扎骨架，就地安装。绑扎步骤为：先将上纵钢筋和弯起钢筋用马架支起。如图12-31所示，按设计箍筋间距划出分格线，套上全部箍筋，按线逐个就位和上纵向钢筋全部绑扎，注意箍筋自然垂直向下。

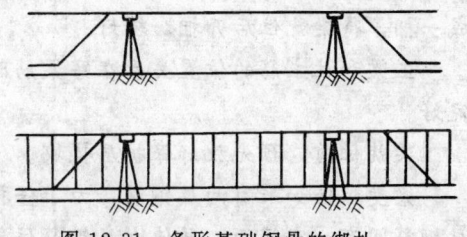

图 12-31　条形基础钢骨的绑扎

接着将下纵向钢筋穿入箍筋内，然后逐个和下纵向钢筋全部绑扎。骨架全绑好后，抽出马架，使骨架落在底板钢筋网片上，核对位置，将骨架与网片绑扎成整体。

（2）柱钢筋绑扎

当设计采用搭接接头的柱钢筋采用先预制绑扎，后安装的方法，减少高空作业，提高工效。

设计接头为焊接头时柱钢筋只能在现场绑扎完成。首先整理柱子主筋，并在其上划出箍筋间距，从上将箍筋套下，逐层向上绑扎，若有内套箍时，先内箍后外箍，箍口相互错开，箍筋成型水平，绑扣相互间成八字形。挂好垫块形成主筋保护层。

提示：

箍口四角均匀错开，绑扎到角。箍筋平直部分与柱筋相交处可间隔绑成梅花点式。

柱面与后砌围护墙处按规定挂留压墙钢筋。

（3）现浇梁钢筋绑扎

在现浇框架中，主梁钢筋一般先预制后安装，也可在楼板模板上用预制的方式进行绑扎，然后入模。次梁如采用预制的方法，则两端将穿不进主梁，只得在模内绑扎。绑扎方法是：首先将主梁需穿进次梁的部位稍稍抬高（架起），再在次梁梁口搁两根横杆，把次梁的长钢筋铺在横杆上，按箍筋间距划线，套入箍筋并按线距摆开，抽换横杆，将下部纵向钢筋落入箍筋内后，就可按架立钢筋、弯起钢筋、受拉钢筋的顺序和箍筋绑扎，绑扎完毕，将梁骨架稍抬起，抽掉横杆，缓慢落入模内。

提示：

主梁和柱相交的核心箍筋绑梁前加够绑成一捆，待梁就位后开捆，绑好。

主梁和柱主筋的位置关系在穿梁筋时确定好。

梁就位前，预先放好保护层垫块。

梁受拉区如果有两层钢筋，为了保持两层钢筋间有一定间距，并使上层钢筋位置正确，可用 $\Phi 25$ 短钢筋作为垫筋，垫在两层钢筋间。

梁钢筋主筋的纵向接头，无论形式如何，其位置底筋在支座处，上筋在跨中处。

当主梁、次梁、边梁在模板上绑扎组合好之后，往梁模内下落的顺序要加以注意，不应从一端向另一端落，也不要先落中间后落两端（或四边），而应该先落两端（或四边），最后落中间，这样可避免钢筋放不下去情况的发生。

（4）有梁板板筋绑扎

板钢筋的绑扎在梁钢筋绑完后，在底模板上，按钢筋间距划好线，先摆底板受力钢筋，后摆分布钢筋，再绑扎支座处的负筋。在绑扎支座处的钢筋时，要防止踏弯钢筋。

（5）墙板钢筋绑扎

墙板钢筋有单层和双层之分。

单层钢筋网片的绑扎程序是：在立好一侧模板后，先将底部或楼层预埋插筋扳直，在相隔 1m 左右的位置立一根纵筋，其下端与插筋绑扎牢固，并在 2 米高处扎结在模板上的固定处（木模可钉钉子固定，钢模可在板缝中穿铅丝拉结），接着绑扎一根横筋或环筋，将几种纵筋连接起来，如图 12-32 所示。然后再立其余纵筋，分别与插筋、横筋或环筋绑扎成网片骨架，使钢筋位置基本固定。最后自上而下逐一将横筋或环筋一一绑好。

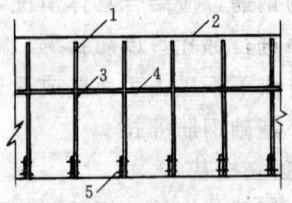

图 12-32　墙板钢筋网片的绑扎

1—纵筋；2—模板；3—铁钉；4—横筋；5—插铁

双层网筋墙板，在绑扎好一层网筋后，用同样程序绑扎另一层网筋。两层网筋之间随绑随用撑铁连接牢固，间距双向约 800～1000mm，成梅花布置。撑铁用 6～10mm 钢筋制成，长度按设计的两层钢筋间的距离。

习题

1. 手工绑扎钢筋需要哪些工具？常用的绑扎方法是什么？怎么操作？
2. 现浇肋形楼盖的绑扎顺序怎样？主梁、次梁、板的钢筋应如何绑扎？
3. 柱子和梁相交处的核心箍筋如何绑扎？

12.5　钢筋网片、骨架加工和绑扎的质量评定

12.5.1　钢筋加工成型质量要求

　　钢筋弯曲成型后的各部分尺寸对设计尺寸的允许偏差应符合下列规定：

　　全长：±10mm

　　弯起钢筋起弯点位移：20mm

　　箍筋边长：±5mm

　　弯起钢筋的弯起高度：±5mm

12.5.2　钢筋绑扎质量要求

　　钢筋的加工制作质量是钢筋绑扎质量的前提，绑扎前必须对加工制作质量进行检验。

　　钢筋的品种和质量必须符合设计要求和有关标准。

　　钢筋的表面必须清洁无油迹、颗粒状或片状老锈。

　　钢筋绑扎缺扣、松扣的数量不超过应绑扣数的10%，且不应集中。

　　钢筋绑扎弯钩的朝向应正确，搭接长度均不小于规定值的95%。

　　箍筋数量、弯钩角度、平直长度、箍口位置均符合施工规范的规定。

　　保护层厚度正确，绑垫牢靠。

　　以上为钢筋绑扎的保证和检验内容检查钢筋绑扎质量时要逐条验收。钢筋绑扎允许偏差和检验方法，参见表12-10。

　　检查数量：

　　施工过程中应全数检查。

　　质量评定时，抽查检查。梁、柱和独立基础的件数各抽查10%，但均不应少于3件；带形基础、圈梁每30~50m抽查1处（每处3~5m），但均不少于3处；墙和板按有代表性的自然间抽查10%（礼堂、厂房等大间按两轴线为一间），墙每4m左右高为1个检查层，每面为1处，板每间为1处，但均不少于3处。

项次	项 目		允许偏差（mm）	检验方法
1	网的长度、宽度		±10	尺量检查
2	绑扎网眼尺寸		±20	尺量连续三档取其最大值
	焊接网眼尺寸		±10	
3	骨架的宽度、高度		±5	尺量检查
4	骨架的长度		±10	
5	受力钢筋	间距	±10	尺量两端中间各一点取其最大值
		排距	±5	
6	绑扎箍筋、构造筋间距		±20	尺量连续三档取其最大值
	焊接箍筋、构造筋间距		±10	
7	钢筋弯起点位移		20	
8	受力钢筋保护层	基础	±10	尺量检查
		梁柱	±5	
		墙板	±3	
	焊接预埋件	中心线位移	5	尺量检查
		水平高差	+3 −0	

12.6 安全生产

在高空绑扎和安装钢筋，须注意不要将钢筋集中堆放在某一部位，以保安全；特别是悬臂构件，更要检查支撑是否稳固。

在脚手架上不要随便放置工具、箍筋或短钢筋，避免放置不稳，工具、钢筋滑下伤人。

在高空安装预制钢筋骨架或绑扎圈梁钢筋时，不允许站在模板或墙上操作，操作地点应搭设脚手架。

应尽量避免在高空修整、扳弯粗钢筋；在必须操作时，要带好安全带，选好位置，人要站稳，防止脱扳而人被摔倒。

绑扎筒式结构（如烟囱、水池等），不准踩在钢筋骨架上操作或上下。

要注意在安装钢筋时不要碰撞电线，在深基础或夜间施工需要移动式照明时，最好选用低压（36V 以下）安全电源，避免发生触电事故。

小 结

钢筋制作及安装的品种规格，形状、间距、数量符合设计要求。

带有颗粒状或片状老锈经除锈后仍留有麻点的钢筋严禁按原规格使用。

钢筋锚固长度和接头位置必须符合设计要求。

钢筋制作及安装必须按安全操作规程进行操作。

习题

1. 钢筋绑扎有哪些质量要求？
2. 怎样使保护层厚度符合设计和规范要求？

第13章　混凝土浇筑工艺

混凝土是由胶结材料（水泥）、粗细骨料（石子、砂子）和水，按一定比例拌和均匀、捣制成型、经养护而成的一种人造石材。它的施工质量直接影响构件的质量。

13.1　混凝土的材料要求及试验

13.1.1　水泥

水泥在混凝土原材料中起着主导作用，可以说水泥的性质直接决定着混凝土的特性。因此，必须根据混凝土的设计强度和耐久性来选用水泥品种和标号，选用参见表13-1。

提示：

选用的水泥标号应使混凝土中的水泥用量较少，这样节省水泥，减少混凝土的收缩。一般选用水泥标号为混凝土强度等级的1.5～2倍为宜。

普通混凝土常用水泥品种的选用

表 13-1

混凝土工程特点或所处环境条件	优先选用	可以使用	不宜使用
在普通气候环境中的混凝土	普通水泥	矿渣水泥 火山灰水泥 粉煤灰水泥	
在干燥环境中的混凝土	普通水泥	矿渣水泥	火山灰水泥 粉煤灰水泥
在高湿度环境中或永远处于水下混凝土	矿渣水泥	普通水泥 火山灰水泥 粉煤灰水泥	
厚大体积的混凝土	矿渣水泥	普通水泥 火山灰水泥 粉煤灰水泥	

水泥的试验

取样：同一水泥厂、同一标号的水泥400t以下不超过100t为一个取样单位，不足100t者也作为一个取样单位。水泥试样应从不同堆放部位的20袋以上中各抽取约1kg水泥，总量至少15kg。

施工现场常对水泥的强度和安定性做为必要的试验指标。除此之外还有密度、细度、凝结时间、水化热、硬化收缩、耐腐蚀性等技术特性作为水泥质量的参考指标。

水泥强度的确定：

强度是水泥的主要技术指标，也是确定水泥标号的依据，是指在标准条件下，养护一定龄期后的水泥胶砂试件抵抗外力破坏的能力。

测定水泥抗折和抗压强度的方法是水泥胶砂强度检验方法即软练法。此法是将1:2.5的水泥和标准砂（福建省平潭县的石英砂）按规定的水灰比（硅酸盐水泥、普通水泥、矿渣水泥的水灰比为0.44；火山灰水泥、粉煤灰水泥的水灰比为0.46）和制作方法，制成4cm×4cm×16cm的试体，按标准方法进行养护，分别在3d、7d和28d进行抗压、抗折强度试验，以28d的抗压强度来确定水泥标号，但3d、7d的抗压和抗折强度以及28d的抗折强度，也必须符合规定要求。

体积安定性是指标准稠度的水泥浆，在硬化过程中体积的变化是否均匀的性质。

特别强调，体积变化的安定性为水泥的重要性质，安定性不良的水泥，会在后期硬化过程中产生裂缝或完全破坏。因此水泥在使用前必须进行该项鉴定。

安定性的检验：

以标准稠度用水量，用400g水泥拌制净浆。取出一部分，分成两份。使呈球形，放在涂油的玻璃板上，轻轻振动玻璃板，并用湿布擦过的小刀，由边缘向饼的中央抹动，做成直径70～80mm，中心厚约10mm，边缘渐薄，表面光滑的试饼。接着将试饼放入养护箱内，自成型时起，养护24±3h。

由玻璃板上取下试饼，置于沸煮箱内水中的篦板上，加热至沸，再连续沸煮4h。在整个沸煮过程中，使水面高出试饼30mm以上。煮毕将水放出，待箱内温度冷却至室温时，取出放入压蒸釜支架上，使试体四周得以暴露于饱和水蒸汽中，注水要足量经1～2h，表压为20个大气压。在20±0.5个大气压下保持3h，再冷却放汽。

沸煮箱如图13-1所示。

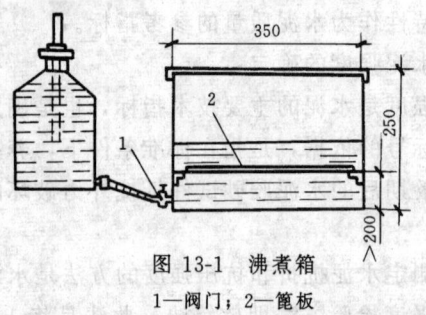

图13-1　沸煮箱
1—阀门；2—篦板

煮压后试饼经肉眼观察未发现裂纹，用直尺检查没有弯曲，称为体积安定性合格。反之，为不合格。

提示：

水泥的比重约3.1左右。密度约为1 000～1 200kg/m³。

水泥的细度用筛分法确定，标准是：用0.08mm方孔筛（采用铜丝网筛布）称量筛余物以其克数乘2即为筛余百分数。水泥颗粒愈细，凝结硬化愈快，水泥的强度也愈高。

水泥凝结时间是指水泥自加水拌和后开始凝结（初凝）到凝结终了（终凝）所经历时间。水泥初凝时间不得早于45min；终凝时间不得迟于12h。普通水泥的初凝时间一般为1～3h，终凝时间一般为5～8h。

水泥标号，按GB175—85规定：硅酸盐水泥分为425、425R、525、525R、625、625R、725R七个标号；普通水泥分为275、325、425、425R、525、525R、625、625R、725R九个标号；另外三大水泥分为275、325、425、525、625、625五个标号。标号后面加R的为早强型。

水泥的水化反应为放热反应，随着水化过程的进行，不断地放出热量，这种热量称为水化热。

水泥加水拌合后在空气中硬化时，体积会产生收缩，其收缩大小与水泥的矿物组成、细度、水灰比等因素有关。

13.1.2　细骨料

在混凝土中凡粒径为0.15～5mm的骨料称为细骨料。一般以天然砂为细骨料。

提示：

按砂的产源不同，天然砂可分为河砂、江沙、海砂及山砂四种。以河砂或江砂的质量为好。

天然砂是岩石风化后形成的，以石英为主要成分，含有少量的长石颗粒、云母片及其他矿物杂质。

根据细度模数的大小，砂子划分为粗、中、细、特细四类：其中粗砂的细度模数3.7～3.1；中砂的细度模数3.0～2.3；细砂的细度模数2.2～1.6；特细砂的细度模数1.5～0.7。

用粗砂配制的混凝土，用水量少，强度高，但和易性较差；用细砂配制的混凝土，用水量多，强度较差，但和易性好；因此以采用中砂最为合适。但在实际使用上，还应就地取材，或将粗细砂按一定比例搭配使用。

混凝土对砂子的主要技术要求有：颗粒级配、含泥量限值（见表13-2）和有害物质限值（见表13-3）。

提示：砂的级配是评定砂子质量的重要指标之一。砂子的颗粒级配用筛分法测定。

砂中含泥量限值   表 13-2

混凝土强度等级	大于或等于 C30	小于 C30
含泥量（按重量计％）	≤3.0	≤5.0

注：1. 对有抗冻、抗渗或其他特殊要求的混凝土用砂，
含泥量应不大于 3.0％。

2. 对 C10 和 C10 以下的混凝土用砂，根据水泥标
号，其含泥量可予以放宽。

砂中有害物质限值   表 13-3

项　　　　目	质　量　指　标
云母含量，按重量计不宜大于（％）	≤2
轻物质含量，按重量计，不宜大于（％）	≤1
硫化物及硫酸盐含量，按重量计（折算成 SO₃），不大于（％）	≤1
有机质含量（用比色法试验）	颜色不应深于标准色，如深于标准色，则应配成砂浆，进行强度对比试验，予以复核

注：1. 对有抗冻、抗渗或其他特殊要求的混凝土，砂
中含泥量不应大于 3％。对 C10 和 C10 以下的混
凝土，砂中含泥量可酌情放宽。

2. 对有抗冻、抗渗要求的混凝土，砂中云母含量
不应大于 1％。

3. 砂中如含有颗粒状的硫酸盐或硫化物，则要求
经专门检验，确认能满足混凝土耐久性要求时方
能采用。

砂子的颗粒级配，是表示砂中大小颗粒搭配的情况。在混凝土拌合物中，水泥浆包裹在砂粒表面，并填充砂粒间的空隙。因此颗粒级配良好的砂子，其总表面积和空隙率较小，因而所需要的水泥浆较少，用水量也较小，对混凝土的和易性、强度和耐久性都有好处。

天然砂中常含有云母、泥土等杂质，并含有硫化物、硫酸盐及有机杂质等，这些杂质在混凝土中，不仅影响混凝土的强度，而且对水泥的安定性有很大危害，因此砂中有害杂质的含量必须加以限制。

13.1.3 粗骨料

在混凝土中凡粒径大于 5mm 的骨料称

为粗骨料，一般多用卵石与碎石。

注：

石按其最大粒径分为粗、中、细三类。

细石的粒径 5～20mm；

中石的粒径 20～40mm；

粗石的粒径 40～100mm。

卵石为天然岩石风化而成，依其产地不同，可分为河卵石、海卵石和山卵石。河卵石比较洁净，海卵石中常混有贝壳，山卵石常掺有较多的杂质。

碎石是把各种硬质岩石（花岗石、辉绿岩、石灰岩、砂岩等），经人工或机械加工破碎而成。

卵石表面光滑，制成的混凝土和易性较好，易捣固密实，孔隙较少，不透水性较碎石为佳，但卵石与水泥浆的粘结力较碎石为差。卵石颗粒的坚硬程度不一，片状、针状颗粒较多，含杂质较多，这对混凝土强度有一定影响，故高标号混凝土宜用碎石。

混凝土对石子的主要技术要求有：骨料的颗粒级配；针、片状颗粒含量及含泥量；骨料强度、有害物质含量等等。

颗粒级配：石子的颗粒级配在混凝土中起着重要作用，石子若级配不良，空隙率大，将增加填充石子孔隙的水泥砂浆用量，所以石子级配必须符合表 13-4 规定范围，如级配不合格，可用人工级配方法，即采用二种规格的石子，按适当比例混合使用。

提示：

石子最大粒径与结构断面尺寸之间的关系为：石子最大粒径一般不能超过结构断面最小尺寸的 1/4，同时不能大于钢筋间最小净距的 3/4，对于厚度在 100mm 以下的混凝土板，可允许采用一部分最大粒径为 1/2 板厚的石子，但其数量不得超过石子总重的 25％。

针状颗粒——颗粒的长度大于该颗粒所属粒级的平均粒径 2.4 倍。

片状颗粒——厚度小于平均粒径 0.4 倍。

级配情况	公称粒径 (mm)	累计筛余，按重量计（%）											
		筛孔尺寸（圆孔筛）(mm)											
		2.5	5	10	15	20	25	30	40	50	60	80	100
连续粒级	5~10	95~100	80~100	0~15	0								
	5~15	95~100	90~100	30~60	0~10	0							
	5~20	95~100	90~100	40~70		0~10	0						
	5~30	95~100	90~100	70~90		15~45		0~5	0				
	5~40		95~100	75~90		30~65			0~5	0			
单粒级	10~20		95~100	85~100		0~15	0						
	15~30		95~100		85~100			0~10	0				
	20~40			95~100		80~100			0~10	0			
	30~60				95~100			75~100	45~75		0~10	0	
	40~80					95~100			70~100		30~60	0~10	0

注：1. 公称粒径的上限为该粒级的最大粒径。

　　单粒级一般用于组合成具有要求级配的连续粒级。它也可与连续粒级的碎石或卵石混合使用，以改善它们的级配或配成较大粒度的连续粒级。

　　2. 根据混凝土工程和资源的具体情况，进行综合技术经济分析后，在特殊情况下允许直接采用单粒级，但必须避免混凝土发生离析和影响混凝土的质量。

针、片状颗粒不但本身容易折断影响混凝土的强度，而且使粗骨料空隙率增大，降低混凝土拌合物的和易性，施工时不易捣实。因此，一般其含量对于高于或等于 C30 的混凝土不应大于 15%；低于 C30 的混凝土不应大于 25%。

粘土、淤泥的含量，按重量计，在大于或等于 C30 号的混凝土中不大于等于 1%；小于 C30 的混凝土中不大于等于 2%。其他有害物质含量均要符合有关要求。

碎石或卵石的强度，可用岩石立方体强度和压碎指标值两种方法表示。用立方体强度作检验时，碎石或卵石制成 5cm×5cm×5cm 立方体试件，在水饱和状态下，其极限强度与所采用的混凝土标号之比不应小于 1.5，但在一般情况下，火成岩试件强度不宜低于 800kg/cm²，变质岩不宜低于 600kg/cm²，水成岩不宜低于 300kg/cm²。

碎石或卵石的压碎指标值可参照表 13-5 的规定采用。

碎石或卵石的压碎指标值　　　表 13-5

岩石品种	混凝土强度等级	压碎指标值（%）	
		碎　石	卵　石
水　成　岩	C60~C40	10~12	≤9
	C30~C10	13~20	10~18
变质岩或深成的火成岩	C60~C40	12~19	12~18
	C30~C10	20~31	19~30
喷出的火成岩	C60~C40	≤13	不　限
	C30~C10	不　限	不　限

注：1. 水成岩包括石灰岩、砂岩等。变质岩包括片麻岩、石英岩等。深成的火成岩包括花岗岩、正长岩等，喷出的火成岩包括玄武岩和辉绿岩等；

　　2. 压碎指标值中，接近较小值者适用于较高强度等级混凝土，接近较大值者，适用于较低强度等级混凝土。

13.1.4　水

凡是能饮用的自来水及清洁的天然水都可以作为配制混凝土的用水，但用非饮用水配制混凝土时应符合一定的要求。

非饮用水配制混凝土的要求：

水中不应含有影响混凝土正常凝结及和易性，有损于混凝土强度发展；降低混凝土的耐久性，加快钢筋腐蚀及导致预应力钢筋脆断；污染混凝土表面。

水的 pH 值、不溶物、可溶物、氯化物、硫酸盐、硫化物的含量应符合表 13-6 的规定。

在钢筋混凝土和预应力混凝土结构中不得用海水拌制混凝土。

物 质 含 量 限 值　表 13-6

项　　目	预应力混凝土	钢　筋混凝土	素混凝土
pH 值	>4	>4	>4
不溶物 mg/L	<2 000	<2 000	<5 000
可溶物 mg/L	<2 000	<5 000	<10 000
氯化物（以 Cl^- 计）mg/L	<500①	<1 200	<3 500
硫酸盐（以 SO_4^{2-} 计）mg/L	<600	<2 700	<2 700
硫化物（以 S^{2-} 计）mg/L	<100	—	—

注：使用钢丝或经热处理钢筋的预应力混凝土氯化物含量不得超过 350mg/L。

小　　结

水泥、细骨料、粗骨料、水是混凝土的主要组成材料，除此之外，外加剂也逐步成为混凝土的组成材料。材料的质量情况对混凝土的质量影响较大，因此，材料的质量必须符合混凝土的材料要求。

习题

1. 混凝土对水泥的质量有哪些要求？
2. 拌合混凝土的水有无要求？

13.2　混凝土的技术特性与混凝土配合比

13.2.1　混凝土的技术特性

混凝土的技术特性主要是指强度、和易性等。

混凝土的强度的主要指标是抗压强度，而抗拉、抗折、抗剪强度均随混凝土抗压强度的不同而不同。

评定混凝土强度采用标准试件的混凝土强度，即按标准方法制作的边长为 150mm 的标准尺寸的立方体试件，在温度为 20±3℃、相对湿度为 90% 以上的环境或水中的标准条件下，养护至 28d 龄期时按标准试验方法测得的混凝土立方体抗压强度。

提示：

在工程中，一般把混凝土的等级分为 C7.5、C10、C15、C20、C25、C30、C35、C40、C45、C50、C55、C60、C70、C80。混凝土强度等级采用符号 C 与立方抗压强度标准值（MPa）表示。

混凝土的抗压强度主要决定于水泥标号与水灰比。而骨料的强度与级配，砂石比率，混凝土硬化时温度、湿度，以及施工条件等都对混凝土抗压强度有所影响。

混凝土的和易性是指混凝土在施工过程中的合适程度，它是保证质量和便于施工的重要条件。

混凝土的和易性根据其干稀程度不同，测定方法也不同。对于塑性混凝土、低流动性混凝土，可用坍落度来测定；对于干硬性混凝土和特干硬性混凝土，可用工作度来测定。

坍落度测定方法：将混凝土分三层装入坍落度筒中，每装一层后，用捣棒垂直而均匀地插捣 25 次，三层捣完后将溢出的混凝土刮平，然后将坍落度筒垂直提起，将筒放在混凝土锥体旁，筒顶上平放一木尺，用钢尺量出木尺底面到混凝土锥体顶面中心的距离，以厘米计，即为混凝土的坍落度，如图13-2所示。

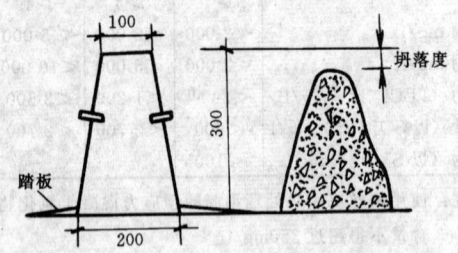

图 13-2　混凝土坍落度的测定

13.2.2　混凝土的配合比

混凝土的配合比就是指混凝土的组成材料之间用量的比例关系（重量比），一般以水：水泥：砂：石表示，而以水泥为基数 1。

配合比的选择，是根据工程要求、组成材料的质量、施工方法等因素，由试验室通过理论计算及试配后加以确定的，通常称它为试验配合比。

在现场施工时，试验配合不能直接使用，因为在试验配合比中，砂、石均为干料。而在施工现场，砂石都含有水分，并经常变化。所以在混凝土搅拌前，要测定砂石的含水率，并调整配合比。根据砂石含水率而算得的组成材料每次投料数量，即为混凝土施工配合比。

例如，混凝土的理论配合比为 0.64∶1∶2.08∶4。经测定砂的含水率为 3%，石的含水率为 1%，求配 50kg 水泥时，水、砂、石的用量。

水泥　50kg

砂含水量

$50×2.08×3\%=3.1kg$

砂用量

$50×2.08+3.1=107.1kg$

石含水量

$50×4×1\%=2kg$

石用量

$50×4+2=202kg$

水用量

$50×0.64-3.1-2=26.9kg$

小　结

混凝土的技术特性主要是指强度、和易性。

混凝土的配合比是用重量比配合的。配合比用量根据设计要求通过试验确定。

习题

1. 如何在施工现场测定坍落度？
2. 怎样将试验配合比调整成施工配合比？

13.3　混凝土的施工工艺

13.3.1　准备工作

为了保证混凝土工程质量，在浇灌前一定要充分作好准备工作：

主要包括模板的技术复核、钢筋的隐蔽验收、劳动力准备、材料准备、机具准备、工作面的准备以及安全与技术交底等内容。

模板主要复核模板的位置、标高、截面尺寸以及预留拱度是否与设计相符，模板的支撑是否稳定、牢靠。模内的垃圾、泥土等杂物，应清除干净。模板拼缝严密。

钢筋隐蔽检查钢筋的位置、规格、数量是否与设计相符，钢筋上的油污等要清除干净。

进场材料均有产品出厂合格证，并按规定进行复验，材料储备量能满足施工需要。

施工工具搅拌机、称量设备、运输机械、振捣机械、等设备全部完好。

对于各项安全设施，要认真检查其是否安全可靠及有无隐患，尤其是模板支撑、操作脚手、架设的运输道以及指挥、联络信号等。对于重要的施工部位其安全要求应详细交底。

技术交底应包括作业班的计划工作量、劳动力的组织与分工、施工顺序、方法及施工缝留置位置，操作要点及质量要求等。

13.3.2 混凝土的拌制

混凝土搅拌常用混凝土搅拌机。机械搅拌可以保证混凝土工程质量，减轻劳动强度，加快施工进度，降低成本。

混凝土搅拌机按照搅拌原理可分为自落式、强制式。

搅拌机使用要点：

搅拌机安装时应注意按规定找平，以保证搅拌筒及传动件的使用寿命。

各型搅拌机（除反转出料外）均匀单向旋转进行搅拌，因此在装接电源时应注意搅拌筒转向应符合搅拌筒上的箭头方向。

使用前要进行试运转，检查各部件工作情况。

各型搅拌机均为运转加料，若中途停机停电时应立即将料卸出。

对搅拌机配水系统应经常检查。

搅拌筒内外应经常清洗，以防混凝土在机内外结块。

注意安全操作，工作时进料斗下不得站人；在料斗检修时应挂上保险链条；检修时应停电，以防伤人。

搅拌时按施工配合比计量加料，这是保证混凝土质量的关键。

提示：

根据规范要求，每次材料的称量，其允许偏差不得超过下列规定（按重量计）：

水泥、混合材料 ±2%

粗、细骨料 ±3%

水、外加剂 ±2%

搅拌机上料应有一定的顺序，一般是先装石子，再水泥，最后是砂子，这样不致水泥飞扬和粘附筒壁。

每盘装料数量应符合搅拌筒容量，不宜超过。

搅拌第一盘时，考虑到搅拌筒壁上会粘附一些水泥浆，因此在装料时可少装一些石子，或者多装一些水泥和水。

搅拌机的搅拌时间，应根据混凝土的和易性和搅拌机的容量而定，一般为 1～2min，不要任意缩短搅拌时间或加快搅拌筒的转动速度。

当施工现场没有机械或混凝土用量较小时，可采用人工拌和。

先将砂倒在灰盘上，再将水泥倒在砂上，用铁锹反复翻拌均匀，直到颜色一样。再将石子倒入，然后渐渐加入定量的水湿拌三遍，拌到全部颜色一致，石子与水泥砂浆没有分离与不均匀的现象为止。另一种方法是将干拌均匀的水泥和砂，堆成圆形，中间呈凹窝状，把石子倒入凹窝中，再倒入 2/3 左右的拌和水，一边搅拌，一边将砂浆往石子堆上盖。在搅拌过程中，不要使稀浆往外流，当拌和到砂浆与石子基本混合后，便进行翻拌，边翻拌边洒水，干处多洒，湿处少洒，把剩余的拌和水洒完。翻拌时，同时用铁耙来回拉扒，要求做到翻锹要搭挡，每锹要锹通，拉耙要圆通，浇水要定量，拉耙跟铁锹，浇水跟拉耙，以达到拌和均匀为目的。

13.3.3 混凝土的运输

搅拌好的混凝土，应及时运送到浇灌地点。在混凝土运输过程中，要防止混凝土产生离析、水泥浆流失、坍落度变化以及产生初凝等现象。

混凝土的运输、浇筑和间歇的允许时间（min），不宜超过下列规定：

表 13-7

混凝土强度等级	气 温	
	不高于 25℃	高于 25℃
不高于 C30	210	180
高于 C30	180	150

注：当混凝土中掺有促凝或缓凝型外加剂时，其允许时间应根据试验结果确定。

混凝土运到浇灌地点有离析现象时，必须在浇灌前进行人工二次拌和。

运输混凝土的运输机具种类很多，如手推车、翻斗车、井架、塔式起重机、混凝土泵等，如图 13-3 所示。

场内运输道路应尽量平坦，以减少运输时的振动，避免造成混凝土分层离析，同时还应考虑布置环形回路，施工高峰时应有专人管理，以免车辆互相拥挤阻塞。临时架设的便道，架板接头要平顺。

13.3.4 混凝土浇捣

浇捣混凝土的方法，要根据工程具体情况而定，不论采用哪种方法，一定要保证混凝土在浇灌时不产生离析，混凝土能得到充分振捣密实。

为了保证混凝土浇灌时不产生离析，混凝土自高处倾落时，其自由倾落高度不应超过 2m，如高度超过 2m，应设制串筒或溜槽下料，如图 13-4 所示。

为了使混凝土各部位都振捣密实，混凝土必须分层浇捣，决不可一次下料过多，分层厚度应根据施工方案、振捣方法、结构的配筋情况等因素确定。

混凝土的振捣的方法很多，常用插入式振动器（内部振动器），平板振动器（外部振动器）和振动台，除此还有人工捣固。

混凝土无论使用机械还是人工振捣，其目的能使混凝土受振，这样混凝土内部的空气和部分游离水被排挤出来，同时使砂浆充满石子间空隙，混凝土填满模板四周，以达到内部密实、表面平整，符合设计要求的目的。

内部振动器的使用：内部振动器又称插入式振动器，由原动机、传动装置和振动子三部分构成。

(a)双轮手推车

(b)机动翻斗车

图 13-3　典型运输机具

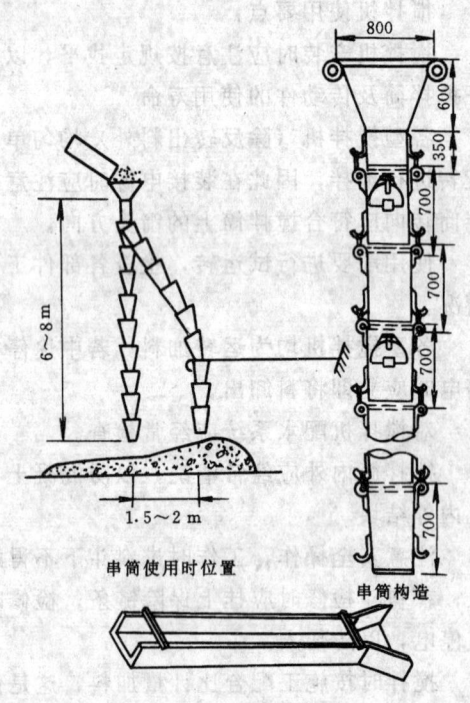

图 13-4　串筒、溜槽

电动内部振动器在使用前应先检查电动机。通电试运转、转向与所标方向一致，再安装棒头试运转，起振即可。

使用振动器时，应使振动棒垂直，自然地沉入混凝土中，切忌与钢筋、模板等硬物碰撞，棒体插入混凝土中的深度不应超过棒长的 2/3～3/4。

每次振动时需将振动棒上下抽动，以保证振捣均匀，当混凝土表面已经平坦，无显著坍陷，有水泥浆出现，不再冒气泡时，则表明混凝土已经捣实，可慢慢拔出振动棒。过长时间的振捣会使混凝土产生离析现象而影响其质量。

移动振动器时，应保证不致出现"死角"。插点间距：当插点呈方格形排列时，不超过 $1.5R$；当插点为交错形排列时，不超过 $1.75R$。R 为振动棒作用半径，如图 13-5 所示。

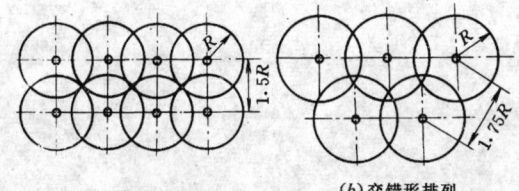

(a)方格形排列　　(b)交错形排列

图 13-5　插点排列

软轴式振动器使用时，软管弯曲半径不宜小于 50cm，其弯曲不能多于两处，以免损坏软轴。

振动器使用中温度过度，应停机降温。经常保养电动机、软管、振动棒。

13.3.5　混凝土养护

混凝土浇捣后，逐渐凝固、硬化，这个过程主要由水泥的水化作用来实现，而水化作用必须在适当的温度和湿度条件下才能完成。因此，为了保证混凝土有适宜的硬化条件，使其强度不断增长，必须对混凝土进行养护。

混凝土养护方法，一般常采用自然养护和蒸气养护。

自然养护是在自然气温条件下，用湿草帘或湿麻袋将混凝土覆盖，并经常浇水进行养护。

对于塑性混凝土应在浇捣后的 12h 内，即加以覆盖和浇水；干硬性混凝土在浇捣完毕后，立即覆盖，并须加强浇水。

混凝土所需的养护时间，采用普通水泥、硅酸盐水泥时，不少于 7 昼夜；采用矿渣水泥、火山灰水泥、粉煤灰水泥时不少于 14 昼夜。

蒸汽养护就是将浇捣成型的混凝土构件置于固定的养护坑（或窑）内，然后通以蒸汽，使混凝土在较高的温度和湿度的条件下迅速凝结、硬化，达到要求的强度。

13.3.6　构件表面缺陷的修整

在混凝土工程施工中，往往由于思想上和技术上的疏忽，使得混凝土构件产生各种缺陷。如蜂窝、麻面、裂缝、露筋等，严重的还出现狗洞。对这些构件必须加以修整，必要时还应补强。

麻面——是指结构表面上呈现无数的小凹点

蜂窝——是指混凝土表面无水泥浆，露出石子深度大于5mm，但小于保证层厚度的缺陷。

裂缝——是指在结构构件表面上有不规则的细小开裂。

露筋——是指主筋没有被混凝土包裹而外露的缺陷，但梁端主筋锚固区内不允许有露筋。

孔洞（狗洞）——是指深度超过保护层厚度，但不超过截面尺寸1/3的缺陷。

麻面主要是影响美观，对于结构构件表面将来不作装饰的部位应加以修补。修补的办法是将麻面部分充分湿润后，用水泥浆或水泥砂浆抹平。

蜂窝修补先用清水洗刷干净，再用1:2或1:2.5水泥砂浆修补，并加强养护。

当裂缝较细，又数量不多时，可将裂缝加以冲洗，用水泥浆抹补。如裂缝开裂较大较深时，应沿裂缝处凿去薄弱部分，并用水冲洗干净,用1∶2或1∶2.5水泥砂浆抹补。

露筋如果仅是表面露筋,可先在露筋部位用清水洗刷干净,并使其湿润透,然后用铁抹将1∶2或1∶2.5水泥砂浆抹上,用木锤捣打,使砂浆挤压充满露筋部分再抹平。如果蜂窝、露石面积较大,露筋较深,应按其深度凿去薄弱的混凝土层和突出的骨料颗粒,然后用高压水洗刷干净并充分湿润,再用比原混凝土强度等级提高一级的细骨料拌制的混凝土填塞,并仔细捣实。

孔洞(狗洞),应作质量事故处理,须根据具体情况提出补强方案进行修补。

小　结

混凝土是一种结构的主要材料,施工工艺看起来很简单主要有拌、运、捣等工序。但在实际施工中影响的因素很多,材料、施工方法、人员、工具、环境等都会影响混凝土的质量。必须认真对待每个施工环节,才能保证进度和质量。

混凝土的材料都有具体的要求,施工时进行取样试验。

混凝土的运输时间与气温和强度等级有关,尽可能的缩短运输时间。

浇捣混凝土时,根据构件情况,选好施工方案如施工顺序、下料方式等。

混凝土的养护对混凝土的强度影响较大,特别要求加强早期养护。

习题

1. 浇筑混凝土前必须做好哪些准备工作?
2. 如何搅拌混凝土?
3. 混凝土在运输过程中应注意什么?
4. 为什么要振捣混凝土?
5. 为什么要对混凝土进行养护?

13.4　整体结构浇捣

13.4.1　基础

基础浇捣主要分独立基础、条形基础及大块体基础。

基础混凝土在确定施工方案时一般要求一次完成,中间不留施工缝。

基础混凝土应分层浇灌厚度一般为25～30cm,每层混凝土要一次卸足,用拉耙、铁锹配合拉平,先边角后中间。下料时,锹背应向模板,使模板侧面砂浆充足;浇至表面时锹背应向上。

台阶交角处、下阶混凝土浇捣下沉2～3cm后暂不填平,继续浇捣上阶。先用铁锹沿上阶侧模底圈做混凝土内、外坡,然后再浇上阶。外坡混凝土于上阶振捣过程中自动摊平,待上阶混凝土浇捣后,再将下阶混凝土齐侧模上口拍实抹平。

条形基础浇捣混凝土前,应根据基础顶面的标高在两侧模板上弹出标高线;或在基槽两侧的土壁上交错打入长10cm左右的竹桩,并露出2～3cm,竹桩下表面与基础顶面标高相平,竹桩之间的距离约2m左右,如图13-6所示。

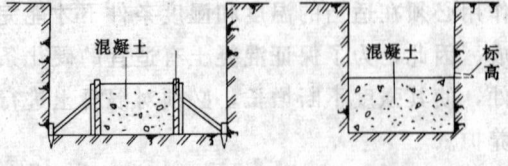

图13-6　条形基础混凝土浇筑

大块体基础的浇捣,一般应分层浇灌,分层捣实。

浇捣方案应根据整体性要求、体积大小、钢筋疏密、混凝土供应量等情况而定，通常有三种形式，如图 13-7 所示。

全面分层适应于基础平面不太大，施工时从短边开始，沿长边进行较合适。

分段分层适用于厚度不太大而面积或长度较大的基础。

斜面分层适用于长度超过厚度三倍的基础。

分层的厚度取决于振动棒长度和振动力大小，一般为 20～30cm。

13.4.2 柱子

柱的模板一般用木模或定型组合钢模板。当柱高超过 2m 时，每隔 2m 留一洞口，作为振捣、下料、观察的洞口，浇灌时在基础面上铺一层 5～10cm 厚与混凝土内砂浆成分相同的水泥砂浆。然后分层浇灌，分层振捣密实。

当柱子每一分层浇够厚度后，即用插入式振动器从柱顶或门子板处伸入进行振捣（为了操作方便软轴长度宜比柱高长 0.5～1m）。当振动器软轴的使用长度在 3m 以上时，在振捣过程中软管容易左右摇摆碰撞钢筋，为此在振动棒插入混凝土前应先找到需要振捣的部位，再合闸振捣。当混凝土不再塌陷，全部见浆，从上往下看有亮光后，即将振动棒取出，并应立即拉闸，停止振动，然后慢慢地取出柱外。插入式振动器伸入门子洞内振捣，如图 13-8 所示。

注意：

当柱子浇灌到顶时，最上面有一层相当厚的水泥砂浆，二次浇上面柱时施工缝处都预先铺上一层砂浆，因而柱施工缝截面的上下形成了一定厚度的砂浆层其抗压强度较低，所以在施工缝处铺砂浆时不宜过厚，满足需要就行。也可在柱将浇到顶时，加入一定数量的同粒径的洁净石子，然后进行振捣。

当柱子高度超过 3.5m，而又无法从柱侧

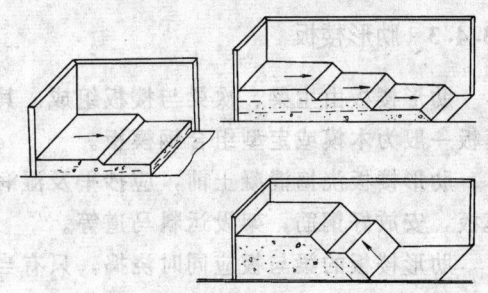

图 13-7　大块体基础浇灌方案

下料时，可从柱顶用串筒或麻袋溜子往柱子里下料。

浇捣一排柱子的顺序应从两端同时开始向中间推进、不可从一端开始向另一端推进。

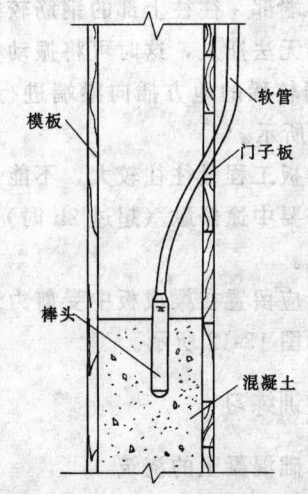

图 13-8　插入式振动器从门子洞伸入

若柱子与肋形楼板的混凝土一次施工，则应同时浇捣几个柱子，以便柱子浇捣完毕，开始浇捣梁和板时有足够的工作面。柱的施工缝位置留法，如图 13-9 所示。

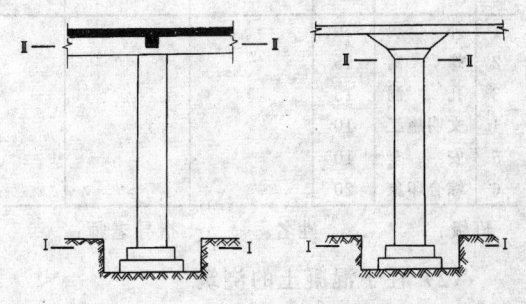

图 13-9　柱子施工缝位置

13.4.3 肋形楼板

肋形楼板由主梁、次梁与楼板组成。其模板一般为木模或定型组合钢模板。

肋形楼板浇捣混凝土前，应抄平及湿润模板，安放好钢筋，架设运料马道等。

肋形楼板的梁与板应同时浇捣，只有当梁高大于 1m 时才允许将梁单独浇捣，其施工缝留在板底面下 2～3m 处。

梁和板同时浇捣的方法是先将梁的混凝土分层浇捣成阶梯形并向前赶，当起始点的混凝土到达板底位置时，与板的混凝土一起浇捣。随着阶梯的不断接长，板的浇捣也不断地向前移动，如图 13-10 所示。

在梁的端部，往往上部的钢筋较密，插入式振动器无法插入，这时可将振动棒从梁的上部钢筋较稀的地方插向梁端进行振捣，如图 13-11 所示。

肋形楼板工程量往往较大，不能一次浇捣完毕，需要中途停歇（超过 2h 时），势必要留施工缝。

施工缝应留置在梁或板中受剪力最小的部位上，如图 13-12 所示。

13.4.4 实训练习

（1）基础混凝土的浇筑

1）如图 11-28 所示，独立基础的浇筑，三人一组进行练习。

2）考核评分表

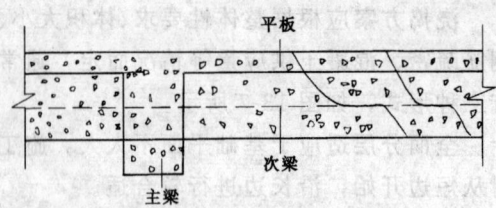

图 13-10　梁和板同时浇捣

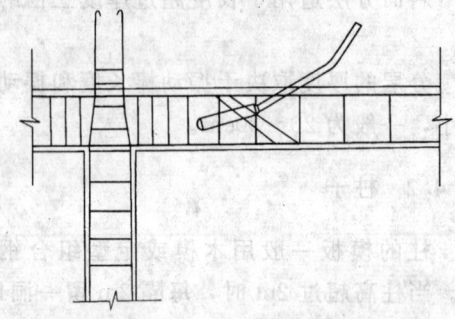

图 13-11　梁端的振捣方法

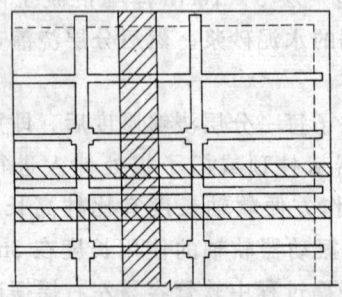

图 13-12　肋形楼板施工缝

1.5m 的短柱混凝土的浇筑，同时要求自己支设钢模板。

2）考核评分

表 13-8

序	考核项目	单项配分	要　求	考核记录	得分
1	外　　观	30			
2	蜂　窝	15			
3	孔　洞	15			
4	文明施工	10			
5	安　全	10			
6	综合印象	20			

班级：　　　姓名：　　　指导老师：

（2）柱子混凝土的浇筑

1）二人一组完成 400mm×400mm，高

表 13-9

序	考核项目	单项配分	要　求	考核记录	得分
1	轴线位移	15			
2	截面尺寸	15			
3	蜂　窝	15			
4	孔　洞	15			
5	外　　观	15			
6	文明施工	5			
7	安　全	5			
8	综合印象	15			

班级：　　　姓名：　　　指导老师：

274

<table>
<tr><td colspan="2" align="center">小　结</td></tr>
</table>

　　基础混凝土工程是混凝土结构工程的一个重要的分项工程，通常有工作量大，标高、轴线要求准确，一次浇筑完成等特点。

　　柱子是整体结构浇筑的一个难点，稍不注意容易造成质量事故，减半石混凝土铺底，分层振捣、技术间歇等都是必要的操作程序。

　　肋形楼板浇筑混凝土要按已确定好的施工方案进行施工，施工缝必须要留设正确。

习题

　　1. 柱子浇筑混凝土应注意什么问题？如何留设施工缝？

　　2. 圈梁、构造柱的浇筑工艺如何？

　　3. 肋形楼板的浇筑工艺如何？怎样留设施工缝？

13.5　混凝土的质量评定

　　混凝土质量好坏，直接关系到建筑物的使用。为了保证混凝土构件的质量，在施工过程中，必须按照规范和操作规程的要求，加强质量管理工作，建立质量责任制和自检、互检制度。

　　混凝土构件的质量要求包括原材料、配合比、外观尺寸和试块强度等方面。

　　混凝土所用的水泥、水、粗细骨料掺合料和外加剂等必须符合施工规范和有关的规定。

　　混凝土的配合比、原材料计量、搅拌、运输、浇筑前的检查养护和施工缝处理必须符合施工规范的规定。

　　混凝土抗压强度是确定混凝土构件是否符合设计要求的主要指标。评定强度的试块，按规定取样、制作、养护和试验。按规定方法评判符合设计要求。

　　在施工完毕后，应对构件外观进行全面的检查，对于发现的质量问题要及时采取措施予以解决，以免造成返工或留有隐患。

　　混凝土分项工程质量检验评定表，见表13-10。

混凝土分项工程质量检验评定表 表 13-10

工程名称：　　　　　　　　　部位：

		项　　目	质　量　情　况
保证项目	1	混凝土用水泥、水、骨料、外加剂等必须符合设计要求和施工规范及有关规定	
	2	混凝土配合比、原材料计量、搅拌、养护和施工缝、变形缝、止水片、穿墙管件及支模铁件等的设施和构造必须符合设计要求及施工规范规定	
	3	混凝土强度、抗渗标号必须符合《混凝土强度检验评定标准》(GBJ107—87) 规定	
	4	对设计不允许有裂缝的结构，严禁出现裂缝；设计允许出现裂缝的结构其裂缝宽度必须符合设计要求	

项　　目		质　量　情　况										等　级
		1	2	3	4	5	6	7	8	9	10	
检验项目	1　蜂　　窝											
	2　孔　　洞											
	3　主筋露筋											
	4　缝隙夹渣层											
	5　外　　观											
	6　沥清防水层											

项　　目			允　许　偏　差　(mm)				实测值　(mm)										
			单层多层	高层框架	多层大模	高层大模	1	2	3	4	5	6	7	8	9	10
实测项目	1	轴线位移　独立基础	10	10	10	10										
		其他基础	15	15	15	15										
		柱、墙、梁	8	5	8	5										
	2	标高　层　高	±10	±5	±10	±10										
		全　高	±30	±30	±30	±30										
	3	截面尺寸　基　础	+15 −10	+15 −10	+15 −10	+15 −10										
		柱、墙、梁	+3−5	±5	+5−2	+5−2										
	4	柱、墙、井筒垂直度　每　层	5	5	5	5										
		全　高	$H/1000$ 且<20	$H/1000$ 且<30	$H/1000$ 且<20	$H/1000$ 且<30										
	5	表　面　平　整　度	8	8	4	4										
	6	预埋钢板中心线位置偏移	10	10	10	10										
	7	预埋管、预留孔中心线位置偏移	5	5	5	5										
	8	预埋螺栓中心线位置偏移	5	5	5	5										
	9	预留洞中心线位置偏移	15	15	15	15										
	10	电梯井　井筒长、宽对中心线	+25 −0	+25 −0	+25 −0	+25 −0										

检查结果	保　证　项　目				
	检　验　项　目	检查　　　项，其中优良　　　项，优良率　　　%			
	实　测　项　目	实测　　　点，其中合格　　　点，合格率　　　%			

评定等级	工程负责人： 工　　长： 班组长：	核定意见	专职质量检查员：
			年　　月　　日

说　　明

检查数量：按梁、柱和独立基础的件数各抽查 10%，但均不少于 3 件；带形基础、圈梁每 30～50m 抽查 1 处（3～5m），但均不少于 3 处；墙和板按有代表性的自然间抽查 10%（礼堂、厂房等大间可按轴线划分），墙每 4m 左右高为一个检查层，每面为 1 处，板每间为 1 处，但均不少于 3 处。

保证项目：

1. 检查出厂合格证或试验报告。

2. 观察检查和检查隐蔽工程验收记录。

3. 检查标准养护令期 28d 试块强度或抗渗试验报告。

4. 观察和用刻度放大镜检查。

检验项目：

评定代号：应记录检查数值。

1. 蜂窝（混凝土表面无水泥浆，露出石子的深度大于 5mm，但小于保护层厚度）。尺量外露石子面积及深度，且累计蜂窝面积不大于下列数的两倍。

　　合格：梁、柱上的蜂窝面积≤1000cm²；基础、板、墙蜂窝面积≤2000cm²。

　　优良：梁、柱上的蜂窝面积≤200cm²；基础、板、墙蜂窝面积≤400cm²。

2. 孔洞（深度等于或大于保护层厚度，但不超过截面的 1/3）。凿去孔洞周围松动石子，尺量孔洞深度及面积。

　　合格：梁、柱孔洞面积≤40m²；基础、板、墙孔洞面积≤100cm²；且累计孔洞面积
　　　　　不大于两倍。

　　优良：无孔洞。

3. 主筋露筋（没有被混凝土包裹面外露）。尺量钢筋外露长度。

　　合格：梁、柱上的露筋长度≤10cm；基础、板、墙上的露筋长度≤20cm；且累计露
　　　　　筋长度不大于两倍。

　　优良：无露筋。

4. 缝隙、夹渣层（施工缝处有缝隙或有杂物）。凿去夹渣，尺量缝隙长度和深度。

　　合格：梁、柱上的缝隙夹渣层长度、深度≤5cm；基础、板、墙上的缝隙、夹渣层长
　　　　　度≤20cm，深度不大于 5cm；且不多于 1 处。

　　优良：无缝隙夹渣层。

5. 外观：观察检查。（防水混凝土）

　　合格：混凝土表面平整、无露筋、蜂窝等缺陷，预埋件的位置基本正确，可满足使
　　　　　用要求。

　　优良：在合格的基础上，预埋件位置正确。

6. 观察检查和检查隐蔽工程验收记录。

　　合格：配合比符合要求，涂层均匀，无漏涂和脱层。

　　优良：配合比及胶结料的加热和使用温度均符合要求，涂层均匀，厚度适宜，无漏
　　　　　涂、脱层、流淌等缺陷。

实测项目：

柱、独立基础轴线位移、柱、墙垂直、电梯井、表面平整各测 2 点；其余各项均测 1 点。设备基础，按各类型各抽查 10％，但均不应少于 3 件；坐标位移、平面外形、凸台上平面外形、凹穴尺寸各测 2 点；其余项目各测 1 点。

注：蜂窝、孔洞、露筋、缝隙夹渣层等缺陷，在装饰前应按施工规范规定进行修理。

第14章 钢筋混凝土工程综合操作

依据下列施工图完成±0.00至3.00m的钢筋混凝土结构综合操作练习。

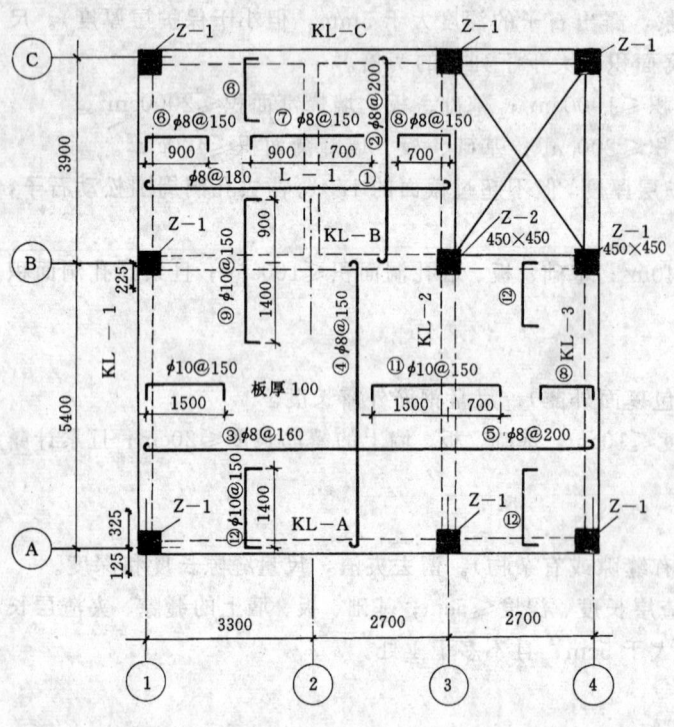

图 14-1 3.00 结构层平面 C25 混凝土

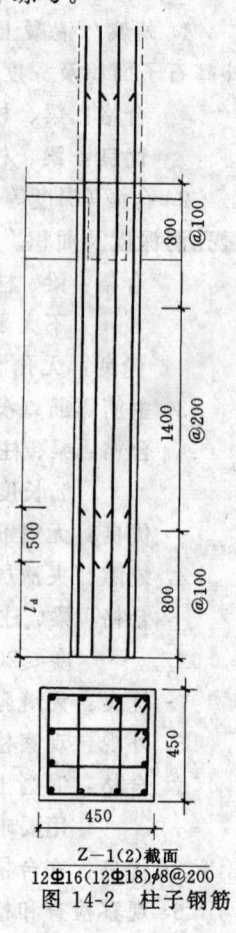

Z—1(2)截面
12Φ16(12Φ18)φ8@200
图 14-2 柱子钢筋

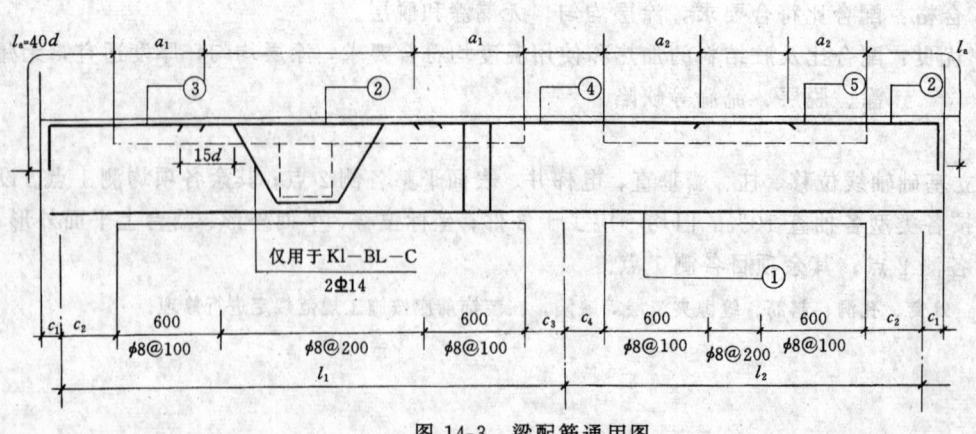

图 14-3 梁配筋通用图

表 14-1

梁 配 筋 表

梁编号	l_1	l_2	$b \times h$	c_1	c_2	c_3	c_4	a_1	a_2	配筋 ①	②	③	④	⑤	箍筋	吊筋
KL—A KL—C	6	2.7	250×500	125	325	225	225	2	0.9	3Φ22	2Φ20	2Φ18	2Φ18	2Φ18	φ8@200	2Φ14
KL—B	6	2.7	250×500	125	325	225	225	2	0.9	4Φ25	2Φ20	2Φ25	2Φ25	2Φ25	φ8@200	2Φ14
KL—1 KL—3	5.4	3.9	250×500	125	325	225	225	1.8	1.2	3Φ22	2Φ20	2Φ18	2Φ18	2Φ18	φ8@200	
KL—2	5.4	3.9	250×500	125	325	225	225	1.8	1.2	3Φ25	2Φ22	2Φ20	2Φ20	2Φ20	φ8@200	
L—1	3.9	0	250×300	125	125	125	125	1.2	1.2	2Φ20	2Φ14				φ8@200	

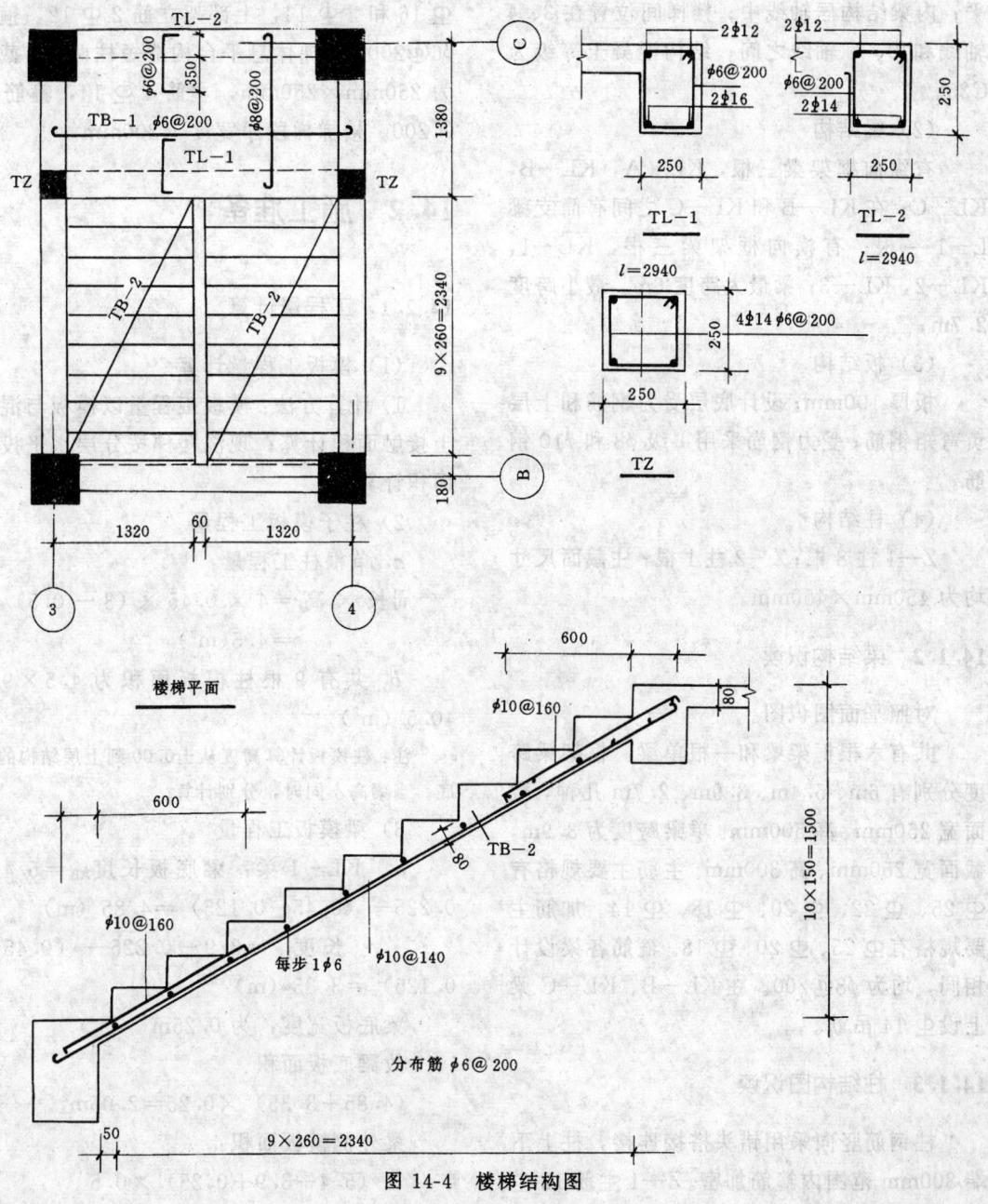

图 14-4 楼梯结构图

14.1 识图与读图

14.1.1 结构平面图识读

(1) 平面布置

纵向轴线 4 根；横向轴线 3 根；纵向轴线间距 3.3m、2.7m、2.7m；横向轴线间距 5.4m、3.9m；轴线居梁中；外框架梁与柱相平；内梁结构居轴线中；楼梯间位置在 3、4 轴线和 B、C 轴线之间；结构混凝土等级为 C25。

(2) 梁结构

有纵向框架梁三根，KL—A，KL—B，KL—C；在 KL—B 和 KL—C 之间有简支梁 L—1 一根；有横向框架梁三根，KL—1，KL—2，KL—3；梁最大跨度 6m，最小跨度 2.7m；

(3) 板结构

板厚 100mm；设计底层受力钢筋和上层负弯矩钢筋；受力钢筋采用 I 级 $\phi8$ 和 $\phi10$ 钢筋。

(4) 柱结构

Z—1 柱 8 根；Z—2 柱 1 根；柱截面尺寸均为 450mm×450mm。

14.1.2 梁结构识读

对照平面图识图。

共有六根框架梁和一根单梁。框架梁跨度分别有 6m、5.4m、3.9m、2.7m 几种，截面宽 250mm、高 500mm。单梁跨度为 3.9m，截面宽 250mm、高 300mm。主筋主要规格有 $\underline{\Phi}$ 25、$\underline{\Phi}$ 22、$\underline{\Phi}$ 20、$\underline{\Phi}$ 18、$\underline{\Phi}$ 14。加筋主要规格有 $\underline{\Phi}$ 25、$\underline{\Phi}$ 20、$\underline{\Phi}$ 18。箍筋各梁设计相同，均为 $\phi8@200$。在 KL—B、KL—C 梁上设 $\underline{\Phi}$ 14 吊筋。

14.1.3 柱结构图识读

柱钢筋竖向采用错头搭接连接，柱上下端 800mm 范围内箍筋加密。Z—1 主筋 12 $\underline{\Phi}$ 16；Z—2 主筋 12 $\underline{\Phi}$ 18，箍筋 $\phi8@200$ 内设有"十字"箍。竖向主筋在二层结构上留头。

14.1.4 楼梯结构图识读

楼梯为现浇钢筋混凝土板式双梯段楼梯。各梯段结构配筋相同，主筋 $\phi10@140$、加筋 $\phi10@160$、分布筋 $\phi6@200$。板厚 80mm，踏面加踢面=260mm+150mm。楼梯休息平台梁两根，截面为 250mm×350mm，主筋 2 $\underline{\Phi}$ 16 和 2 $\underline{\Phi}$ 14，上部架立筋 2 $\underline{\Phi}$ 12，箍筋 $\phi6@200$。楼梯休息平台构造短柱两根，截面为 250mm×250mm，主筋 4 $\underline{\Phi}$ 14，箍筋 $\phi6@200$。楼梯梯段净宽度 1 200mm。

14.2 施工准备

14.2.1 工程量计算

(1) 模板工程量计算

1) 计算方法：模板工程量以模板与混凝土接触面积计算；现浇楼梯按分层水平投影面积计算。

2) 柱子模板工程量

a. 单根柱工程量：

$$周长 \times 高 = 4 \times 0.45 \times (3-0.5)$$
$$= 4.5 (m^2)$$

b. 共有 9 根柱模板面积为 $4.5 \times 9 = 40.5 (m^2)$

注：柱模板计算高度从 ±0.00 到上层结构的梁底。当梁高不同时，分别计算。

3) 梁模板工程量

a. KL—1 梁：梁底板长度$_{AB}$=5.4-0.225-(0.45-0.125)=4.85 (m)

长度$_{BC}$=3.9-0.225-(0.45-0.125)=3.35 (m)

梁底板宽度：为 0.25m

故梁底板面积

$(4.85+3.35) \times 0.25 = 2.05 m^2$

梁外侧模板面积：

$(5.4+3.9+0.25) \times 0.5$

$$=4.775m^2$$

梁内侧模板面积：

$(4.85+3.35)×(0.5-混凝土板厚)$
$=(4.85+3.35)×(0.5-0.1)$
$=3.28m^2$

KL—1 梁模板面积：

$2.05+4.775+3.28=10.105m^2$

b. KL—3 梁模板面积与 KL—1 梁相同为 $10.105m^2$

c. KL—2 梁：

梁底板：A～B 轴长 4.85m。

B～C 轴长 3.35m。

宽为：0.25m。

梁底板面积 $(4.85+3.35)×0.25$
$=2.05m^2$

梁侧模板面积（两边侧面相同）：

$2×(4.85+3.35)×0.4=6.56m^2$

KL—2 梁模板面积：

$2.05+6.56=8.61m^2$

d. KL—A 梁：

梁底板：

1～3 轴长 $6-0.225-0.325=5.45m$

3～4 轴长 $2.7-0.225-0.325=2.15m$

宽为 0.25m。

梁底板面积 $(5.45+2.15×0.25$
$=1.9m^2$

梁外侧板面积

$(3.3+2.7+2.7+2×0.125)×0.5$
$=4.475m^2$

梁内侧板面积

$5.45+2.15×0.4=3.04m^2$

KL—A 梁模板面积

$1.9+4.475+3.04=9.415m^2$

e. KL—C 梁模板面积与 KL—A 相同为 $9.415m^2$

f. KL—B 梁：

梁底板面积：$(5.45+2.15)×0.25=$
$1.9m^2$

梁侧模板面积：（两边侧面相同）

$2×(5.45+2.15)×0.4=6.08m^2$

KL—B 梁模板面积：

$1.9+6.08=7.98m^2$

g. L—1 梁

梁底板面积：$(3.9-0.125-0.125)×0.25=0.9125m^2$

梁侧模板面积：$2×(3.9-0.125-0.125)×(0.3-0.1)=1.46m^2$

L—1 梁模板面积：

$0.9125+1.46=2.3725m^2$

合计：7 根梁模板工程量：

$10.105+10.105+8.61+9.415+9.415+7.98+2.3725=58.0025m^2$
$=58.0m^2$

4）板模板工程量

a. 1～3 轴，A～B 轴现浇板模板面积：

$(5.4-0.25)×(3.3+2.7-0.25)=29.61m^2$

b. 3～4 轴，A～B 轴现浇板模板面积：

$(2.7-0.25)×(5.4-0.25)=12.62m^2$

c. 1～2 轴，B～C 轴现浇板模板面积：

$(3.3-0.25)×(3.9-0.25)=11.13m^2$

d. 2～3 轴，B～C 轴现浇板模板面积：

$(2.7-0.25)×(3.9-0.25)=8.94m^2$

合计：4 块板模板面积

$29.61+12.62+11.13+8.94=62.30m^2$

5）楼梯模板工程量

按一个分层水平投影面积简略计算

$3.9×2.7=10.53m^2$

6）各项模板工程量汇总

±0.00～3.00 结构模板面积汇总表

表 14-2

序	模板分项	工程量（m²）	计算方法	备注
1	柱子	40.5	混凝土接触面积	
2	梁	58.00	混凝土接触面积	
3	平板	62.30	混凝土接触面积	
4	楼梯	10.53	水平投影面积	

注：柱头模板的工程量不做考虑。

（2）钢筋工程量计算

1）计算方法：钢筋工程量以钢筋净用量计算。

2）柱子钢筋工程量

柱 子 钢 筋 表　　　　表 14-3

构件名称	钢筋编号	形　状　（cm）	长度（m）	直径（mm）	数　量	重量（kg）
Z—1 (2)	①	300	3	Φ16	96	454.46
	①ₐ	300	3	Φ18	12	71.93
	②	15 47 20 / 42	1.24	Φ8	144	70.53
	③	42 47 47 / 42	1.78	Φ8	207	145.54

共需钢筋：742.46kg，其中 Φ18 71.93kg　Φ16 454.46kg　Φ8 216.07kg

3）梁钢筋计算

梁 钢 筋 表　　　　表 14-4

构件名称	钢筋编号	形　状　（cm）	长度（m）	直径（mm）	数　量	重量（kg）
KL—A—L	①	919	9.19	Φ22	2×3	164.54
	②	38 ⌐919	9.95	Φ20	2×2	98.15
	③	30 ⌐242	2.72	Φ18	2×2	21.74
	④	290	2.9	Φ18	2×2	23.18
	⑤	132 30	1.62	Φ18	2×2	12.95
	⑥	21.6 46.6（外量）	1.52	Φ8	2×52	62.44
	⑦	21 34.6 30	1.38	Φ14	2×4	13.34
KL—B	①	919	9.19	Φ25	4	141.64
	②	38 ⌐919	9.95	Φ20	2	49.08
	③	45 ⌐242	2.87	Φ25	2	22.12

构件名称	钢筋编号	形　状　（cm）	长度（m）	直径（mm）	数　量	重量（kg）
KL—B	④	290	2.9	Φ25	2	22.35
	⑤	132　45	1.77	Φ25	2	13.64
	⑥	21.6　46.6	1.52	Φ8	2×52	62.44
	⑦	21　34.6　30	1.38	Φ14	2×4	13.34
KL—1—3	①	949	9.49	Φ22	2×3	169.91
	②	38　949	10.25	Φ22	2×3	183.52
	③	30　222	2.52	Φ18	2×2	20.14
	④	300	3.00	Φ18	2×2	23.98
	⑤	162　30	1.92	Φ18	2×2	15.34
	⑥	21.6　46.6	1.52	Φ8	2×55	66.04
KL—2	①	949	9.49	Φ25	3	109.69
	②	46　949	10.41	Φ22	2	62.13
	③	38　222	2.60	Φ20	2	12.82
	④	300	3.00	Φ20	2	14.80
	⑤	162　38	2.00	Φ20	2	9.86
	⑥	21.6　46.6	1.52	Φ8	55	33.02
L—1	①	409	4.09	Φ20	2	20.17
	②	14　409	4.37	Φ14	2	10.56
	③	21.6　26.6	1.12	Φ8	24	10.62

　　共需钢筋：1483.55kg。其中Φ25，309.44kg；Φ22，580.10kg；Φ20，204.88kg；Φ18，117.33kg；Φ14，37.24kg；Φ8，234.56kg。

　　注：箍筋形状尺寸为外包测量尺寸。

4) 板钢筋计算

表 14-5

板 钢 筋 表

构件名称	钢筋编号	形状（cm）	长度（m）	直径（mm）	数 量	重量（kg）
3.00 ▽ 结构板	①	610	6.1	Φ8	21	50.60
	②	400	4.0	Φ8	29	45.82
	③	610	6.1	Φ8	32	77.10
	④	550	5.5	Φ8	39	84.73
	⑤	280	2.8	Φ8	26	28.76
	⑥	90	1.04	Φ8	60	24.65
	⑦	160	1.74	Φ8	24	16.50
	⑧	70	0.84	Φ8	58	19.24
	⑨	230	2.44	Φ10	39	58.71
	⑩	150	1.64	Φ10	34	34.40
	⑪	220	2.34	Φ10	34	49.09
	⑫	140	1.54	Φ10	54	51.31
	分布筋	390	3.9	Φ6	4	3.46
		600	6.0	Φ6	4	5.33
	分布筋	390	3.9	Φ6	7	6.06
	分布筋	390	3.9	Φ6	3	2.60
		540	5.4	Φ6	3	3.60
	分布筋	600	6.0	Φ6	9	11.99
	分布筋	540	5.4	Φ6	6	7.19
	分布筋	540	5.4	Φ6	9	10.79
	分布筋	600	6.0	Φ6	6	7.99
	分布筋	270	2.7	Φ6	2×6	7.19

共需钢筋　607.11kg。其中Φ10，193.51kg。Φ8　347.40kg　Φ6　66.2kg

5）楼梯钢筋计算

构件名称	钢筋编号	形状（cm）	长度（m）	直径（mm）	数　量	重量（kg）
TL—1	①	289	2.89	Φ16	2	9.12
	②	289	2.89	Φ12	2	5.13
	③	21.2 / 31.2	1.17	φ6	13	3.77
TL—2	①	289	2.89	Φ14	2	6.98
	②	289	2.89	Φ12	2	5.13
	③	21.2 / 31.2	1.17	φ6	11	2.86
TZ	①	200 / 10	2.1	Φ14	8	20.29
	②	21.2 / 21.2	0.97	φ6	16	3.45
TB—1	①	145	1.45	Φ8	13	7.45
	②	270	2.7	φ6	5	3.00
	③	57 / 70	0.71	φ6	24	3.78
	④	270	2.7	φ6	6	3.60
TB—2	①	94	0.94	Φ10	18	10.44
	②	94 / 50	1.04	Φ10	16×2	20.53
	③	115	1.15	φ6	52	13.28

楼梯需用钢筋 113.68kg

其中Φ16　9.12kg　　Φ14　27.27kg　　Φ12　5.13kg　　Φ10　30.97kg　　Φ8 7.45kg　　Φ6　33.74kg

6）钢筋用量汇总

±0.00～3.00结构钢筋用量汇总表　　表 14-7

序	分项名称	工　程　量										合计kg
		Φ 25	Φ 22	Φ 20	Φ 18	Φ 16	Φ 14	Φ 12	Φ 10	Φ 8	Φ 6	
1	柱				71.93	454.46				363.46		889.85
2	梁	309.44	580.10	204.88	117.33		37.24			234.56		1 483.55
3	平板								193.51	347.40	66.2	607.11
4	楼梯					9.12	27.27	5.13	30.97	7.45	33.74	113.68
总	计	309.44	580.10	204.88	189.26	463.58	64.51	5.13	224.48	952.87	99.94	3 094.19

7) 钢筋理论重量

钢筋理论重量表　　表 14-8

钢筋直径(mm)	截面面积(mm²)	每米重量(kg)
3	0.071	0.055
4	0.126	0.099
5	0.196	0.154
5.5	0.238	0.187
6	0.283	0.222
6.5	0.332	0.260
7	0.385	0.302
8	0.503	0.395
9	0.636	0.499
10	0.785	0.617
12	1.131	0.888
14	1.539	1.208
16	2.011	1.578
18	2.545	1.998
20	3.142	2.466
22	3.801	2.984
25	4.909	3.853
28	6.158	4.834
30	7.069	5.50
32	8.042	6.313
34	9.079	7.127
36	10.179	7.997
40	12.566	9.865
42	13.854	10.876

(3) 混凝土工程量计算

1)计算方法:混凝土工程量按图纸计算,不扣除钢筋体积。

2) 柱子混凝土工程量

9 根 × 0.45 × 0.45 × （3 － 0.5） = 4.56m³

3) 梁混凝土工程量

a. KL—1 梁

（5.4＋3.9＋0.25）× 0.25 × 0.5 = 1.19m³

b. KL—2 梁同 KL—1 梁为 1.19m³

c. KL—3 梁同 KL—1 梁为 1.19m³

d. KL—A 梁

（3.3＋2.7＋2.7＋0.25）× 0.25 × 0.5 1.12m³

e. KL—B 梁同 KL—A 梁为 1.12m³

f. KL—C 梁同 KL—A 梁为 1.12m³

g. L—1 梁

（3.9－0.25）× 0.25 × 0.3＝0.27

合计梁混凝土　7.2m³

4) 板混凝土工程量

a. 1～3 轴，A～B 轴板

29.61 × 0.1＝2.96m³

b. 3～4 轴，A～B 轴板

12.62 × 0.1＝1.26m³

c. 1～2 轴，B～C 轴板

11.13 × 0.1＝1.11m³

d. 2～3 轴、B～C 轴板

8.94 × 0.1＝0.89m³

合计：板混凝土　6.22m³

5）楼梯混凝土工程量

  a. TL—1 梁

  （2.7−0.25）×0.25×0.35

=0.22m³

  b. TL—2 梁

  （2.7−0.65）×0.25×0.35

=0.14m³

  c. TB—1 板

  （1.38−0.25−0.125）×（2.7−

0.25）×0.08=0.20m³

  d. TB—2 楼段（2 个楼梯段）

$$2×\sqrt{2.34^2+1.35^2}×1.2×0.08+\frac{1}{2}$$

$$×0.15×0.26×9×2$$

=2×2.7×1.2×0.08+0.351

=0.87m³

  合计：楼梯混凝土 1.43m³

6）混凝土工程量汇总

±0.00~3.00 结构混凝土用量

表 14-9

序	项 目	工程量（m³）	合 计 m³
1	柱	4.56	
2	梁	7.2	19.41
3	板	6.22	
4	楼梯	1.43	

14.2.2 材料准备

（1）模板

1）施工方案：采用木质模板一次投入。

2）需用量

  a. 柱模板需木料

  40.5×0.048=1.95m³

  b. 梁模板需木料

  58.5×0.1032=6.04m³

  c. 板模板需木料

  62.3×0.0778=4.85m³

  d. 楼梯模板需木料

  10.53×0.1777=1.87m³

3）总用量 14.71m³

一次支设完模板需投入 14.71m³ 木料。使用时提出具体木料的规格要求，如梁底板采用 4cm 厚红白松板。并配一定数量的紧固卡具及辅料。

  附：模板使用木料一次投入消耗：柱模板每平方米工程量需投入模板 0.048m³；梁模板每平方米工程量需投入模板 0.1032m³；板模板每平方米工程量需投入模板 0.0778m³；楼梯模板每平方米工程量需投入模板 0.1777m³。

（2）钢筋

  根据钢筋用量考虑在施工的搭接、弯曲调整因素，加工损耗调整钢筋用量汇总表提出各个规格钢筋具体计划。

（3）混凝土材料

  共有混凝土 19.41m³，设计强度 C25。现场取样在试验室做配合比，计算材料需用量计划。如试验室 C25 配合比为（已通过换算）：

  每立方用量

  水泥：中砂：碎石=331kg：0.45m³：0.89m³

  需要材料

   水泥：331×19.41=6425kg

   中砂：0.45×19.41=8.73m³

   碎石（1~3cm）0.89×19.41=17.27m³

  另外考虑各种损耗提出材料计划。

14.2.3 机具准备

（1）模板机具

  计划采购规格模板材料，现场需设置电锯、电刨及手工工具

（2）钢筋机具

  冷拉机械；切断机；弯曲机及人工绑扎和制作钢筋常用工具。

（3）混凝土机具

  混凝土搅拌机、振动器及通用工具。

14.2.4 劳动力准备

(1) 计算出各分项所需用的定额工日

根据 1985 年《全国建筑安装工程统一劳动定额》和所计算出的工程计算定额工日

(2) 模板工程定额工日（综合定额）

1）柱模板

$40.5 \times 0.25 = 10.13$ 工日

2）梁模板

$58.55 \times 0.282 = 16.51$ 工日

3）板模板

$62.3 \times 0.225 = 14.02$ 工日

4）楼梯模板

$10.53 \times 0.589 = 6.20$ 工日

按拆模板所需定额工日为 46.86 个。

(3) 钢筋工程定额工日

1）柱钢筋定额工日

$0.89 \times 5.77 = 5.14$ 工日

2）梁钢筋定额工日

$1.48 \times 4.36 = 6.45$ 工日

3）平板钢筋定额工日

$0.61 \times 7.09 = 4.32$ 工日

4）楼梯钢筋定额工日

$0.11 \times 18.2 = 2.00$ 工日

机制手绑结构钢筋定额工日为 17.91 个。

(4) 浇混凝土工程定额工日

1）浇柱混凝土定额工日

$4.56 \times 1.44 = 6.57$ 工日

2）浇梁混凝土定额工日

$7.2 \times 1.01 = 7.27$ 工日

3）浇板混凝土定额工日

$6.22 \times 0.787 = 4.90$ 工日

4）浇楼梯混凝土定额工日

$1.43 \times 1.64 = 2.35$ 工日

机拌机捣单、双轮车浇混凝土定额工日为 21.09 个。

在施工现场根据工程进度要求和定额工日确定投入劳动力的数量。

14.2.5 现场施工条件准备

(1) 现场"三通一平"已全部完成；

(2) 基础回填结束；

(3) 机具和材料全部进场；

(4) 劳动力按进度计划可随时调入工地；

(5) 图纸清楚、技术交底完成；

(6) 施工方案已经确定。

14.3 模板工程

14.3.1 模板拼制

(1) 柱子模板

如柱梁一块浇筑时，柱模板支设到板底；如分别浇筑时，高度可以高出板底，待柱浇完拆除模板后再支梁板模板。模板宽度有两个侧面等于柱宽。

(2) 梁模板

一般选择侧模压底模板，梁上口模板到板底和板模板相平。根据以上原则逐梁对模板设计拼制。

(3) 板模板

根据梁侧模板的高度支设板模板。

(4) 楼梯模板

在地面放大样确定出楼梯段上梁的下帮模板高度和下梁的上帮模高度、作为梯段板模板的安装依据，其他同梁板模板。

14.3.2 模板支设

(1) 柱子模板支设程序

检查轴线、柱框线正确——搭设柱模板支承架——立柱模板——加固校正柱模板。

(2) 梁板模板支设程序

支设梁底模板——支设梁侧模板——加固——支设板模板——转入下道工序。

14.4 钢筋工程

14.4.1 柱钢筋制作与绑扎

根据钢筋配料单进行钢筋配料，再对柱子钢筋进行逐根绑扎完成。

14.4.2 楼梯钢筋制作与绑扎

根据图纸、钢筋表、出配料单，检查无误后进行钢筋的下料制作，在模板支设完成后现场进行绑扎。

14.4.3 梁板钢筋制作与绑扎

根据图纸、钢筋表、出配料单，注意留出搭接长度或焊接留量，在梁板模板支设完成后现场进行绑扎。

14.5 混凝土工程

14.5.1 柱子混凝土的浇筑

柱子混凝土浇筑前，用水湿润模板，柱底5～10cm高度用减半石混凝土浇灌，振捣捧逐层进行振捣密实，并注意观察模板的变化情况。不过振或漏振。

14.5.2 楼梯混凝土的浇筑

从下阶开始，逐步向上浇筑，浇完混凝土后将模板表面的混凝土清理干净。

14.5.3 梁板混凝土的浇筑

先做好平面的运输道保证钢筋的成型位置正确，安排好施工缝的位置，先浇梁再浇板平行推进。

14.6 模板拆除

非承重模板在拆模板时不损坏混凝土结构面时拆除，承重模板满足规范的拆除要求即设计的混凝土强变值要求时，才可拆除模板。

14.7 质量与安全

每个分项都要用国家质量验评标准，全数进行检查，合格后再进行下道工序的施工，建立好"三检制"的质量管理体制。

各分项在施工过程中，都要按照建筑安装工程安全技术规程和《建筑施工高处作业安全技术规范》JGJ80—91进行操作，机械不能带病使用，保证安全生产。

习题

1. 画制各梁的模板拼制图。
2. 根据钢筋表，进行钢筋的施工翻样，出钢筋的配料单。

第 15 章　复杂砖砌体的砌筑

15.1　弧、圆形拱的砌筑

常见的砖拱按形状分有平拱、弧形拱、半圆拱、圆拱等，其特点是节约钢材、水泥，成本低、外形美观。但房屋有可能产生不均匀沉降或有较大震动荷载以及抗震设计烈度达8度以上时，不宜采用砖拱结构。

15.1.1　弧形拱的砌筑

（1）根据弧形拱的弧度先用木材将碹胎做好，然后找出碹胎园弧的圆心（见图15-1）。

（2）当墙体砌到洞口上平口位置时将碹胎支好，通过碹胎圆心与洞口上角的连线找出拱座坡度线（坡度线应与碹胎弧形模板的切线垂直），根据坡度线砌好拱座见图15-2。

（3）弧形拱的砌筑应以两端拱座处向中间合拢，拱砖的皮数应为单数。灰缝呈放射状并与弧形模板对应点的切线垂直。下部灰缝不小于5mm，上部灰缝不大于15mm见图15-3。

提示：

砂浆强度等级不低于M5；稠度为5～6cm。

采用瓦刀披灰法砌筑。

在整个施工过程中，拱体应对称受荷。

（4）砌清水拱时，应用加工磨制的楔形砖砌筑，灰缝上下应一致，厚度为8～10mm。

（5）弧形拱身高多在一砖以上，多采用一碹一伏的组砌形式。拱厚度同墙身见图15-4。

（6）第一层拱砌完后应进行灌浆，然后丁砌一层伏砖，再砌第二层立砖拱。伏砖上下的拱砖立缝应错开。

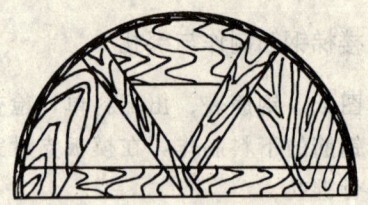

图 15-1　碹台

图 15-2　支碹台、砌拱座

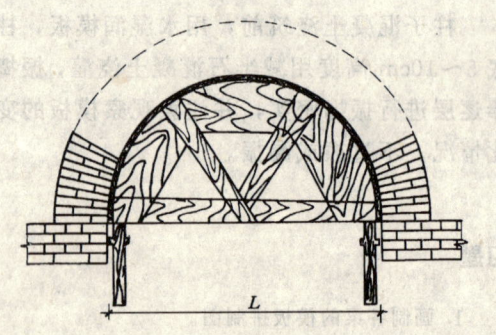

图 15-3　砌筑弧形拱

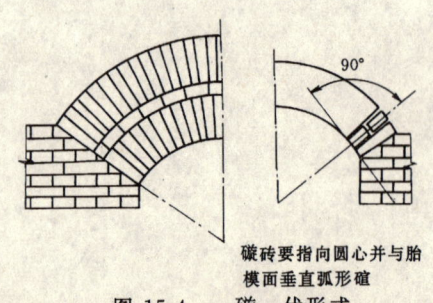

碹砖要指向圆心并与胎模面垂直弧形碹

图 15-4　一碹一伏形式

提示：

弧形拱砌筑的其他操作要领、要求和注意事项参阅平拱、实心墙砌筑内容。

15.1.2 圆形拱的砌筑

（1）当墙砌到圆碹底标高时，先在应砌圆碹的墙体位置上标出圆碹垂直方向的中心线，见图15-5。

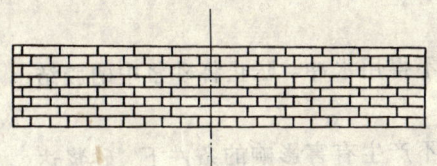

图 15-5　标出圆碹中心线

（2）在中心线处砌一皮碹砖（高度为碹身高度），为稳定地托住碹胎，以第一皮碹砖为中心，两侧再砌1～2皮碹砖，见图15-6。

（3）将事先做好的半圆形碹胎放置在砌好的碹砖上，并使碹胎的中心对准标在墙上圆碹的中心线，见图15-6。

（4）圆碹、墙应同时砌筑，碹身的砌筑应随着墙体的砌筑而进行。圆碹与墙相交处的平砌砖应打砍成所需要的坡度，见图15-7。

（5）圆拱下部分砌好后，再将半圆形碹胎上翻支好，并使碹胎上的中心线仍与墙面上的圆孔中心线在同一直线上，见图15-8。

（6）上半部拱碹可在下半部拱碹砌好后，一次将其砌筑完成，然后再砌两边的砖墙见图15-9。

（7）圆拱砌筑时，砖面要紧贴碹胎，每块砖中心线的延长线都必须通过圆拱中心，灰缝砌成内小外大的楔形，以保证砌筑质量和外观的整齐。

提示：

砌筑砂浆要求同弧形拱

采用瓦刀披灰法砌筑。

其操作要领、要求和注意事项参阅实心

墙砌筑内容。

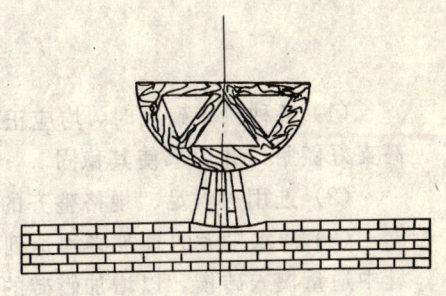

图 15-6　砌承托碹胎五皮砖

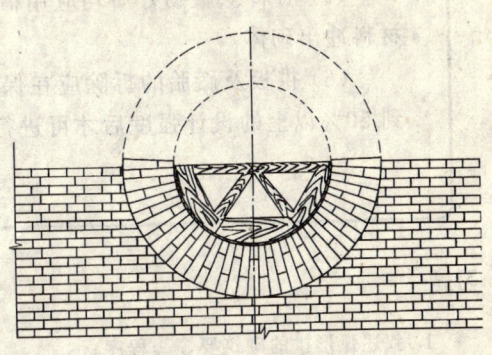

图 15-7　砌圆拱

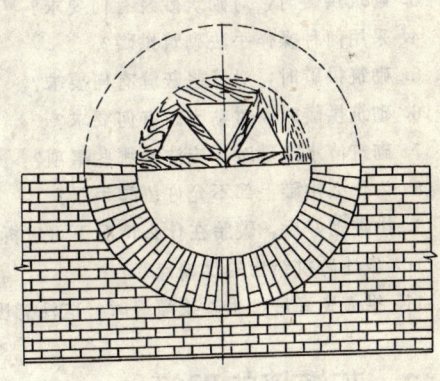

图 15-8　将碹胎上翻支好

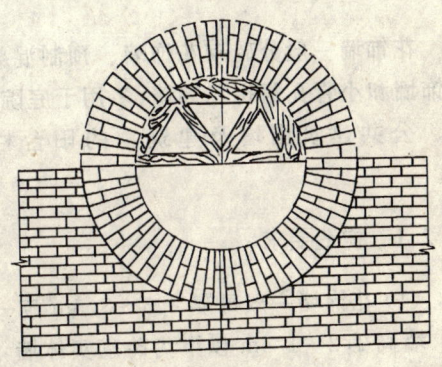

图 15-9　砌上半部拱碹

小　结

（1）各种拱碹砌筑时，均应正确运用拱板或碹胎，根据孔洞中心线及设计标高支好碹胎，并力求使其稳固。

（2）选用火候足、规格整齐的砖砌筑拱碹，砌筑前要充分浇水湿润。

（3）清水拱碹的砌筑必须达到灰缝均匀、砂浆饱满；混水拱碹砌筑后可在灰缝中适量楔入砖楔，以增加碹砖的摩擦力，加强其整体性。

（4）拱碹上部不允许留脚手眼（洞）。

（5）各种拱碹砌好后均应用稀砂浆灌缝，不得用水冲，防止将砂浆中的胶结材料冲出砌体。

（6）拱板及碹胎的拆除应在保证横向推力不产生有害影响的条件下，砂浆达到 50% 以上的设计强度后才可进行，以防止拱碹变形坍落。

习题

1. 叙述弧形拱的砌筑要领、程序。

2. 叙述圆形拱的砌筑要领、程序。

3. 砌筑拱碹时，对砌筑砂浆有何要求？

4. 采用何种操作手法砌筑拱碹？

5. 砌筑拱碹时，对砂浆灰缝有何要求？

6. 砌筑拱碹时，对粘土砖有何要求？

7. 砌筑清水拱碹时，应注意哪些事项？

8. 为什么拱碹上部不允许留脚手眼？

9. 拱碹砌好后，碹胎在什么情况下可以拆除？

10. 叙述砖拱结构的优缺点。

11. 拱碹砌好后，用砂浆灌缝时，应注意哪些事项？

15.2　花饰墙的砌筑

花饰墙一般分砖砌花饰墙、预制混凝土花饰墙和小青瓦组拼花饰墙，多用于庭院、公园、公共建筑围墙及建筑物的阳台栏杆处。

15.2.1　构造要求

（1）花饰墙一般每隔 2.5~3.5m 砌一砖柱，墙高 1.2~1.4m 以下为砖砌实体墙，上部是花饰墙，顶部用砖或混凝土做成压顶

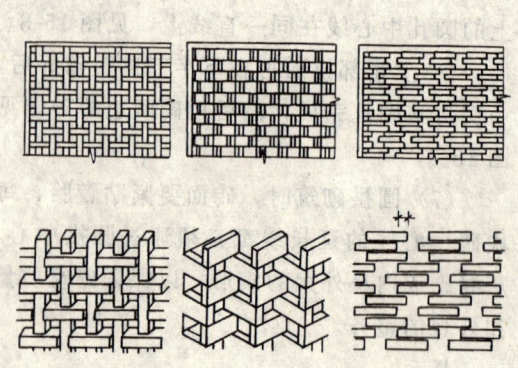

图 15-10　砖砌花饰

（见图 15-10、图 15-11、图 15-12）。

（2）花饰图案要求：

1）花饰尽量在上下或左右方向上对称。

2）图案由设计者或操作者设计而定，其形式应新颖美观，其组砌结构必须牢固。

3）砖砌花饰应符合若干层砖立缝重复、循环之特点，其搭接长度≥1/4砖长，且打制的材料砖少。

15.2.2 花饰墙的砌筑

（1）放样、编排图案：

1）砌筑前应按图纸要求选好符合规格的花饰墙材料，并放出施工大样图。

2）将所砌的制品或砖块、瓦片等，按照花饰墙的高度、宽度和间距大小，依照大样图实地编排出花饰墙的图案实样。

提示：

编排时对图案的节点处理必须熟悉和掌握。

根据实样，对拼砌材料依次编号整理出花饰墙的搭砌顺序。

（2）砖砌花饰的砌筑（砖砌花饰与实心墙体的砌筑不尽相同，故操作中应掌握以下要点）：

提示：

花饰墙的实体墙的砌筑，见第5章砖砌体的砌筑内容。

1）砌筑前必须进行试摆砖，将花格尺寸分配好，使砖的搭接长度一致、花饰大小相同。应注意与实体墙的错缝搭接。

提示：

砌筑前应由专人挑选砖块，对不合规格、缺棱掉角、翘曲和裂缝的块材应予剔除。

2）因砖与砂浆的接触面小，操作时不要铲灰过多，应避免铺灰时堆堆儿然后摆砖将灰向四边挤出过多现象。

提示：

采用 M_5 以上水泥混合砂浆逐一搭砌。

选用经过浇水、风干后的质量好的砖搭砌。

3）铲灰时用铲的底边插入砂浆中，根据

用灰量选择适当深度将砂浆铲起。铺灰时用溜灰方式将底边对准铺灰位置溜灰。

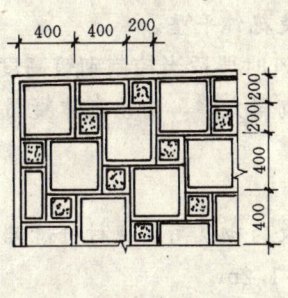

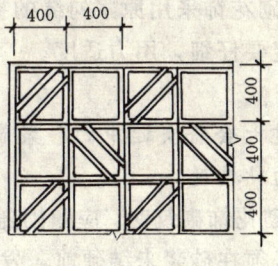

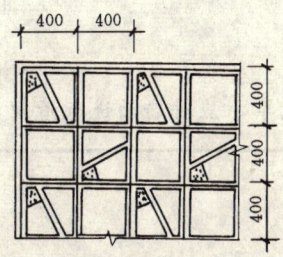

图 15-11 混凝土花饰

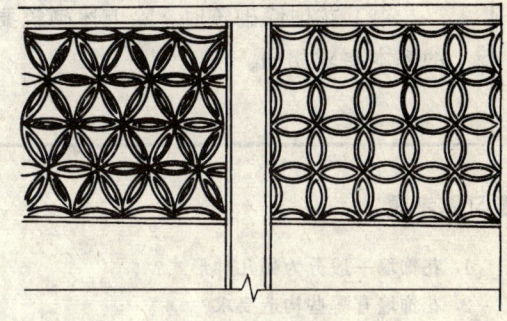

图 15-12 小青瓦花饰

提示：

使撒出的砂浆保持所需要的铺灰形状，然后摆砖砌筑。以避免砌花饰墙时落地灰太多现象。

4）搭砌时要带线，接头处要锚固砌牢。操作时铺灰、摆砖要快，并轻轻揉砖使其跟准准线。

提示：

搭砌一般从下往上砌，不仅用线吊，还要用靠尺使花饰平整。

5）砌筑时要适当控制砌筑高度，不能一次或连续砌得太多，防止砌体凝固前出现失稳和倾斜。

提示：

每一次的砌筑高度视材料情况而定。一般为 0.5～1.2m。

6）砖砌花饰采用原浆勾缝的操作方法，勾缝时一定要仔细，用力适度。

提示：

用力过大会将灰缝中的砂浆带出过多，影响砌体的粘接度。

7）砖砌花饰砌筑时，应随砌随检查，每一次检查必须在砂浆未结硬前，发现偏差及时纠正。

提示：

检查完毕，应对墙面进行清理，对缝口

不密实处应用砂浆勾勒密实。

（3）预制混凝土花饰的砌筑：预制混凝土花饰是利用混凝土的可塑性用模子将其浇制而成。其砌筑方法和要求与墙体砌筑的基本要求相同。

提示：

花块之间连结必须牢固，采用 M_5 以上水泥砂浆砌筑。

花块与周边柱或墙体连接必须密实，并用水泥砂浆嵌缝。

（4）小青瓦花饰的砌筑：它是用小青瓦组拼成各种图案。组砌时一般不用砂浆，而是利用瓦相互挤紧形成一整体，也可局部用砂浆组砌。

提示：

小青瓦花饰分本色（不涂刷各种颜色）和着色（涂刷颜色）两种样式。

着色小青瓦花饰组拼前应对小青瓦作着色处理。

小　　结

（1）花饰墙的砌筑顺序为：放样、编排图案→砌筑→检查→清理→砌筑完毕。

（2）花饰墙砌筑时，除上述砌筑要点外，其他砌筑方法和要求均与墙体砌筑的基本要求相同。

复习思考题

1. 花饰墙一般分为哪几种形式？
2. 花饰墙有哪些构造要求？
3. 花饰墙砌筑时，应掌握哪些砌筑要点？
4. 叙述花饰墙的砌筑程序。

15.3　多角形墙与弧形墙的砌筑

多角形墙体及弧形墙体多用于特殊房屋的转角、门厅、门廊及一些有艺术性要求的构筑物，如多角形的亭台、楼阁、多种曲线的回廊等。

15.3.1　组砌要求

（1）异形砖墙一般指非 90°直角的砖墙（即墙的转角不是 90°角，而是异形角），一般形式有多角形墙和弧形墙两种见图 15-13。

（2）多角形墙体按角的形状可分为钝角（也称八字角或大角）、锐角（也称凶角或小

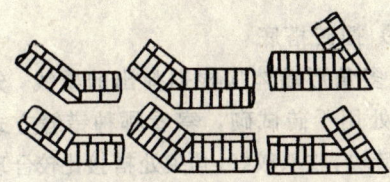

图 15-13 异形砖墙

角）两种。钝角用于大于 90°的转角墙；锐角
用于小于 90°的转角墙见图 15-14、15。

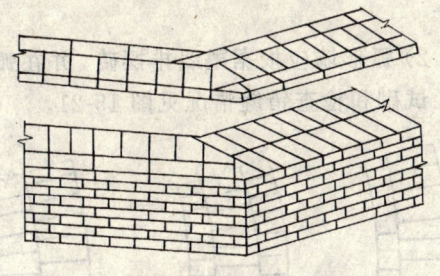

图 15-14 钝角墙体

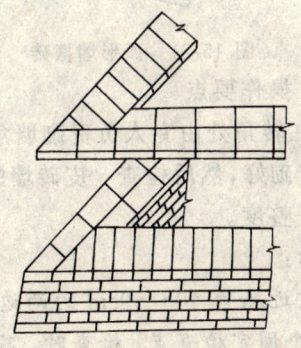

图 15-15 锐角墙体

（3）多角形墙体砌筑时，必须用"七分
头"来调整错缝搭接，头角处不能采用"二
分头"。

提示：

经加工后的砖角都要平整，不应有凹凸
及斜面现象。

其搭接长度不小于 1/4 砖长。

（4）钝角墙体一般采用外"七分头"，使
"七分头"呈"八字"形。其长边为 3/4 砖，
短边为 1/2 砖，当短边大于 1/2 砖时，应将
多余部分砍去见图 15-16、图 15-17。

（5）锐角墙体一般采用内"七分头"，先
将头砖砍成锐角形（使其长边为一砖长，其
他边约大于 1/2 砖）。其后采用"七分头"
（长边大于 3/4 砖，短边大于 1/2 砖），并将
"七分头"的长边与头角砖的短边排在同一平
面上，其相加长度要求为一砖半，见图 15-
18、图 15-19。

（6）弧形墙砌筑时，当墙的弧度较大时，
可采用顺砖和丁砖交错砌法；弧度小时，宜
采用丁砌法，也可采用加工成楔形砖砌
筑。

提示：

垂直最小灰缝宽度≤8mm，最大灰缝宽
度≤12mm。

用楔形砖砌筑时，水平和垂直灰缝宽度
控制在 10mm 左右。

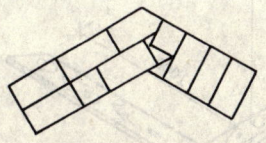

图 15-16 钝角排列 1

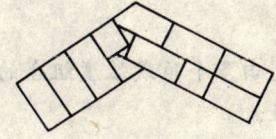

图 15-17 钝角排列 2

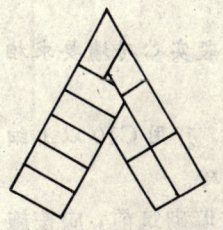 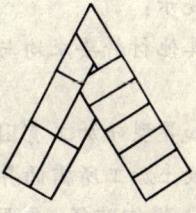

图 15-18 锐角排列 1   图 15-19 锐角排列 2

（7）采用楔形砖砌筑弧形墙时，应提前
做出楔形砖加工样板，将样板与砖比齐放平，
在砖上划线，把线外多余部分先砍掉，然后
修正。

提示：

要求高的外露面有时还须磨光。

加工好的砖面应平整。

楔形要符合弧度和砌筑的要求。

15.3.2 异形墙的砌筑

（1）准备工作

1）施工准备：异形墙砌筑前应根据施工图上注明的角度与弧度，放出局部实样，按实墙做出异形套板，作为砌砖时检查墙面角度或弧度的工具见图15-20。

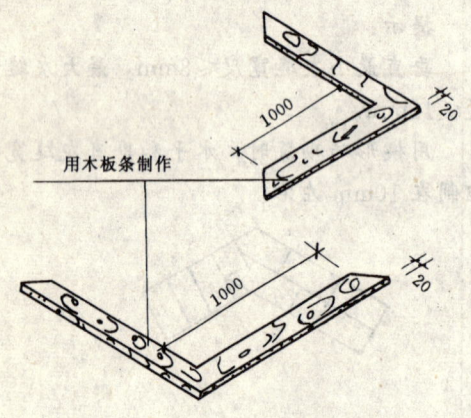

图 15-20　异形套板

用木板条制作

提示：

若墙面是由多个角或弧度组合的，就要做出多种套板。

2）材料准备：砖宜采用 MU75 以上的砖，外观应达到规格一致、棱角方正、不缺不碎的要求。按样板加工好转角部位的异型砖。

提示：

其他材料要求均与一般实心砖墙要求相同。

如异型砖加工有困难，可用 C10 以上细石混凝土加工所需的异型砖。

3）操作准备：异形砖墙砌筑前，应按施工图纸弹出墙中心线和墙边线，并用套板检查墙角是否符合要求。

提示：

只有控制好了砖块之间的灰缝宽度，并用套板检查摆砖符合要求之后，才能进行砌筑。

（2）摆砖搭底

1）多角形墙体应根据弹出的墨线，先在墙交角处用干砖试砌，察看哪种错缝方式可以少砍砖块，收头较好，角尖处搭接比较合理。

提示：

转角处的错缝搭接和交角咬合必须符合砌筑的基本法则。

转角处切成的异形砖要大于"七分头"的尺寸。

2）弧形墙应根据墨线排摆砖，并在弧段内径试砌和检查错缝情况见图15-21。

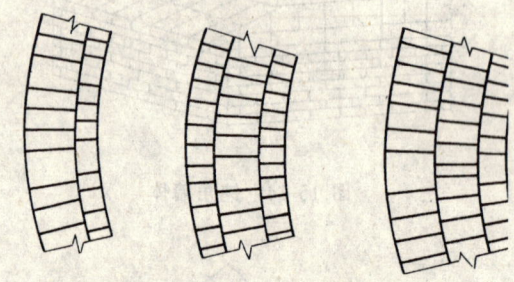

图 15-21　弧形墙摆砖

（3）操作要点

1）在转角处由专人负责砌墙角，先将底层 5 皮砖砌好，然后检查 5 皮砖墙的角度、垂直度、平整度。

提示：

在靠近墙角 40～50cm 的两边墙上，选定 4～6 个固定检查点。检查时，不可随意移动检查位置。

2）以这 5 皮砖墙为标准，往上砌筑。砌筑时，角与角之间须拉准线，必要时拉双线。还应将皮数杆立在每个墙角处，以利复准砖墙皮数。

提示：

砌筑时要随时用托线板、线锤在固定检查点处检查。

还应经常用套板检查异形角的角度。

其他操作方法与普通砖墙基本相同。

3）弧形墙砌筑时，每砌 3～5 皮砖后须用弧形样板检查弧度是否符合要求。其他操作方法与多角形墙相同。

提示：
垂直方向须确定好 4～6 个固定检查点。

砌筑时，随时用托线板、线锤检查其垂直度。

小 结

异形墙的砌筑顺序，准备工作→拌制砂浆→砌筑→检查纠偏→清理→完成砌筑。

异形墙砌筑时，除上述砌筑要点外，其他砌筑方法和要求均与墙体砌筑的基本要求相同。

习题

1. 异形墙一般分为哪几种形式；
2. 异形墙有哪些组砌要求？
3. 异形墙砌筑时，应掌握哪些操作要点？
4. 叙述异形墙的砌筑程序。

15.4 一般家用炉灶的砌筑

炉灶是在人们的日常生活中都会遇到的一种设施，其砌筑也是一种专门的技术。因采用的燃料不同，所以家用炉灶的种类较多，现介绍马蹄形吸风灶和多用小灶两种形式的砌筑。

15.4.1 构造要求

（1）马蹄形吸风灶

1）马蹄形吸风灶可支一只锅，主要燃料为煤粒，它对烟囱的要求不高，可利用砖墙砌墙心烟囱孔或附墙烟囱，其伸出屋面的高度不宜太高见图 15-22。

2）灶膛内主要用红胶泥涂抹，砌筑简单，由于灶膛内设有回风道，火生起后，从下向上沿着锅沿回旋，煤烟进入烟囱排走，见图 15-23、图 15-24、图 15-25。

3）此种吸风灶如使用于多层住宅建筑中，可将图中砌有烟囱孔的隔断墙改为烟柜，或者将炉与烟囱孔分开设置。

（2）多用小灶

1）此灶能采用多种燃料，如液化气、煤、柴等，能使一灶多用，较为理想见图

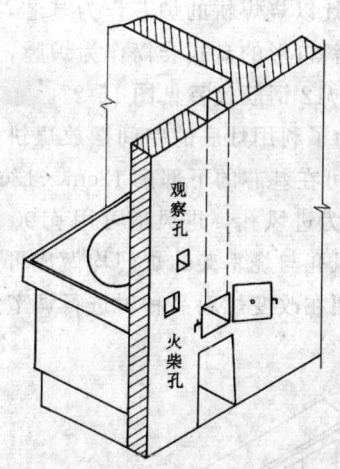

图 15-22 吸风灶的构造

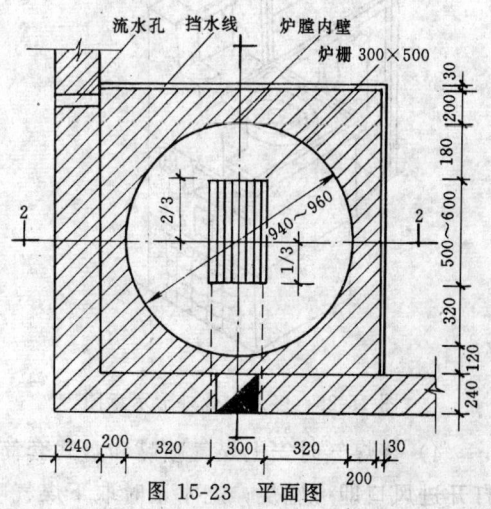

图 15-23 平面图

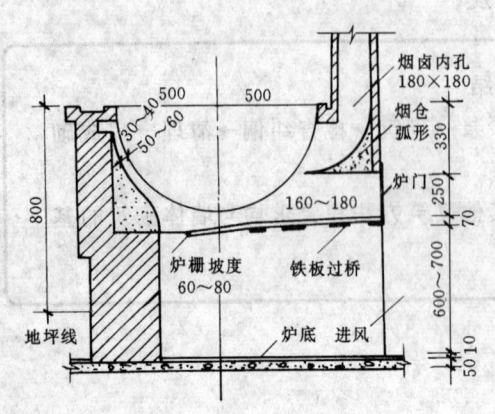

图 15-24 1—1剖面图

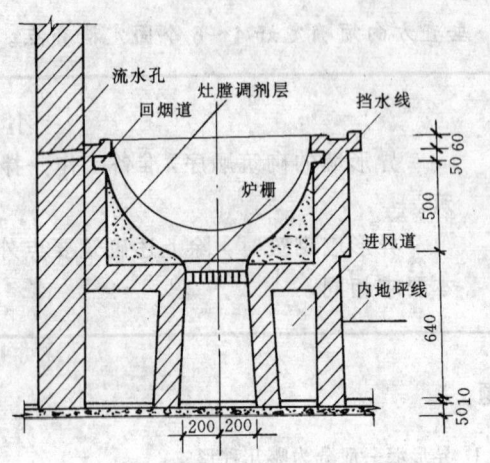

图 15-25 2—2剖面图

15-26。

2) 此灶以烧煤饼的炉芯作为基芯,再套上铁制斜口形的盘式套筒作为炉膛,炉栅可以用 ϕ12 钢筋代替见图 15-27。

3) 为了利用灶底的空间摆放煤饼和木柴等,可在基芯的下部砌 13cm×13cm 的方孔作为进风孔,进风道可用 ϕ100 的钢管,进风孔与烧木柴的炉门均做成可启闭式,以便在改变燃料品种时进行调节见图 15-28。

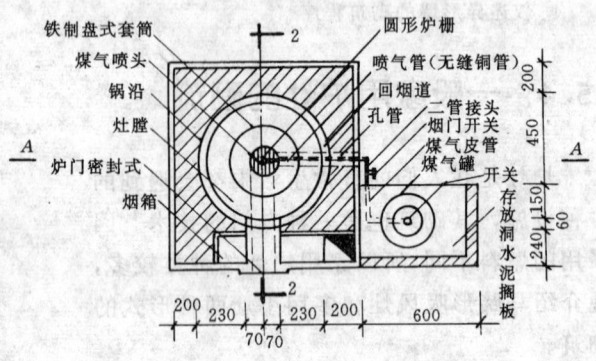

图 15-27 多用小灶平面图

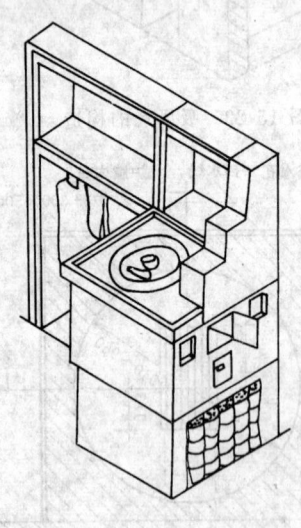

图 15-26 多用小灶外形示意图

4) 烧煤气时安上煤气喷嘴和盘式套筒,打开进风口即可燃烧;烧木柴时取下煤气喷

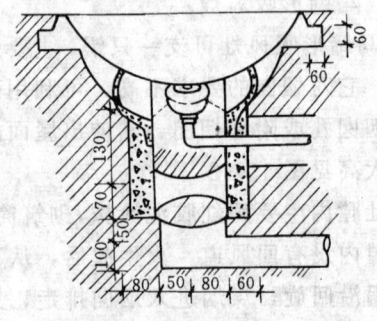

图 15-28 多用小灶剖面图

嘴和盘式套筒,放上烧柴炉栅,打开风口和炉门即口;如再封死炉门,取下烧柴炉栅,即可烧煤饼了见图 15-29、图 15-30。

298

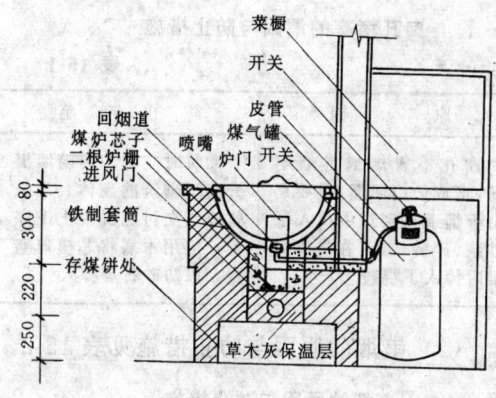

图 15-29　A—A 剖面

（左侧标注）菜橱、开关、皮管、煤气罐、回烟道、煤炉芯子、喷嘴、二根炉栅、炉门 开关、进风门、铁制套筒、存煤饼处、草木灰保温层

80　300　220　250

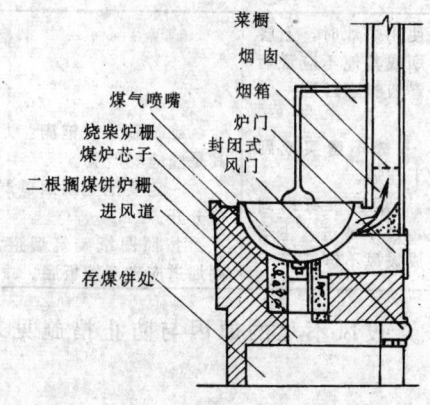

图 15-30　2—2 剖面

（标注）菜橱、烟囱、烟箱、煤气喷嘴、烧柴炉栅、煤炉芯子、炉门、封闭式风门、二根搁煤灶炉栅、进风道、存煤饼处

15.4.2　炉灶的砌筑

（1）准备工作

砌筑前除准备好砖、水泥、砂子、石灰膏等材料外，还应准备好炉栅、红胶泥等炉灶的特用材料。

提示：

家用炉灶的炉栅均用 $\phi 12$ 钢筋焊成，灶门、吸风口等均用黑铁皮或薄钢板制作而成。

（2）砂浆和红胶泥的拌制

1）炉灶砌筑时，一般使用强度等级较低的水泥石灰混合砂浆。

提示：

砂浆的拌制要求同砌砖墙要求。

2）在马蹄形吸风灶的炉膛内红胶泥使用较多。它利用山区的红色粘土制成，用以搪

涂到炉膛内，起到耐火的效果。

提示：

红胶泥用手工拌制，一般用手锤边加水边打，待基本均匀地成为可塑状时，一边加入麻丝段，一边揉搓。

（3）炉灶的砌筑

1）炉灶的大小是根据锅的大小确定的，若设计无统一规定时，要先量取铁锅的尺寸来确定炉灶的大小。

提示：

炉灶的高度当设计无规定时，一般以 85～90cm 为宜。以方便炒菜、做饭为度。

2）当炉灶砌到离室内地坪 30cm 以上时才可排放炉栅，这样可使灶底空畅、灶内烧火旺盛。

提示：

炉栅的安置高度应以灶面的高度减去锅的高度和炉膛高度来确定。

3）按图纸要求做好炉灶砌砖工作。

提示：

其要求同砌砖墙要求。

4）砌砖工作完毕后，要对炉膛搪涂胶泥。将胶泥搓成 $\phi 20～30mm$ 的圆条，把圆条从炉栅附近层层叠到回烟道口，并层层压紧。

提示：

搪涂胶泥形状符合要求后，要以手蘸清水涂抹其表面。

表面不要平滑，应以设想的烟、火在炉膛内回旋运动的形式和方向抹涂，形成类似螺旋形的凹槽。

5）炉膛处理完毕后，应将铁锅支上，然后对炉灶抹灰和装饰。

15.4.3　烟囱和烟道的砌筑

（1）烟道分为主烟道和副烟道，其内径尺寸至少在 120mm×120mm 以上，一般取 180mm×180mm 见图 15-31。

提示：

现介绍的烟囱主要是指墙心烟囱或附墙烟囱。

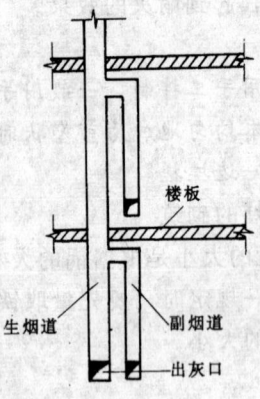

图 15-31 烟囱孔构造

烟囱在附墙砌筑时称为烟道。

（2）主烟道是以底层直通屋顶以上，超出屋面部分称烟囱，其超出屋面高度应≥50cm 见图 15-32。

（3）砌筑烟道时，应采用木板钉成囱芯大小的模块，其长度约为 50～60cm。砌筑时边砌边向上抽提模板，这样一方面可使囱壁严密光洁，另一方面可防止砂浆、碎砖等掉入堵塞囱孔见图 15-32。

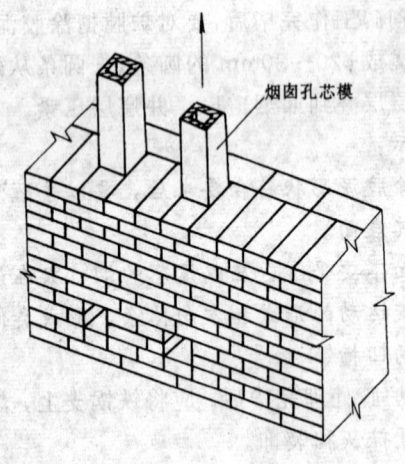

图 15-32 烟囱孔砌法

15.4.4 质量通病与防止

（1）囱孔堵塞的原因与防止措施见表 15-1。

囱孔堵塞的原因与防止措施

表 15-1

原　　因	防　止　措　施
囱孔不冒烟或冒烟不畅，造成炉门回烟，主要是由于烟道在砌筑中掉入了砂浆、碎砖，或者在浇灌圈梁时掉入了混凝土	砌筑时应将芯模随墙提升高于砌筑的砌体，砌筑暂停或交付浇混凝土工序前，应用木塞将芯模口塞严，以防砂石等掉入

（2）串烟的原因与防止措施见表 15-2。

串烟的原因与防止措施

表 15-2

原　　因	防　止　措　施
下层使用炉灶时，上层厨房冒烟或其他不应冒烟的地方冒烟的原因是： 1. 灰缝不密实或副烟道上下连通。 2. 副烟道没有砌到楼板底，过早地进入主烟道，造成拔风不够。	砌筑砂浆应饱满，尤其是竖缝要严实。 一定要把主副烟道严格分开。 按照图纸砌筑烟道，副烟道应砌至楼板底。

（3）拔风不足的原因与防止措施见表 15-3。

拔风不足的原因与防止措施

表 15-3

原　　因	防　止　措　施
烟冒不出去或有回烟，其主要原因： 1. 烟道尺寸可能过小。 2. 烟囱高度可能不够。	检查拔风力度是否足够，可在砌好炉灶后，用两手提一张纸靠近炉门，如果纸在接近炉门时被吸住放手后也不掉下来，则认为拔风达到要求，否则应找出原因，予以处理、解决。

（4）燃料损耗过大的原因与防止措施见表 15-4。

燃料损耗过大的原因与防止措施　表 15-4

原　　因	防　止　措　施
炉火虽然很旺但燃烧效果不好，其主要原因是： 1、烟囱过高、拔风量太大。 2. 回烟道砌筑不好。	降低烟囱砌筑的高度。 调节烟道出烟口的大小。

```
                     小     结
    （1）家用炉灶的砌筑顺序：准备工作→拌制砂浆和胶泥→炉灶砌筑→搪涂炉
膛→砌筑烟囱和烟道→试火。
    （2）炉灶砌筑效果如何主要体现在：燃烧效果好；节省燃料；排烟及时；尽
可能做到一灶多用。
    （3）其他砌筑要求同砖墙砌筑。
```

习题

1. 马蹄形吸风灶的一般构造怎样？
2. 多用小灶的一般构造怎样？
3. 怎样拌制红胶泥？
4. 怎样搪涂炉膛？
5. 怎样砌筑烟道？
6. 炉灶砌筑应注意哪些质量问题？

第16章 其他类型砌体砌筑

16.1 空斗墙的砌筑

空斗墙能减轻房屋自重，节约材料，降低造价，还具有一定的保温隔热性能。一般只适用于1～3层的民用建筑，单层的仓库、食堂及震动较小的车间外墙和框架结构的填充墙。

16.1.1 空斗墙的构造、组砌方法与要求

（1）构造

空斗墙是由普通砖经平砌和侧砌组成的有空斗间隔的墙体。在墙身上平砌层的砖称为"眠砖"，侧砌层的砖称为"斗砖"，见图16-1。

（2）组砌方法

1）有眠空斗墙：是将砖陡（侧）砌与平砌相互交替叠砌而成。形式有一斗一眠以及多斗一眠等，见图16-2、图16-3。

2）无眠空斗墙：是由两块陡砌的顺砖和一块陡砌的横砖相互交替砌筑而成见图16-4。

3）墙身开始砌斗砖时称作"开斗"，无论何种型式的空斗墙，应在±0.000以上砌三皮眠砖后才能开头。

（3）要求

1）空斗墙一般采用混合砂浆或石灰砂浆砌筑。水平灰缝厚度和竖向灰缝宽度一般为10mm。

提示：

8mm≤灰缝厚度≤12mm。

砂浆强度等级≥M1.0。

2）空斗墙不应有垂直方向的通缝，若出现通缝时，可采取增加丁砖或增加两皮眠砖

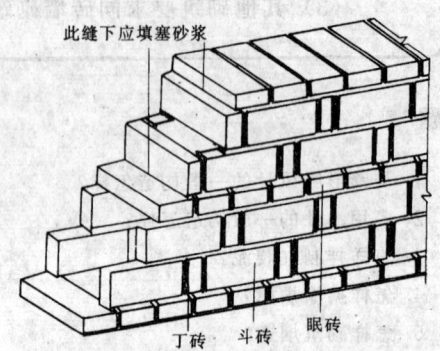

图16-1 空斗墙示意图

图16-2 一斗一眠空斗墙

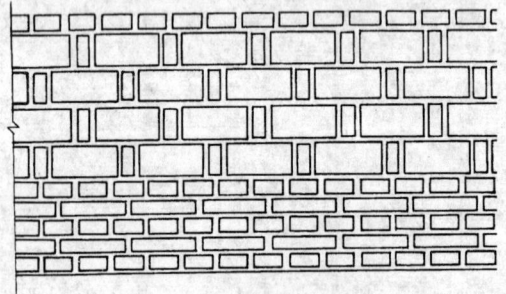

图16-3 多斗一眠空斗墙

图16-4 无眠空斗墙

调整灰缝位置。

提示：

陡砖与眠砖层间立缝应错开。

3）空斗墙中留置的洞口，必须在砌筑时留出，严禁砌完墙后再行砍凿。

提示：

事后开凿洞口，影响墙体的稳定性，并且不便砌筑洞口边。

4）下列部位应砌成实心墙：墙的转角处和交接处；室内地坪以下全部砌体；室内地坪和楼板面上三皮砖部分；三层房屋外墙底层窗台标高以下部分；楼板、圈梁、搁栅和檩条等支承面下2～4皮砖的通长部分；梁和屋架支承处；壁柱和洞口的两侧24cm范围内；屋檐和山墙压顶下2皮砖部分；作填充墙时与框架拉结筋的连接处以及预埋件处，见图16-5、图16-6。

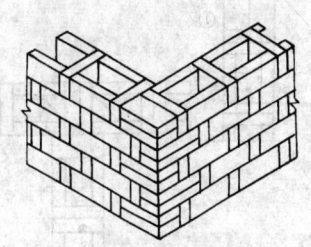

图 16-5 空斗墙转角处理

16.1.2 摆砖撂底

（1）选方整、平直的砖，按图纸确定的几斗几眠组砌形式进行试摆砖。

（2）摆砖应从一端开始向另一端按顺序排摆，不能以两端同时向中间或任意起点摆砖。

提示：

在基础墙上弹好砖墙的中心线和边线。

采用整砖砌筑，禁止使用半砖或碎砖。

撂底时，防止用偏差大的砖，以免造成上部砖缝的混乱。

撂底时，要找正标高，四周的水平缝须在同一水平线上。

（3）试摆时不够放一陡砖长处，用多砌几块陡丁砖或平砖解决，禁止打砍陡砖。

（4）试摆时，把门窗洞口按砖的模数安排适当，见图16-7。

（5）把墙的转角处、丁字交接处和砖垛与墙体交接处砖试摆好，并使上下皮砖均互相搭砌，见图16-8。

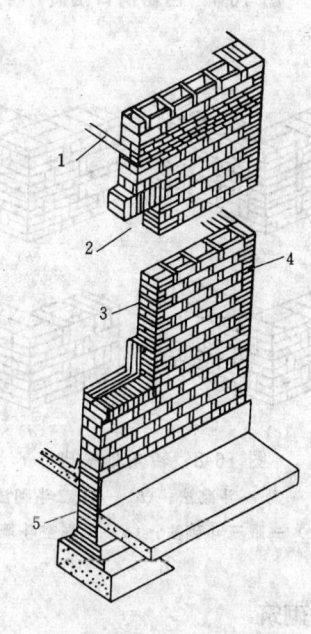

图 16-6 空斗墙的实砌部位
1—楼板；2—过梁位置；3—实砌；
4—转角实砌；5—勒脚墙实砌

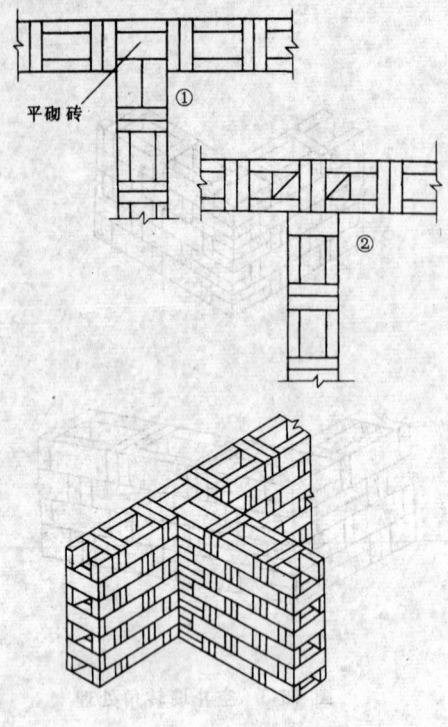

图 16-7 门窗洞口摆砖

图 16-8 转角处搭砌

(a)—一眠一斗砌法;(b)—一眠二斗砌法;

(c)—一眠三斗砌法;(d)—无眠空斗墙

16.1.3 砌筑

(1) 准备工作

1) 施工准备:见第5章实心墙施工准备内容。

提示:

皮数杆所注的砖皮数应是空斗皮数,其他与实心墙相同。

2) 材料准备:见第5章实心墙材料准备内容。

提示:

砖的强度等级不应低于MU7.5。

3) 操作准备:见第5章实心墙操作准备内容。

提示:

安排好需砌空斗墙处的镶边和标高。

(2) 工具使用:见第2章表2-1将所用工具配备好。

提示:

砌筑时使用瓦刀,其他同实心墙。

(3) 配制砂浆:见第5章配制砌筑砂浆内容。

提示:

采用强度不低于M1.0、和易性好的水泥、混合砂浆或石灰砂浆。

(4) 砌筑方法

1) 参照第3章"三层一吊"操作方法,先将空斗墙大角用实心砖砌成弓形槎,然后与空斗墙交接。并用线锤或托线板随时检查其垂直度,同时还应检查与皮数杆是否相符,见图16-9。

提示:

采用瓦刀披灰法砌筑。

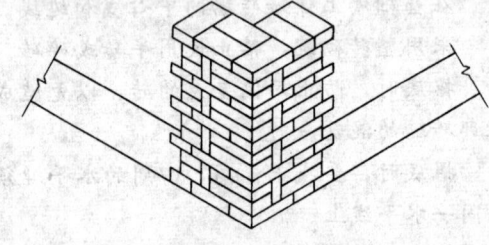

图 16-9 砌盘角

2) 参照第3章挂准线内容,将两端盘角准线拉好,再砌中间空斗墙见图16-10。

3) 参照第3章"五层一靠"内容,先砌盘角后砌中间墙,依次向上砌筑,见图16-11。

4) 空斗墙其他部位砌筑方法和要领参照第5章实心墙砌筑内容。根据其自身特点现强调以下几点。

　　a. 空斗墙的内外墙应同时砌筑，不宜留槎。附墙砖垛也必须与墙身同时砌筑，内外墙交接处和附墙砖垛应砌实墙，见图 16-12、图 16-13。

　　b. 空斗墙砌筑时要做到横平竖直、砂浆饱满。要随砌随检查，发现歪斜和不平应及时纠正，决不允许墙体砌完后，再撬动或敲打墙体。

提示：

　　与实心墙的竖向连接处应相互搭砌，砂浆强度不低于 M2.5。需留置的洞口和预埋件，应在砌筑时留出，不得事后砍凿。空斗内不填砂浆

　　c. 空斗墙上过梁，可做平碹或钢筋砖过梁。其操作方法见第五章拱碹砌筑内容。

提示：

　　承重墙：其跨度不宜大于 1.2m。

　　非承重墙：其跨度不宜大于 1.75m。

16.1.4　质量检测标准

　　见第 5 章实心墙体质量检测标准内容。

16.1.5　质量通病与防止

　　（1）砖缝砂浆不饱满的原因与防止措施见表 16-1。

砖缝砂浆不饱满的原因与防止措施　表 16-1

原　　　因	防　止　措　施
1. 砌筑砂浆的和易性差，致使操作者用瓦刀披灰砌筑困难	改善砂浆的和易性，使操作适宜
2. 由于用干砖砌墙，使砂浆早期脱水而降低强度，使砂浆脱落	禁止使用干砖披灰砌墙，冬期施工时也应将砖面适当湿润
3. 操作者手法不对，披满浆灰时瓦刀与砖面倾斜角度太大，砖口灰太深	操作人员必须熟练掌握操作手法和操作要求

图 16-10　挂准线

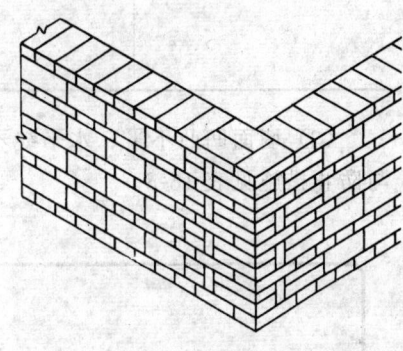

图 16-11　砌中间墙

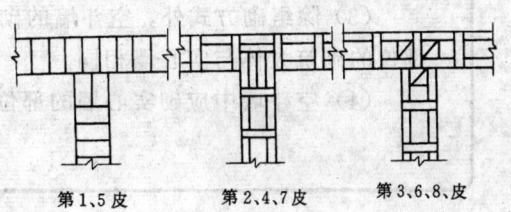

第1、5皮　　　　第2、4、7皮　　　　第3、6、8皮

图 16-12　丁字交接处砌法

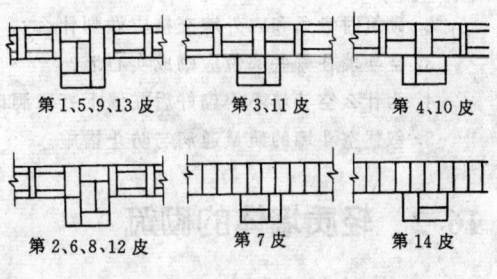

第1、5、9、13皮　　第3、11皮　　　第4、10皮

第2、6、8、12皮　　第7皮　　　　　第14皮

图 16-13　250mm×365mm 砖垛砌法

(2) 组砌混乱的原因与防止措施见表 16-2。

组砌混乱的原因与防止措施　表 16-2

原　　因	防　止　措　施
由于操作人员忽视组砌形式，排砖时没有全墙通盘排砖就砌筑。或是上下皮砖在丁字墙、附墙柱处错缝搭砌没有排好砖	操作人员应熟悉并掌握空斗墙的组砌方法，砌筑前必须做好排砖摆底工作，才可正式砌墙

(3) 墙面凹凸不平、水平缝不直的原因与防止措施见表 16-3。

墙面凹凸不平、水平缝不直的原因与防止措施
表 16-3

原　　因	防　止　措　施
1. 墙体长度较长，拉线不紧产生下垂，跟线砌筑后，灰缝出现下垂，而一旦线拉直后，又产生厚灰缝	两端紧线和中间定线要专人负责，勤紧线勤检查线
2. 线松后，中间设有定线，一旦风吹长线，使长线摆动，造成墙面跟线进出，使墙面凹凸不平	挂线长度不应超过 15m，中间要有定线
3. 检查不勤	每砌高 50cm 要用托线板检查其垂直度

16.1.6　安全操作

见第 5 章实心墙安全操作内容。

小　　结

(1) 砌筑空斗墙时，应采用瓦刀披灰法。

(2) 砌筑砂浆和易性要好，以便瓦刀挂灰。

(3) 除组砌方式外，空斗墙的砌筑步骤、程序、要领和方法以及门窗洞口等部位的砌筑大体与实心墙相同。

(4) 空斗墙中应砌实心墙的部位必须切记。

习题

1. 空斗墙的构造如何？

2. 砌筑时盘角和内外墙交接应做到什么？

3. 空斗墙在哪些部位应砌成实心墙？

4. 为什么空斗墙不得砌好后在墙上打凿洞口？

5. 叙述空斗墙的质量通病与防止措施。

16.2　轻质墙体的砌筑

轻质墙体比实心墙体重量轻，节约材料，保温隔热性能好。按其所用材料不同，一般可分为空心砖墙、空心填充墙和空心隔层墙。

16.2.1　空心砖墙

(1) 空心砖墙

1) 构造

a. 承重空心砖墙：采用多孔砖砌筑而成，一般用于五层以下的建筑物作承重墙。其他与实心墙相同，见图16-14。

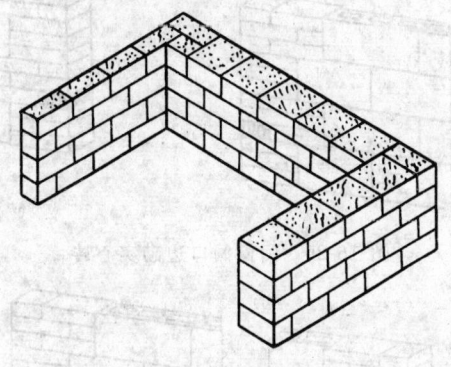

图 16-14 承重空心砖墙

b. 非承重空心砖墙：采用二孔、四孔、六孔等非承重空心砖砌筑。此种空心砖不宜打砍，不够整砖时应用其他砖填补。门窗洞口应在砌筑预先留出，其他与实心墙相同，见图16-15、图16-16。

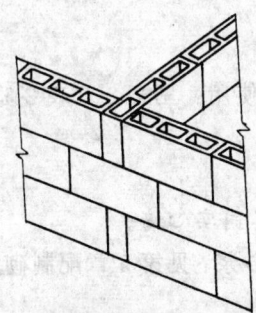

图 16-15 非承重空心砖墙丁字交接处砌法

2）组砌方法

a. 承重空心砖墙：可采用一顺一丁或梅花丁组砌。纵横墙交错搭接，上下皮错缝搭砌，搭砌长度一般不小于60mm。要求内外墙同时组砌，孔应垂直向上，见图16-17、图16-18。

b. 非承重空心砖墙：采取十字缝形式组砌，上下竖缝相互错开1/2砖长。要求内外墙同时组砌，见图16-19。

3）要求

a. 空心砖墙一般采用混合砂浆砌筑。水平灰缝厚度和竖向灰缝宽度一般为10mm。

提示：

8mm≤灰缝厚度≤12mm。

砂浆强度等级≥M2.5。

b. 砌筑较长较高的分隔墙时，为确保墙身稳定，应采取加固措施。

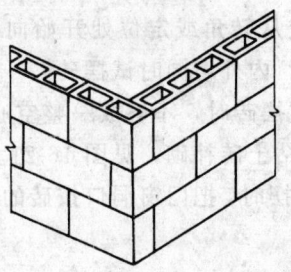

图 16-16 非承重空心砖墙转角处砌法

图 16-17 一顺一丁组砌（承重）

图 16-18 梅花丁组砌（承重）

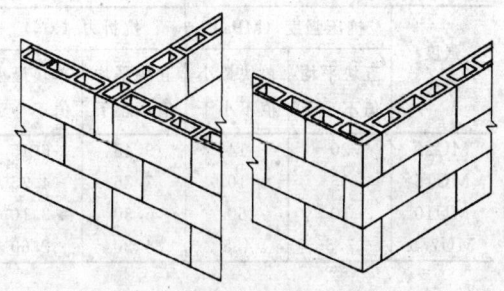

图 16-19 十字缝组砌（非承重）

提示：

可在墙的水平灰缝中加设φ6钢筋，整砖厚加3根，半砖厚加2根。

c. 门窗洞口两侧24cm范围内或不够整

砖处，应用实心砖砌筑，见图 16-20。

（2）摆砖撂底

1）摆砖撂底前，应按砖块尺寸和灰缝厚度计算好墙体的皮数和排数。

2）应从转角或定位处开始向一端按顺序排摆砖。内外墙同时试摆砖。

3）试摆砖时，不够放一整空心砖长处，可用普通粘土砖补砌，见图 16-21。

4）试摆时，把门窗洞口按砖的模数安排适当。

提示：

在基础墙上弹好砖墙的中心线和边线。

采用整砖砌筑，空心砖不宜打砍。

撂底时，防止用偏差大的砖，以免造成上部砖缝的混乱。

撂底时，要找正标高，四周的水平缝须在同一水平线上。

（3）准备工作

1）施工准备：见第 5 章实心墙施工准备内容。

2）材料准备：非承重空心砖（二～四孔大孔砖）规格为 290mm×190mm×115mm；承重空心砖的规格为 240mm×115mm×90mm，孔径 $\phi 18\sim 22mm$，孔洞率不大于 25%。其强度和外观应符合设计要求见表 16-4；其他材料要求见第 5 章实心墙材料准备内容。

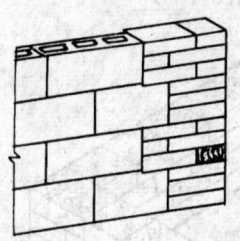
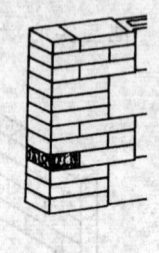

图 16-20　门窗洞口边砌实心砖

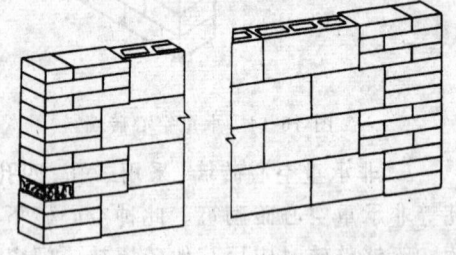

图 16-21　用粘土砖补砌

3）操作准备：见第 5 章实心墙操作准备内容。

（4）砌筑

1）工具使用：见第 2 章表 2-1，将所用工具配备好。

提示：

使用工具同实心墙。

2）配制砂浆：见第 5 章配制砌筑砂浆内容。

提示：

采用和易性好的水泥、混合砂浆。

3）参照第 3 章"三层一吊"操作方法，先将空心墙大角盘砌三～四皮砖，并用吊线检查其垂直度，同时还应检查其与皮数杆是否相符，见图 16-22。

承重空心砖的强度指标　　　表 16-4

强度等级	抗压强度（MPa）		抗折力（kN）	
	五块平均值不小于	单块最小值不小于	五块平均值不小于	单块最小值不小于
MU20	20	14	9.45	6.15
MU15	15	10	7.35	4.75
MU10	10	60	5.30	3.10
MU7.5	7.5	4.5	4.30	2.60

提示：

外观质量是指规格的大小，有无缺棱、掉角以及裂缝等缺陷。

欠火砖和酥砖不得使用。

清水墙的空心砖外观颜色应均匀一致。

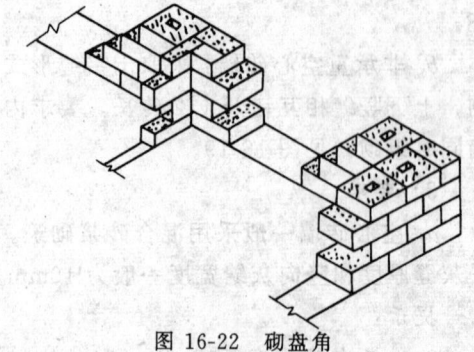

图 16-22　砌盘角

4）参照第3章挂准线内容，将两端盘角准线拉好，再砌中间空心砖墙，见图16-23。

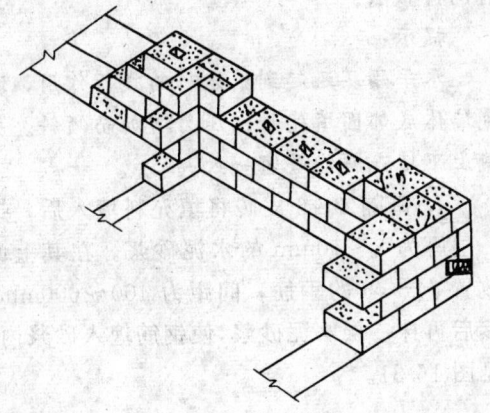

图 16-23　挂准线

5）参照课题三"五层一靠"内容，先砌盘角后砌中间墙，依次向上砌筑，见图16-24。

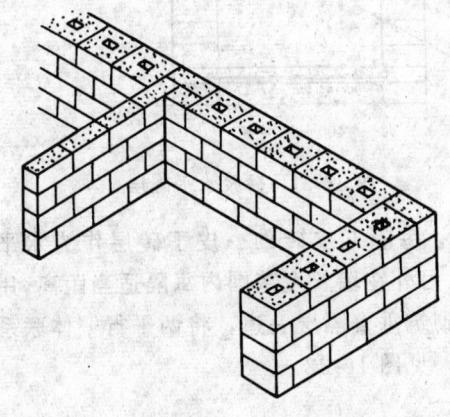

图 16-24　砌中间墙

6）空心砖墙其他部位砌筑方法和要领参阅第5章实心墙砌筑内容。根据其自身特点，现强调以下几点：

a.空心砖墙的转角及丁字墙交接处，应加半砖使灰缝错开。转角处半砖砌在外角上，丁字交接处半砖砌在纵墙上。内外墙应同时砌筑，如必须留槎，则应砌成斜槎。墙体不允许用水冲浆灌缝，见图16-25、图16-26。

b.空心砖墙砌筑时应对以下部位砌实心砖墙：处于地面以下或防潮层以下部位的砌体；非承重墙的底部三皮砖；墙中留洞、预埋件处、梁板支承处等，见图16-27。

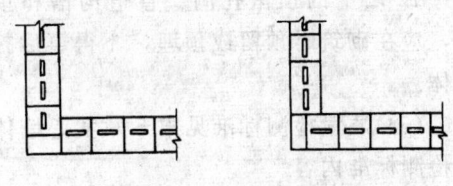

图 16-25　转角砌法

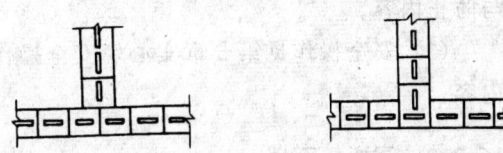

图 16-26　丁字交接砌法

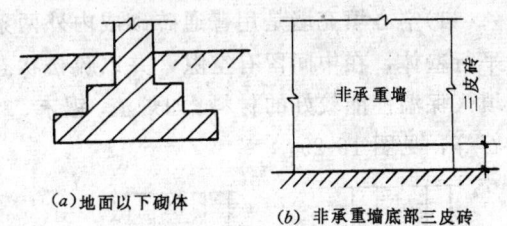

（a）地面以下砌体　（b）非承重墙底部三皮砖

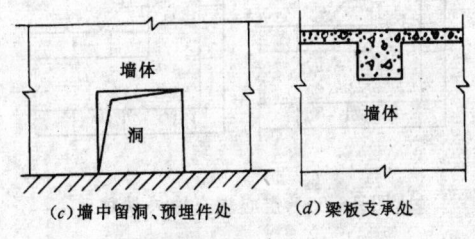

（c）墙中留洞、预埋件处　（d）梁板支承处

图 16-27　砌实心墙部位

c.与框架相接处必须把框架柱预留的拉结钢筋砌入墙体，拉结筋设弯勾，以保证柱与墙体的连接，见图16-28。

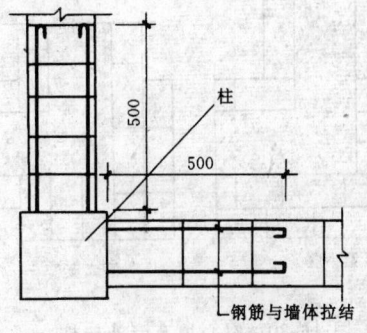

图 16-28　与框架连接

d. 墙上的预留孔洞、管道沟槽和预埋件，应在砌筑时预留或预埋，不得事后打凿墙体。

（5）质量检测标准见第5章实心墙体质量检测标准内容。

（6）质量通病与防止见空斗墙质量通病与防止内容。

（7）安全操作见第5章实心墙安全操作内容。

16.2.2 空心填充墙

（1）构造要求

1）空心填充墙是用普通砖砌成内外两条平行壁体，在中间留有空隙，并以疏松状态填入保温性能较好的材料。如炉渣、锯末、蛭石等，见图16-29。

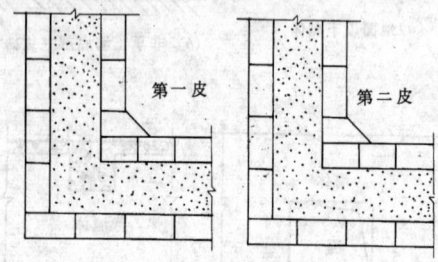

图 16-29 空心填充墙外扶柱

提示：

也可用蛭石混凝土、膨胀珍珠岩混凝土等胶合材料制成的轻质混凝土作填充料。

2）在墙的转角处要加砌斜撑以及外扶墙柱，以增强墙体的刚度和稳定性，避免填入保温材料后墙体向外胀出，见图16-30。

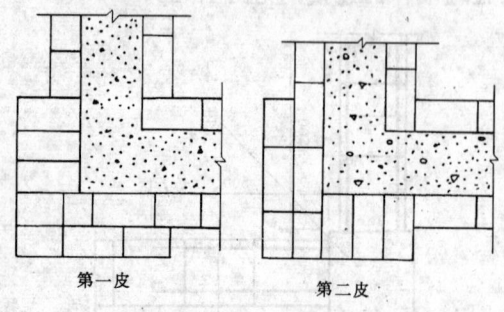

图 16-30 空心填充墙外扶柱

3）为保证两平行壁体互相连接，在墙内应增设水平隔层与垂直隔层。水平隔层一般有两种做法：

提示：

水平隔层还起到填充料的减荷作用，避免墙体底部因填完料侧压力增加而倾斜。并使上下填充料能疏密一致。

a. 每隔4～6皮砖将填充料填入后，抹一层厚为8～10mm的水泥砂浆。在其上面放置 $\phi4 \sim \phi6$ 的钢筋，间距为400～600mm，然后再抹一层水泥砂浆，使钢筋埋入砂浆内，见图16-31。

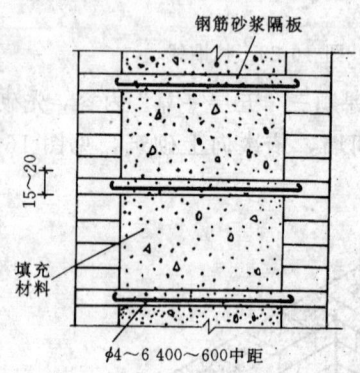

图 16-31 砂浆水平隔层

b. 每隔五皮砖砌一皮丁砖层作为水平隔层。另外在墙长度范围内每隔适当距离，用丁砖砌筑垂直隔层一道，将两平行壁体联系起来，见图16-32。

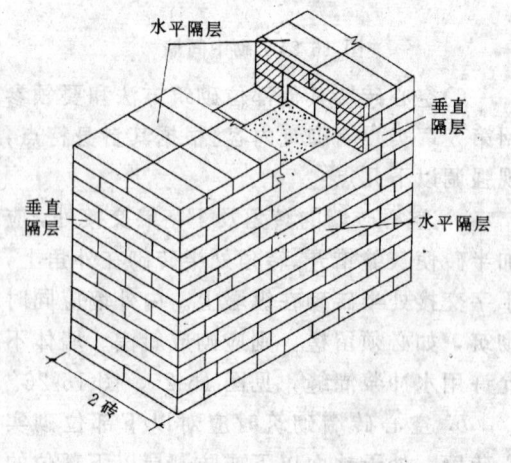

图 16-32 砂浆水平隔层

（2）砌筑方法

空心填充墙的砌筑方法、要领、程序、步骤等均同实心墙砌筑。根据其自身特点现强调以下几点：

1）基础及其以上 400~500mm 处和构件支承点以下三皮砖，均应砌成实心墙体，以利墙体的传力。

2）墙体的第一皮砖及最后一皮收头砖应为丁砖。

提示：

——两侧平行的壁体应同时砌筑。不能同时砌筑时，内外两壁高差不能超过 1.2m。

——填入的保温材料应分层捣实，捣实时应注意不使内、外胀出。

16.2.3 空气隔层墙

（1）构造要求

1）用普通砖砌成两平行壁体，一般约留 40~70mm 的空隙，以空气为隔热层，见图 16-33、图 16-34。

2）砌筑砖墙时要求灰缝密实饱满，使保温层内空气不与外界空气产生对流，以提高保温效果。

（2）砌筑方法：见空心填充墙砌筑方法内容。

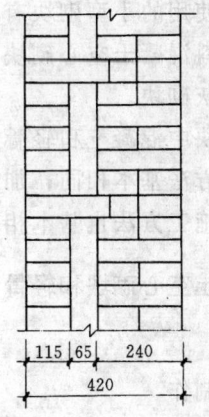

图 16-33　空气隔层墙构造尺寸

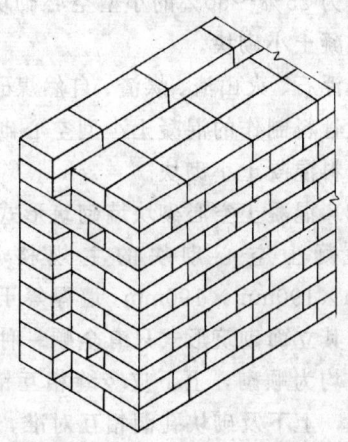

图 16-34　空气隔层墙示意图

小　　结

（1）操作者应掌握轻质墙体的构造要求、组砌方式、与实心墙的异同点。

（2）轻质墙体的砌筑方法、要领、程序和步骤与实心墙的砌筑大体相同。

习题

1. 空心砖有哪几种型式？各自的规格尺寸有多少？
2. 叙述空心砖墙的构造要求和砌筑方法。
3. 分别叙述空气填充墙和空气隔层墙的构造要求和砌筑要点。

16.3　小型砌块的砌筑

砌块砌筑在目前房屋建筑中是一种较先进的施工工艺，是墙体改革的一个内容。它与普通粘土砖比较，自重轻，节约土地资源，可利用工业废料。现已被广泛用于住宅、厂房等各类建筑物的围护、承重墙。

目前，常使用的小型砌块有：混凝土空心砌块；轻骨料混凝土空心砌块；加气混凝土砌块和粉煤灰砌块。

在小型砌块中混凝土和轻骨料混凝土空心砌块的施工方法基本相同；加气混凝土和粉煤灰砌块的施工方法也基本相同。

16.3.1 混凝土空心砌块和轻骨料混凝土砌块

（1）砌块制作

以碎石或卵石为粗骨料制作的混凝土，主要规格尺寸为 390mm×190mm×190mm，空心率为 25%～50% 的小型空心砌块，简称普通混凝土小砌块。

以浮石、火山渣、煤渣、自然煤矸石、陶粒为粗骨料制作的混凝土小型空心砌块，简称轻骨料混凝土小砌块。

（2）混凝土空心砌块墙砌筑形式

混凝土空心砌块的主规格尺寸为 390mm×190mm×190mm，墙厚等于砌块的宽度，其立面砌筑形式只有全顺一种，即各皮砌块均为顺砌，上下皮竖缝相互错开 1/2 砌块长，上下及砌块孔洞相互对准，施工时可根据设计要求在小砌块墙体的孔洞内浇灌混凝土芯柱。砌筑形式，如图 16-35 所示。

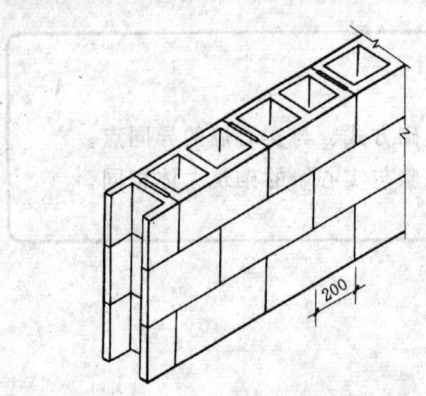

图 16-35　混凝土空心砌块墙的砌筑形式

（3）施工准备

1）小砌块应按现行国家标准《混凝土小型空心砌块》GB8239 及出厂合格证进行验收，必要时，可现场取样进行检验。

2）小砌块运到现场，按施工总平面布置图的位置，分规格分等级堆放整齐，堆放高度不宜超过 1.6m，堆垛之间应保持适当的通道。

3）小砌块的强度等级必须符合设计强度要求，生产龄期不应小于 28d。砌筑砂浆按设计要求送样到试验室出配合比。

4）砌块一般不需浇水，当天气炎热且干燥时，可提前喷水湿润。

5）砌块表面污物和芯柱所用砌块孔洞的底部毛边要提前清理。

6）砌块砌筑前，应根据砌块高度和灰缝厚度计算皮数，并制作皮数杆，皮数杆竖立于墙的转角处和交接处。皮数杆间距不宜超过 15m。

（4）混凝土空心砌块墙砌筑操作要点

1）砌筑前应检查墙体的轴线位置，皮数杆的标高，门窗洞的位置符合设计图纸要求。

2）根据每个施工单元的要求进行排活，并同时考虑窗洞位置。

3）必须遵守"反砌"原则，每皮砌块应使其底面朝上砌筑。水平灰缝平直，按净面积计算的砂浆饱满度不应低于 90%。竖向灰缝应采用加浆方法，使其砂浆饱满，严禁用水冲浆灌缝，不得出现瞎缝、透明缝。竖缝的砂浆饱满度不应低于 80%。水平灰缝厚度和竖向灰缝宽度一般为 10mm，最小不小于 8mm，最大不超过 12mm。

4）砌块应对孔错缝搭砌，个别情况下无法对孔砌筑时，允许错孔砌筑，但搭接长度不应小于 90mm。如不能满足上述要求时，应在砌块的水平灰缝内设置拉结钢筋或钢筋网片。拉结钢筋可用 2 根直径 6mm 的 I 级钢筋；钢筋网片可用直径 4mm 的钢筋焊接而成。拉结钢筋或钢筋网片的长度不应小于 700mm，如图 16-36 所示。但竖向通缝不得超过两皮砌块。

5）空心砌块墙的转角处，应隔皮纵、横墙砌块相互搭砌，即隔皮纵、横墙砌块端面露头，如图 16-37 所示。

6）空心砌块墙的T字交接处，应隔皮使横墙砌块端面露头。当该处无芯柱时，应在纵墙上交接处砌两块一孔半的辅助规格砌块，隔皮砌在横墙露头砌块下，其半孔应位于中间，如图16-38所示。当该处有芯柱时，应在纵墙上交接处砌一块三孔大规格砌块，砌块的中间孔正对横墙露头砌块靠外的孔洞，如图16-39所示。在T字交接处，纵墙如用主规格砌块，则会造成纵墙墙面上有连续三皮通缝，这是不允许的。

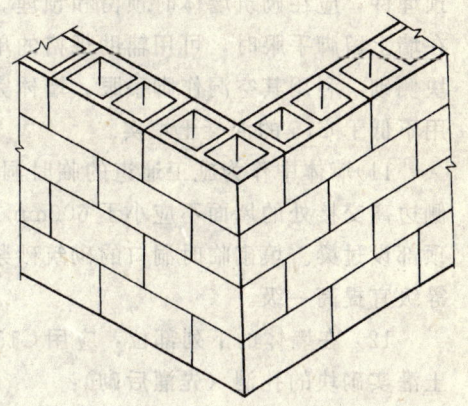

图16-37　空心砌块墙转角砌法

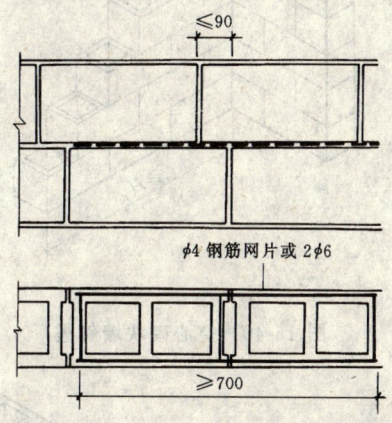

图16-36　混凝土空心砌块墙灰缝中设置拉结钢筋或网片

7）空心砌块墙的十字交接处，当该处无芯柱时，在交接处应砌一孔半砌块，隔皮相互垂直相交，其半孔应在中间。当该处有芯柱时，在交接处应砌三孔砌块，隔皮相互垂直相交，中间孔相互对正。

在十字交接处，如用主规格砌块，则会使纵横墙交接面出现连续三皮通缝，这也是不允许的。

8）空心砌块墙的转角处和交接处应同时砌起，如不能同时砌起，则应留置斜槎，斜槎的长度应等于或大于斜槎高度，如图16-40所示。

9）在非抗震设防地区，除外墙转角处，空心砌块墙的临时间断处可从墙面伸出200mm砌成直槎，并每隔三皮砌块高在水平灰缝设2根直径6mm的拉结筋；拉结筋埋入长度，从留槎处算起，每边均不应小于

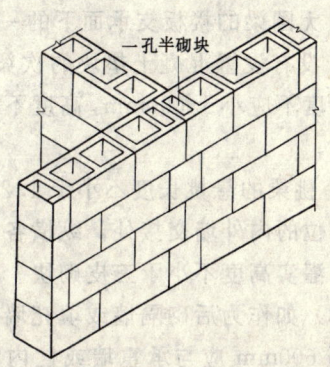

图16-38　混凝土空心砌块墙
T字交接处砌法（无芯柱）

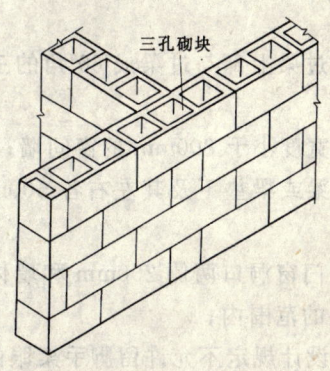

图16-39　混凝土空心砌块墙
T字交接处砌法（有芯柱）

600mm，钢筋外露部分不得任意弯折，如图16-41所示。

10）空心砌块墙表面不得预留或打凿水平沟槽，对设计规定的洞口、管道、沟槽和

预埋件，应在砌筑墙体时预留和预埋。需要在墙上留脚手眼时，可用辅助规格的单孔砌块侧砌，利用其空洞作脚手眼，墙体完工后用不低于C15的混凝土填实。

11）墙体中作为施工通道的临时洞口，其侧边离交接处的墙面不应小于600mm，并在顶部设过梁。填砌临时洞口的砌筑砂浆强度等级宜提高一级。

12）在墙体的下列部位，应用C15混凝土灌实砌块的孔洞（先灌后砌）：

a. 底层室内地面以下或防潮层以下的砌体；

b. 无圈梁的楼板支承面下的一皮砌块；

c. 没有设置混凝土垫块的次梁支承处，灌实宽度不应小于600mm，高度不应小于一皮砌块；

d. 挑梁的悬挑长度不小于1.2m时，其支承部位的内外墙交接处，纵横各灌实3个孔洞，灌实高度不小于三皮砌块。

13）如作为后砌隔墙或填充墙时，沿墙高每隔600mm应与承重墙或柱内预留的钢筋网片或2根直径6mm钢筋拉结，钢筋伸入墙内的长度不应小于600mm。

14）空心砌块墙的下列部位不得留置脚手架眼：

a. 过梁上部与过梁成60°角的三角形范围内；

b. 宽度小于800mm的窗间墙；

c. 梁或梁垫下及其左右各500mm的范围内；

d. 门窗洞口两侧200mm和墙体交接处400mm的范围内；

e. 设计规定不允许留脚手架眼的部位。

15）空心砌块墙的每天砌筑高度，宜控制在1.5m内。

（5）混凝土空心砌块砌体允许偏差

混凝土空心砌块砌体的允许偏差应符合表16-5的规定。

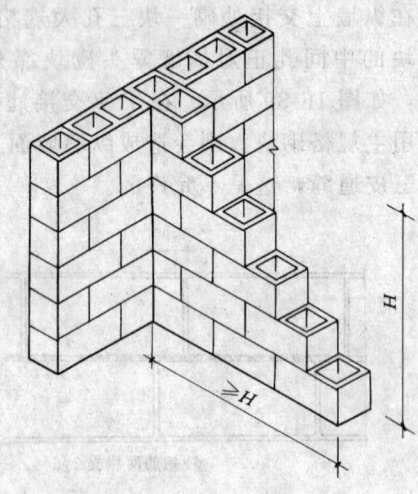

图16-40 空心砌块墙斜槎

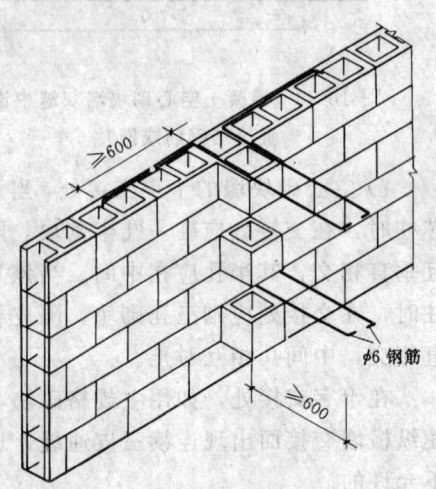

图16-41 空心砌块墙直槎

混凝土空心小型砌块砌体的允许偏差 表16-5

项 次	项 目	允许偏差 (mm)	检 查 方 法
1	轴线位移	10	用经纬仪、水平仪复查或检查施工记录
2	基础或楼面标高	±15	

项　次	项　　　目		允许偏差（mm）	检　查　方　法
3	垂　直　度	每　　层	5	用吊线法检查
		全　高　　10m 以下	10	用经纬仪或吊线和尺检查
		10m 以上	20	
4	表　面　平　整	清水墙、柱	5	用2m靠尺检查
		混水墙、柱	8	
5	水平灰缝平直度	清水墙10m 以内	7	用拉线和尺量检查
		混水墙10m 以内	10	
6	水平灰缝厚度（连续五皮砌块累计数）		±10	用尺量检查
7	垂直灰缝宽度（连续五皮砌块累计数，包括凹面深度）		±15	
8	门窗洞口宽度（后塞框）		±5	用尺量检查

（6）实训练习

1）题目要求：一人独立完成如图 16-41 所示形式的空心砌块墙。自己提计划备料。

2）考核标准：见表 16-6。

小型空心砌块砌筑练习考核评分表

表 16-6

序	考核项目	单项配分	要　求	考核记录	得分
1	备料准确	10			
2	垂直度	20	允许 5mm 偏差		
3	平整度	20	允许 5mm 偏差		
4	水平灰缝平直度	10	允许 7mm 偏差		
5	水平灰缝厚度（连续五皮砌块累计数）	10	允许±10mm 偏差		
6	综合印象	20			
7	文明施工	5			
8	安　全	5			

班级：　　　姓名：　指导教师：

16.3.2 加气混凝土砌块和粉煤灰砌块砌体

（1）砌块墙体砌筑形式

1）加气混凝土砌块主规格的长度为 600mm，宽度和高度有多种。墙厚一般等于砌块宽度，其立面砌筑形式只有全顺式一种。上下皮竖缝相互错开不小于砌块长度的 1/3。如不能满足时，在水平灰缝中设置 2 根直径 6mm 的钢筋或直径 4mm 钢筋网片，加筋长度不少于 700mm，如图 16-42 所示。

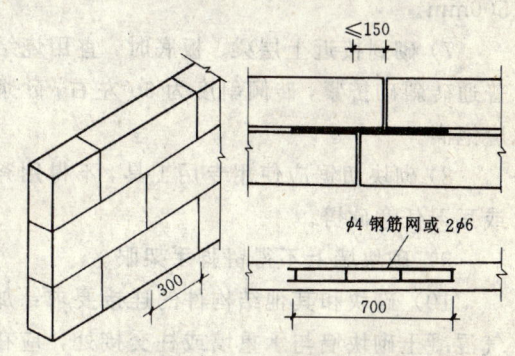

图 16-42　加气混凝土墙砌筑形式

2）粉煤灰砌块的主规格长度为 880mm，宽度有 380、430mm 两种。墙厚等于砌块宽度，其立面砌筑形式只有全顺一种，即每皮砌块均为顺砌，上下竖缝相互错开砌块长度的 1/3 以上，并不小于 150mm，如不能满足时，在水平灰缝中设置 2 根直径 6mm 钢筋或直径 4mm 钢筋网片加强，加强筋长度不小于 700mm，如图 16-43 所示。

（2）砌块墙体砌筑操作要点

1）加气混凝土砌块砌筑时，应向砌筑面适量浇水。粉煤灰砌块应提前2d浇水，砌块含水率宜为8%～12%，严禁干块上墙，不得随砌随浇。

2）按砌块每皮高度制作皮数杆，并竖立于墙的两端，两相对皮数杆之间拉准线。砌筑前检查放出墙身边线位置与图纸相符。

3）砌块墙底部宜用烧结普通砖或多孔承重砖砌筑，其高度不宜小于200mm。

4）灰缝应横平竖直，砂浆饱满。水平灰缝厚度不得大于15mm。竖向灰缝宜用内外临时夹板夹住后灌缝，其宽度不得大于20mm。个别竖缝宽度大于30mm时，应用细石混凝土灌缝。

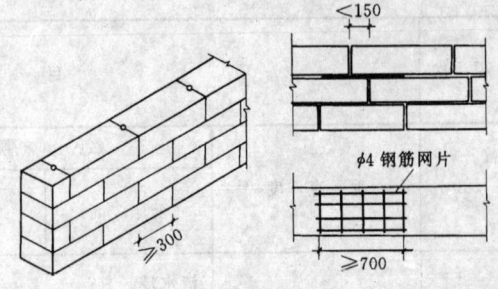

图16-43　粉煤灰砌块墙砌筑形式

5）砌块墙的转角处，应隔皮纵、横墙砌块相互搭砌。砌块墙的T字交接处，应使横墙砌块隔皮端面露头，如图16-44、图16-45所示。

6）墙体洞口上部应放置2根直径6mm钢筋，伸过洞口两边长度每边不小于500mm。

7）砌到接近上层梁、板底时，宜用烧结普通砖斜砌挤紧，砖倾斜度为60°左右，砂浆应饱满。

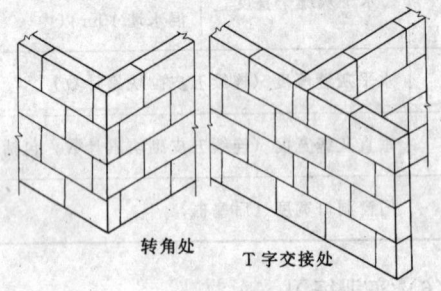

图16-44　加气混凝土墙转角处及交接处砌法

8）砌块切锯应使用专用工具，不得用斧或瓦刀任意砍劈。

9）砌块墙上不得留脚手架眼。

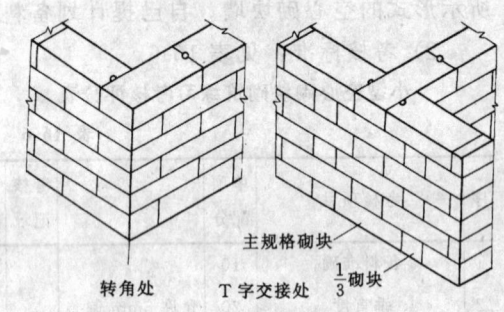

图16-45　粉煤灰砌块墙转角处及交接处砌法

10）砌块和其他结构件的连接要求：加气混凝土砌块墙与承重墙或柱交接处，应在承重墙或柱的水平灰缝内预埋拉结钢筋，拉结钢筋沿墙或柱高每1m左右设一道，每道为2根直径6mm的钢筋（带弯钩），伸出墙或柱面长度不小于700mm，在砌筑砌块时，将此拉结钢筋伸出部分埋置于砌块墙的水平灰缝中，如图16-46所示。粉煤灰砌块墙与普通砖承重墙或柱交接处，应沿墙高1m左右设置3根直径4mm的拉结钢筋，拉结钢筋伸入砌块墙内长度不小于700mm。粉煤灰砌块墙与半砖厚普通砖墙交接处，应沿墙高

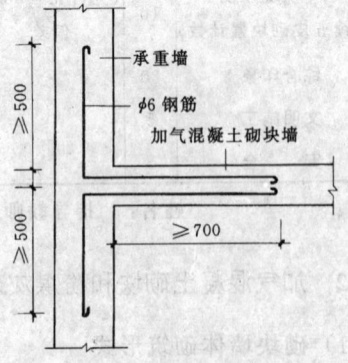

图16-46　加气混凝土砌块墙与承重墙拉结

800mm 左右设置直径 4mm 钢筋网片，钢筋网片形状依照两种墙交接情况而定。置于半砖墙水平灰缝中的钢筋为 2 根，伸入长度不小于 360mm；置于砌块墙水平灰缝中的钢筋为 3 根，伸入长度不小于 360mm，如图 16-47 所示。

11）砌块墙每天砌筑高度，宜控制在 1.5m 内。

（3）砌体允许偏差

1）加气混凝土砌体结构尺寸和位置的允许偏差应符合表 16-7 的规定。

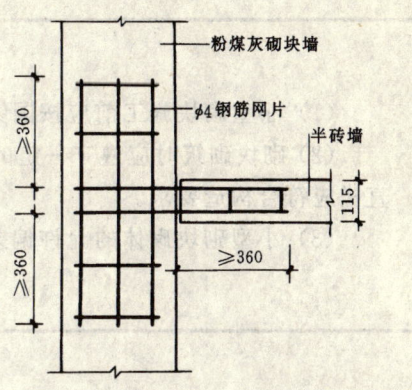

图 16-47　粉煤灰砌块墙与半砖墙交接

加气混凝土砌块砌体结构尺寸和位置的允许偏差　　　　　　　　表 16-7

项次	项　　　目	允许偏差（mm）	检　验　方　法
1	砌体厚度	±4	用尺量
2	基础顶面和楼面标高	±15	用水平仪、经纬仪复查或检查施工记录
3	轴线位移	5	
4	墙面垂直度 （1）每　　层 （2）全　　高	5 10	用吊线法检查 用经纬仪或吊线尺量检查
5	表面平整	6	用 2m 长直尺和塞尺检查
6	水平灰缝平直	7	灰缝上口处用 10m 长的线拉直并用尺检查

2）粉煤灰砌块砌体的允许偏差应符合表 16-8 的规定。

粉煤灰砌块砌体允许偏差　　　　　　　　表 16-8

项次	项　　　目			允许偏差（mm）	检　验　方　法
1	轴线位置			10	用经纬仪、水平仪复查或检查施工记录
2	基础或楼面标高			±15	用经纬仪、水平仪复查或检查施工记录
3	垂直度	每　楼　层		5	用吊线法检查
		全高	10m 以下	10	用经纬仪或吊线尺检查
			10m 以上	20	用经纬仪或吊线尺检查
4	表面平整			10	用 2m 长直尺和塞尺检查
5	水平灰缝平直度	清水墙		7	灰缝上口处用 10m 长的线拉直并用尺检查
		混水墙		10	
6	水平灰缝厚度			+10、−5	与线杆比较；用尺检查
7	垂直缝宽度			+10、−5 ＞30 用细石混凝土	用尺检查
8	门窗洞口宽度（后塞框）			+10、−5	用尺检查
9	清水墙面游丁走缝			2.0	用吊线和尺检查

习题

1. 小型砌块砌筑前应做哪些准备工作？
2. 小型砌块墙转角、T字交接处如何砌筑？不能同时砌起时怎么办？
3. 加气混凝土砌块墙与承重墙如何拉结？
4. 小型砌块砌体检查项目有哪些？

16.4　毛石砌体的砌筑

石料可分为毛石（开采后未经加工的石材）和料石（开采后经过加工的石材）两种。毛石常用于砌筑房屋基础、勒脚、低层房屋的墙身及护坡、挡土墙等；料石常用于砌筑墙身、墙角、拱碳等。用石料砌筑的砌体具有强度高、防潮、耐磨性强、耐风化腐蚀等优点。但对有震动荷载的房屋、地震地区以及地基有可能产生较大沉降的建筑物不宜采用石料砌体。料石砌体的砌筑方法参阅16.3砌块的砌筑内容，现仅介绍毛石砌体的砌筑。

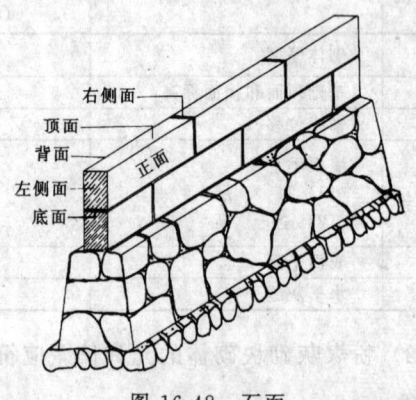

图 16-48　石面

16.4.1　毛石砌体的组砌形式

（1）毛石砌体名称

1）石面：面向操作者的面称正面；背向操作者的面称背面；朝上的面称顶面；朝下的面称底面；其余称左右侧面，见图16-48。

2）灰缝：上下向的灰缝称竖缝；水平向的灰缝称横缝，见图16-49。

3）石层：砖砌体有"皮"的区别，石材砌体称为层。料石砌体层次分明，毛石砌体就很难分层，但要求隔一定高度砌成一个接近水平的层，见图16-50。

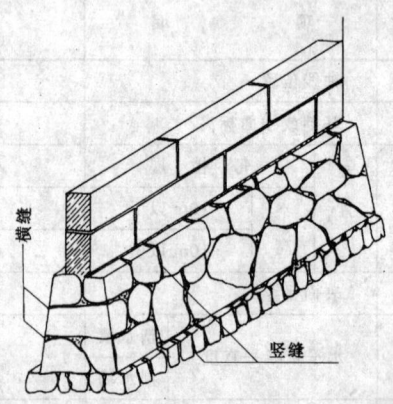

图 16-49　灰缝

4）顺石、丁石和面石：石料长边平行且外露于墙面的称顺石；长边与墙面垂直且横砌露出侧面或端面的称丁石；露出石面的外层砌石称面石，见图16-51。

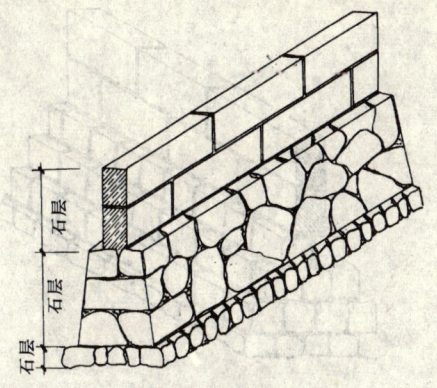

图 16-50　石层

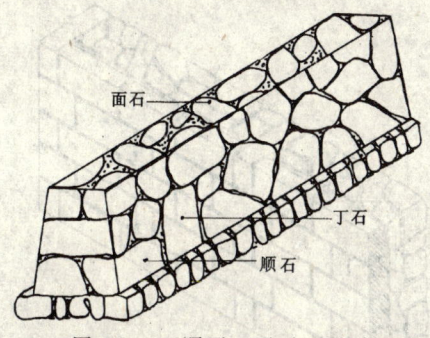

图 16-51　顺石、丁石、面石

5）角石、（又称护角石）至少有两个近于垂直平正面，砌于砌体的角隅处，见图16-52。

6）拉结石：其长度贯穿整个墙厚的2/3以上且具有一定厚度的横砌丁石，见图16-53。

7）腹石、垫石：砌叠于面石和角石范围内的石块称腹石；用于嵌填石块并使之平正的片石称垫石，见图16-54。

（2）毛石砌筑时选石

1）选石时首先要剔除风化石，对过大的石块要用大锤砸开，使毛石大小适宜。

提示：

毛石的大小一般以每块重30kg，一个人能双手抱起为宜。

2）由于岩石纹理的缘故。毛石虽不规则，但一般都应利用两个大致平整的面。

提示：

砸选毛石时要充分利用这一有利条件。

3）根据砌筑部位槎口的形状和大小、墙

面的缝式等要求，以目测的方法来选定合适的石块。

提示：

应通过大量的实践才能积累经验，并取得较好的外观效益。

（3）组砌形式与搭接

1）丁顺叠砌法：每上下两层石材，以一层丁石一层顺石且互成90°角叠砌而成。

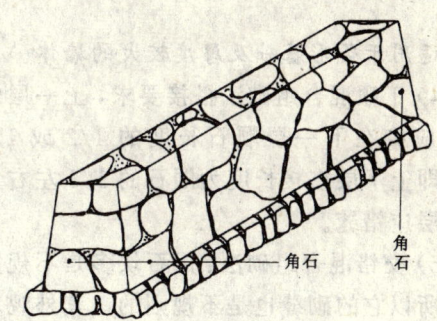

图 16-52　角石

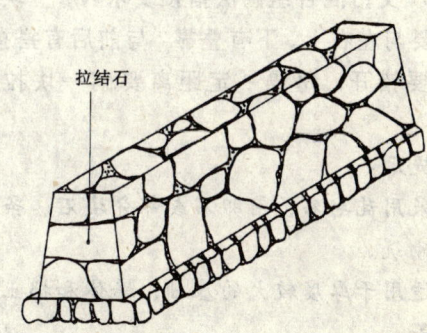

图 16-53　拉结石

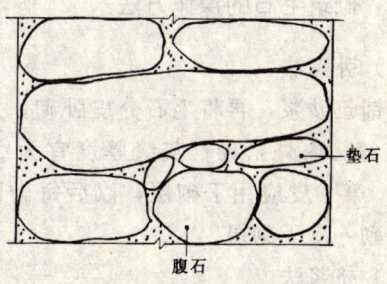

图 16-54　腹石、垫石

提示：

采用条石和块石砌筑。

适用于荷载较大的条形基础、独立柱基和大型的条石、块石砌体。

2）丁顺叠砌法的搭接要求：上一层石块

应压过下一层石块长度或宽度的一半。同层的接砌缝应相互错开；上下层垂直缝也应错开，不能对缝，见图16-55。

3）丁顺混合组砌法：每一层都以丁石或顺石连续组砌，其他空余部分以块石或乱毛石砌筑，见图16-56。

提示：

采用条石或条石、块石、乱毛石混合砌筑。

适用于条形基础及厚度较大的墙体。

4）丁顺混合组砌法搭接要求，上一层的丁石应砌在下一层顺石长度的1/2或1/3处。即上下层搭接长度为顺石的1/3左右且上下层应错缝。

5）交错混合组砌法：因石块多是不规则的，所以它的砌缝也是不规则的，其外观就表现出各种形式，见图16-57。

6）交错混合组砌法搭接要求：每一块石块都要与左右上、下有叠靠，与前后有搭接，砌缝要错开；每隔一定距离要砌一块拉结石。

提示：

采用乱毛石、河卵石或部分块石、条石混合砌筑。

适用于厚度较大的基础、墙体和挡土墙护坡等。

16.4.2 砌筑毛石的操作方法

（1）卧砌法：

先铺筑砂浆，再将毛石分皮卧砌，并应上下错缝，内外搭砌；灰缝厚度宜为20～30mm。第一皮应用丁砌层，以后每砌两皮后，应砌一皮丁砌层。

（2）挤浆法

先铺筑一层3～5cm厚的砂浆，然后放置石块嵌实，接着再铺浆，再砌上面一层石块。

提示：

此法具有砂浆饱满密实，胶结好，砌体强度高，砌筑速度快。适用于砌筑质量要求

图16-55 丁顺叠砌法

图16-56 丁顺混合组砌法

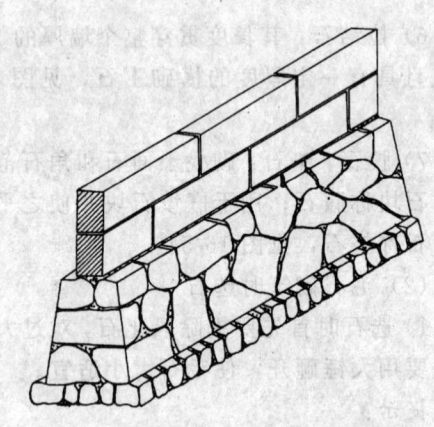

图16-57 交错混合组砌法

高荷载大的墙体。

16.4.3 准备工作

（1）施工准备

1）按图纸要求核准龙门板的标高、轴线

位置，检查基槽的深度和宽度，见图 16-58。

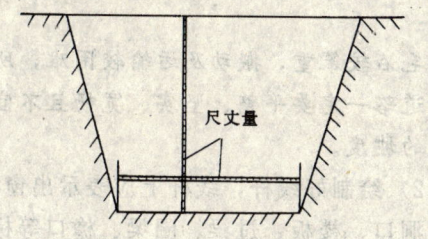

图 16-58　检查基槽

2）如基槽有积水，应排除积水并清除污泥，然后填入碎石片夯击，使石片欲入地基内，起到挤实加固作用，见图 16-59。

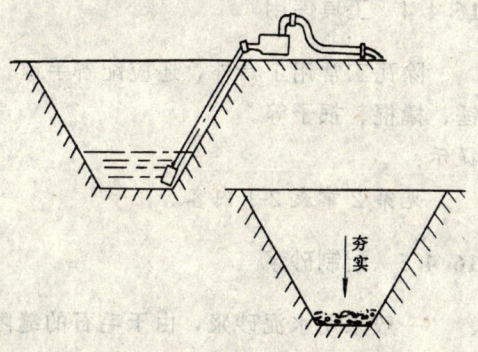

图 16-59　基槽底处理

3）熟悉图纸并弄清基础形式。毛石基础通常有矩形、台阶式和锥台式三种断面形式，见图 16-60。

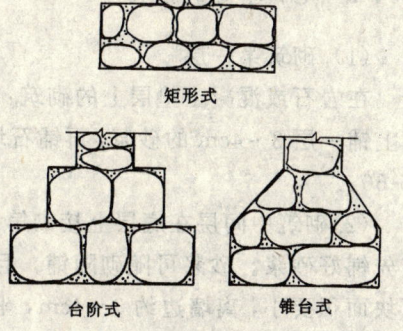

矩形式

台阶式　　　锥台式

图 16-60　毛石基础断面形式

4）在龙门板上将基础的中心线及边线引入基槽，并在基槽中钉好中心桩和竹片边线桩，见图 16-61。

5）如基础断面形式是矩形或阶梯形时，

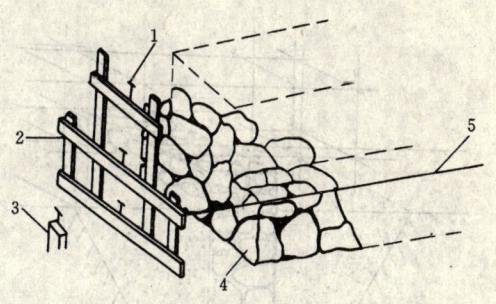

图 16-61　基槽底钉好中心边线桩

1—墙中；2—挂线架；3—中心桩；
4—角石；5—准线

应在基础每端两侧各立一根木杆，再横钉木杆连接，根据基槽宽度和台阶宽度拉好立线再拉准线，见图 16-62。

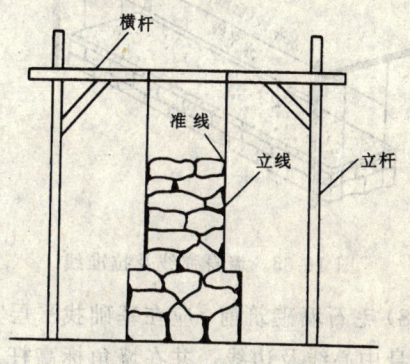

图 16-62　拉线杆

6）如基础断面形式为锥台式时，应用 5cm×5cm 的小木条钉成基础断面形状（称样架），立于基槽两端，然后在样架相应标高拉准线作为砌筑的依据，见图 16-63。

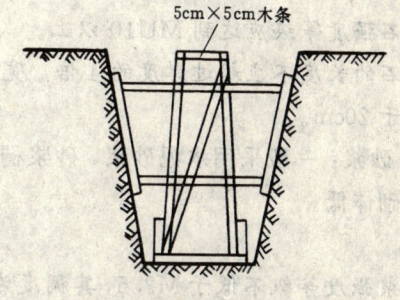

图 16-63　样架

7）砌毛石墙应在基槽和房心回填土完成后进行。由于毛石比较笨重，应尽量双面搭设脚手架以利于砌筑毛石，见图 16-64。

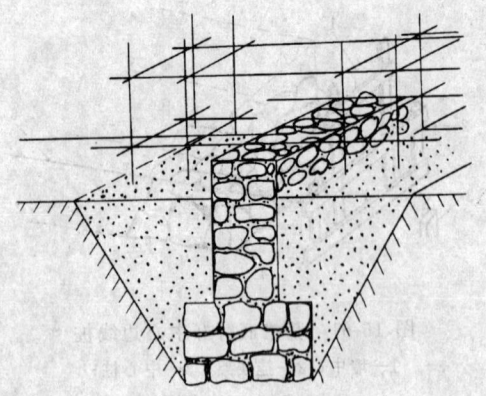

图 16-64 基槽回填土

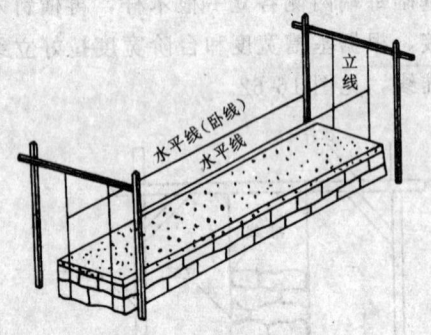

图 16-65 墙身弹线及拉准线

8）毛石墙砌筑前，应在基础找平层上弹好墙身中心线及边线，并在墙角标高杆上挂好水平准线。见图 16-65。

（2）材料准备

1）毛石：采用坚实未经风化的毛石。毛石还应有上下两个大致平行的面，其厚度不应小于 20cm，长度不宜大于厚度的 4 倍。

提示：

毛石强度等级应达到 MU10 以上。

毛石的长度不应超过厚度的 4 倍，宽度不应小于 20cm。

2）砂浆：一般采用水泥砂浆，砂浆稠度要比砖砌体低。

提示：

砂浆强度等级不低于 M2.5，其稠度为 5～7cm。

（3）操作准备

1）明确门窗洞口、预留预埋件的位置和埋设方法，了解施工流水段，确定材料运输顺序和道路，避免二次搬运。

提示：

——毛石较笨重，搬动及运输较困难，所以运输道路一定要平整、坚实、宽畅且不宜有较大的坡度。

2）绘制好线杆，线杆上应表示出窗台、门窗洞口、楼板、过梁、圈梁、檐口等标高位置。

提示：

毛石墙无法象砖墙一样绘出皮数杆，线杆与皮数杆不同的仅是不绘出皮数。

16.4.4 工具使用

除瓦工常用工具外，还应配备手锤、大锤、撬棍、抿子等。

提示：

见第 2 章表 2-1 内容。

16.4.5 配制砂浆

一般采用水泥砂浆，由于毛石的缝隙较大，故可掺入一部分粒径大于 5mm 的砂子。砂子可以不过筛。

提示：

砂浆拌制要求和方法见第 5 章实心墙配制砌筑砂浆内容。

16.4.6 毛石基础的砌筑

（1）砌筑第一层

在岩石或混凝土垫层上的砌筑：先在垫层上铺一层 3～4cm 的砂浆，再铺石块，见图 16-66。

（2）砌筑中间层在底层上接砌第二层时，应先铺好砂浆。砂浆可随砌随铺，且比所砌石块面积要小，离墙边约 3～4cm，坐浆略厚一些，约 3～4cm。石块砌上后用小锤敲实，将砂浆挤压成 2～3cm 厚灰缝，石块间的上下层竖缝必须错开，力求丁顺交错排列。石块如不稳可用石片垫塞，见图 16-67。

提示：

砌筑毛石时应做到：选材要"准"、安放

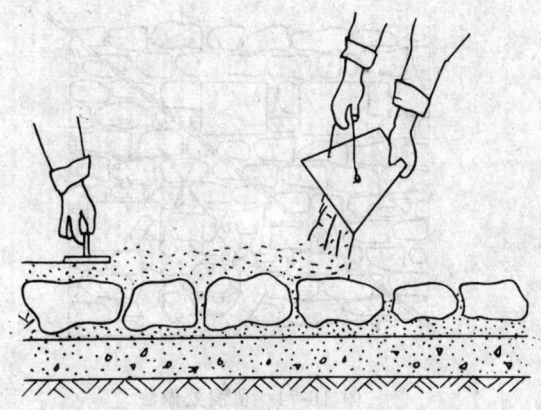

图 16-66　铺浆砌筑第一层

要"稳"，排列要"严"，灌浆要"实"。

石块的竖缝应另外灌实。

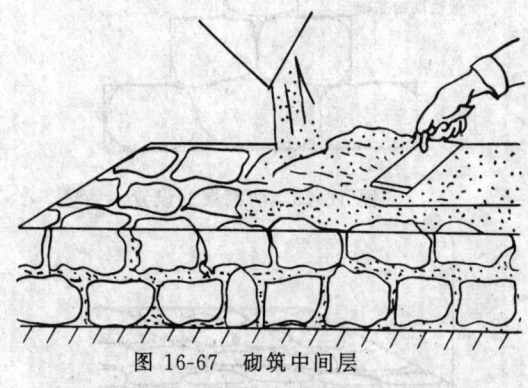

图 16-67　砌筑中间层

（3）砌拉结石

1）毛石砌筑时先砌里外两面石后砌中间腹石，但应防止砌成夹心墙，见图16-68。

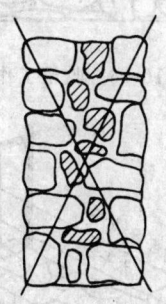

图 16-68　夹心墙

2）每层毛石砌体中每隔1m左右要砌一块拉结石，上下层拉结石要相互错开，并在立面上呈梅花形，见图16-69。

提示：

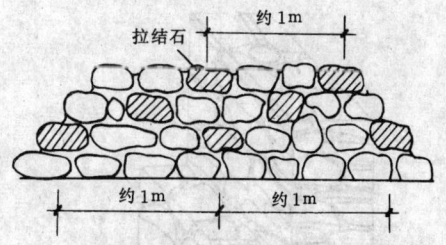

图 16-69　拉结石立面图

拉结石的长度应超过墙厚的2/3且里外两面交错放置。

（4）收台阶处和顶层砌法

1）砌阶梯形毛石时，应将横杆上的立线按基础宽度向中间移动（移到所需要的宽度）。再拉准线，见图16-70。

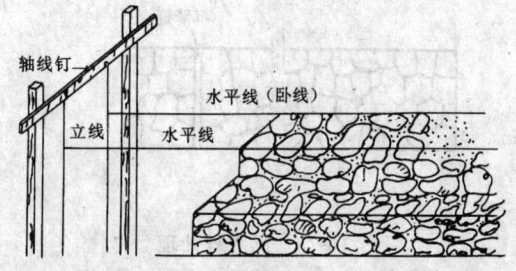

图 16-70　台阶处挂准线

2）砌到大放脚收台处时，台阶面要求基本水平。低洼处应用小石块填平，上下两台阶的石块也应压接1/2左右，见图16-72。

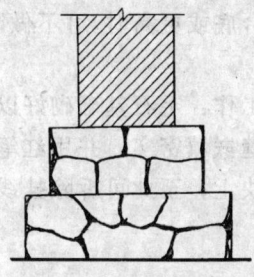

图 16-71　台阶处砌法

3）砌到顶层时不能使用太小的石块作最后一层的砌筑。如有高出标高的石尖，可用小锤修整，缺口和低洼部分用小石块铺砌齐平，见图16-72。

（5）沉降缝处的处理：毛石基础中如遇沉降缝应分开两段砌筑，并随时清理缝隙中

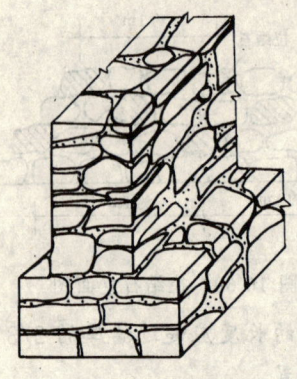

图 16-72 顶层处砌法

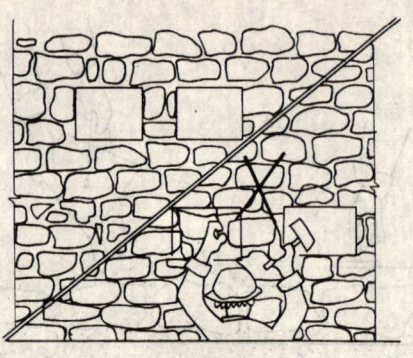

图 16-74 留洞处做法

的砂浆和石块。使之符合设计规范要求,见图 16-73。

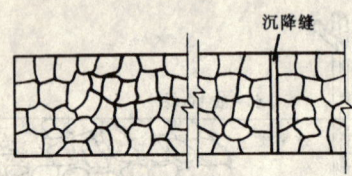

图 16-73 沉降缝处理

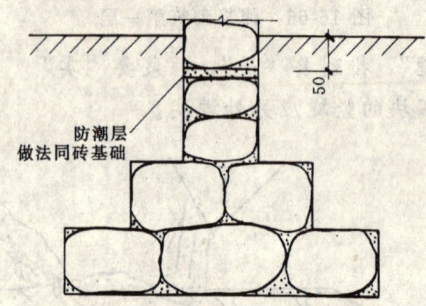

图 16-75 防潮层的设置

（6）留洞处做法：毛、石基础中的预留洞,必须在砌筑中预留,不得事后开凿,以免松动周围的石块,见图 16-74。

（7）防潮层的设置：如毛石基础顶面在室内地坪以下 5cm 处,其上应设置防潮层；如基础砌到窗台底或更高时,可不做防潮层,见图 16-75。

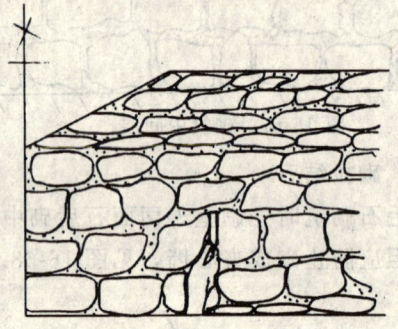

图 16-76 收尾工作

（8）收尾工作：毛石基础砌好以后,应用小抿子将石缝嵌填密实,并用红笔将轴线标志在侧面石块上,至此可拆除挂线架,见图 16-76。

16.4.7 毛石墙身的砌筑

（1）砌筑法则

1）应根据基础找平层上已弹好的墙身线和在墙角标高杆上挂的水平准线进行毛石墙的砌筑,见图 16-77。

2）角石要选用三面都比较方正而且比较大的石块。墙身的石块也要选基本平正的放在外面,见图 16-78。

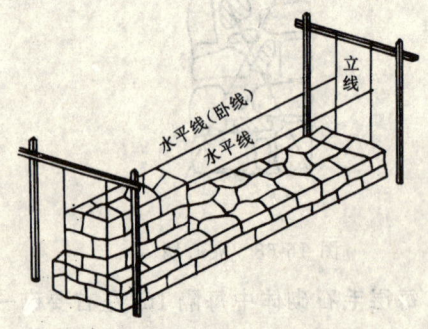

图 16-77 根据弹线和准线砌毛石

3）同一层的毛石要尽量选用大小相近

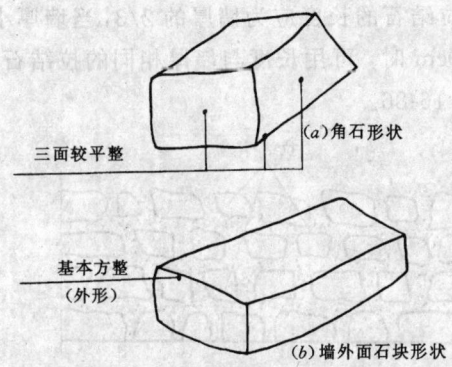

三面较平整

(a)角石形状

基本方整

(外形)

(b)墙外面石块形状

图 16-78 材料应选好

的石块,同一堵墙的砌筑应把大的石块砌在下面,小的砌在上面,以增加稳定感,见图 16-79。

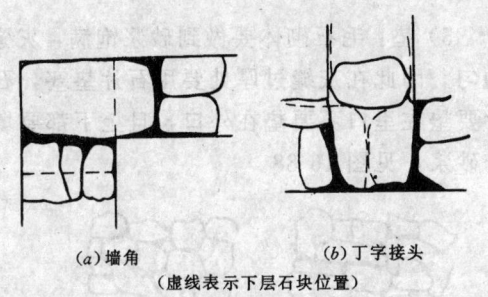

图 16-79 大石在下、小石在上

4)墙角与丁字接头的各层石块应互相压搭,不得留通缝。墙身也应考虑左右错缝、里外咬接,见图 16-80。

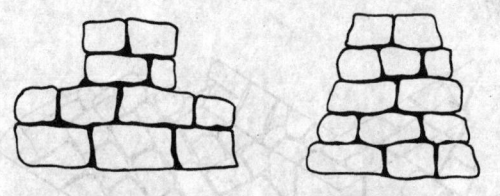

(a)墙角

(b)丁字接头

(虚线表示下层石块位置)

图 16-80 转角与丁字接头

5)毛石墙砌好一层后,要用小石块填充墙体空隙,不能只填砂浆不填石块,也不能只填石块,使砂浆无法进入,见图 16-81。

6)毛石墙要分层砌筑,每天砌筑高度不应超过 1.2m,每砌几层(0.7~1.2m)要找平一次,使其顶面大致平整。

提示:

砌筑过高,以防砂浆没有凝固,石材自

重下沉造成墙身鼓肚或坍塌。

分层找平是使墙体受力均匀。

7)纵横墙要同时砌筑,临时间断处要留成斜槎,斜槎高度应不超过 1.2m,斜槎长度为 1~1.5m,见图 16-82。

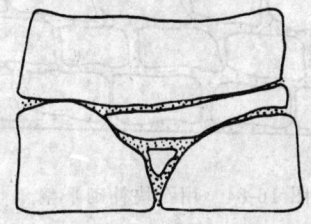

图 16-81 用小石填充墙体空隙

图 16-82 留斜槎

8)墙中留有门窗洞口时,可在其上放混凝土过梁,并与窗樘预留 1cm 的墙身下沉高度,见图 16-83。

图 16-83 预留洞口

9)当砌体快砌到墙体设计标高时,应注意挑选尺寸大致相等的石块砌筑,如有低洼处,要用石块补砌平整,不宜全部采用砂浆填平,见图 16-84。

10)为提高砌体顶面平整与牢固,应将顶面找平。找平砂浆应采用水泥砂浆,其强

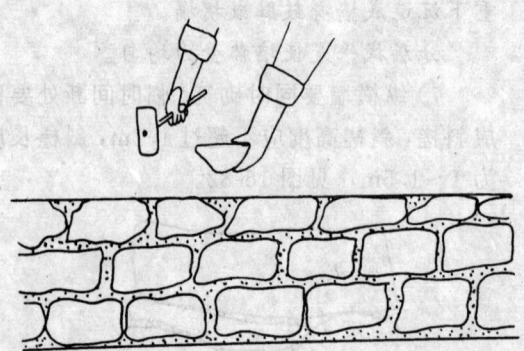

图 16-84　用石块补砌平整

度标号应比砌筑砂浆强度标号要高。

提示：

找平槎口留出高度应结合毛石尺寸决定，但不得小于 10cm，然后用小块石找平。

（2）操作程序

见毛石基础砌筑操作程序内容。

（3）砌筑要领

1）搭：双面挂线、内外搭脚手架同时操作。上面砌一块长石，下面就要砌一块短石，使墙体里外上下都能错缝搭接，见图 16-85。

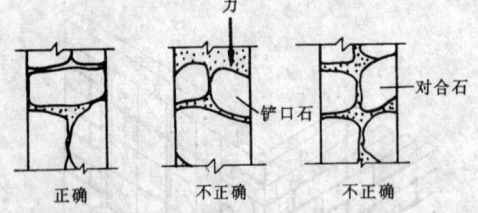

图 16-85　搭

2）压：砌好的石块要稳，应承受得住上面的压力；上面的石块要摆稳，并且要以自身的重量来增加下层石块的稳定性。砌好的石块要求"下口清、上口平"。

提示：

下口清是指石块要有整齐的棱边，砌入墙身前先要进行适当加工，打去多余的棱角。

上口平是指留槎口里外要平。

3）拉：每层毛石每隔 1m 要砌一块拉结

石，拉结石的长度应为墙厚的 2/3，当墙厚小于 40cm 时，可用长度与墙厚相同的拉结石，见图 16-86。

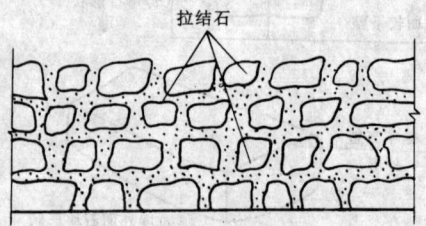

图 16-86　拉

4）槎：每砌一层毛石，都要给上一层毛石留出槎口，上下层石块咬槎应严密，防止出现硬蹬槎或槎口过小的现象，见图 16-87。

图 16-87　槎

5）垫：毛石砌体要做到砂浆饱满，灰缝均匀。因此在灰缝过厚处要用石片垫塞，石片要垫在里口不要垫在外口，且上下都要填抹砂浆，见图 16-88。

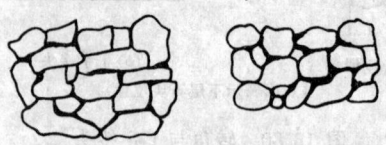

图 16-88　垫

（4）收尾工作：砌筑结束时，要把当天砌筑的墙都勾好砂浆缝，对砂浆不足处要补嵌砂浆，对多余的砂浆则应抠掉。

提示：

墙缝抹完后，可用钢丝刷、竹丝扫帚等清刷墙面，以使石面能以其美观的天然纹理面向外侧。

16.4.8 毛石和实心砖组合墙的砌筑

(1)由砖和毛石两种材料砌成的组合墙，其形式有外侧用毛石、内侧用砖砌或外侧用砖砌、内侧用毛石二种，见图16-89。

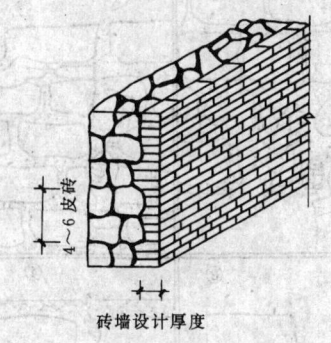

图 16-89 组合墙的构造

(2)组合墙的砌法，毛石部分同毛石墙砌筑，砖砌体部分同砖墙砌筑，唯一要注意的是砖与毛石的交接处的砌法，见图16-90。

图 16-90 组合墙的连接

(3)组合墙中，毛石砌体和砖砌体应同时砌筑，并每隔4～6皮砖用4～6皮砖与毛石砌体连接，两种砌体之间用砂浆填塞。见图16-91。

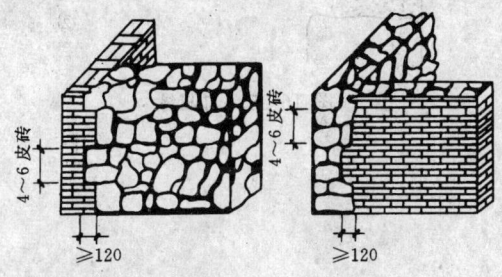

图 16-91 转角砌法

(4)当用砖与毛石两种材料分别砌筑纵、横墙时，其转角和交接处应同时砌筑，砖墙与毛石墙之间也采用伸出砖块的方法连接，见图16-92。

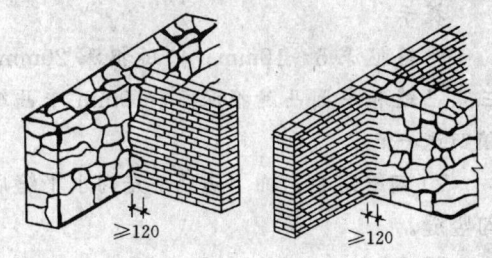

图 16-92 丁字交接处砌法

16.4.9 毛石墙的勾缝

(1)勾缝形式

勾缝形式一般由设计决定。凸缝可增加砌体的美观，但较费力；凹缝常用于公共建筑的装饰墙面；平缝使用最多，但外观不漂亮，挡土墙、护坡等最适宜。见图16-93。

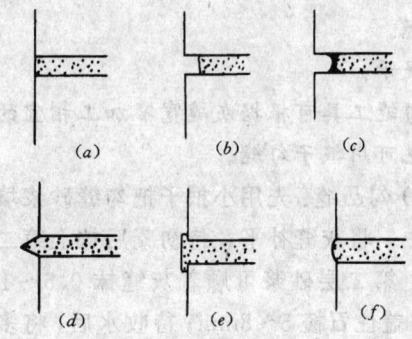

图 16-93 勾缝形式
(a)平缝；(b)平凹缝；(c)半圆形
凹缝；(d)三角形凸缝；(e)平凸缝；
(f)半圆形凸缝

(2)勾缝砂浆

勾缝一般使用1:1水泥砂浆，稠度4～5cm，砂子采用粒径为0.3～1mm的细砂。

提示：

采用3mm孔径的筛子过筛砂子。

一般采用人工拌制砂浆。

（3）勾缝要领

1）勾缝前用竹扫帚将墙面清扫干净，洒水润湿。如果砌墙时没有抠好缝，就要在勾缝前抠缝，并确定抠缝深度。

提示：

平缝抠深 5～10mm；凹缝抠深 20mm；三角凸缝和半圆凸缝抠深 5～10mm 平凸缝稍凹进一点。

2）勾缝应自上而下进行，先勾水平缝后勾竖缝。

提示：

勾凸缝时可掺入适量的胶。

3）石墙的勾缝要求嵌填密实、粘结牢固，不得有搭槎、毛疵、舌头灰等。

提示：

凸缝应表面平整一致、花纹美观，其宽度与高度要平整一致、外观舒畅。

（4）操作方法：

1）勾平缝：用勾缝工具把砂浆嵌入灰缝中，要嵌塞密实，缝面与石面相平，并把缝面压光。

提示：

勾缝工具可根据灰缝宽窄加工相宜的溜子，也可用抿子勾缝。

2）勾凸缝：先用小抿子把勾缝砂浆填入灰缝中，将灰缝补平；待初凝后抹上第二层砂浆，第二层砂浆可顺着灰缝抹 0.5～1cm 厚，并盖住石棱 5～8mm；待收水后，将多余部分切掉，但缝宽仍应盖住石棱 3～4mm，并要将表面压光压平，切口溜光，见图 16-94。

3）勾凹缝：灰缝应抠进 20mm 深，用特制的溜子把砂浆嵌入灰缝内，要求比石面深 10mm 左右，将灰缝面压光溜光，见图 16-95。

图 16-94 勾凸缝

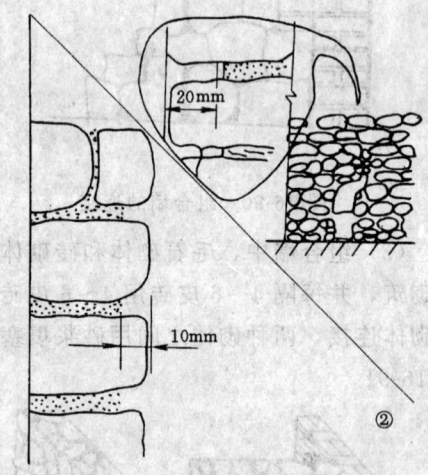

图 16-95 勾凹缝

16.4.10 质量标准

（1）保证项目见表 16-9。

保证项目表　　表 16-9

保　证　项　目	规　　定
石料的质量、规格、强度必须符合设计要求	按图纸要求
砂浆的品种、强度必须符合设计要求	按图纸要求
同标号砂浆的平均强度和任意一组试块强度最低值必须符合施工规范的规定	各组试块的平均强度不小于设计强度 任意一组试块的强度不小于 0.75 的设计强度
转角处必须同时砌筑，交接处不能同时砌筑时必须留斜槎	斜槎的高度不超过 1.2m，伸出长度为 1～1.5m

（2）基本项目见表 16-10。

基本项目表　　表 16-10

基　本　项　目	要　　求
内外搭接、上下错缝、拉结石、丁砌石交错设置，分布均匀	拉结石每 0.7m² 墙面不少于 1 块 无夹心墙
勾缝密实、线条光洁、整齐	粘结牢固、墙面洁净、清晰美观

（3）允许偏差项目见表 16-11。

允许偏差项目表　　表 16-11

项次	项　目		允许偏差 (mm) 基础	允许偏差 (mm) 墙	检验方法
1	轴线位置偏移		20	15	用经纬仪或拉线和尺量检查
2	基础、墙体顶面标高		±25	±15	用水准仪和尺量检查
3	砌体厚度		+30	+20 −10	尺量检查
4	墙面垂直度	每层	—	20	用经纬仪或吊线和尺量检查
		全高	—	30	
5	表面平整度	清水墙	—	20	用两直尺垂直于灰缝拉 2m 线和尺量检查
		混水墙	—	20	

16.4.11　质量通病与防止

（1）石材质量不符合要求的原因与防止措施见表 16-12。

石材质量不符合要求的原因与防止措施
表 16-12

原　　因	防　止　措　施
石材选用不当，出现风化剥层、龟裂、形状过于细长、扁薄或尖锥等现象	通过产地调查、加强验收和明确合同的方法解决

（2）基础大放脚上下未压砌的原因与防止措施见表 16-13。

基础大放脚上下未压砌的原因与防止措施
表 16-13

原　　因	防　止　措　施
操作方法不当，石材未大小搭配；石材规格不符合要求，尺寸偏小	操作者应严守操作规程；毛石尺寸的选择应与大放脚尺寸相匹配

（3）毛石砌体垂直通缝的原因与防止措施见表 16-14。

毛石砌体垂直通缝的原因与防止措施
表 16-14

原　　因	防　止　措　施
毛石未交搭；砌缝未错开；留槎方法不正确	加强选石工作，注意错缝搭接，必要时应对毛石进行加工

（4）夹心墙的原因与防止措施见表 16-15。

夹心墙的原因与防止措施
表 16-15

原　　因	防　止　措　施
操作者采用了先砌里外墙面再填心的错误砌法；砌筑时没按规定设置拉结石	注意大小块石搭配使用；随时检查是否漏砌丁字石和拉结石

（5）砌体粘结不牢固的原因与防止措施见表 6-16。

砌体粘结不牢固的原因与防止措施

表 16-16

原　　因	防 止 措 施
是由于灰缝过厚，砂浆收缩；石块过分干燥，造成砂浆早期脱水；石块表面有垃圾和泥土等原因造成的	块石在使用前应用水冲洗干净；夏天砌筑前应适当给石块浇水；一次性砌筑高度控制在 1.2m 以内

（6）墙面凹凸不平的原因与防止措施见表 16-17。

墙面凹凸不平的原因与防止措施

表 16-17

原　　因	防 止 措 施
砌筑时未拉准线，或者准线被石块顶出而没有发觉；砌筑高度超过规定而造成砌体变形	砌筑时必须经常检查准线，石料摆放要平稳，砂浆稠度要小，灰缝应控制在 2～3cm

（7）勾缝砂浆粘结不牢固的原因与防止措施见表 16-18。

勾缝砂浆粘结不牢固的原因与防止措施

表 16-18

原　　因	防 止 措 施
由于石块表面不洁净，降低了粘结力；砂子含泥量过大、砂粒过细、养护不及时等因素造成的	严格掌握好原材料的质量和砂浆配合比；石墙面要先行冲洗；勾缝完成后要及时养护

16.4.12　安全操作

（1）毛石墙每天砌筑高度不得超过 1.2m。

提示：

过高以防砂浆没有凝固墙体倒塌伤人。

（2）砌筑毛石时要搭设两面脚手架，脚手架小横杆要尽量从门窗洞口穿过，或采用双排脚手架。

提示：

因毛石较重搭两面脚手架便于毛石的抬放与砌筑。

（3）砌筑毛石基础时，严禁在基槽边抛掷石块，应从斜道上运送石块。

提示：

抬运石块的斜道应有防滑措施。

（4）加工石块时应佩戴风镜或平光眼镜，不得在墙上加工石块。

提示：

以防石屑崩出伤人。

（5）砌筑毛石时，周围不应有打桩、爆破等强烈震动。

提示：

以免震塌毛石砌体。

小　结

（1）砌筑毛石时，一定要两面搭脚手架，双面挂水平准线。

（2）选尺寸合适、较方正的石块作为角石和面石；砌筑时石块应大小搭配，按规定砌好拉结石，严禁夹心墙。

（3）按"搭、压、拉、槎、垫"砌筑要领砌好每块石块。

（4）砂浆采用水泥砂浆为宜，稠度要小，厚薄均匀，砌筑时应先灌浆后挤垫石。

（5）墙面勾缝应密实，线条光洁、清晰美观。

（6）因毛石较重，砌筑时，一定要按安全操作规程进行操作。

习题

1. 叙述毛石砌体中各种石块的名称。

2. 毛石砌体有几种组砌形式？

3. 砌筑毛石砌体前应做好哪些准备工作？

4. 砌筑毛石砌体的操作方法有几种？

5. 叙述毛石砌体的砌筑要领。

6. 叙述毛石与实心砖组合墙的组砌形式。

7. 勾石缝的形式有哪几种？

8. 叙述毛石砌体的质量标准。

9. 毛石砌体的砌筑易出现哪几个方面的质量问题？

第 17 章 预应力钢筋施工

预应力混凝土结构（或构件），就是在结构（或构件）承受外部荷载以前，预先用张拉的方法，使结构（或构件）内部造成一种应力状态，使其在使用阶段产生拉应力的区域预先受到压应力，这项压应力将能抵消一部分或全部在使用荷载时所产生的拉应力。从而提高了结构（或构件）的承载能力。

预应力混凝土的施工工艺主要有先张法和后张法。除此之外还有后张自锚法和电热法。

17.1 预应力钢材的品种与性能

预应力混凝土用的钢材种类有：冷拔钢丝、冷拉钢筋、冷轧带肋钢筋、碳素钢丝、钢绞线、热处理钢筋、精轧螺纹钢筋等。

17.1.1 冷拔钢丝

冷拔钢丝是用热轧圆盘条经多次拉拔制成，包括冷拔低碳钢丝和冷拔低合金钢丝。

其力学性能应符合国家《混凝土结构工程施工及验收规范》(GB50204—92)的规定。

17.1.2 冷拉钢筋

冷拉钢筋是用热轧钢筋经强力拉伸（拉应力超过屈服点）制成。

其力学性能应符合国家《混凝土结构工程施工及验收规范》(GB50204—92)的规定。

17.1.3 冷轧带肋钢筋

冷轧带肋钢筋是热轧圆盘条经冷轧或冷拔减径后在其表面冷轧成三面有肋的钢筋，应符合国家标准《冷轧带肋钢筋》(GB13788—92)的规定。

17.1.4 碳素钢丝

碳素钢丝（又称高强钢丝）是用优质高碳钢盘条经索氏体化处理、酸洗、镀铜或磷化后冷拔制成。

碳素钢丝根据深加工的要求不同又可分为：冷拉钢丝、消除应力钢丝、刻痕钢丝、低松弛钢丝和镀锌钢丝等。

碳素钢丝的规格与力学性能应符合国家标准《预应力混凝土用钢丝》(GB/T5223—95)的规定。

17.1.5 钢绞线

钢绞线是用多根冷拉钢丝在绞线机上成螺旋形绞合，并经消除应力回火处理制成。钢绞线的整根破断力大、柔性好、施工方便，具有广阔的发展前景。

预应力钢绞线按捻制结构不同可分为：1×2 钢绞线、1×3 钢绞线和 1×7 钢绞线等。1×7 钢绞线是由 6 根外层钢丝围绕着一根中心钢丝（直径加大 2.5%）绞成，用途广泛。1×2 钢绞线与 1×3 钢绞线仅用于先张法预应力混凝土构件。

钢绞线的规格和力学性能应符合国家标准《预应力混凝土用钢绞线》(GB/T5224—95)的规定。

17.1.6 热处理钢筋

热处理钢筋是由普通热轧中碳低合金钢筋经淬火和回火的调质热处理或轧后控制冷却方法制成。按其螺纹外形，可分为带纵肋和无纵肋两种。这种钢筋的强度高、松弛值低、粘结性好，大盘卷供货。

热处理钢筋的尺寸、化学成分和力学性

能，应符合国家标准《预应力混凝土用热处理钢筋》(GB4463—84) 的规定。

17.1.7 精轧螺纹钢筋

精轧螺纹钢筋是用热轧方法在整根钢筋表面上轧出不带纵肋而横肋为不相连梯形螺纹制成。这种钢筋在任意截面处都能拧上带有内螺纹的连接器进行接长，或拧上特制的螺母进行锚固，无需冷拉与焊接，施工方便，主要用于桥梁、房屋与构筑物等直线预应力钢筋。

17.2 先张法

先张法是在浇灌混凝土之前，在台座上或张拉车上将受拉钢筋先行张拉，用各种锚具临时固定，然后浇灌混凝土。待混凝土达到规定强度后，(一般不低于设计强度的70%) 放松或切断钢筋，即成预应力钢筋混凝土构件。此法多宜生产楼板、屋面板和檩条等。

17.2.1 工艺与设备

先张法生产多采用台座法进行。预应力构件在台座上生产。如预应力筋的张拉、锚固，混凝土的浇灌、养护及预应力钢筋的放松等均在台座上进行。预应力筋放松前，其拉力由台座承受，生产示意图如图 17-1 所示。

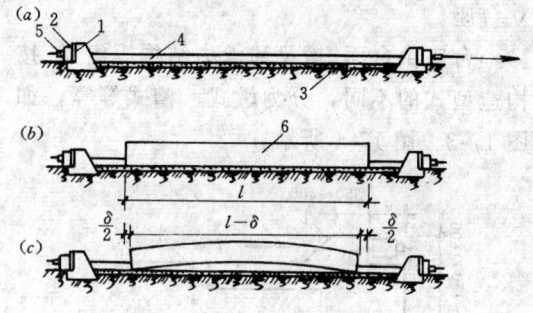

图 17-1 先张法生产示意图
1—台座；2—横梁；3—台面；4—预应力钢筋；5—夹具；6—构件

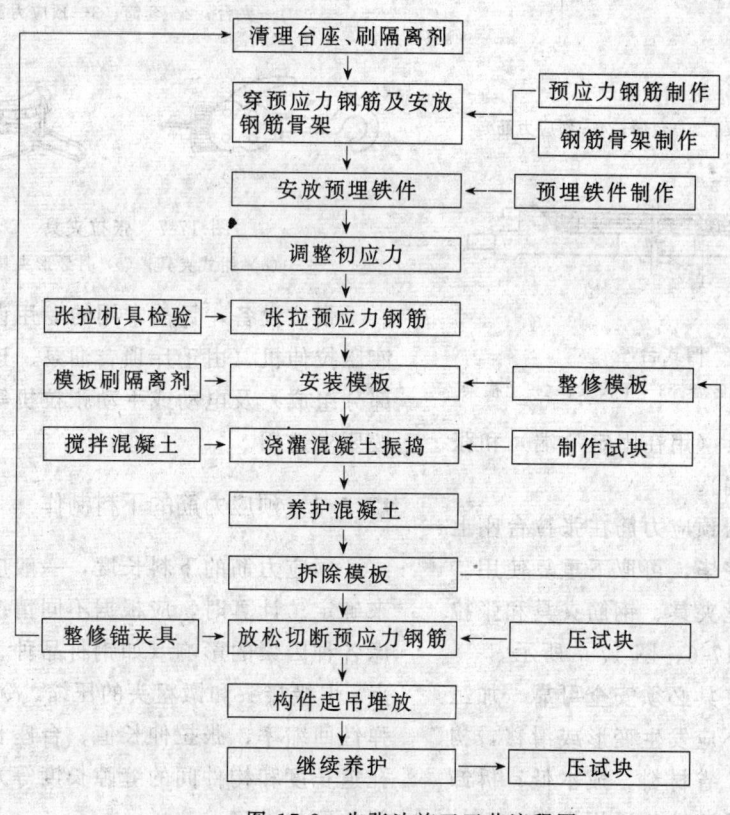

图 17-2 先张法施工工艺流程图

提示：

工艺流程图反映了先张法施工的周期施工过程。如图 17-2 所示。

先张法预应力生产常用主要设备有台座和张拉机具。

台座设在预制场地的两个端头，承受全部预应力筋的拉力，因此，台座应有足够的强度、刚度和稳定性。必须通过设计计算建立台座。

台座由台面、横梁和承力结构等组成。按构造型式的不同，分为墩式、槽式等等，如图 17-3、图 17-4 所示。

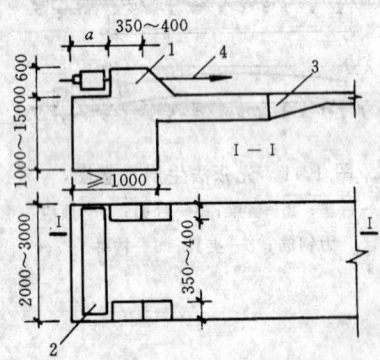

图 17-3　墩式台座

1—传力墩；2—钢横梁；3—台面；4—预应力筋

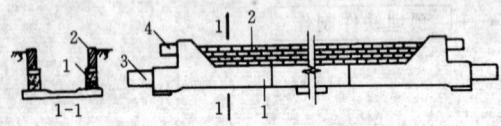

图 17-4　槽式台座

1—钢筋混凝土压杆；2—砖端；3—下横梁；4—上横梁

张拉机具有夹具（用在固定一端）和张拉设备（用在张拉端）。

夹具是临时锚固预应力筋在张拉台座上的装置，构件制作完毕，可取下重复使用。

常用夹具有钢丝夹具、钢筋夹具和张拉夹具如图 17-5、图 17-6、图 17-7 所示。

无论采用那种夹具必须安全可靠，加工尺寸准确；使用中不应发生变形或滑移，构造简单，加工方便；省材料，成本低；拆卸方便，张拉迅速，适应性、通用性强。

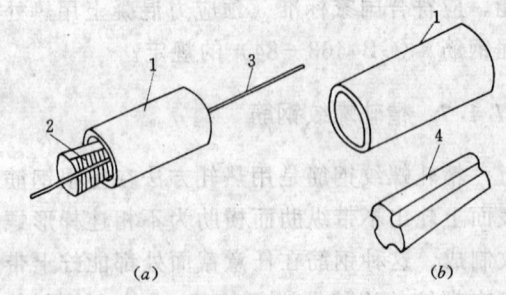

图 17-5　钢丝锚固夹具

(a) 圆锥齿板式；(b) 圆锥槽式

1—套筒；2—齿板；3—钢丝；4—锥塞

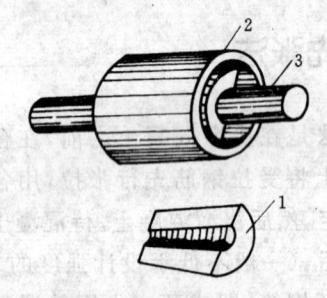

图 17-6　圆锥形二片式夹具

1—夹台；2—套筒；3—预应力筋

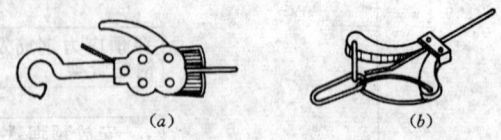

图 17-7　张拉夹具

(a) 钳式夹具；(b) 月牙形夹具

张拉设备，目前常用的专用设备有各类液压拉伸机（由千斤顶、油泵、连接油管三部分组成）及电动或手动张拉机等，使用时按要求选用。

17.2.2　预应力筋的下料制作

预应力筋的下料长度，一般应经过计算来确定。计算时，应根据不同情况，详细考虑各种因素的影响（如钢材品种、夹具的特点、焊接接头和镦粗头的压缩、冷拉延伸率、弹性回缩率、张拉伸长值、台座长度、构件孔道长度和构件间的缝隙长度等），以保证计算长度的准确。

长线台座整根预应力钢筋的下料长度，可参照图 17-8，按下列近似公式计算确定。

$$L = \frac{L_1}{1 + r - \delta} + n l_0$$

式中　L_1——预应力筋的成品长度；

$$L_1 = l + l_3 + l_4$$

L——预应力筋钢筋部分的下料长度；

l_0——每个对焊接头的压缩长度；

n——对焊接头的数量；

l_3——镦头锚具长度；

l_4——张拉端预应力筋外露长度（包括锚具和千斤顶的长度）；

r——钢筋冷拉拉长率（由试验确定）；

δ——钢筋冷拉后的弹性回缩率（由试验确定）；

l——台座长度（包括横梁、定位板在内）。

提示：

成批制作预应力钢筋前先根据计算制作一组，上线台试验长度合适后，大批量制作。

17.2.3　预应力筋的下料、制作练习

【例 17-1】采用先张法长线台座制作预应力屋面板，长线台座 77.5m，预应力筋为Ⅲ级钢$\oplus$14，每根长度为 9m，使用 YC—20 型穿心式千斤顶张拉（$l_4 = 58.7$cm），$r = 3\%$，$\delta = 0.3\%$，锚固端用镦头，设计长度为 2.8cm，张拉端用圆锥形夹具，并在一端张拉，试计算预应力筋的下料长度。

解

$$L = \frac{l_0}{1 + r - \delta} + n_1 \cdot l_1$$

$$\because l_0 = l + l_2 + l_3 + l_4 + 3$$

$$= 7750 + 2.8 + 5.5 + 58.7 + 3$$

$$= 7820 \text{cm}$$

$$\therefore L = \frac{7820}{1 + 0.03 - 0.003} + 8 \times 1.4$$

$$= 7625.6 \text{cm}$$

$$= 76.256 \text{m}$$

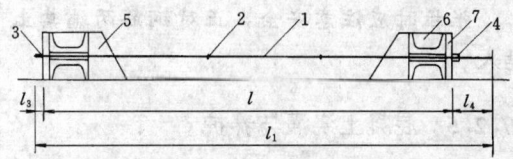

图 17-8　长线台座整根预应力钢筋下料长度计算示意图

1—预应力钢筋；2—对焊接头；3—镦头；
4—锥形夹具；5—台座承力支架；
6—横梁；7—定位板

配料：钢筋下料长度即为 8 根 9m 长的钢筋，再加一根 4.256m 的钢筋对焊在一起，即可满足使用。下料长度应力求一致，长短差不应超过 5mm。

17.2.4　预应力钢筋的张拉

张拉程序应按设计要求进行张拉，如无设计要求，采用超张拉方法减少预应力筋的松弛损失。此时，预应力筋的张拉程序宜为：从零应力开始张拉至 1.05 倍预应力筋的张拉控制应力 σ_{con}，持荷 2min 后，卸荷至预应力筋的张拉控制应力；或从应力为零开始张拉至 1.03 倍预应力筋的张拉控制应力。

张拉应力的大小应符合设计要求。如无设计要求时，其值不得超过表 17-1 的规定。

先张法张拉最大应力允许值

表 17-1

钢　　　　种	允许值
碳素钢丝、刻痕钢丝、钢绞线	$0.8 f_{ptk}$
冷拔低碳钢丝、热处理钢筋	$0.75 f_{ptk}$
冷拉热轧钢筋	$0.95 f_{pyk}$

注：f_{ptk}为预应力筋极限抗拉强度标准值。
　　f_{pyk}为预应力筋屈服强度标准值。

提示：

张拉应以稳定的速度逐渐加大拉力。

锚固时，敲击锥塞或楔块应先轻后重，和放松钢筋密切配合。

张拉时应注意安全，正对钢筋两端禁止站人。

17.2.5 混凝土浇灌与养护

钢筋张拉、绑扎及立模工作完成后，即应浇灌混凝土，每条生产线应一次浇灌完毕，构件应避开台面的温度缝，当不能避开时，在温度缝上可先铺薄钢板或垫油毡，然后浇灌混凝土。浇灌混凝土时，振动器不应碰撞钢筋，混凝土未达到一定强度前，也不允许碰撞或踩动钢筋。

提示：

预应力混凝土的使用标号不应低于C30浇灌时要严格按要求进行，保证混凝土的质量。并按要求制作试块。同条件养护，即时提出各龄期的强度指标。

叠浇法生产预应力构件时，应待下层构件的混凝土强度达到设计标号的50%后，方可浇灌上层构件的混凝土。

混凝土可采用自然养护或湿热养护。

17.2.6 预应力筋的放松与切断

在构件混凝土达到一定强度后（一般达到设计强度的70%），需先将钢筋的张拉力放松（或称放松预应力），然后再切割每个构件端部的钢筋。

提示：

先张法构件是依靠钢筋与混凝土的粘结力来传递预应力的，如果混凝土未达到一定标号就放松预应力，便不能保证足够的粘结力，构件端部沿着预应力钢筋方向往往出现水平裂纹，影响构件质量。因此，掌握放张时，构件的强度指标，尤为重要。

构件端部的钢筋不能采用在受拉状态下骤然切割的方法，这样做往往使构件端部受到冲击力，出现水平裂纹。

放松张拉力的方法，一般有下列几种：

（1）千斤顶放松

在台座固定端的承力支架与横梁之间，张拉前预先安放螺旋千斤顶或油压千斤顶，

如图17-9所示。待构件混凝土达到标号后，两个千斤顶同时回程，使拉紧的钢筋徐徐回缩，从而放松张拉力。

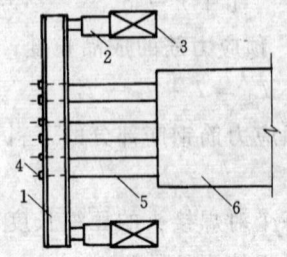

图 17-9　千斤顶放松张拉力的布置
1—横梁；2—千斤顶；3—承力支架；
4—夹具；5—钢丝；6—构件

（2）砂箱放松

以砂箱如图17-10所示，代替图17-9中的千斤顶。砂箱是一种不能前进，只能后退的"千斤顶"。使用时，将活塞抽出1/3的长度，从进砂口灌满烘干的砂子，加上压力压紧。待构件混凝土达到标号后，打开出砂口，砂子慢慢流出，活塞与横梁跟着移动，使拉紧的钢筋徐徐回缩，从而放松张拉力。

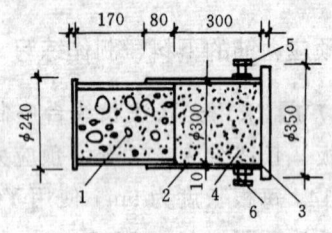

图 17-10　砂箱
1—活塞；2—套箱；3—套箱底板；
4—砂子；5—进砂口；6—出砂口

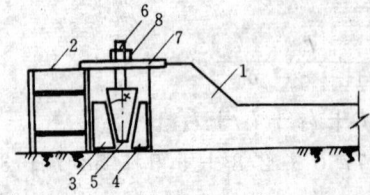

图 17-11　用楔块放松预应力筋示意图
1—台座；2—横梁；3、4—钢固定楔块；5—钢滑动楔块；6—螺杆；7—承力板；8—螺母

（3）滑楔放松

以滑楔，如图17-11所示。代替图17-9中的千斤顶。滑楔是由三块有斜度的钢制楔块组成，中间的一块装有一个螺丝。将螺丝拧进螺杆，就能使三块楔块连成一体。当构件混凝土达到强度等级后，将滑楔中间的螺丝慢慢往上拧松，由于钢筋的回缩力，使中间的一块向上滑移，张拉力就被放松。

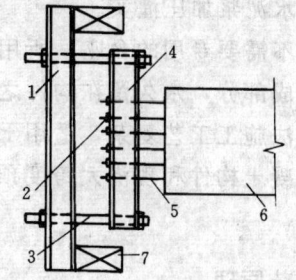

图 17-12　螺杆、张拉架放松张拉力的布置
1—横梁；2—夹具；3—螺杆；4—张拉架；
5—钢丝；6—构件；7—承力架

1）螺杆、张拉架放松

在台座固定端设置螺杆和张拉架。使预应力钢筋锚固在张拉架上。如图17-12所示。待构件混凝土达到强度等级后，拧松螺杆上的螺母，拉紧的钢筋慢慢回缩，张拉力就被放松。但由于钢丝或钢筋的张拉力往往有几十吨压在螺母上，拧松螺母比较费力。

2）混凝土缓冲块放松：

在浇捣预应力构件时，同时在台座一端浇捣一块混凝土缓冲块，如图17-13所示。当混凝土达到强度等级后，可以在钢丝、钢筋应力状态下有序切割，使张拉力直接冲击这一混凝土缓冲块，而使预应力构件少受或不受冲击力。

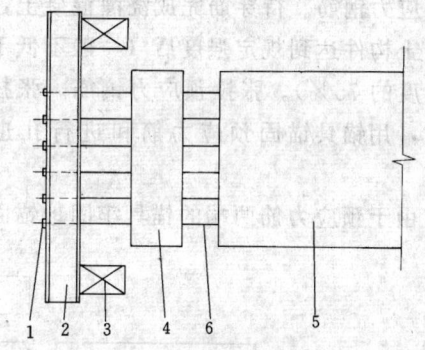

图 17-13　混凝土缓冲块放松张拉力的布置
1—夹具；2—横梁；3—承力支架；4—混凝土缓冲块；5—构件；6—预应力钢丝

小　　结

先张法多用于在长线台上生产构件。生产场地和设备可以多次周转使用。

钢筋的下料制作考虑的因素较多，施工时可通过计算确定，采用现场安装校核计算的正确程度，各根料长力求相等。

在混凝土有一定强度时，才可有序放松张拉力，作到对称，均匀的放张。

习题

1. 参观长线台先张法预应力生产线的施工过程，作好参观日记，熟悉先张法的施工方法。
2. 什么是先张法？
3. 怎样计算、制作预应力钢筋？
4. 试述先张法的张拉程序和放松预应力筋的方法？

17.3　后张法

后张法就是先浇灌混凝土构件，后张拉钢筋。这就要求在浇灌混凝土构件前，要预留穿预应力钢筋的孔道，待混凝土达到一定强度后，穿入预应力钢筋，进行张拉。达到规定张拉力后，用锚具将预应力钢筋锚固，最后将孔道用水泥浆加压灌实。

后张法不需要专用的台座。所用的锚具是构件的组成部分，永久留在构件之中。后张法比先张法施工工艺复杂，适用于现场浇制的大型混凝土构件和现浇大跨度预应力混凝土结构。

17.3.1　工艺原理

如图 17-14 为预应力混凝土后张法生产示意图。先制作混凝土构件，留有孔道并穿入预应力钢筋。待穿筋完成浇灌混凝土，待混凝土构件达到规定强度后（一般不低于设计强度的 75％）。张拉预应力钢筋。张拉完成后，用锚具锚固预应力筋和进行孔道灌浆。

由于预应力筋两端的锚具牢固地锚固在

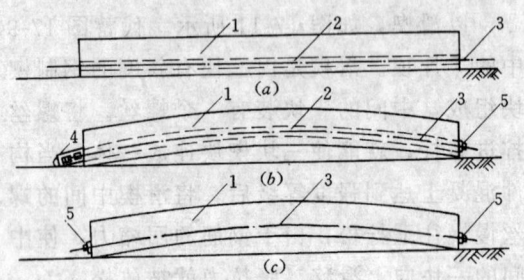

图 17-14　后张法生产示意图

（a）制作混凝土构件；（b）张拉钢筋；

（c）锚固和孔道灌浆

1—混凝土构件；2—预留孔道；3—预应力筋；4—千斤顶；5—锚具

混凝土构件上，预应力筋弹性回缩时，便对混凝土产生预压应力。

后张法的生产工艺流程如图 17-15 所示。

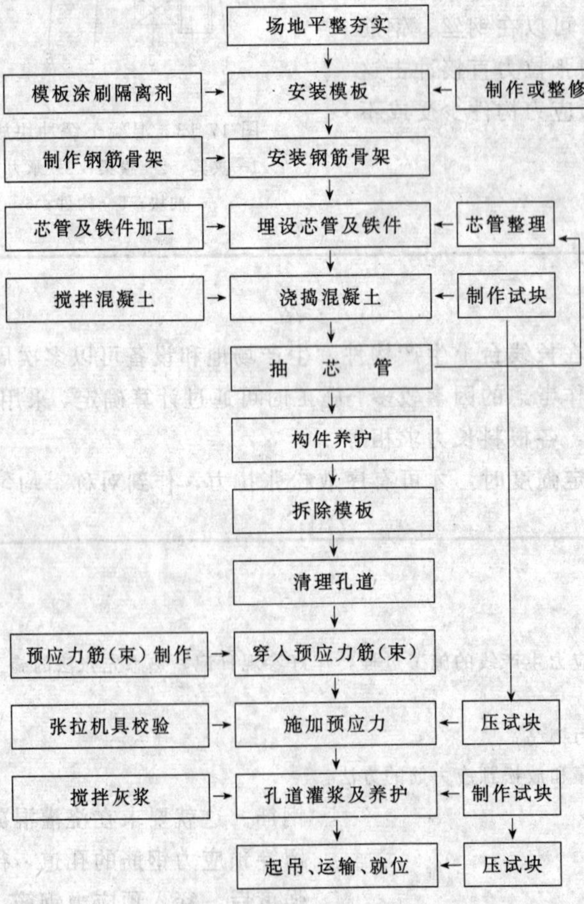

图 17-15　后张法生产工艺流程示意图

提示：

工艺流程图反映了后张法施工的周期施工过程。

17.3.2 锚具、预应力筋和张拉设备

在后张法中，预应力筋、锚具和张拉机具是配套的。

目前，后张法中常用的预应力筋有单根粗钢筋、钢筋束（或钢绞线束）和钢丝束三类。

（1）单根粗钢筋

1）单根粗钢筋锚具

单根粗钢筋的预应力筋常用的锚具，如一端张拉，一般在张拉端用螺丝端杆锚具，固定端用帮条锚具。如两端都张拉，均用螺丝端杆锚具。

提示：

螺丝端杆与预应力钢筋的焊接，应在预应力钢筋冷拉以前进行。预应力钢筋进行冷拉时，螺母应在端杆的端部，使拉力由螺母传给端杆和预应力筋。

螺丝端杆锚具由螺丝端杆、螺母及垫板组成，如图 17-16 所示。这种锚具适用于直径 18～36mm 的 Ⅱ、Ⅲ、Ⅳ 级钢筋。螺丝端杆可用冷拉的同类钢筋、冷拉 45 号钢或热处理 45 号钢制作，抗拉极限强度不小于 700MPa。螺母和垫板用 Q235 钢制作。

帮条锚具由一块方形或圆形衬板与三根帮条焊接而成，如图 17-17 所示。帮条应采用与预应力钢筋同级别的钢筋，衬板可用普通低碳钢钢板。三根帮条应成 120°角，并使帮条与衬板接触的截面在一个垂直平面上，以免受力时产生扭曲。帮条锚具适用于锚固直径为 12～40mm 的冷拉 Ⅱ、Ⅲ 级钢筋。

提示：

帮条锚具的焊接，应在预应力钢筋冷拉前进行。其施焊方向应由里向外，并采用轮换焊。引弧及熄弧均应在帮条上，严禁在钢筋上引弧，不使预应力筋咬边及温度过高。地线应接在帮条的端部。

2）单根粗钢筋预应力筋制作

单根粗钢筋预应力筋的制作，包括配料、对焊、冷拉等工序。预应力筋的下料长度应由计算确定，计算时要考虑锚具种类、型号、对焊接头或镦粗头的压缩量、钢筋的张拉伸长值、冷拉的冷拉率和弹性回缩率和构件的长度等。

预应力筋一端采用螺丝端杆，另一端采用帮条锚具或镦头锚具时：

预应力筋的全长：

$$L = l_1 + l_2 + l_3$$

预应力筋的钢筋部分加工后的长度：

$$l_4 = L - l_5$$

式中　L——预应力筋的全长；

　　　l_1——构件孔道长度；

　　　l_2——螺丝端杆在构件外的外露长度
　　　　　（取 120～150mm）；

　　　l_3——帮条锚具长度或镦头锚具中镦
　　　　　头留量与垫板厚度之和；

　　　l_4——预应力筋的钢筋部分加工后的
　　　　　长度；

　　　l_5——螺丝端杆长度（取 320mm 或
　　　　　370mm）。

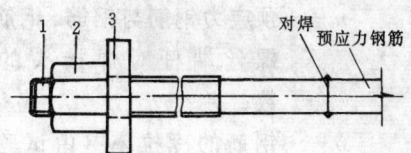

图 17-16　螺丝端杆锚具

1—螺丝端杆；2—螺母；3—垫板

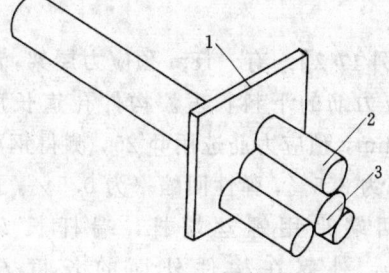

图 17-17　帮条锚具

1—衬板；2—帮条；3—主筋

提示：

l_3 取值，当采用帮条锚具时，可取 70～80mm；当采用镦头锚具时可取 2.25 倍的钢筋直径再加垫板厚度。

计算预应筋长度后，在现场放足尺大样检查长度定值是否合适，确认后再成批加工制作。

当预应力筋两端采用螺丝端杆锚具时，同样需进行计算确定预应力筋的长度。方法如下：

预应力筋全长：$L = l_1 + 2l_2$

预应力筋的钢筋部分下料长度：

$$l = \frac{l_4}{(1 + \delta)(1 - \delta_1)} + n \cdot l_6$$

或钢筋冷拉率 δ 中已扣除冷拉弹性回缩率时，用下公式计算

$$l = \frac{l_4}{1 + \delta} + n \cdot l_6$$

式中　l——预应力筋的钢筋部分下料长度；

l_6——预应力筋每个对焊接头的压缩长度（约可取一倍的钢筋直径）；

n——预应力钢筋与钢筋、钢筋与螺丝端杆对焊接头的总数；

δ——钢筋的冷拉率（由试验确定）；

δ_1——钢筋的冷拉弹性回缩率。

3）单根粗钢筋预应力筋下料长度计算

【例 17-2】 有一18m预应力屋架，试计算预应力筋的下料长度。构件孔道长度为17800mm，预应力筋选用 $\text{\ding{1}}'25$，测得钢筋的冷拉率为 3.5%，弹性回缩率为 0.5%，预应力筋两端采用螺丝端杆，端杆长 l_5 为320mm，外露在构件外面的长度 l_2 为120mm，根据现场钢筋的情况，用三根钢筋对焊而成，对焊接头数为 4 个。

解：预应力筋的全长

$$L = l_1 + 2l_2 = 17800 + 2 \times 120$$

$$= 18040 \text{mm}$$

预应力筋的钢筋部分加工后的长度：

$$l_4 = L - 2l_5$$

$$= 18040 - 2 \times 320$$

$$= 17400 \text{mm}$$

预应力筋的钢筋部分下料长度：

$$l = \frac{l_4}{(1 + \delta)(1 - \delta_1)} + nl_6$$

$$= \frac{17400}{(1 + 0.035) \times (1 - 0.005)} + 4 \times 25$$

$$= 16990 \text{mm}$$

通过以上计算可知：用三根加起来长度为16990mm的钢筋，再加上二根320mm长的螺丝端杆经过对焊和用 3.5% 的冷拉率冷拉后，即可得到 18040mm 长的预应力筋。

以上计算仅是理论值，在实际操作中影响的因素很多，还应在预应力筋制作过程中，单根穿筋试验，再大批制作。

上例若预应力筋改为一端采用螺丝端杆，另一端采用帮条锚具（帮条锚具长度取70mm）、则钢筋下料长度为：

$$L = 17800 + 120 + 70$$

$$= 17990 \text{mm}$$

$$l_4 = 17990 - 320$$

$$= 17670 \text{mm}$$

$$l = \frac{17670}{(1 + 0.035)(1 - 0.005)} + 3 \times 25$$

$$= 17230 \text{mm}$$

4）张拉设备

与螺丝端杆锚具配套的张拉设备为 YL-

60 型拉杆式千斤顶，或 YC-60 型、YC-18 型穿心式千斤顶。如图 17-18 所示。

提示：

千斤顶要定期进行校验。使建立应力数值准确。

张拉时，先使连接器 7 与螺丝端杆 14 连接，使传力架 8 支承在构件端部的预埋铁板 13 上。用电动油泵或手动油泵供油，当高压油从主缸进油孔 3 进入主缸 1 时，推动主缸活塞 2，主缸活塞向右移动时，就带动拉杆 9 和螺丝端杆 14，预应力筋 11 即被拉伸。拉力大小由油泵处的压力表控制。当达到规定的张拉力后立即拧紧螺母 10，将预应力筋锚固在构件端部。锚固后，改由副缸进油孔 6 进油，推动副缸 4 使主缸活塞 2 和拉杆 9 向左移动，推回到开始张拉的位置。与此同时，主缸 1 的高压油也回到油泵中去。此时，即卸下连接器，张拉结束。

预应力钢筋束和钢绞线束和钢丝束做为预应力筋时，它们各有一套锚具、张拉设备，在使用时分别选用。

（2）钢筋束和钢绞线束

1）锚具

钢筋束和钢绞线束常用的锚具有 JM 型、KT—Z 型（可锻铸铁锥形）和固定端用的镦头锚具。

a. JM 型锚具，其构造如图 17-19 所示。有光 JM12—3～6，螺 JM12—3～6，绞 JM12—5～6 等十种，可分别用来锚固 3～6 根 Ⅳ 级光圆 ϕ 12、3～6 根 Ⅳ 级螺纹 ϕ 12 和 5～6 ϕ 12 钢绞线。JM 型锚具由锚环和夹片组成。

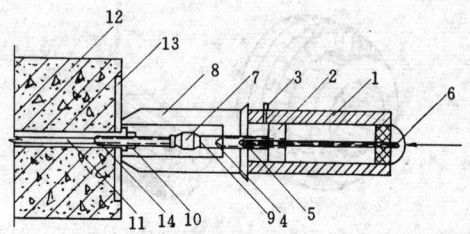

图 17-18　用拉杆式千斤顶
张拉单根粗钢筋

1—主缸；2—主缸活塞；3—主缸进油孔；4—副缸；5—副缸活塞；6—副缸进油孔；7—连接器；8—传力架；9—拉杆；10—螺母；11—预应力筋；12—混凝土构件；13—预埋铁件；14—螺丝端杆

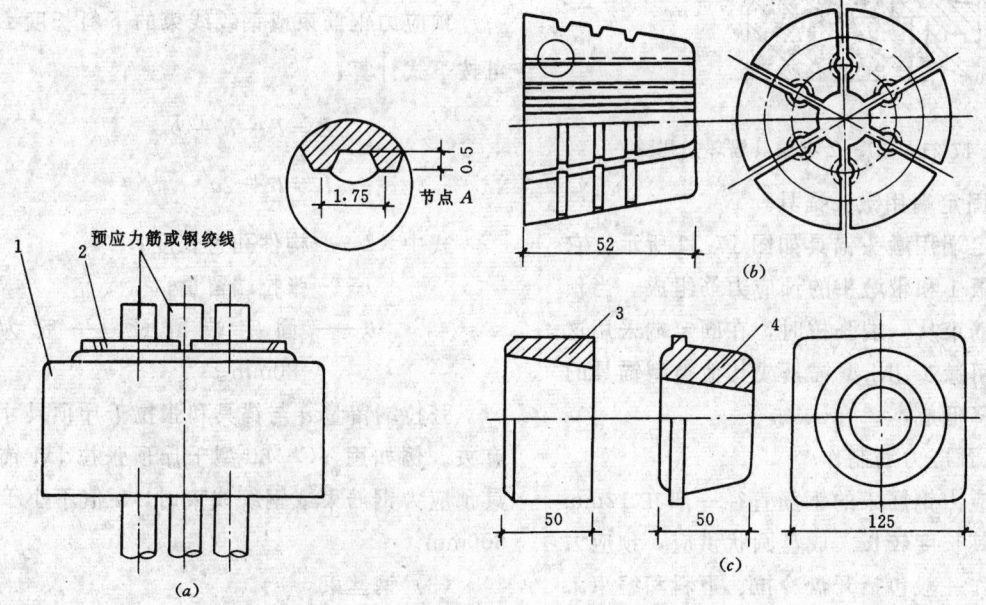

图 17-19　JM 型锚具
（a）JM 型锚具；（b）JM 型锚具的夹片；（c）JM 型锚具的锚环
1—锚环；2—夹片；3—圆锚环；4—方锚环

b. KT-Z 型 锚 具（可 锻 铸 铁 锥 形 锚 具）

　　此种锚具亦用于锚固钢筋束和钢绞线束。有用于锚固 3～6 根 Ⅲ 级 ϕ12 和 Ⅳ 级 ϕ12 钢筋束的螺 KT-Z-3～6 以及锚固 3～6 根 ϕ12 钢绞线束的绞 KT-Z-3～6。KT-Z 一型锚具由锚塞和锚环组成。该锚具为半埋式，使用时先将锚环小头嵌入承压钢板中，并用断续焊缝焊牢，然后共同预埋在构件端部。如图 17-20、图 17-21 所示。

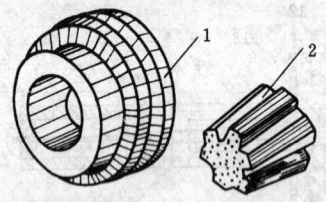

图 17-20　KT—Z 型锚具
1—锚环；2—锚塞

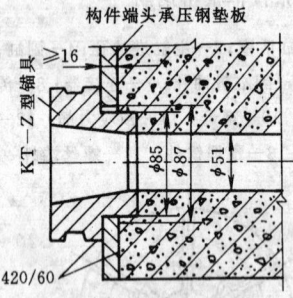

图 17-21　KT—Z 型锚具锚环安装图

　　c. 固定端用镦头锚具

　　固定端用墩头锚具如图 17-22 所示。它由锚固板 1 和带墩头的预应力筋组成。当预应力钢筋束从一端张拉时，在固定端采用这种锚具可减少 JM 型锚具或其他类型锚具的用量，降低成本。

　　2）预应力筋制作

　　预应力钢筋束的钢筋直径一般在 12mm 左右，其长度较长。成盘圆状供应，预应力筋的制作一般包括开盘冷拉、下料和编束工序。当采用镦头锚具时，则应增加墩头工序。

　　预应力钢筋束下料在冷拉后进行。对钢绞线束，为了减少其构造变形和应力松弛损

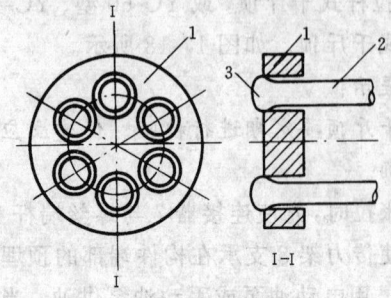

图 17-22　固定端用镦头锚具
1—锚固板；2—预应力筋；3—镦头

失，在张拉前需经预拉，预拉应力值可采用钢绞线抗拉强度的 85%。预拉速度不宜过快，至规定应力后应持荷 5～10min，然后放松。钢绞线下料前应在切割口两侧各 50mm 处用铁丝绑扎，切割后对切割口应立即焊牢，以免松散。

　　预应力钢筋束或钢绞线束的编束，主要是为了保证穿筋和张拉时不发生扭结。编束工作一般把钢筋或钢绞线理顺后，用 18～22 号铁丝，每隔 1m 左右绑扎一道，形成束状，在穿筋时要注意防止钢筋束或钢绞线束扭结。

　　预应力钢筋束或钢绞线束的下料长度 L 可按下式计算：

$$L = l + a + b$$

$$L = l + 2a$$

　　式中　l——构件孔道长度；

　　　　　a——张拉端留量；

　　　　　b——固定端留量，一般为 80mm。

　　张拉端留量 a 与锚具和张拉千斤顶尺寸有关。例如用 YC—60 型千斤顶张拉 JM 锚具预应力钢筋束或钢绞线束时，a 值不小于 600mm。

　　（3）钢丝束

　　1）锚具

　　钢丝束一般由几根到几十根直径 3～5mm 的平行碳素钢丝组成。目前常用的锚具

有钢质锥形锚具、锥形螺杆锚具、钢丝束镦头锚具、XM 型锚具和 QM 型锚具。

a. 钢质锥形锚具

由锚环和锚塞组成，如图 17-23 所示。用于以普通双作用千斤顶张拉的钢丝束，锚环内孔的锥度应与锚塞的锥度一致。锚塞上刻有细齿槽，以卡紧钢丝防止滑动。

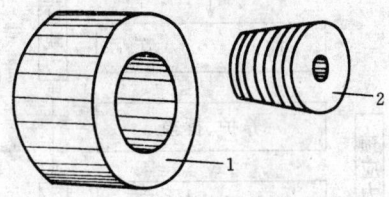

图 17-23　钢质锥形锚具
1—锚环；2—锚塞

锥形锚具的主要缺点是当钢丝直径误差较大时，易产生单根滑丝现象，且滑丝后很难补救。如用加大顶锚力的办法防止滑丝，过大的顶锚力易使钢丝咬伤。此外，钢丝锚固时呈辐射状态，弯折处受力较大。

b. 钢丝束镦头锚具

用于锚固 12～54 根 φ5 碳素钢丝的钢丝束，分 DM5A 型和 DM5B 型两种锚具。前者用于张拉端，后者用于固定端，如图 17-24 所示，镦头锚具的滑移值不应大于 1mm。钢丝镦头强度，不得低于钢丝规定抗拉强度的 98%。锚杯与锚板用 45 号钢制作，先经调质热处理后再进行机械加工。螺母用 30 号钢制作。

张拉时，张拉螺丝杆一端与锚杯内丝扣

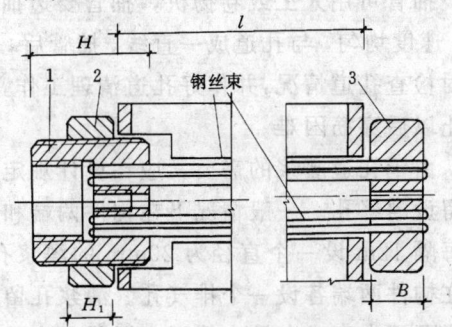

图 17-24　钢丝束镦头锚具
1—锚杯（DM5A）；2—螺母；3—锚板（DM5B）

连接，另一端与拉杆式千斤顶的拉杆连接，当张拉到控制应力时，锚杯被拉出，则拧紧锚杯外丝扣上的螺母加以锚固。

c. 锥形螺杆锚具

用于锚固 14、16、20、24 和 28 根直径 5mm 的钢丝束。它由锥形螺杆、套筒、螺母等组成，如图 17-25 所示。锥形螺杆和套筒皆由 45 号钢制成。

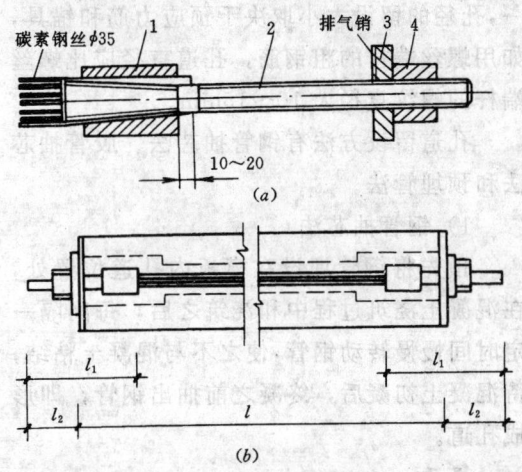

图 17-25　锥形螺杆锚具及安装示意图
(a) 锚具；(b) 安装示意
1—套筒；2—锥形螺杆；3—垫板；4—螺母

2）钢丝束制作

钢丝束制作随锚具型式的不同而有差异，一般需经调直、下料、编束和安装锚具等工序。

用钢质锥形锚具锚固的钢丝束，其制作和下料长度的计算基本和钢筋束相同。

镦头锚具钢丝束及锥形螺杆锚具钢丝束的下料长度应力求精确，对直的或一般的曲率的钢丝束，下料长度的相对误差要控制在 $L/5000$ 以内且不大于 5mm。因此，要求钢丝在应力状态下切断下料，下料的控制应力为 300N/mm²（矫直回火钢丝，放盘后是直料，不需应力下料）。

钢丝的下料长度取决于锚具型式与张拉方式。为了防止钢丝互相扭结，必须对钢丝进行编束工作。

17.3.3 后张法施工工艺

后张法施工工艺中,与预应力施工有关的是孔道留设、预应力筋张拉和孔道灌浆三个主要部分。其工艺流程如图17-26所示。

(1) 孔道留设

孔道留设是后张法构件制作中的关键之一,孔径的留设大小取决于预应力筋和锚具,如用螺丝端杆的粗钢筋,孔道直径应比螺丝端杆的螺纹直径大10~15mm。

孔道留设方法有钢管抽芯法、胶管抽芯法和预埋管法。

1) 钢管抽芯法

预先将钢管埋设在模板内孔道位置处,在混凝土浇筑过程中和浇筑之后,每间隔一定时间慢慢转动钢管,使之不与混凝土粘结,待混凝土初凝后,终凝之前抽出钢管,即形成孔道。

提示:

钢管抽芯法只用于留设直线孔道。

要求钢管平直,表面要光滑,安放位置要准确。一般用间距不大于1m的钢筋井字架固定钢管位置。每根钢管的长度最好不超过15m,以便于旋转和抽管,较长构件则用两根钢管,中间用套管连接,如图17-27所示。钢管两端应各伸出构件50cm左右。钢管的旋转方向两端要相反,使钢管总是朝着一个方向转动,防止由于钢管不直而引起混凝土孔壁开裂或坍落。

提示:

白铁皮套管不宜过长或过短。若过长,灌筑混凝土时,水泥砂浆容易流进套管中,使转管和抽管困难;过短,则在钢管旋转时,钢管头容易脱出套管,也会导致水泥砂浆堵塞孔道。

抽管时机:

一般在初凝后,终凝前,以手指按压混凝土不粘浆又无明显印痕时即可抽管。常温下抽管的时间约在混凝土浇灌后3~6h。

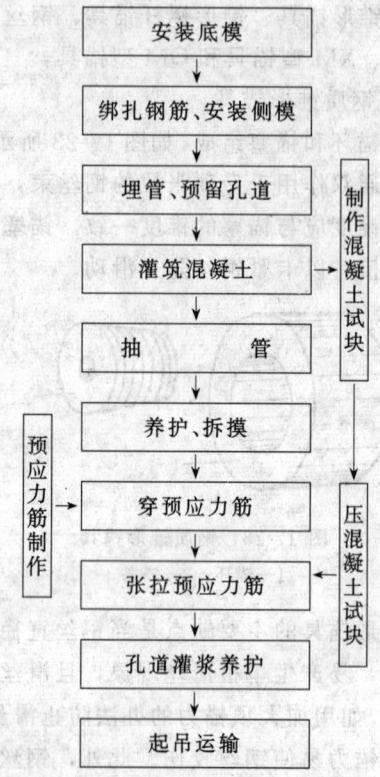

图17-26 后张法构件施工程序图

（流程图：安装底模 → 绑扎钢筋、安装侧模 → 埋管、预留孔道 → 灌筑混凝土 → 抽管 → 养护、拆摸 → 穿预应力筋 → 张拉预应力筋 → 孔道灌浆养护 → 起吊运输；旁支：制作混凝土试块、压混凝土试块、预应力筋制作）

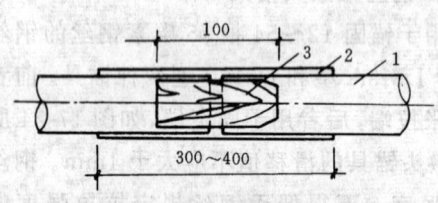

图17-27 钢管连接方法
1—钢管;2—白铁皮套管;3—硬木塞

恰当的掌握抽管时间很重要。过早会坍孔,太晚则抽管困难。抽管的顺序宜先上后下,抽管可用人工或卷扬机,抽管要边抽边转,速度均匀,与孔道成一直线。抽管后,应及时检查孔道情况,并作好孔道清理工作,以防以后穿筋困难。

由于孔道灌浆的需要,应在设计规定位置留设灌浆孔。一般情况下在构件两端和中间每隔12m设一个直径为20mm的灌浆孔,并在构件两端各设一个排气孔。灌浆孔留设方法可用木塞或白铁皮管埋在混凝土内的设计位置解决。

2) 胶管抽芯法

胶皮管一般有五层或七层夹布胶管和供预应力混凝土专用的钢丝网橡皮管两种。前者质软,必须在管内充气或充水后,才能使用。后者质硬,具有一定弹性,预留孔道时与钢管一样使用,所不同的是灌筑混凝土后不需转动,抽管时利用其有一定弹性的特点,在拉力作用下断面缩小即可将其抽拔出来。

提示:

使用胶皮管预留孔道时,必须注意以下问题:胶皮管必须有良好的密封装置。当需要接长胶管时,必须注意密封。如图17-28所示。

抽管的顺序一般是先上后下,先曲后直。

胶皮管抽芯留孔与钢管相比,它弹性好,便于弯曲,因此,它不仅可以留设直线孔道,而且也能很方便的留设曲线孔道。

(2) 预应力筋张拉

预应力筋的张拉是生产预应力构件的关键。主要要解决好预应力筋张拉时对构件强度的要求,张拉顺序、张拉制度及预应力校核和伸长值测定等几个问题。

用后张法张拉预应力筋时,构件混凝土强度不宜低于设计标号的 75%。

确定合理张拉顺序和张拉制度,对配有多根预应力筋的构件,当不可能同时张拉时,宜分批、对称进行张拉。对称张拉是避免构件承受过大的偏心压力。分批张拉,要考虑后批预应力筋张拉时产生的混凝土弹性压缩,会对先批张拉的预应力筋的应力产生影响(应力损失)。

平卧重叠浇筑的构件,宜先上后下逐层进行张拉。为了减少上下层之间因摩阻力引起的预应力损失,可逐层加大张拉力,但底层张拉力不宜比顶层张拉力大 5%(钢丝、钢绞线、热处理钢筋)或 9%(冷拉Ⅱ～Ⅳ级钢筋)。

对于单根粗钢筋预应力筋和预应力钢筋束(或钢绞线束),其张拉制度见表 17-2。

后张法预应力筋张拉程序 表 17-2

Ⅱ、Ⅲ、Ⅳ级钢筋、钢绞线	$0 \to 105\%\sigma_{con}$(持荷 2min)$\to \sigma_{con}$ 或 $\to 103\%\sigma_{con}$
钢 丝 束	$0 \to 105\%\sigma_{con}$(持荷 2min)$\to 0 \to \sigma_{con}$ 或 $0 \to 103\%\sigma_{con}$

σ_{con}——预应力筋的强拉控制应力。

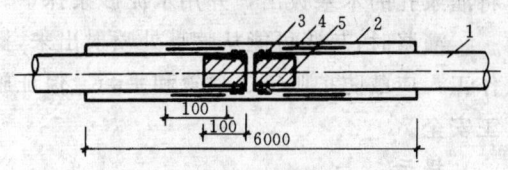

图 17-28 胶管接头
1—胶管;2—白铁皮套管;3—钉子
4—厚 1mm 的钢管;5—硬木塞

为了了解预应力值建立的可靠性,需对预应力筋的应力及损失进行检验和测定,以便在张拉时补足和调整预应力值。

检验应力损失最方便的方法,在后张法中是将钢筋张拉 24h 后,未进行孔道灌浆以前,再重拉一次,测读前后两次应力值之差,即为钢筋中预应力损失(并非应力损失全部,但已完成很大部分)。

在张拉过程中,必要时还应测定预应力筋的实际伸长值,用以对预应力筋的预应力值进行校核。

(3) 孔道灌浆

预应力筋张拉完毕后,应随即进行孔道灌浆,尤其是钢丝束张拉后应尽快进行灌浆,以防锈蚀与增加结构的抗裂性和耐久性。

为使孔道灌浆饱满,可在灰浆中掺适量铝粉或木质素磺酸钙。灌浆前,用压力水冲洗和湿润孔道。灌浆压力以 0.5～0.6MPa 为宜。

提示:

灌浆材料:

不低于 425 号普通硅酸盐水泥调制的水泥浆或 MU20 以上水泥砂浆孔道灌浆方法

将喷嘴固定地向一个灌浆孔内灌压,待

各灌浆孔溢出灰浆时，依次用木塞堵住，直至构件两端的排气孔溢出较浓的灰浆时为止。

灌浆的顺序应先下后上，避免上层孔道漏浆把下层孔道堵塞。

灌浆一般应每个孔道一次完成，不要中途停顿，且喷嘴不能离开灌浆孔，以免空气进入孔道内形成气泡。孔道内灰浆硬化后，即将灌浆孔的木塞拔出，并用水泥砂浆抹平。

灌浆时，灰浆可能从喷嘴处喷射出来，操作工人应戴防护眼镜、口罩和手套、保证施工安全。

提示：

预应力筋的孔道布置除有直线型外还有曲线和折线二种供设计施工时选用。曲线和折线的成孔方法有胶管抽芯；预埋管；金属螺旋管等，各种成管方法完成后，应检查其位置、曲线、折线形状是否符合设计要求，固定是否牢靠，接头是否完好，管壁有无破损等。如有破损，应及时用粘胶带修补。

17.3.4 无粘结预应力工艺介绍

(1) 简述

无粘结预应力是后张法工艺中的一种新技术。其特点是使用特制的预应力筋（由预应力钢材、涂料层和护套层组成）如同普通钢筋一样先铺设在支好的模板内，待混凝土达到要求强度后进行张拉锚固，无需留孔和灌浆，施工简单，但对锚具要求高。

(2) 无粘结筋

无粘结筋由钢丝或钢绞线制作，用涂料和包裹物使之与混凝土隔离。无粘结筋一般由专业厂生产，采购、验收应执行规程《无粘结预应力混凝土结构技术规程》（JG/T92—93）要求。

在包装、运输、保管过程，对无粘结预应力筋应当有标记，便于区分不同规格；当带有镦头锚具时，应有塑料袋包裹；应当堆放在通风干燥处，有防雨防潮设施。

无粘结筋使用前，应逐根检查外包层的完好程度，有轻微破损者，可包塑料带补好；破损严重者应予以报废。

(3) 无粘结筋铺设与张拉

铺设双向无粘结筋时，应先铺设标高低的钢筋，再铺设标高较高的，要避免两个方向无粘结筋相互穿插编结。

无粘结筋应严格按设计要求的曲线形状就位并固定。可用铁马凳或铁丝固定无粘结筋。固定间距不宜大于 2m，控制点标高允许偏差为 ±5mm。

张拉锚固后的外露长度，不宜小于 30mm，锚具应用封端混凝土保护，长期外露部分，应采取防止锈蚀措施。当有个别钢丝发生滑脱或断裂时，可相应降低张拉力，但滑脱或断裂的数量，不应超过结构同一截面无粘结筋总量的 2%。

(4) 无粘结筋端部处理

1) 张拉端头处理根据所采用的无粘结筋与锚具不同而异。

采用钢丝束镦头锚具时，锚头防腐处理应特别重视。当锚杯被拉出后，塑料套筒内产生空隙，必须用油枪通过锚杯的注油孔向套筒内注满防腐油脂。灌油后须用钢筋混凝土圈梁将外露锚具封闭好，避免长期与大气接触造成锈蚀。

采用钢绞线夹片式锚具时，张拉后端头钢绞线预留的长度不小于 15cm，多余部分割掉，并将钢绞线散开打弯，埋在圈梁内，以加强锚固。

2) 固定端可设置在构件内，其作法也根据采用的预应力钢材而定。

采用钢丝束时，可采用扩大的镦头锚板，并用螺旋筋加强，固定端应有结构配筋或构造配筋。

采用钢绞线时，可在固定端"压花"成型，放置在设计部位，关键是张拉前固定端的混凝土强度等级应大于 C30。

```
                              小    结
       后张法多用于现场生产的大型构件，不需设台座设备，一次投资费用较小。
       钢筋制作，下料影响因素很多，施工时，先进行理论计算，再进行穿筋检验
    钢筋制作长度，最后大批加工制作。
       张拉程序和放张程序要根据实际情况进行次序设计，作到对称、均匀。
```

习题

    1. 参观后张法预应力生产施工过程，做好参观日记，熟悉后张法的施工方法。

    2. 什么是后张法？

    3. 怎样计算、制作后张预应力钢筋？

17.4　先张法和后张法两种工艺的比较

先张法和后张法两种工艺的比较见表 17-3。

表 17-3

先　张　法	后　张　法
1. 需要台座和成套起重运输设备，一次投资费用较大。	1. 不需要台座设备，一次投资费用较小。
2. 宜在预制场生产构件，由于受到运输条件的限制，多数制作中、小型构件。	2. 在现场预制，不受运输条件限制，可生产大、中构件。
3. 目前大都局限于张拉直线或折线预应力钢筋。	3. 可张拉直线和曲线预应力筋。
4. 局限于生产整体构件。	4. 还可用于加固，预制构件拼装。
5. 混凝土收缩大部分在硬化过程中完成，有时还需蒸气养护，应力损失较大。	5. 应力损失较小。
6. 无预留孔道、穿筋、孔道灌浆等工作，工序较简单。	6. 要预留孔道、穿筋、灌浆等，工序较复杂。
7. 没有固定在构件上的锚具等设备，可减少用钢量。	7. 有固定在构件上的锚具等设备，用钢量较大。
8. 在预制厂集中生产，设备配套，易于保证构件质量。	8. 现场生产，影响构件质量的因素较多，施工条件不如工厂。
9. 一次张拉钢筋较长，相对误差小，预应力控制比较准确。	9. 构件长度不大，应力控制相对误差较大。

参 考 文 献

1 浙江、天津、上海、新疆技工学校合编. 砖瓦工工艺学. 北京：中国建筑工业出版社，1993.

2 土木建筑工人技术等级培训教材：砖瓦工（初级工、中级工）. 北京：中国建筑工业出版社，1992

3 姚君春等编. 砖墙组砌技术. 哈尔滨：黑龙江科学技术出版社，1994

4 纪干生，陈伟，王瑞霞编. 建筑施工工长手册. 北京：中国建筑工业出版社，1993

5 土木建筑工人技术等级培训教材：测量放线工（初级工）. 北京：中国建筑工业出版社，1992

6 叶刚编著. 架子起重工基本技术. 北京：金盾出版社，1996

7 宋执明编. 建筑施工技术. 北京：中国建筑工业出版社，1987

8 陕西省第八建筑工程公司编. 木工（第三版）. 北京：中国建筑工业出版社，1982

9 周定元编. 钢筋工（第三版）. 北京：中国建筑工业出版社，1983